THE RESEARCH ON
CHINESE DESIGN
EDUCATION
PATTERN

中国
设计教育模式研究

Costume Design Course Ⅰ

服装设计教程

①

王　羿等　编著

辽宁美术出版社

图书在版编目（CIP）数据

服装设计教程．1 / 王羿等编著．-- 沈阳 ：辽宁美术出版社，2015.5
（中国设计教育模式研究）
ISBN 978-7-5314-6564-5

Ⅰ．①服… Ⅱ．①王… Ⅲ．①服装设计—高等学校—教材 Ⅳ．①TS941.2

中国版本图书馆CIP数据核字(2015)第022037号

出 版 者：辽宁美术出版社
地　　址：沈阳市和平区民族北街29号　邮编：110001
发 行 者：辽宁美术出版社
印 刷 者：辽宁彩色图文印刷有限公司
开　　本：889mm×1194mm　1/16
印　　张：23
字　　数：400千字
出版时间：2015年6月第1版
印刷时间：2015年6月第1次印刷
责任编辑：李　彤　王　楠
装帧设计：王　楠
责任校对：李　昂
ISBN 978-7-5314-6564-5
定　　价：280.00元

邮购部电话：024-83833008
E-mail:lnmscbs@163.com
http://www.lnmscbs.com
图书如有印装质量问题请与出版部联系调换
出版部电话：024-23835227

Contents
总目录

01
时装画表现技法
王 羿 等 编著
1 ………… 120

02
服装效果图表现与解读
孙 戈 等 编著
1 ………… 136

03
服装立裁制板实训指导
王东辉 等 编著
1 ………… 112

艺术设计教育改革是我国目前创新体系建设中极为重要的组成部分，艺术设计对于创新体系发展来说具有基础性的作用。设计无处不在，创新催生设计，国家的发展创新体系需要艺术设计教育培养出更多具有创新意识和创造能力的艺术设计人才。只有拥有创新能力强的设计人才，才能拥有繁荣昌盛的经济产业链。

现代设计学科必须注重成果转化，走教学、科研、开发一体化之路。设计学科作为应用学科要想得到更大的发展，必须与社会发展、与经济生活紧密对接，无论哪一种设计，如果得不到实践的检验，都不是完整意义上的设计，学以致用，才是设计教育的终极目的。

教育是一种有目标、有计划的文化传递方式，它所完成的任务有两个方面：一是要传递知识和技能；二是接受教育者身心状态得以提升，进而使接受教育者在为社会创造财富的同时实现自身价值。

然而，长期以来，我们的艺术设计教育模式一直未能跟上时代发展的步伐，各类高等院校在培养设计人才方面一直未能找到理论与实践、知识与技能、技能与市场、艺术与科技等方面的交汇点，先行一步的设计大家已经在探索一条新的更为有效的教育方法，在他们对以往的设计教育模式进行梳理、分析、整合的过程中，我们辽宁美术出版社不失时机地将这些深刻的论述和生动的成果集结成册，推出了一系列具有前沿性、教研性和实践性且体系完备的设计系列丛书。

本丛书最大的特点是结合基础理论，深入浅出地讲解，并集结了大量的中外经典设计作品，可以说，是为立志走设计之路的学子量身定制的专业图书。

Preface

Educational reform on art design is an integral part of current innovation system in China. Art design is of fundamental significance for the development of innovation system. Design can be found everywhere and innovation hastens the birth of design. The development of innovation system requires art design education to cultivate more talents with innovation consciousness and creative ability, for only by having such talents can our country have flourishing economic industrial chain.

Modern design discipline shall lay emphasis on achievement transformation and insist on the integration of instruction, scientific research and development. As an applied discipline, design discipline must be closely connected with social development and economic life if wishing for further development. No matter which design it is, if it is tested by practice, it' s arguably not a complete design. Applying what one has learned is the ultimate goal for design education.

Education is a targeted and planned culture transmission mode, which accomplishes two tasks: First, transmitting knowledge and techniques; second, those who receive education can get improvement physically and mentally and thus achieve self-worth while creating wealth for society.

However, our educational mode for art design hasn' t kept pace with the development of the times for a long time. Various institutions of higher education haven' t found an intersection point for theory and practice, knowledge and technique, technique and market as well as art and technology in terms of cultivating design talents. However, masters who have moved one step forward in design are exploring a new and effective education method. While they are sorting out, analyzing and integrating previous design education modes, Liaoning Fine Arts Publishing House takes this chance to organize their profound achievements into books, releasing a series of innovative, instructional and researching and practical design books with complete systems.

The most important feature of this series is its combination with basic theories so as to explain profound classic design works both at home and abroad in simple language. It' s arguably a professional book series specially created for students who are determined to commit themselves in design.

THE RESEARCH

ON CHINESE DESIGN EDUCATION PATTERN

01

时装画表现技法

王羿等 编著

目录 contents

序

_ 第一章　时装画的基本概念 007

第一节　基本概念 / 008
第二节　工具准备 / 014

_ 第二章　时装画的人体 017

第一节　时装画人体与动态 / 018
第二节　不同性别、不同年龄人体的形态差异 / 019
第三节　人体的表现 / 022
第四节　五官、发型的表现 / 026

_ 第三章　人体着装 033

第一节　服装的结构 / 034
第二节　服装结构图的表现方法 / 042
第三节　立体着装 / 046
第四节　不同的表现方法 / 049

_ 第四章　时装画表现方法 065
第一节　配色常识 / 066
第二节　薄画法 / 069
第三节　厚画法 / 078
第四节　其他画法 / 084

_ 第五章　电脑时装画 089
第一节　电脑与时装设计 / 090
第二节　表现技法 / 092

_ 第六章　时装画赏析 105

中国高等院校

THE CHINESE UNIVERSITY

21世纪高等教育美术专业教材

The Art Material for Higher Education of Twenty-First Century

CHAPTER

基本概念
工具准备

时装画的基本概念

第一章　时装画的基本概念

第一节 基本概念

时装画是体现时代审美的最好见证，它是服装设计师对时尚的理解，是设计师构思、创意、主题、意念的表达，服装画是指通过绘画工具，绘制以表现服装和时尚氛围为主要目的的绘画，可分为服装效果图、时装画、服装结构图、服装速写等。

一、服装效果图

服装效果图不同于时装画和其他人物画，是表达设计者创作构思的一个重要组成部分，是用来捕捉创作灵感的一种方法，也是展现服装外观形式美和服装结构的手段之一。服装效果图既能体现设计者在服装设计中的创作思想，又能表现出服装设计的实际效果，它同时具备时装画的特点，有很强的艺术性并具有功能性和实用性。服装效果图在设计过程中，不仅能准确生动地表现服装的造型、结构、材料质地及色彩，而且能表现服装的流行和风格，同时展现由人体、服装款式、结构、材质所综合产生的和谐与统一的美感。服装效果图通常以较完整的表现来准确地传达设计者的设计思路，使服装工艺人员、管理人员、销

图 1–1

售人员等准确领悟设计意图。所以，服装效果图与服装设计有最直接的因果关系。随着服装业的发展，以及服装教育的正规化，服装效果图已成为服装设计领域不可缺少的一个重要组成部分（图1–1～图 1–3）。

图 1–2

图 1–3

二、时装画

时装画在绘画艺术中，作为一种艺术表现形式，虽然具有人物画的某些特征，但是它不同于一般欣赏的人物绘画作品，它具有很强的服装专业的特性，它表现的重点是时尚的美感。时装画的表现方法与其他绘画种类相比更具灵活性，这就要求设计者必须有丰富的想象力，并区别于常人的角度来表现自己所领悟到的时尚感。在创作过程中，时装画和其他绘画一样充满创作的无穷乐趣。在表现上，时装画的表达形式多种多样，手法各异，还可利用各种工具和材料。作品普遍生动、准确地传达着设计者的意图，使观者通过画面就可以感受到设计者的设计思想，同时表现了这个时代的服装风貌。时装画的种类很多，用途各异，如：用于广告宣传类的商业时装画、出版读物插图时装画和用于服装设计的时装画等。时装画作为一种独特的绘画形式，从审美和表达的角度把人体和服饰作为一个综合的整体形象表现出来，具有独立的特征（图1–4～图1–8）。

图1–4

图1–5

图 1–6

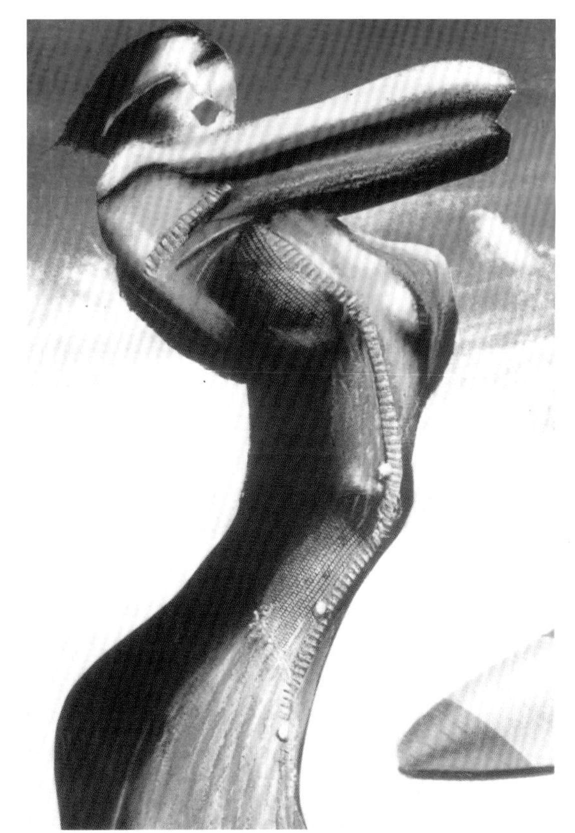

图 1–7

图 1–8

三、服装结构图

服装结构图即平面图、款式图，是服装效果图的补充说明，是对设计款式更详尽的说明。它是服装样板师制板以及工艺师制定生产工艺的重要依据，是设计师完成设计意图的途径，因此常需配备文字说明，且较常用于服装工艺单，在绘制时必须精确及依照一定的规范。该类结构图通常有两种绘制形式，一种是用粗细均匀的线条对服装结构进行准确勾勒，画面细腻丰富；另外一种则用较粗的线形绘制服装的外轮廓，用较细的线形绘制服装的细节部件，画面更为直观明确。为了保证线条的顺直准确，在绘制时多借助直尺、曲线板和圆规等制图工具。服装设计效果图往往有一些审美上的夸张，结构图的目的是将服装效果图中不清楚的部分，或效果图中不能全面展示的部分，严谨准确地表现出来，是服装设计在成衣生产中最准确的传达方式。服装是一项立体的设计，有了结构图它可以全方位展示服装的整体设计效果，结构图是款式效果图的重要补充部分，它是有效地指导成衣设计生产的重要组成部分（图1–9、图1–10）。

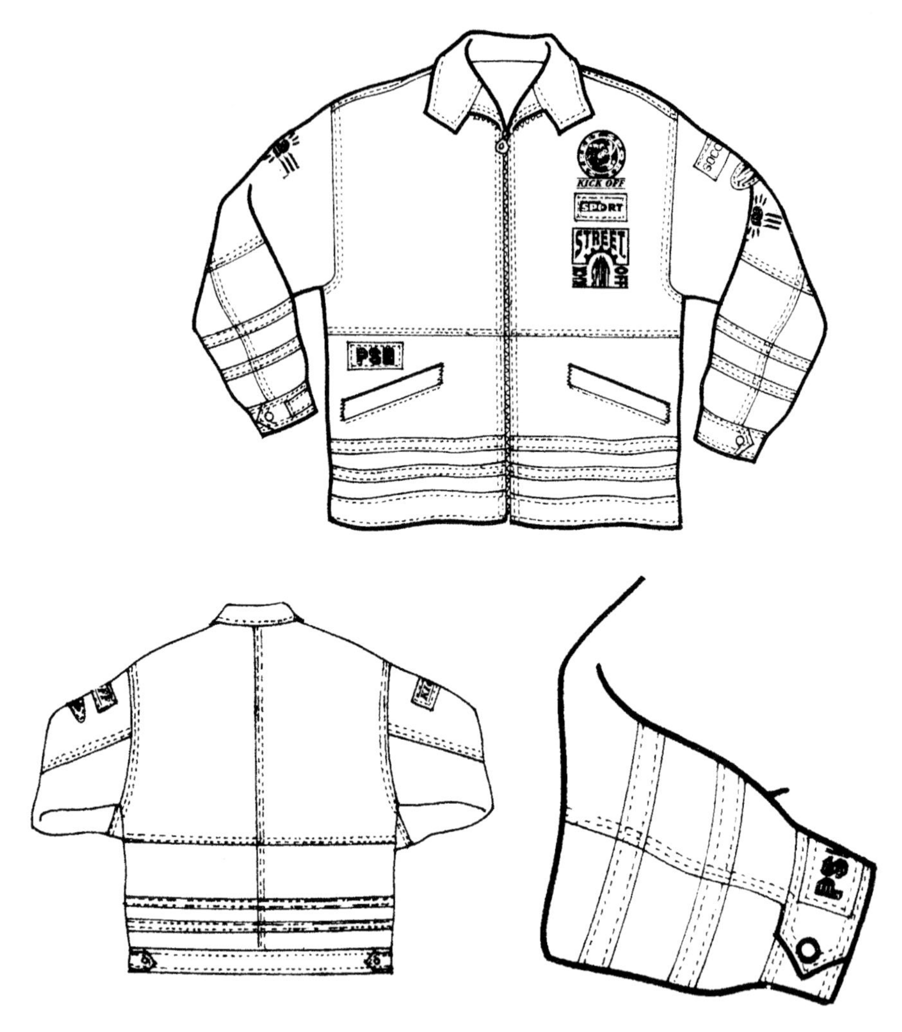

图1–9

图1–10

四、服装速写

服装速写就是运用简练流畅的笔法，迅速捕捉服装设计师的灵感，勾勒出人物与服装的神韵，其表现力生动，常常有大家风范，是时装画的基本功，也常常在一些时尚插画中运用（图1—11、图1—12）。

图1—11

图1—12

第二节 工具准备

时装画使用的工具甚多，一般来说，选用常用工具中的某些工具，就足以满足基本绘制要求。对于特殊技法制作的时装画，可以运用一些特殊的工具，如喷笔工具等。时装画的工具大致分为纸类、笔类、颜料类、其他辅助工具。力求所选的工具在最短的时间内绘制表达得非常充分。

一、纸类

纸的类型是多种多样的，其性能不同导致最终画面效果的差异，使用哪种纸更合适呢？我们应尽量尝试各种效果，仔细分析比较，在表现不同的服装质感，运用不同的绘画风格时，应用不同的纸张。

1．水彩纸

最常用的水彩纸单面有凹凸不平的颗粒效果，粗糙的表面在作画时能吸住大量的水分，其纸纹有粗细之分，我们可根据所表现的服装面料肌理效果进行选择。在绘画时如选用凹凸纹理较粗糙的水彩纸时，要注意控制好笔的含水量及含色量，才能更好地表现水彩的润泽效果。

2．素描纸

由于素描纸质地不够坚实，上色时不宜反复揉擦。画色彩时，由于它吸色性能不太好的原因，应适当将颜色调厚加纯。由于这种纸张不易平展，如用水性颜料，就应将纸张裱在画板上而后作画。

3．水粉纸

纸纹较粗是介于水彩纸与素描纸之间的效果，有一定的吸水性，易于颜料附着，表现力较为丰富，是绘制时装画最为常用的材质之一。

4．拷贝纸

可用来拷贝画稿的纸张有两种，一种为拷贝纸，纸张较薄，为透明色，价格便宜；另一种为硫酸纸，纸张较厚，为半透明色，多用于工程制图，也可用来拷贝时装画画稿。在绘画时也可利用透明、半透明正反面结合着色，营造出特殊的表现效果。

5．宣纸

宣纸可分为生宣、熟宣、皮宣。

生宣纸质地较薄，吸水性能强，适用洇渗效果。

熟宣不易吸水，适用工致笔法的刻画。

皮宣有生宣、熟宣之间的吸水性，可用来表现带有中国画风格的服装效果图。

6．色粉画纸

质地略粗糙，带有齿粒，适用于色粉附着。色粉纸一般都带有底色，常用的有黑色、深灰色、灰棕色、深土黄色、土绿色等。画时装画时，可巧妙地借用纸张的颜色为背景色，或表现服装的光影效果。

7．白报纸

质地较薄，色彩偏黄，吸水性能极差，不适合使用水粉、水彩等以水调和的颜料，只适用于起铅笔草稿或画速写，现在更多使用复印纸。

8．卡纸

卡纸的正面质地洁白、光滑，有一定的厚度，吸水性能差，不易上色，易出笔痕。高度光滑的纸质更有排斥水分的现象，有时用适量洗洁剂可以克服这种现象。如想要达到色彩均匀的效果不要选择这种纸张。但有时运用卡纸的背面画时装画，其特殊的质地也可表现另类的效果。还有黑卡纸、灰卡纸及其他色卡纸，在时装画中多用于裱画，有时也可利用卡纸的色彩作为背景色。

图 1–13　作者：李若帆

图 1–14　作者：李若帆

图1–15　作者：衡卫民

9．底纹纸

纸张质地薄，有多种特殊肌理纹样，作画时可巧妙地借用肌理纹样裁剪下来贴入画中。

二、笔类

绘制时装画的画笔有三种作用：起稿、勾线、涂色。

1．铅笔

铅笔有软硬之分，软质的是B～8B，硬质的是H～12H，铅笔在时装画中多用于起草稿，一般起时装画草稿时常选用软硬适中的HB铅笔，多用HB或2B铅笔。

2．彩色铅笔（或水溶性彩铅笔）

彩色铅笔有多种颜色，作用和铅笔相同，在时装画中具有独特的表现力。水溶性彩色铅笔，兼有铅笔和水彩笔的功能。着色时有铅笔笔触，晕染后有水彩效果。

3．绘图笔

0.3、0.6、0.9的针管笔，一般配合使用黑色墨水，适用于勾线以及排列线条，画服装结构图时常用。

4．蜡笔

蜡笔有多种颜色，有一定的油性，笔触较为粗糙。利用其防染的特点可用于特殊肌理的表现。

5．毛笔

毛笔有软硬之分，软质的为羊毫，常用的有白云笔（大、中、小），这类笔柔软，适用于涂色面；硬质的为狼毫，有红毛、叶筋、衣纹、须眉等，这类笔锋尖挺，适用于勾线。

6．排刷

排刷有大、中、小号之分。一般在绘画中使用软质排刷。多为涂大面积的背景或裱画刷水之用。

7．麦克笔

分水性、油性两种。有多种颜色，色彩种类丰富，但不宜调混，直接使用，因其笔触分明故要求绘画者有较好的基本功，以达到一挥而就。其透明感类似于水彩。彩色水笔有其类似的效果。

8．色粉笔

以适量的胶或树脂与颜料粉末混合而成。不透明，极具覆盖力。无需调色，直接使用。因为色粉易脱落，故需要喷上适量的定画液或发胶。

9．炭笔

炭笔有炭素笔、炭画笔、炭精条、木炭条。炭素笔的笔芯较硬，炭画笔的笔芯较软。炭笔颜色较一股铅笔浓重，笔触粗细变化范围较大，适合画素描风格的时装画，有时辅助其他工具小面积使用。

10．水粉笔

水粉笔有两种笔毛类型：一是羊毫与狼毫混合型，另一是尼龙型，笔头形分有扇形、扁平形，绘制时装画多用扁平笔头的羊毫与狼毫混合型。

11．水彩笔

水彩笔的笔头形分有圆形、扁平形。

三、颜料类

绘制时装画最为常用的是水粉、水彩。

1．水粉

亦称为广告色、宣传色，常见的有锡管装、瓶装。国内常用品牌有马利牌，国外为樱花牌。水粉具有覆盖力强，易于修改的特性。使用水粉颜料要特别注意变色的问题，一般水粉色在潮湿状态下色彩深而鲜明，即将干时更深，但颜色全部干透后，在明度上普遍明显变淡，需要不断实践才能逐渐掌握它的特性。水粉色的表现力非常丰富。

2．水彩

常用水彩颜料：国内常用品牌有马利牌，国外为温莎牛顿。水彩具有透明、覆盖力较弱的特性。水彩适于表达轻盈、飘逸的轻薄面料。由于水彩没有覆盖能力，要求在绘画时要一气呵成，不能反复修改。

四、其他辅助工具

1．橡皮

橡皮有软硬之分。画时装画时多选用软质橡皮，以便擦涂，不至损伤纸面，利于上色。

图1-16　作者：李岩

2．尺子

时装画绘制时多选用直尺。用于画边框，或用于服装结构图的绘制。

3．笔洗

涮笔之用，一般使用瓶、罐、小桶。

4．调色盒

为存放调色颜料的塑料盒。色格以多而深为好，一般以24格为宜。调色盒备用时需配备一块湿润的海绵（或毛巾布），以防颜料干裂。

5．调色盘

特制的调色盘为塑料浅格圆形盘。也可用调色盒盖、搪瓷盘等替代。

6．画板

为绘画而特制的木质板。根据画面尺寸可选择大、中、小号。画时装画一般选用中小号。

7．刀子

用于削铅笔和裁纸。

8．喷笔

由气泵和喷枪两部分组成。喷绘时，表现出无笔触、雾状的效果。在时装效果图中，适合于表现细腻的大面积色彩。

9．各种固定纸张的工具

胶水、双面胶带、胶带（透明、不透明）、夹子、图钉等。

中国高等院校

THE CHINESE UNIVERSITY

21世纪高等教育美术专业教材

The Art Material for Higher Education of Twenty-first Century

CHAPTER 2

时装画人体与动态

不同性别、不同年龄人体的形态差异

人体的表现

五官、发型的表现

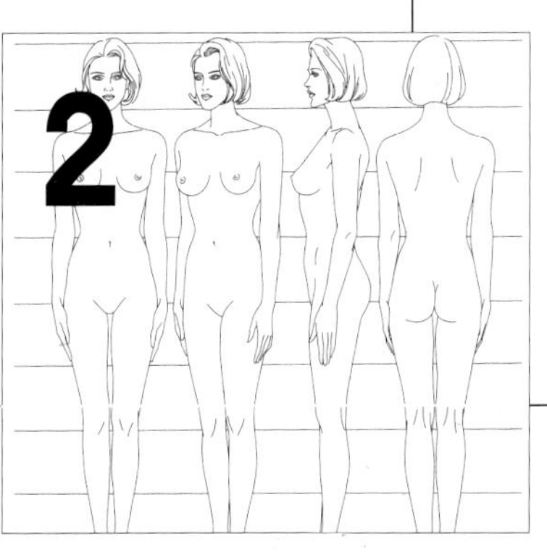

时装画的人体

第二章　时装画的人体

第一节 时装画人体与动态

服装作为一种造型艺术，它是直接把人作为表现要素，围绕着人体这个基本要素，进行一系列的服装材料、色彩、款式及相应的工艺等要素的创造。因此，研究人体，要了解人体的结构、骨骼、肌肉的组织，以及人体的比例关系是服装设计必修的一课。时装设计从某种意义上讲是一种夸张唯美的艺术，平淡则无刺激，少变化则不时髦。在正常的情况下，人体比例是不太令人满意的。在服装设计时，我们也要应用设计的视觉审美原则，将不理想的人体通过"视错"等方法修饰成为理想的着装效果。所以，在绘制时装画时，我们要将生活中最美的人体比例关系展示给大家（图2–1）。通常比较写实的时装画人体比例身高一般以8.5～9头的夸张表现为最多（正常人体为7～8头），目的在于更突出服装，满足视觉上的需求，强调腿的长度。

时装画的基础是要将人体动态画好，透过这优美潇洒的人体动态来烘托自己的时装设计，满足艺术创造的需求，从而得到美的享受。人体的动态将直接影响到服装的设计思想表达，选择含蓄优雅的体态，还是活泼奔放的姿态是根据设

图2–1

计主题来确定，另外，还要根据服装设计的款式，选择能够突出重点设计部位的姿势，其目的在于强烈地表现出服装款式的与众不同。

要注意选择流行的发式，脸部细节刻画（包括化妆方式）以及其他附件用来表达整体的一个设计思想。

目前，受欢迎的女性时装人体为纤细苗条，长腿、柔软的人体，男性人体则比女性强健得多，形象也很健美。童体要突出活泼可爱的形象。时装人体为突出修长的人体，上半部分由头、颈、躯干所组成，下半部分为腿。简洁概括是时装画人体的一大特点。

第二节 不同性别、不同年龄人体的形态差异

一、男女形态差异

男性的轮廓方正明晰，喉结明显；女性的轮廓柔和娟秀，曲线优美。

男性的最宽部位在肩膀；女性的最宽部位在臀部骨盆处。

男性的人体中心在耻骨，腰线在肚脐的下方。女性的人体中心在耻骨的上方，腰线在肚脐的上方。

男性的乳头位置比女性的乳头位置要高。

男性的肩部宽阔；女性的肩部倾斜圆顺。

男性的胸部宽阔，呈方形；女性胸部柔和、丰润，呈椭圆形。

男性的腹部浑厚而坚实；女性的腹部修长且丰盈（图2—2、图2—3）。

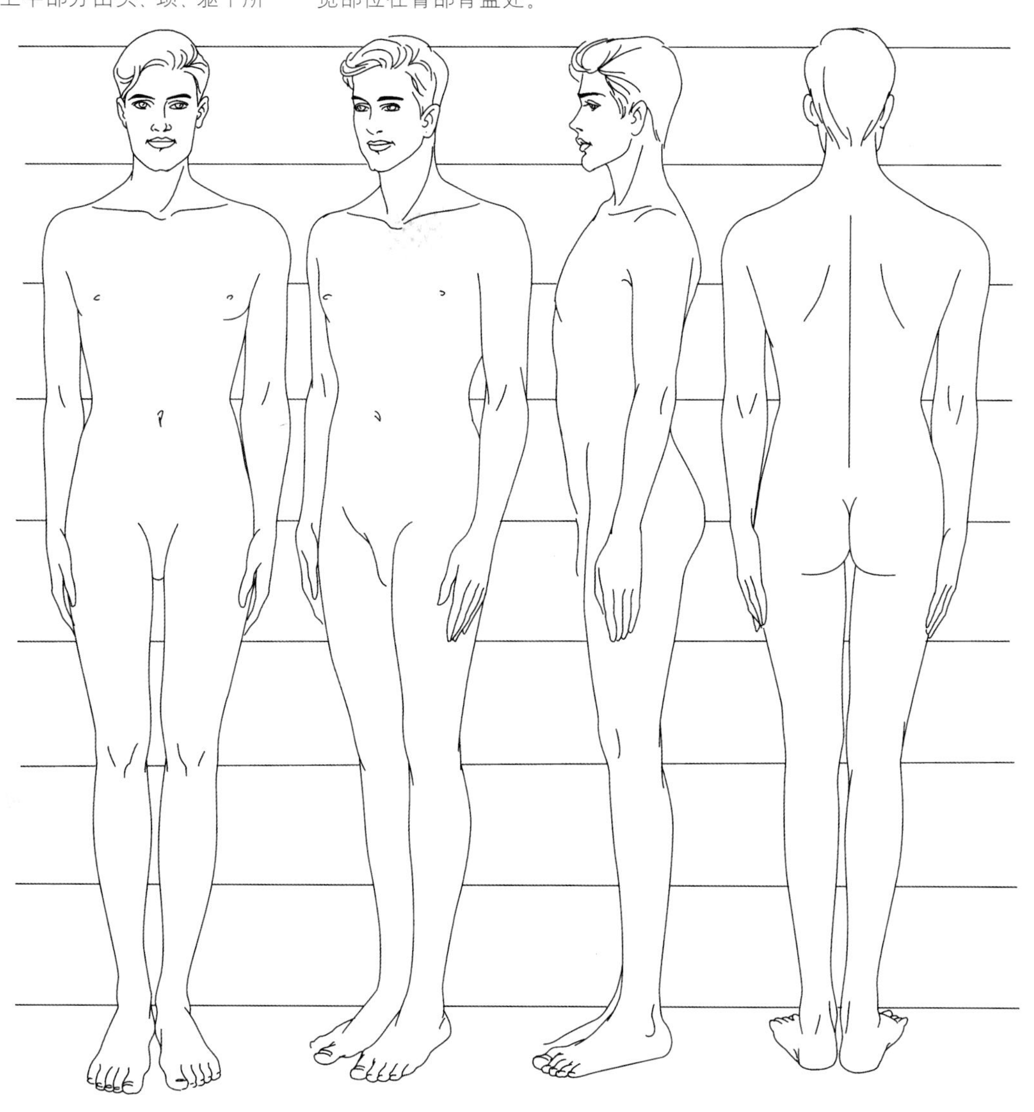

图2—2

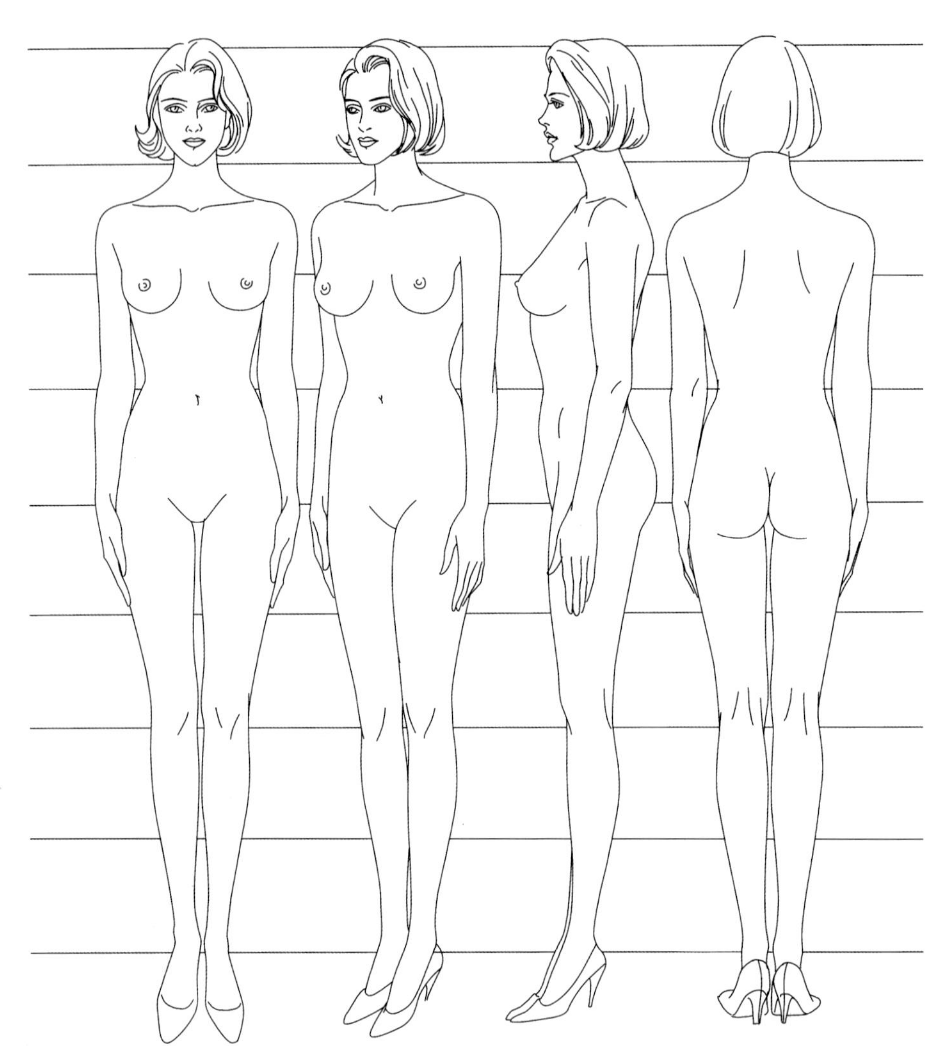

图 2–3

二、从幼儿到中、老年的人体形态差异

人的一生要经历婴儿期、幼儿期、少年期、青年期、中年期、老年期等几个阶段。随着年龄的增长，人的身高和体积都会发生明显的变化。这些变化除了由小变大，由矮变高，又由青春变为衰老外，人体的各个时期的体态和比例都是不同的。

初生儿的体态特征是头大身小四肢短，但生长的速度很快，出生第一年身长可增加 25 厘米，第二年可增加 10 厘米，以后增长速度便逐渐减缓。到了少年期（12～14岁），男孩每年可长高7～8厘米，女孩每年可长高 5～6 厘米，这是人体发育出现的第二次高峰。进入青春期后，除了身高迅速增长外，体型及全身各器官变化较大，性别的特征也日益明显。男孩的肩膀变厚变宽，胸围扩大，肌肉发达，骨骼粗大，喉结突起，体态上出现了男性的特征。女孩的体态变化更为明显，皮下脂肪增多、变厚，皮肤细腻、光滑，胸围增大，乳房隆起，臀部也变得丰满发达，呈现了青春少女的自然体型。人体发育到 25 岁左右已变得成熟了。

人生步入中年，体态就呈现出衰老迹象，在额头、眼角处出现皱纹，肌肉松弛，脂肪积聚，腰围与胸围增大，身高稍有降低，头发逐渐变白并且开始脱落。进入老年之后，体态的衰老迹象更为明显，由于骨骼的老化，软骨的移位和磨损，身体变矮，背部驼起，牙齿脱落，脸部、腹部、手背和关节活动部位布满了皱纹，行动也变得十分迟缓。

人体的发育、生长和衰老的体态变化是一个自然的过程，对每个时期体态及其变化的了解有助于各种人体形象的塑造（图 2–4）。

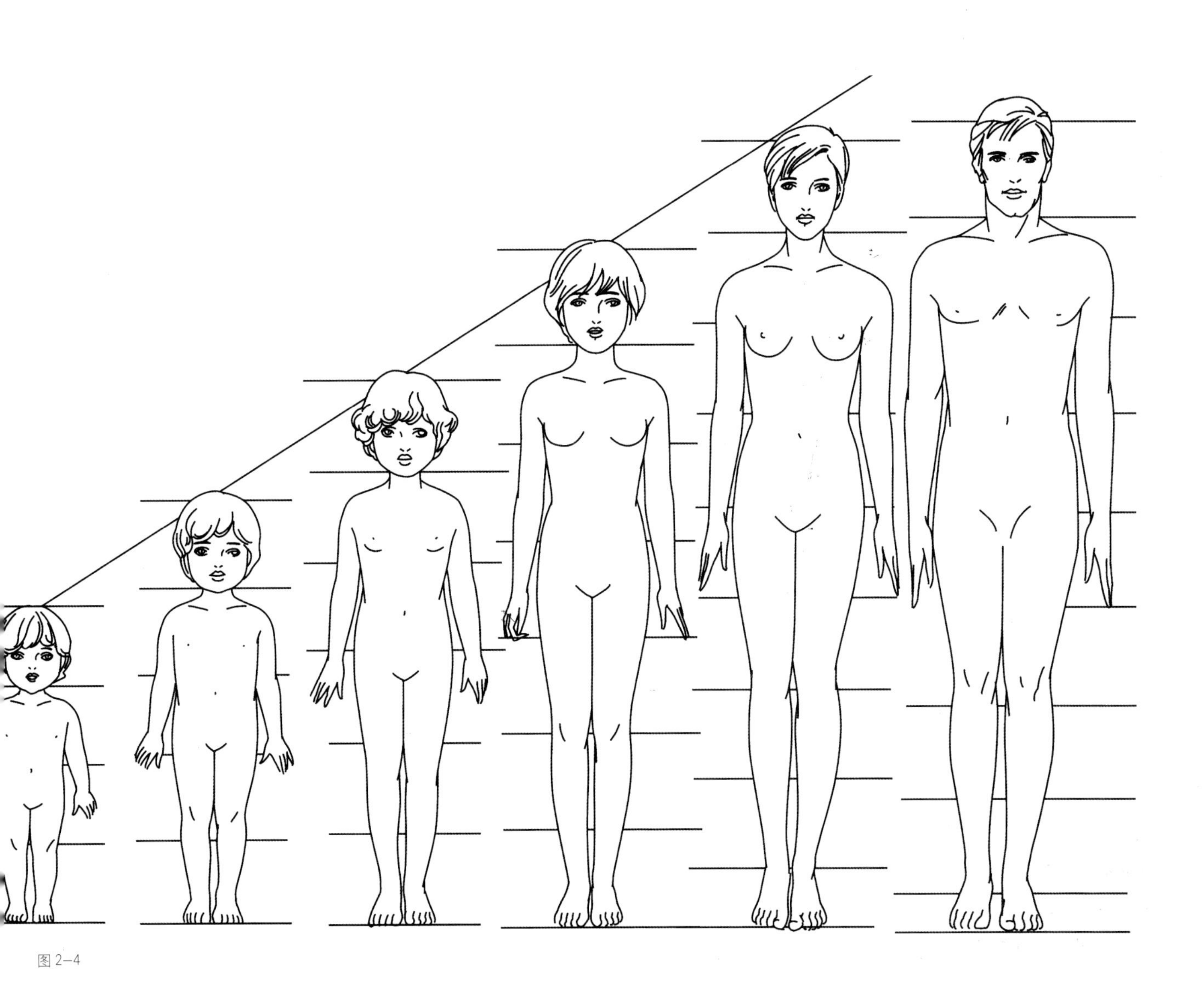

图 2–4

第三节　人体的表现

一、时装画的人体表现

正常的东方人，人体比例是7个半左右的头长，而时装画人体要求达到8个半头或9个头长，甚至10多个头长的比例。也就是说时装画的人体已经与现实生活中的人体有了很大的区别，或者说时装画人体是一种通过夸张、变形的艺术人体，时装画对于人体各部位夸张的程度不一，手法也不尽相同。常用时装画人体比例为8个半头长，其人体比例如下：

头顶至颌底为1个头长。

下颌底至乳点以上为第2个头长。

乳点至腰部为第3个头长。

腰部至耻骨联合为第4个头长。

耻骨联合至大腿中部为第5个头长。

大腿中部至膝盖为第6个头长。

膝盖至小腿中上部为第7个头长。

小腿中上部至踝部为第8个头长。

踝部至地面为第8个半头长。

其中肩峰点在第2个头长的1／2处，上肢的比例为1个半头长，肘部在腰线上，肘部至腕骨点为两个头长多点。手为3／4个头长，脚为1个头长，大腿为两个头长，小腿至足跟为两个头长。

时装画人体的横向比例，一般指肩宽、腰宽和臀宽之间的比例。

男性肩宽为头长的2.3倍左右，腰宽为1个头长左右，臀宽（大转子连线的长度）为两个头宽。

女性肩宽为两个头宽左右，女性腰宽窄于一个头长，女性臀宽与肩宽相等（或稍宽于肩宽）。

当上臂伸直上举时，足至手指尖为10个头长，手臂下垂时，手指尖在大腿中部。以颈窝为界，手伸平后可达4个头长。

二、人体的画法（图2–5～图2–18）

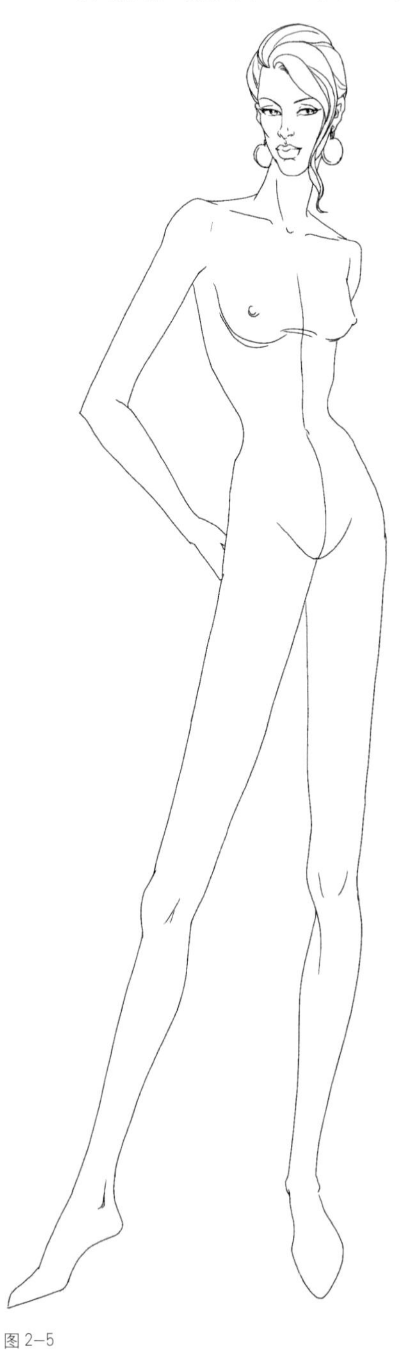

图2–5

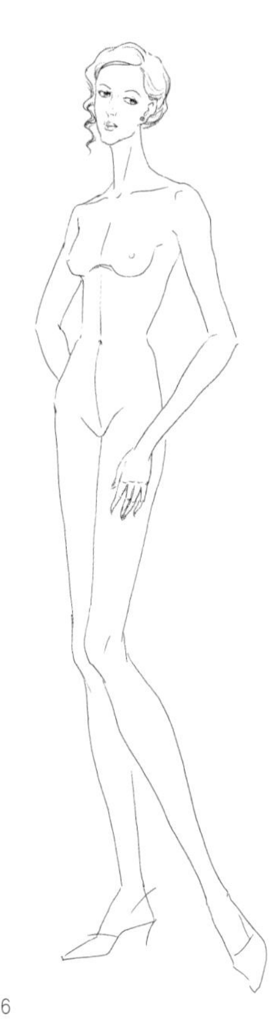

图2–6

图2–7

图 2–8

图 2–10

图 2–12

图 2–9

图 2–11

图 2–13

图 2–14　　图 2–15　　图 2–16

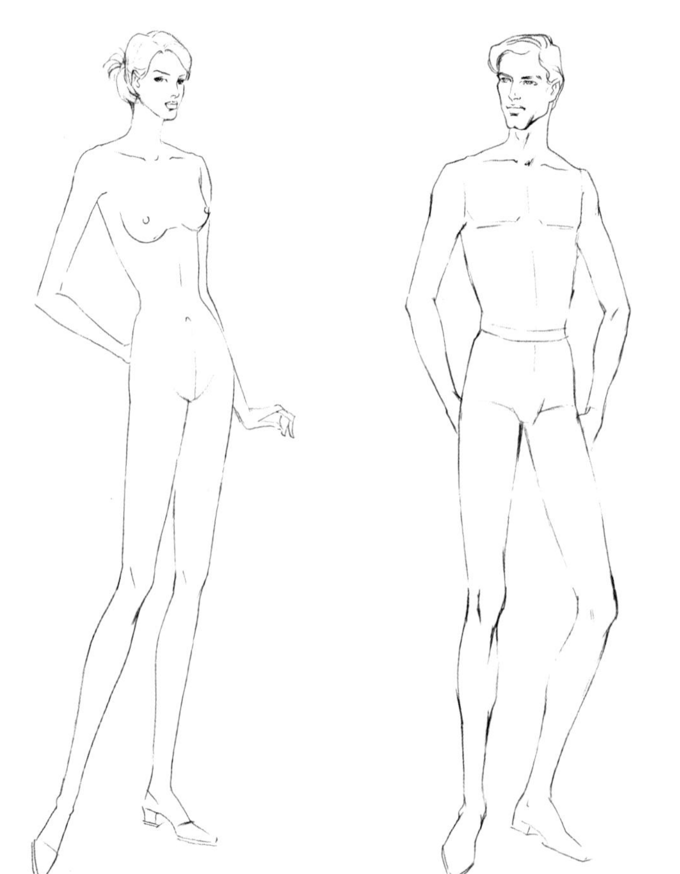

图 2–17

图 2–18

第四节 五官、发型的表现

一、头部的表现

头部分为脑颅和面颅、发型三部分。脑颅包括颧骨、眼眶以上部位。面颅包括脸的五官部分。人的头部的基本形状是卵圆形，有方脸盘、圆脸盘、鸭蛋脸、瓜子脸等等，形象地概括了头形的特征。中国古代画论曾用“八格”来概括头形：即“田、国、由、用、目、甲、凤、申”八个字来形容头部的形状，恰到好处。不同的性别，不同的年龄，头部的特点都有所区别。头部的五官反映了人物内心世界和外在特征。在时装画表现中，头部一般采取简练而概括的处理方法，抓住最美的东西，生动、重点地表现出来。

表情与五官息息相关，人的面部表情由情感而引起，且非常丰富，主要的表情不外乎喜、怒、哀、乐、愁、惊等几种。表现五官有一句顺口溜为：画人笑，眉开眼弯嘴上翘；画人哭，眉掉眼垂口下落；画人怒，瞪眼咬牙眉上竖；画人愁，垂眼落口皱眉头。

时装画中对头部的刻画可以说是非常重要的。无论是精雕细刻，还是轻描淡写，它都代表着整个作品的风格、气质。服装设计针对的是不同的人群，时装画中对人物的刻画也应是将不同人物的典型特征表现出来，才能引人入胜。

在起初画头部时，要画辅助线，也就是正中线，及与其交叉的眼、鼻、嘴等横线。借助这些辅助线，慢慢掌握五官与头部的比例和位置，并将头部不同角度转向的透视关系考虑进去。

刻画额头时，要注意突出额结节、眉弓和颞骨的位置及它们之间的关系。而眼睛状似一个小球，放在眼眶中，并被上下眼睑包着，上眼睑较圆弧而有阴影盖住眼瞳的一部分，在刻画上较为重视，一般颜色比较深，而在对下眼睑的刻画上，线条要轻淡，一带而过即可。画眼睛时要注意眼睛的视向，也就是说，两只眼睛要同时画，使左右两边的眼睛相协调、对称。即使是只看得到一只眼睛，也要在心中考虑到另一只眼睛的存在及它们之间的关系（图 2–19、图 2–20）。

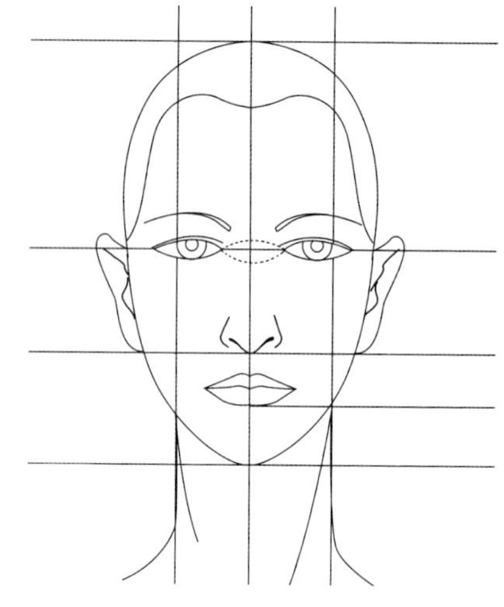

图 2–19

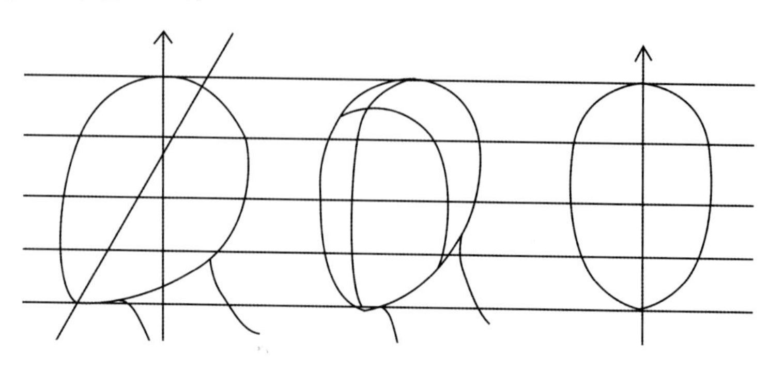

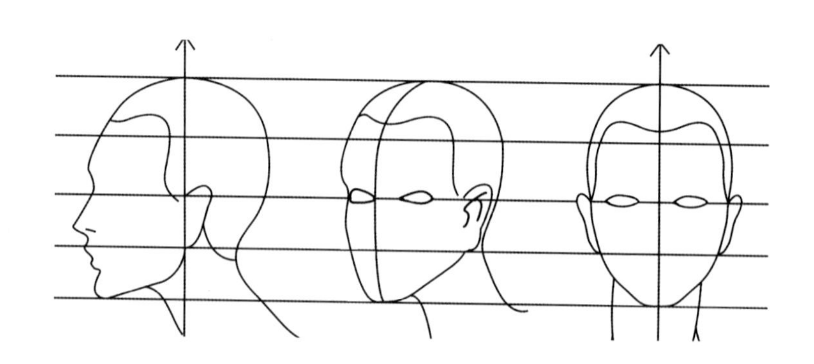

图 2–20

二、眼的画法

"眼睛是人心灵的窗户"，它能传达人的情感，表现人的喜怒哀乐。它在头部表现上占有非常重要的地位。眼睛的形状多种多样，但概括起来大致有大、小、圆、长、短等几种。男子和女子的眼睛在表现上是有差异的，女性利用化妆品使她们的眼睛显得更大。眉毛纤细，柳弯眉较多，眼睛传情、柔美。男性的眉毛较为粗黑浓重，眼也近于偏圆，皱眉锁眼，用笔要粗犷豪放，富有个性（图 2—21）。

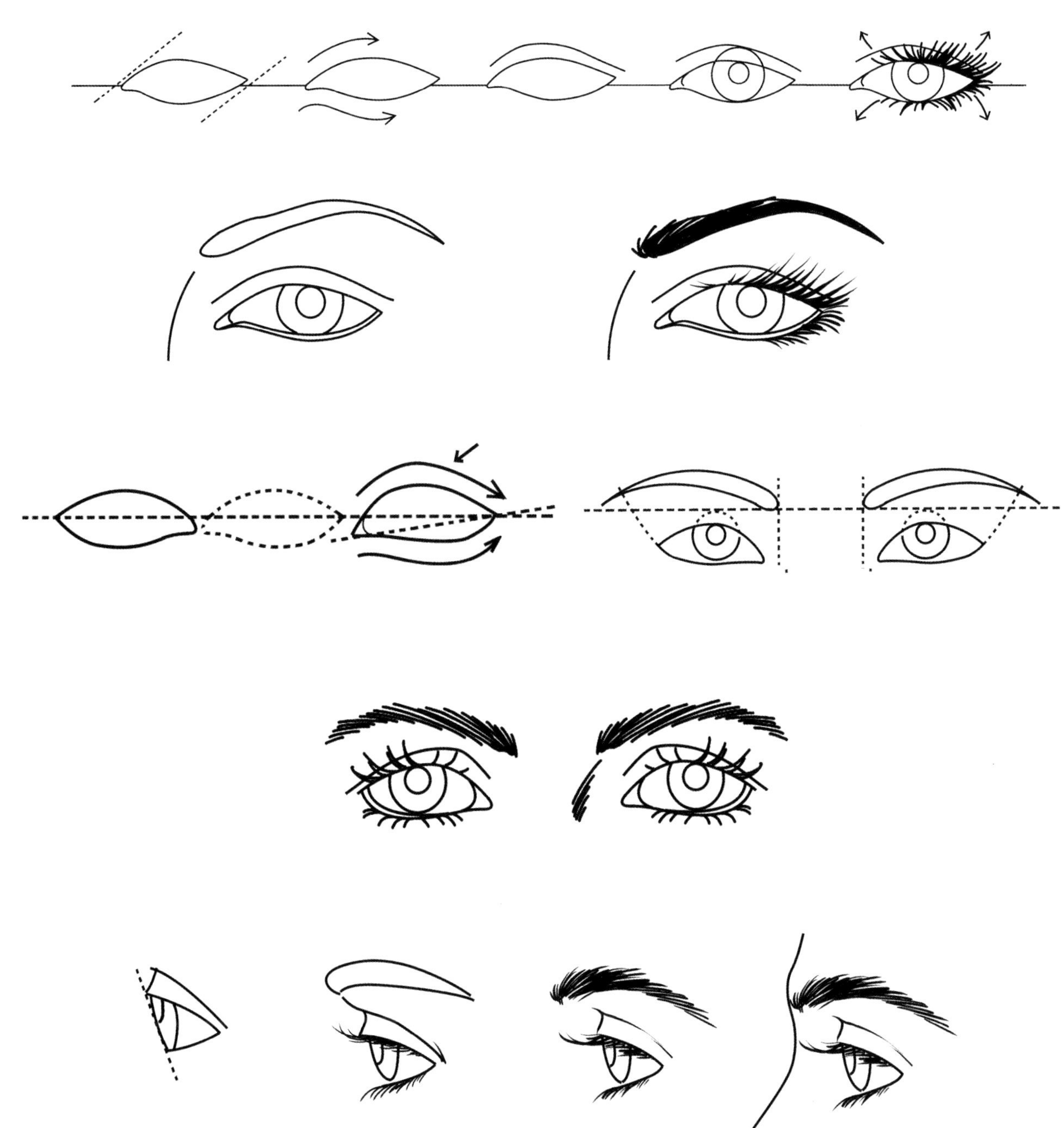

图 2—21

三、嘴的画法

嘴的中间呈浅浅的凹陷，形状像一个被拉开伸展成扁形的“M”形；下嘴唇外形也像一个拉开的“W”形。嘴部的基础构架由上额骨和下额骨及牙齿构成。上嘴唇较宽，形如拱形。上唇中部在人中处，微笑时两嘴角上翘，少许露牙。嘴分上唇和下唇，中间为唇裂线，一般下唇比上唇厚，男性趋向偏宽形，女性较男性丰厚。根据不同的特点和需要，女性一般用唇膏、口红来修饰，取长补短，不同的性格也采用不同的口红色彩来表现。在学习素描当中，有“三停五眼”的说法，三停是将发际至下额之间分为三部分，一停在眉线，二停在鼻底线，三停在下额线。五眼是指从正面角度看，脸的宽度为五只眼睛的长度，眼睛在头顶至下额线的1／2处（图2–22）。

四、耳、鼻的画法

耳由外耳轮、内耳轮、耳垂和耳屏组成。耳朵的大体轮廓像一个“C”，上端比较宽，下端比较窄。耳的位置在眼睫与鼻底线之间的高度上。鼻子的上部分（鼻梁）由鼻骨和附在上面的软骨组成；下端是椭圆形的鼻尖部。里面结构为鼻中隔，两个鼻翼也是软骨，其形状向外下方斜。鼻子的处理要把握其正面、侧面及半侧面的典型角度，注意其仰视和俯视的透视变化（图2–23，图2–24）。

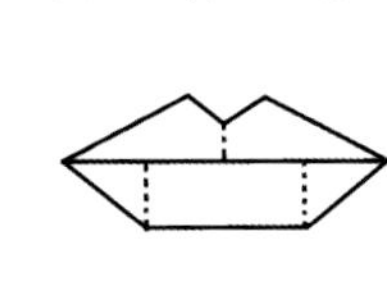

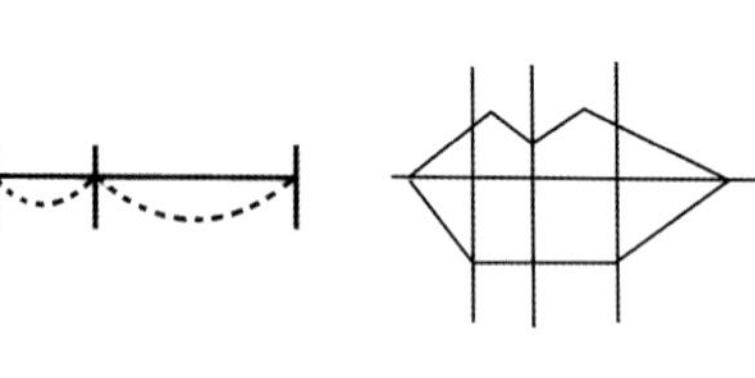
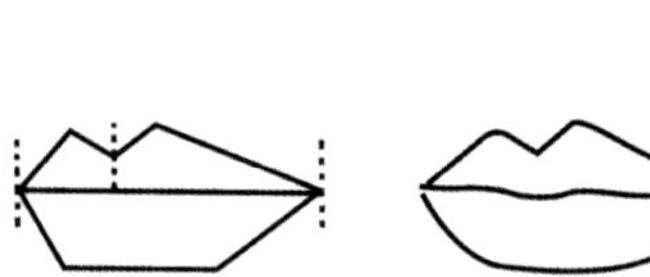
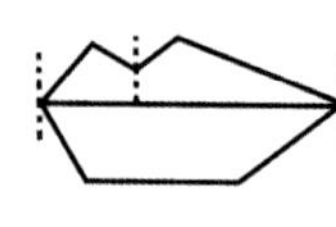

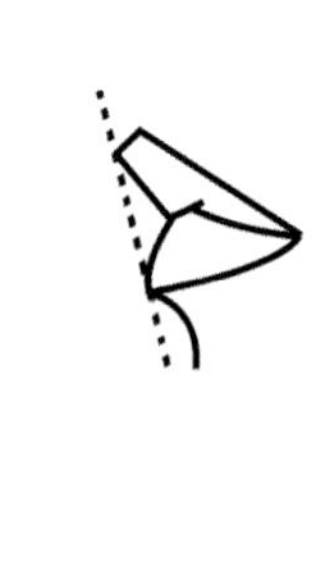
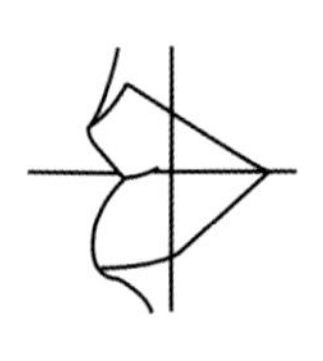

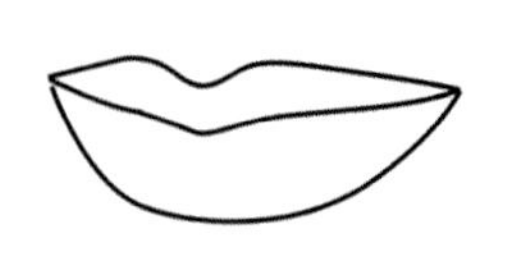
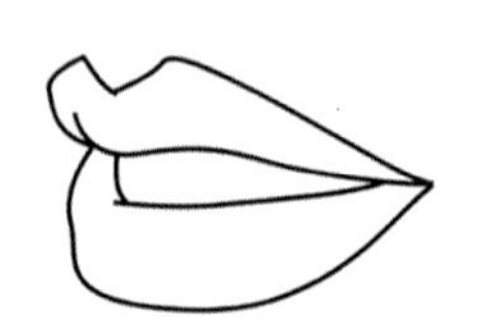

图 2–22

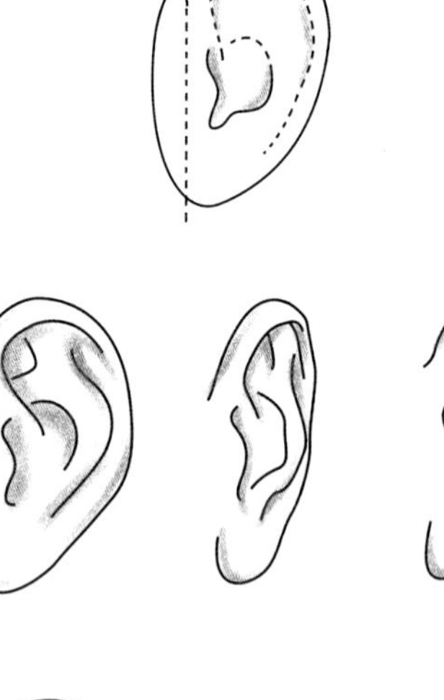
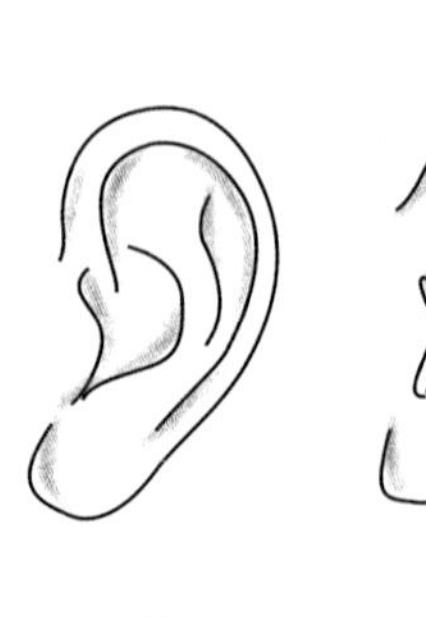

图 2–23

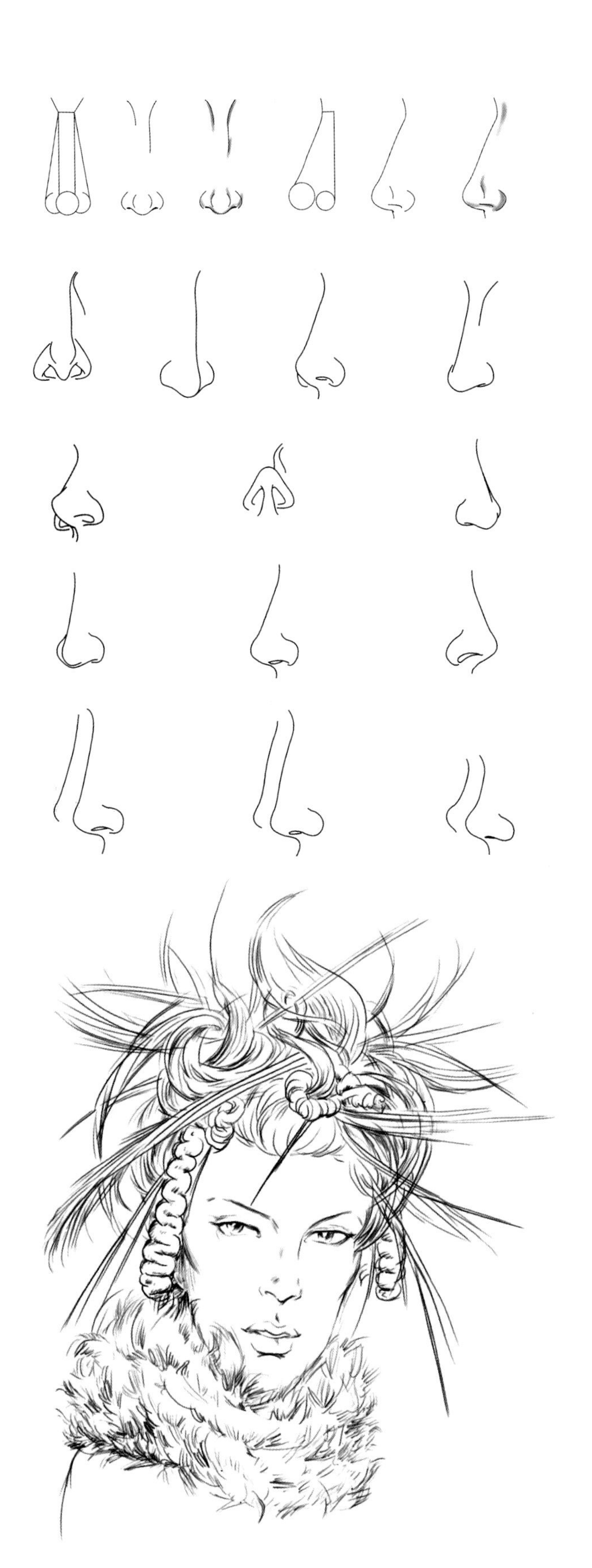

图 2—24

图 2—25

五、发型的画法

在服装设计表现中，发型也是非常重要的，它是服饰美的重要因素之一。不同的脸型应搭配相应的发型。同是一种发型，由于脸型的差异，常常会产生不同的装饰效果。同一张脸型同样也可以搭配多种发型。所以，发型的表现是要根据每个人的具体脸型、颈部的长短、内在的气质及服装的造型效果来决定的，使其脸型、发型和服装三者形成一个有机的、美的整体。

各种发型除了对人起到美化作用外，同时也反映出人的文化艺术修养和个性，它和服装款式相互依赖，相互衬托，服装可因有合适发型相衬而得到更为美的效果，同时，合适高尚的发型也可因有恰当的服装相配而锦上添花。

发型的描绘首先应掌握其造型特点，强调其基本形的特征，重视外形的美感和头发的主要结构走向，一般均用细而长的流畅笔触来表现女性的长发，线条的疏密要排列得当。要注意分析和领会服装及发型的特有情调，采用不同的表现方法，努力表达出该款式所特有的情调和风格（图 2—25～图 2—29）。

图 2–26

图 2–27

图 2–28

图 2–29

六、手与腕臂的画法

手由手掌及手指组成。手掌似扇形，“画马难画走，画人难画手”。手因其结构的复杂和灵活性，成为人体绘画中的一个难点，但它对于动态美感的塑造又是非常重要的，所以必须特别重视。

男性的手大约是头长的4/5，而女性的手大约是头长的3/4。在画手时，要从大的形体关系入手，先将手掌作为一个整体画出，然后按照生长规律将手指区域画出大形，再逐步刻画手指的形态，男性的手能传达出坚定有力、决心等感情，适用棱角鲜明的粗直线。女性的手指细长而柔软，手指能传达感情和体现美感，宜用润滑流畅而轻快的线条来表现（图2—30）。

七、脚的画法

脚与腿在整个人体中占有很大的比例。人体优美的动态主要依靠腿部的运动。恰当地描绘出修长、美丽而健康的腿，能使时装画倍增魅力。脚是人体站立和各种动作的支撑点，脚的正确描绘有助于站姿的稳定感。脚由脚趾、脚掌和后跟三部分组成。三者构成一个拱形的曲面，站立时一般是脚趾部分和脚后跟着地。脚的动态表现能加强人体姿势轻松活泼的生动感（图2—31）。

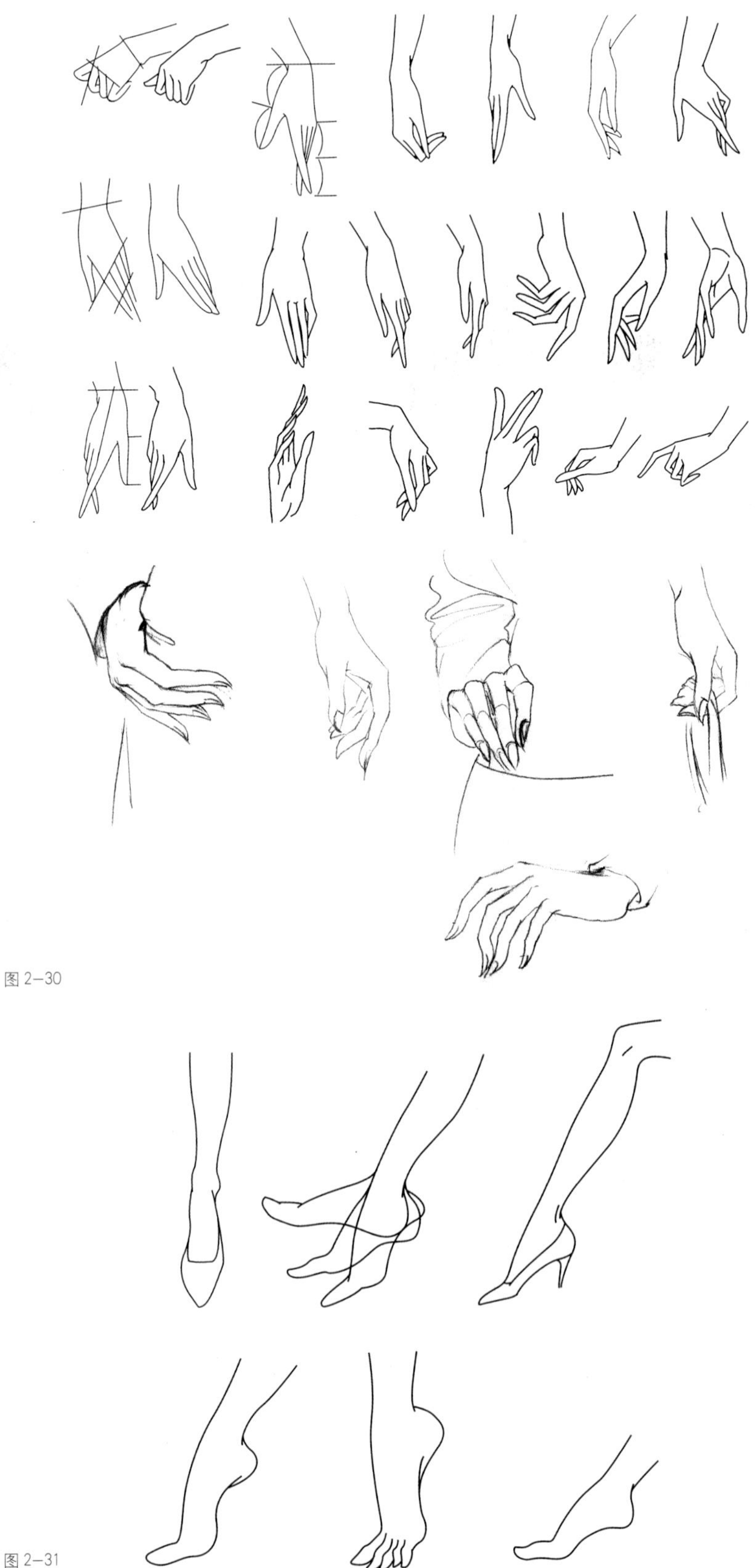

图2—30

图2—31

中国高等院校
THE CHINESE UNIVERSITY
21世纪高等教育美术专业教材
The Art Material for Higher Education of Twenty-first Century

服装的结构
服装结构图的表现方法
立体着装
不同的表现方法

CHAPTER 3

人体着装

第三章　人体着装

第一节　服装的结构

在了解了服装、人体的造型后，我们还必须了解服装的款式构成，即服装的结构。在服装的结构中，外形轮廓和内部分割是起决定性的因素。前者决定服装的造型风格特征，后者依据人体的凹凸，创造性地将服装材料分割成不同的部位，然后由各种不同的拼接方法将服装组合而成。

服装的造型是由轮廓线、零部件线、装饰线及结构线所构成，其中以轮廓线为根本，它是服装造型之基础。轮廓线必须适应人的体形，并在此基础上用几何形体的概括和形与形的增减与夸张，最大限度开辟服装款式变化的新领域。一件衣服可以根据人体的特征抽象为长方形，也可抽象为梯形、椭圆形等。服装的外形线不仅表现服装的造型风格，而且是服装设计诸多因素中表达人体美的主要因素，尤其是对肩、腰、臀的主要人体部位进行夸张和强调，能获得人体美的新创造，由于对人体的观察角度不同，对外轮廓型的构思也不同。

从平面的角度说，服装的基本形可概括为X型、H型、V型、A型、S型、圆型等类型，同样可以运用现代平面构成的原理，运用组合、套合、重合，运用方圆与曲、直线的变化和渐变转换、增减形变化等，改变服装的外形。尽管服装外形变化较多，但它必须通过人的穿着才能形成它的形态。服装是以人体为基准的立体物，是以人体为基准的空间造型，因此必然要随着人体四肢、肩位、胸位、腰位的宽窄、长短等变化而变化，即受人体基本形的制约。了解这些变化，从设计的角度去分析服装，才能更好地表现服装。

一、不同的外形表现

1. X型造型

这一轮廓的特点是强调腰部，腰部紧束成为整体造型的中轴，肩部放宽，下摆散开，主要突出腰部的曲线。这种造型富于变化，充满活泼、浪漫情调，而且寓庄重于活泼，尤其适合少女穿着（图3–1）。

图3–1

2. H型造型

整体呈长方形，是顺着自然体型的轮廓型，通过放宽腰围，强调左右肩幅，从肩端处直线下垂至衣摆，给人以轻松、随和、舒适、自由的感觉（图3—2）。

3. V型造型

这种造型也称三角形，一般裙脚收细，强调肩宽是这一廓型的特征，为了追求其洒脱、奔放的风格，体现自己的个性和时代感，女装、男装均用此造型（图3—3）。

图3—2

图3—3

4. A型造型

A型是通过修饰肩部，夸张下脚线形成的，由于A型的外轮廓线从直线变成斜线，进而增加了长度以达到高度上的夸张，是一般女性喜闻乐见的，具有活泼、潇洒和充满青春活力的造型风格。如无袖连衣裙、婚纱类服装等（图3–4）。

5. S型造型

这个造型是依附女性身体的曲线而形成的紧身型造型，突显成熟女性的魅力，是晚礼服常用到的一种表现手法（图3–5）。

图3–4

图3–5

6. 圆型造型

在服装造型中，运用夸张的表现将圆形应用于服装的整体或局部，形成趣味性构成形式。在表现时要注意衣料分割的合理造型表现（图 3–6）。

7. 组合型造型

轮廓线不仅体现服装的造型风格，而且是服装设计诸多因素中表达人体美的主要因素。尤其是对肩、腰、臀的主要人体部位进行夸张或强调，能获得新的发展和突破。所以常有设计师将不同造型加以组合，达到多变的艺术效果（图 3–7）。

图 3–6

图 3–7

二、 内部结构分割

在绘制时装画时尤其要注意服装款式的内部分割线，其变化是构成款式风格的主要因素。服装的内部分割线有些与人体结构相关而构成服装结构线，有些是为审美的需要而产生的装饰线（图3–8）。

图3–8

三、褶皱的表现

衣褶又称衣纹。它是服装穿于人体后，由于力的作用，牵引和折叠而形成的。服装的结构大体上是按人的结构设计的，以人体的站立姿态为基础，各部位的结构基本上是呈管状或筒状。

人体各部位的结构有凹凸变化，四肢、头、颈、躯干等活动范围很广，力点的数量与作用方向也有变化，因此，人们着装后往往贴身部位会显体形，而在关节部位都会出现许多褶皱。褶皱基本上分为：重力褶纹、牵引褶纹和折叠褶纹。

重力褶纹：主要是指面料向下垂于地面的褶纹。

牵引褶纹：由于人体的运动，腰、四肢在运动中的弯曲，使服装面料在人体的作用下产生力的牵引形成褶纹。特点是褶纹线条相对较长。

折叠褶纹：是两个力点向内作用挤压织物形成褶纹。出现的部位如：手肘、腋窝、膝盖等处。特点是衣纹线条较短。

衣服的褶皱可分为三个不同类型：有规律有方向的褶裥所形成的刚劲、挺拔的节奏；还有随意的抽成的细皱褶所形成的蓬松自由的优美曲线；再有就是服装面料因不同的质感，在依附人体时因造型所形成的起伏波浪，这种悬垂感具有飘逸洒脱的风韵（图3–9）。

图3–9

四、其他

服装结构绘制时还要考虑到一些细节的刻画，在成衣设计时，甚至一些制作工艺的特点也要通过款式结构图表达清楚（图3—10）。

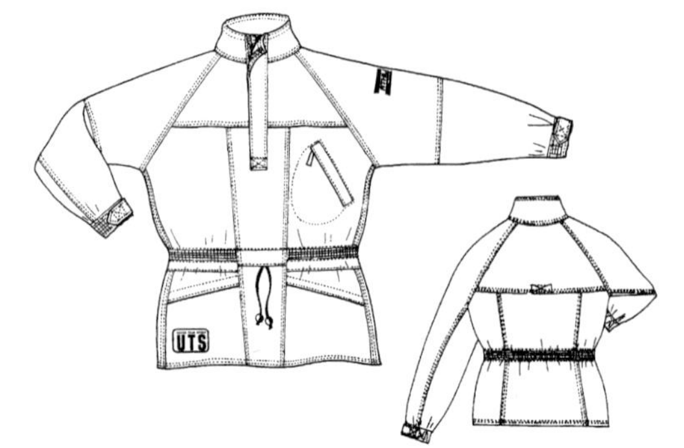

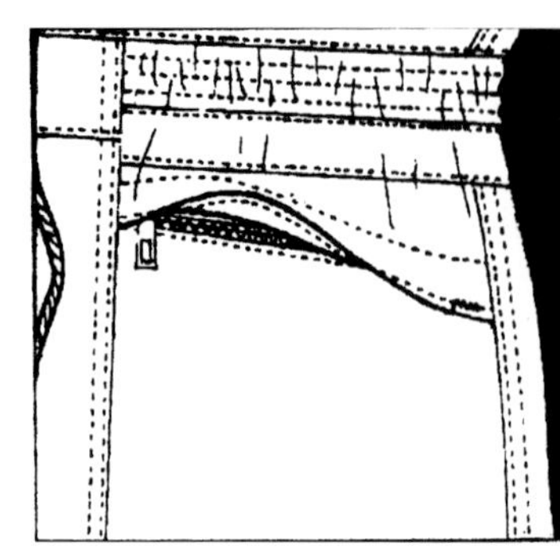

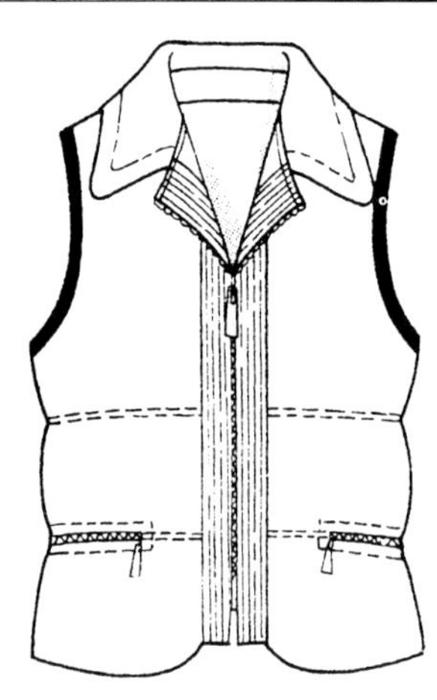

图3—10

1．领型（图3—11，图3—12）

图3—11

图 3–12

2. 袖型（图 3–13）

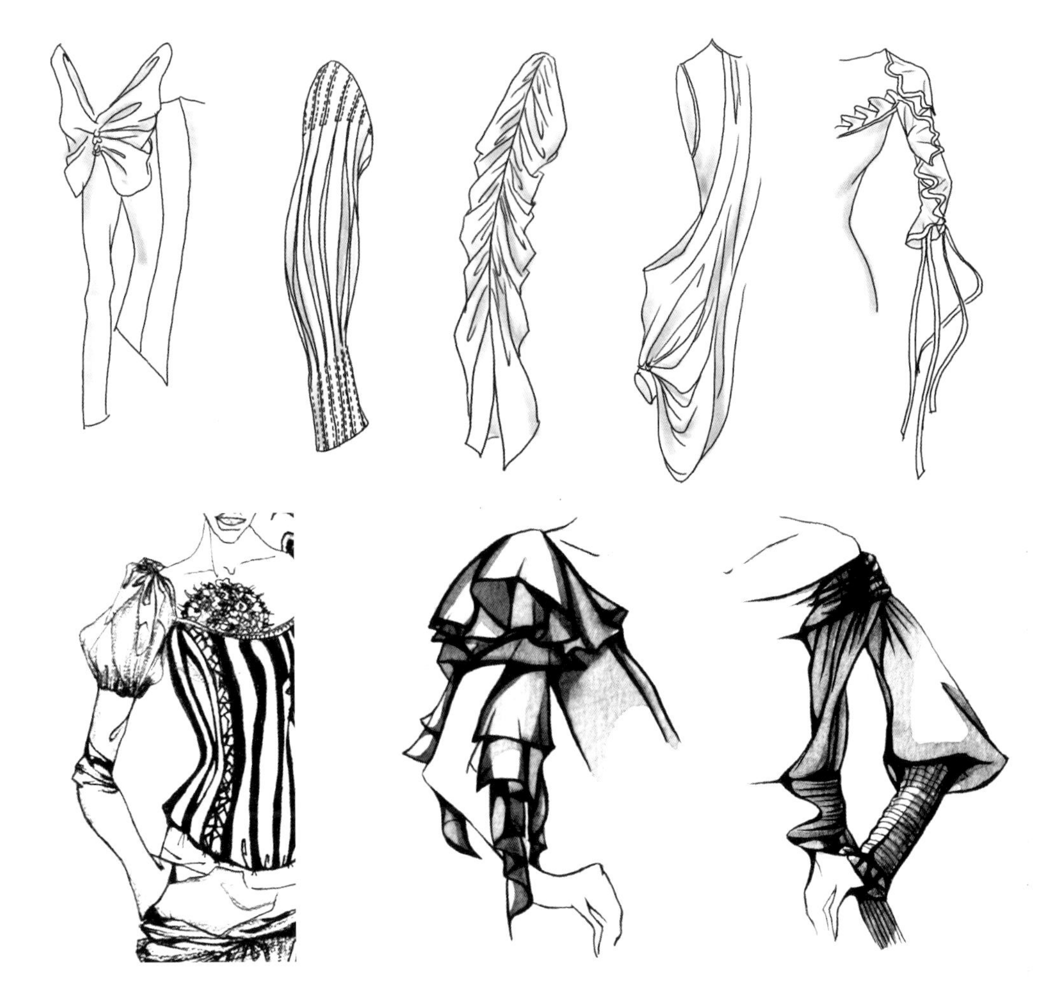

图 3–13

第二节 服装结构图的表现方法

服装结构图即平面图、款式图，是服装效果图的补充说明，是对设计款式更详尽的说明。服装结构图是将服装脱离人体的平面展示效果。服装设计效果图往往有一些审美上的夸张，结构图的目的是将服装效果图中不清楚的部分、效果图中不能全面展示的部分严谨准确地表现出来。服装是一项立体的设计，有了结构图它可以全方位展示服装的整体设计效果，结构图是款式效果图的重要补充部分，它是有效地指导成衣设计生产的重要组成部分，所以服装结构图在服装专业设计中占有重要的位置。

一、工具

画结构图所需工具：铅笔、橡皮、钢笔、针管笔(或较细的签字笔)、中性麦克笔。

二、方法步骤

1．起草图

因为人体的对称性，所以平面的服装结构图要用铅笔先画好中心线为服装的参考依据，然后根据人体的体形结构特征，画好服装的领位、肩线位置，再根据服装的整体比例关系画好侧缝线、下摆围度等，确定外形后，再根据服装各个细节之间的比例，例如口袋、纽扣的大小，省道的长短等，画出服装的内部结构线。要注意，虽然表现的是平面图，仍然要有立体的概念，画出服装的透视感觉，为使线条准确生动，在画平面结构图时尽量不借助尺子，以免线条呆板。

平面结构图是成衣生产的依据，所以要尽量刻画细节，如双明线的距离，服装零部件的细节工艺，镶拼面料的质感差异等等。

2．钢笔勾线

用钢笔或针管笔在铅笔线的基础上描画，服装的外部线条用较粗的钢笔勾画，内部线条用较细的钢笔勾画，形成较为完整的制图效果，待钢笔线条完全干后，再用较软的橡皮将铅笔线擦拭干净。

3．上侧影与标文字

为增加平面结构图的立体效果，可用灰色麦克笔在结构图单侧画阴影，可以丰富结构图的视觉效果，适当的文字对局部结构起补充说明作用(图3–14、图3–15)。

图3–14

图 3—15

上衣的造型与分割（图 3–16）。

图 3–16

裙子的造型与分割（图 3–17）。

图 3–17

裤子的造型与分割（图 3–18）。

图 3–18

第三节 立体着装

在表现着装人体时，要考虑到人体的重心线与服装的中心线的关系；领围、胸围、臀围、服装底边围的角度变化；服装的中心线依附于人体凹凸起伏，并随着人体姿势不同而发生透视变化，从立体的角度去分析不同面料的质感表现，以及服装与人体的空间关系因不同的人体姿态而产生的衣褶变化，这些都是画好时装画的重要依据。

绘制时装画时，人体姿态的选择直接关系到服装展示效果，是由时装款式特征的最佳角度来决定的。时装人体中有一条人体的中心线，它是绘制着装人体最关键的参照物，衣服的领口、衣服的门襟等服装的结构都需以此为对照。

衣纹的处理和表现也是着装人体的难点，我们必须清楚衣纹的成因。所谓衣纹，它是由人体的关节或躯干的运动变化，而致使包裹在人体外部的衣料发生被拉伸或堆积的现象，在关节变化后的凸起面，由于面料被绷紧而产生拉伸，同时，在凹进面就会产生余量。另外，由于服装面料的质感不同，所产生的衣纹效果也就各具特色（图 3–19～图 3–21）。

图 3–19

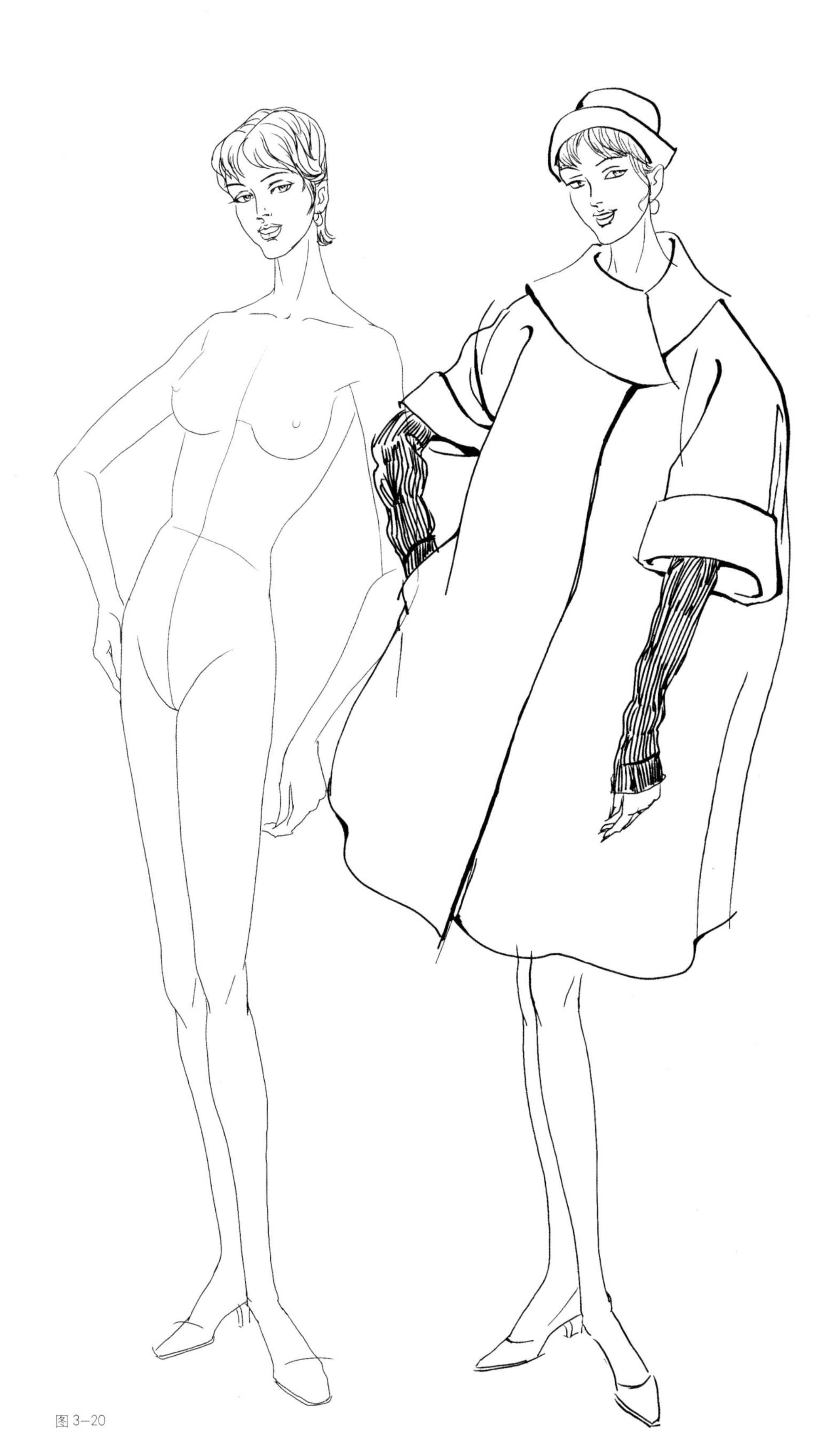

图 3–20

图 3–21

第四节 不同的表现方法

线条是时装画造型的基本表现形式，线条不仅表现服装的肌理质感，时装绘画者还利用它丰富的艺术表现力。线条的勾勒、转折、行涩、顿挫、浓淡、虚实、疏密排列都是绘画者艺术修养的再现，时装画的线条要求整体概括，简洁清晰，突出表现服装的结构造型、人物的动态、面料的肌理质感，以及整体画面的风格等。

一般情况下，轻薄丝织品的衣纹线条长而顺畅；化纤类织物的衣纹线条挺括而富有弹性；棉、麻类织物的衣纹线条硬而密集；毛类织物的衣纹线条圆润而厚重……

现在许多学生在学习时装画前都有临摹日本动漫人物的经历，动漫人物严谨的人体动态是时装画中要借鉴的优点。但动漫中过于夸张的人物面部刻画，过于繁杂的衣纹都会影响到服装设计的外部造型轮廓及内部结构线的分割。因此，时装画中的衣纹要处理得简练、概括，这是要特别注意的。

一、均匀线

通常用钢笔、勾线笔等工具以同等粗细的线条来表现服装。均匀线的特点是气韵流畅，结构清晰，通常表现轻薄而有韧性的面料。均匀线由于线条单一，绘制时装画要注意画面线条的疏密排列，用线条的节奏形成装饰性效果。在运用线条时，还要考虑到面料的质感带来的线条变化，表现丝绸面料时，要运用流畅飘逸的线条，表现棉麻织物时，要运用短促而细密的线条等（图3–22～图3–29）。

图3–22(1)，作者采用针管笔均匀的线条，细致地刻画出不同材质的搭配设计，在表现时，运用线条的不同方向组合，丰富了画面的效果。

图3–22(2)，作者运用装饰性均匀线条的穿插，增强了画面的艺术感染力。线条流畅，表现力强。

图3–22(3)，作者运用细密的线条排列，强调了画面的空间关系，及其服装材料的质感表现。

(1) (2) (3)

图3–22

图 3-23

图 3—24

图 3—25

图 3–26

图 3—27

图 3—28

图 3—29

二、粗细线

粗细变化的线可由毛笔、·扁嘴铅笔、书法钢笔等工具表现，线条生动多变可表现丰富的面料质感，悬垂感等（图 3–30～图 3–34）。

图3–30的作者通过强调服装层次间的光影变化而改变线条的粗细，表现出服装的层叠穿插关系，加粗的线条也增加了服装的力度感，更好地表现出设计中要传达的军旅风格。

图3–31的作者通过线条的粗细变化表现了空间位置的不同，细线体现相对远距离的空间与女性的柔弱细腻。粗线表达了男装中的钢硬与坚强。

图3–32的作者通过线条的变化着重强调服装中的不同面料质感，线条流畅而富于变化。

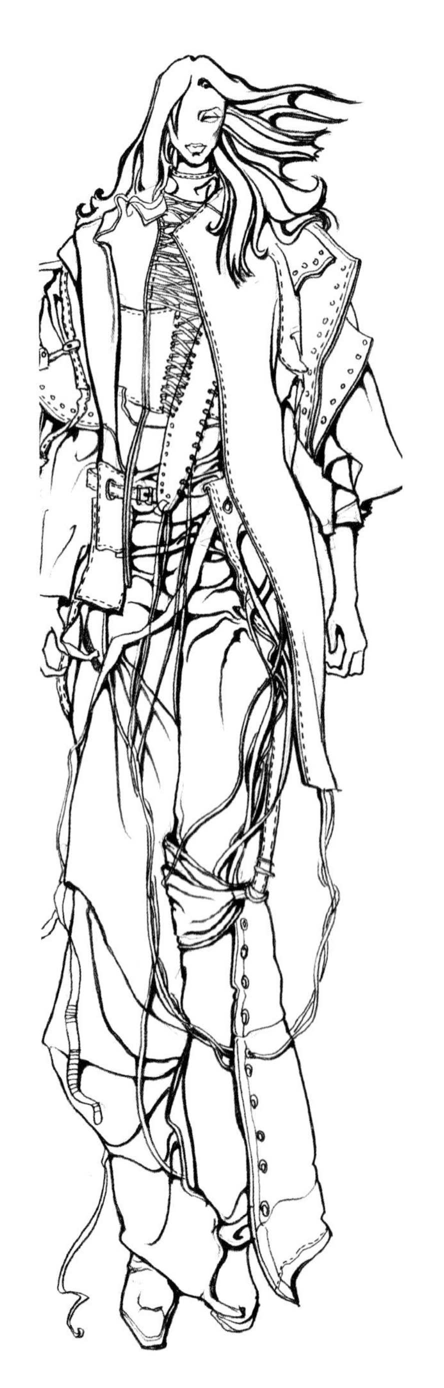

图 3–30

图 3–31

图 3—32

图 3—33

图 3-34

由此我们可以看出，时装画中造型的线条是体现设计者对服装内涵的理解，对服装结构的熟悉，以及对时尚感觉的把握。同时还要多借鉴其他造型艺术中对线的运用，只有在此基础上，才能更好地表现出时装画的神韵。

三、黑白灰的表现方法

学生在学习时装画着色前，应学会将丰富多彩的服装色彩与空间关系用黑白灰的表达方式去理解塑造，时装画的黑白灰表现是建立在对色彩的空间层次认识上，就好像我们将彩色照片的底版，用黑白照片的洗印方式呈现在大家面前一样。学生们通过单纯的黑白灰色调练习后，更好地理解色彩配置的空间关系及服装层次的明暗光影变化（图 3-35～图 3-38）。

图 3–35

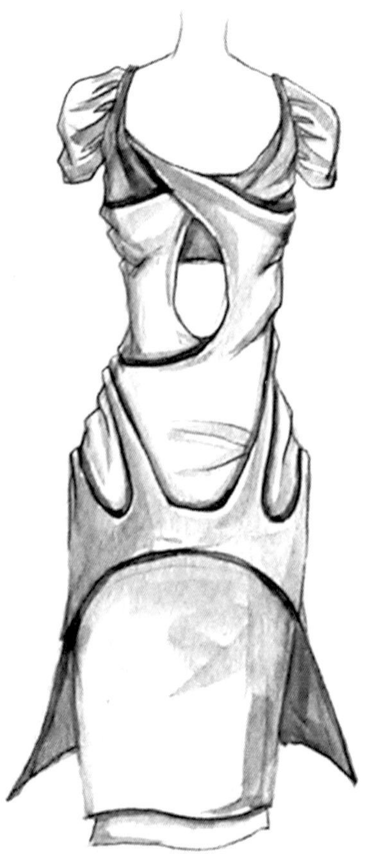

图 3–36

图 3—37

图 3–38

中国高等院校

THE CHINESE UNIVERSITY

21世纪高等教育美术专业教材

The Art Material for Higher Education of Twenty-first Century

CHAPTER 4

配色常识

薄画法

厚画法

其他画法

时装画表现方法

第四章　时装画表现方法

第一节 配色常识

在服装设计中，色彩是其三大构成要素之一。因此色彩表现是服装效果图的重要环节。服装是一种无声的语言，直观地反映着人类的思想情感、时代文明与社会风貌。人们的服装及其色彩随时间、气候的变换而不断更换。在服装中，色彩美不能单项实现，它存在于包括款式、面料等系统的综合工程中，存在整体的服装设计中，需考虑与人的体态、肤色、性别、年龄等生理条件相协调，还须考虑人的心理、职业、文化、环境和社会风俗，才能借助服装色彩来展示真正的个性美。还有许多的特殊的服装必须首先考虑其实用机能。这种实用机能是在自然科学技术的引导下，依据色彩的科学原理，从人的视觉生理系统出发，根据人工作的特点和需要所产生的机能要求。如外科医生手术服的色彩定为绿色或蓝色较有代表性，因中性色或冷色具有镇静的作用。军服色彩的设计与军兵种和地理气候环境有着密切关系。军服的迷彩色及伪装色，有利战时所需的隐蔽。随着时代的发展，不断追求材质的舒适性、色彩的多变性，色彩和织物的创新，使新颖的材质、丰富的色彩为服装增光添彩，色彩和面料材质之

图 4—1

间是相互依存的,使得现代服装变得简洁而并不简单。

作为服装效果图的色彩配置，常用的有三种基本方法：

1. 同类色配置

同类色配置是指运用同一色系(色相环上15度之内的颜色)色彩相配置，如：红色系列、黄色系列、蓝色系列等。这些同色系列相配置的方法很容易取得协调的色彩感觉,但应该注意的是色彩的明度和层次要处理得当,否则图面色彩则会显得呆板而平淡。在画图时要根据款式的特点在鞋、包、领花、围巾等配饰中加入其他色彩点缀，丰富画面效果（图4—1）。

2. 邻近色配置

在色相环上，90度之内的颜色称为邻近色，如：橙与红、蓝与绿、绿与黄等。邻近色的配置方法较容易构成既和谐又富于变化的色彩效果。颜色之间的纯度和明度应有主次、强弱和虚实之分,这样才会使服装的色彩有层次感，它是人们易于掌握的配色方法(图4—2)。

图4—2

3. 对比色配置

对比色一般是指色相环上两极相对应的颜色，如：红与绿、黄与紫、蓝与橙等。对比色是大家不易把握的配色方法，处理不当会非常刺眼，带来感官上的不适。但用好对比色，恰恰能够体现出对色彩的把控能力。在对比色相配置时值得注意的是对比色在其纯度和明度上的对比关系，在色相和面积上的对比关系。一般的规律是，面积大的颜色其纯度和明度应低一些；面积小的颜色其纯度和明度可以高一些。例如：整套服装的颜色是暖绿色，在服装的局部点缀少量的红色，构成对比的关系，这样的色彩配置会使服装的色彩明朗而醒目（图4–3）。

服装色彩分两大类。一类指服装自身的色彩，另一类指与服装密切相关的服饰品色彩，这两大类别的色彩共同构成了服装色彩整体系列关系。在服装色彩设计与搭配中，为了使众多色相各部分色彩之间组合产生整体的美感，避免进入用色误区，应紧紧抓住服装“色调”这一重要环节。

所谓色调是指色彩的整体基调，它是某一事物或整套服装色彩外观的重要特征和总体倾向。色调与色相、明度、纯度、色面积比例、色位置、材质等诸多因素相关，其中若以一个色彩要素为主，它则起着主导支配作用，色调也就倾向这一因素。众所周知，每一种色彩都会给人们带来不同的心理感受，选择以何种色彩为主基调，要考虑到这方面的因素。

图4–3

第二节　薄画法

服装效果图的表现技法非常丰富，人们常常会根据服装款式的不同、服装材料质感的不同，选择相适应的服装技法表现风格。

服装效果图中的薄画法(也称为效果图的淡彩)是运用水彩色表现服装设计的各种造型。淡彩表现是服装效果图最主要的表现方法之一。由于水彩色晶莹剔透、酣畅淋漓的特点，所以适合表现一些透明的、半透明的及轻薄、飘逸的服装。水彩具有较强的透明感，操作简易而方便，适合于大面积渲染。用笔可以大面积地涂画，也可以较为细致地晕染。时装效果图的水彩技法大都是从绘画中借鉴吸取而来，有湿叠、干叠、湿接、干接、未干衔接、渲染等等技巧。淡彩画法的用笔一般是选择白云笔或水彩笔，运笔力求干净利落、一气呵成，掌握好笔中的水分，水分过多或过少，都会影响图面的充分表达（图 4–4）。

图 4–4

一、写意法

所谓写意法是借鉴中国画中的大写意的用笔和着色技法。选择大白云或大号水彩笔，笔蘸的色彩及水分要饱和一些，按照服装的结构大笔一挥而就，笔触漂亮，善于利用空白的处理，虚实、浓淡掌握得当，这种方法给人以生动而大气的感觉（图 4–5）。

图 4–5

二、晕染法

晕染法吸取了国画中工笔重彩的画法，用一支颜色笔和一支水笔同时进行绘制，把颜色涂在纸上随即用水笔晕染，其色彩效果较为细腻而自然，具有丰富的层次感和装饰情趣。当然运用此法亦可进行两种不同颜色的晕染，使色彩更为绚丽丰富（图4–6、图4–7）。

图 4–6

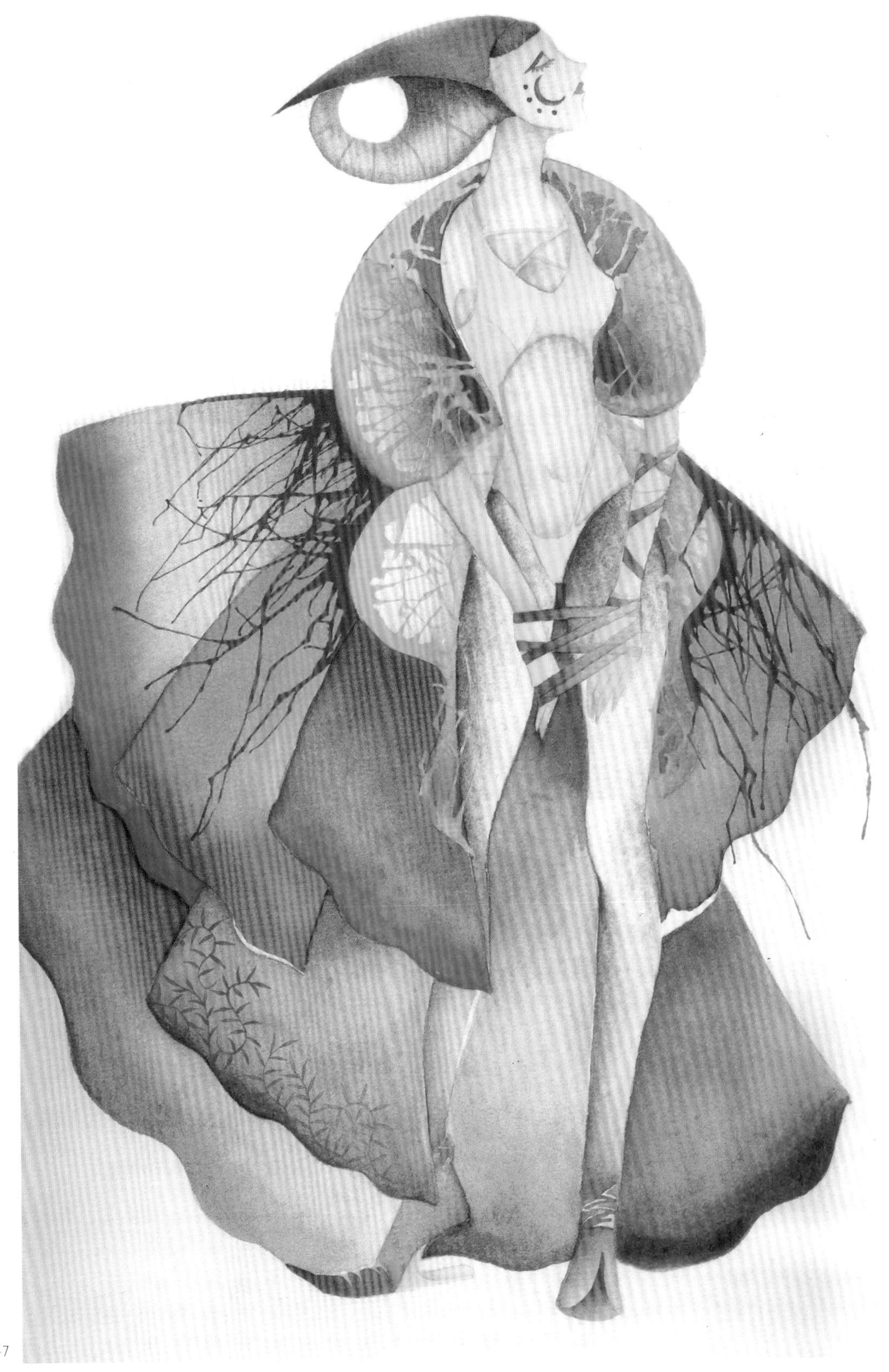

图 4–7

三、淡彩画法

淡彩画法还可以利用水迹处理、利用空白处理等，使图面产生一种新颖、别致的艺术效果。

淡彩画法的具体绘制方法与步骤如下：

1．皮肤着色：将画稿拷贝在具有吸水性较好的水彩纸上，首先画人物的皮肤颜色。皮肤颜色的调法是：以中黄、朱红为主色，加入极少量的桃红色，然后加大量的水调和。在脸的主体部位着色，一般脸部的颜色不宜过重，同时将画面中有皮肤裸露的部位都涂上肤色。在刚才用过的肤色中加入少许翠绿和赭石，将皮肤的暗部着色，四肢的用色应注意立体感。接下来刻画面部细节，着头发的颜色，头发的颜色根据服装的色彩可轻可重，可冷可暖。头发的表现力求蓬松飘逸，避免用笔过于呆板（图4—8）。

2．服装着色：在着色之前，应做到胸有成竹，服装的色彩配置要根据服装的流行趋势相结合，还要考虑到其他各种因素。着服装的颜色应根据服装的结构特征而顺势用笔。面料上的图案在表现时抓住大的感觉，并注意图案与衣服的转折关系和一致性。同时，掌握好笔触的衔接，画面的用色、用笔以表现服装整体的色彩关系和织物肌理为主（图4—10、图4—11）。

3．勾线：勾线是淡彩画法较为关键的一步，线条要表现人物的五官、发型、服装的结构特征、衣纹的走势及质感等。勾线时可根据服装的特征来选择硬线笔（钢笔等）或软线笔（衣纹笔等），但不管选用哪一种笔，对于线的要求是一致的，用线要清楚明了地表现服装的造型结构，要使线条生动灵活，收放自如（图4—9、图4—12）。

图4—8

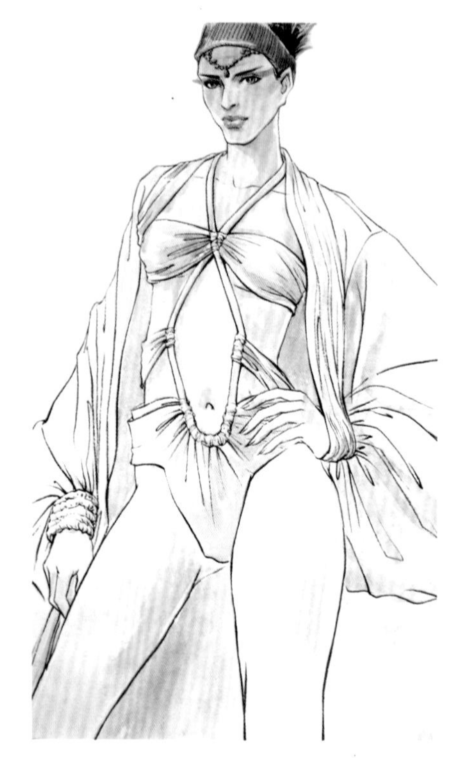

图4—9

图4—10

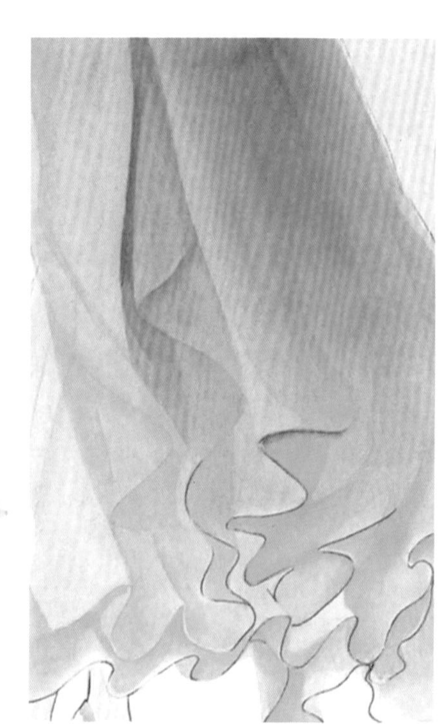

图4—11

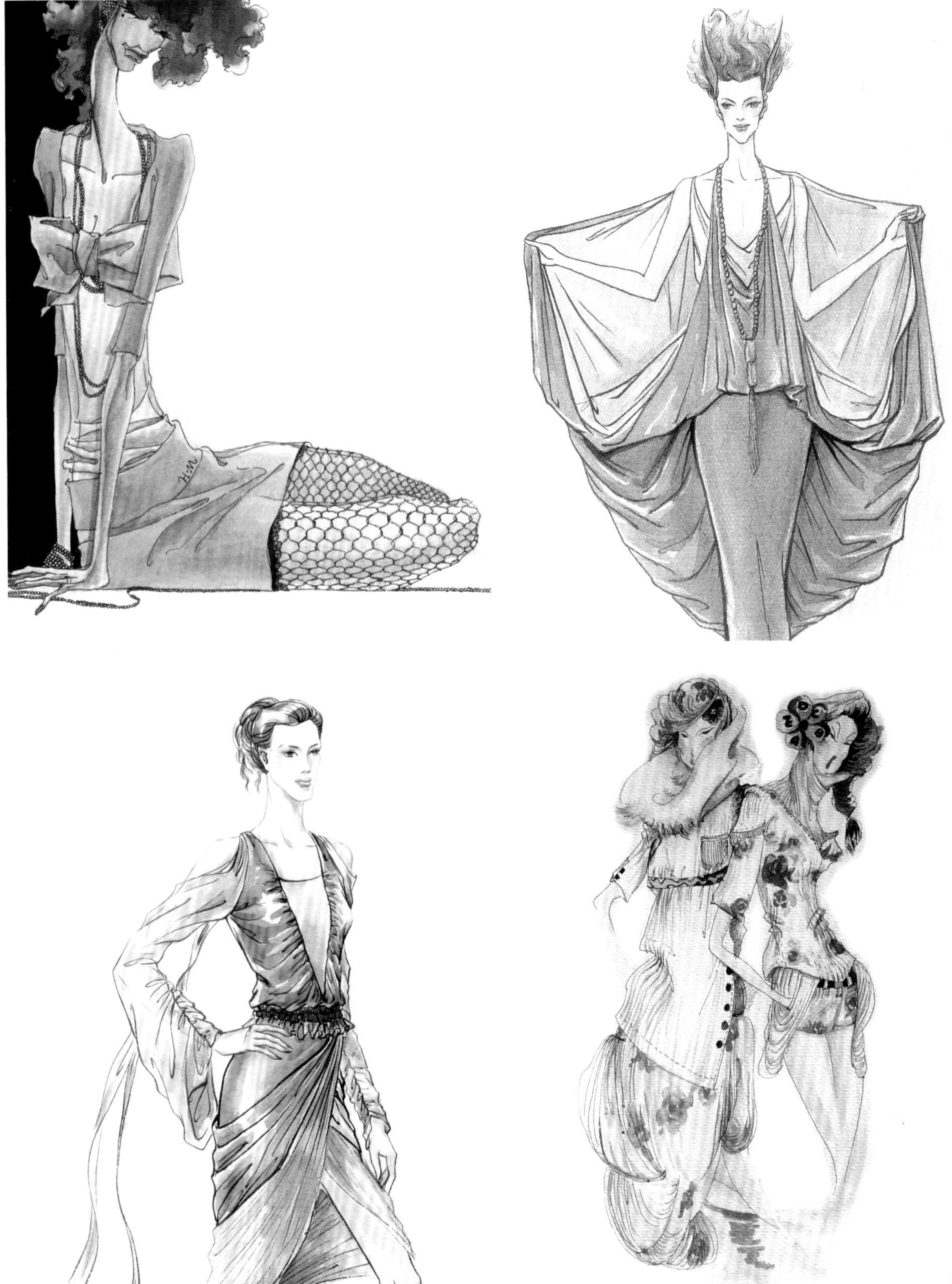

图4—12

在服装效果图中，淡彩画法由于表现形式便捷、灵活，同时画面效果疏朗而富于情趣，因此作品风格迥异，新颖、别致（图4–13～图4–16）。

图4–13

图 4–14

图 4–15

图 4–16

第三节 厚画法

厚画法也称为水粉画法，是运用水粉色来表现服装设计的构思。水粉色与水彩色相比，水粉色具有较强的覆盖力、厚重感，由于水粉色的覆盖性强，所以具有修改性，对于初学者来说更易掌握（但注意同一位置不宜做多次修改）。水粉画其表现力强，厚涂薄画均可，根据各人的习惯可以从暗部画到亮部，也可以从亮部画到暗部。常见的是在掌握住中间调子的同时，提高亮部，压低暗部，这样立体感就非常清晰了。因此，水粉画法适合表现一些粗犷的、厚质感的和各种特殊肌理的服装效果，用笔一般选择水粉笔、白云笔等（图4—17～图4—21）。

由于水粉颜色同时具有薄画法和厚画法的表现，那么我们的学生就可以根据所设计的款式、所选的面料来应用薄厚结合的表现方法，在一张画面中，肤色及轻薄的面料用薄画法表现，而厚重的外套、皮革等面料用厚画法来表现，尽可能地发挥薄、厚画法的优势，使画面表现力丰富（图4—22）。

图4—17

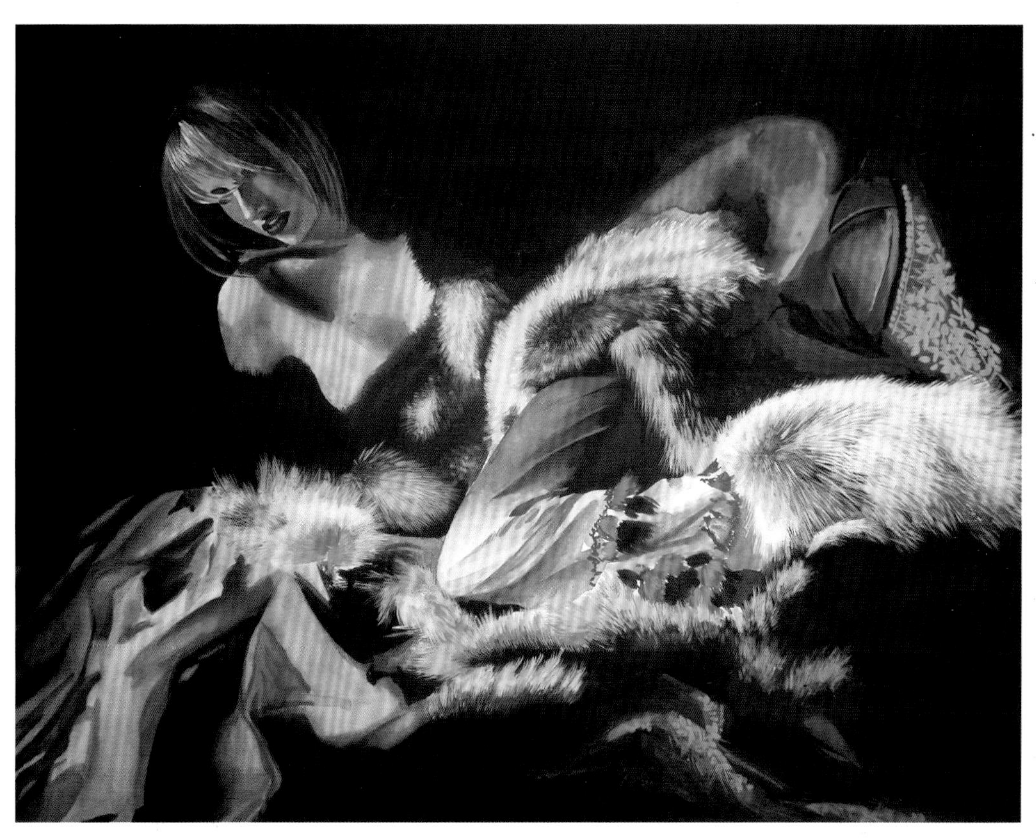

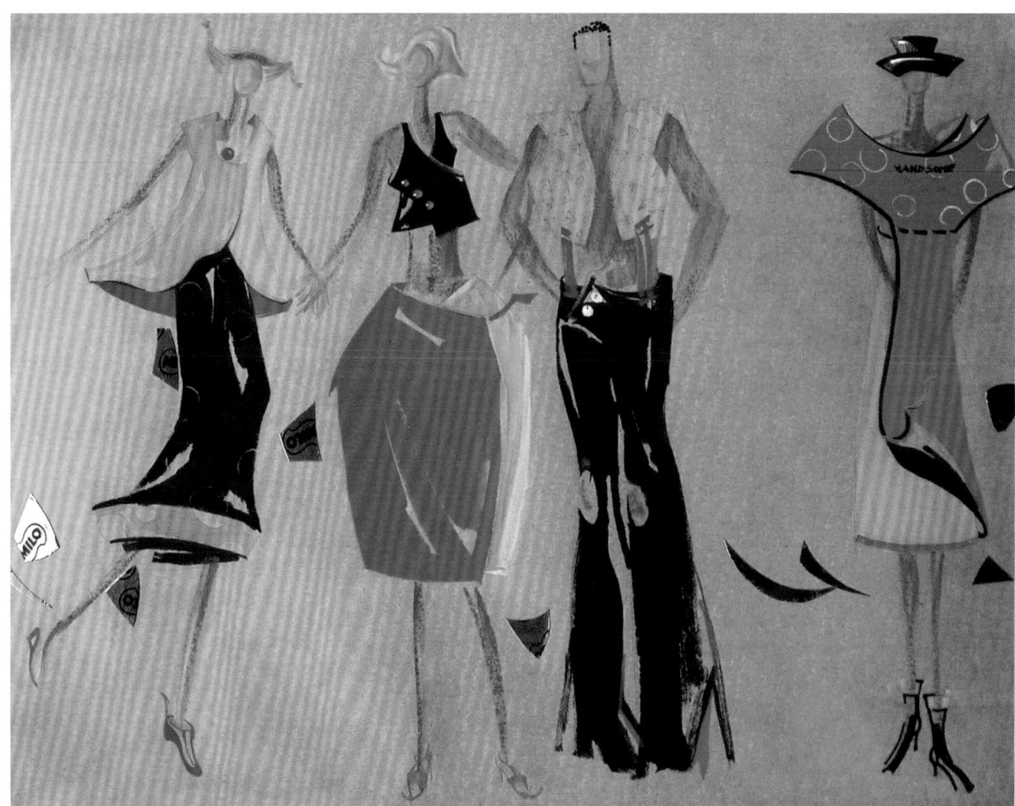

图 4–18

图4-19

图 4—20

图 4—21

图 4—22

第四节 其他画法

当今的时装画受到各种审美思潮的影响，在越来越多的新材料不断问世的情况下，我们有了更多的尝试，从而形成了风格多变的时装画表现方法。时装画还要借鉴更多的艺术形式，从中汲取养分，更加充实画面的表现技巧。

在这里我们只介绍几种主要的表现方法，希望大家踊跃尝试，创造更多更新的好作品。

一、彩色铅笔的表现技法

用彩色铅笔来表现时装效果图有两种风格。一种是较为写实的风格，类似素描的表现方法，把人物与服装表现得有立体感、有层次。加之彩色铅笔有较大的灵活性，利用明度的转换和色彩的变化会使画面显得更加柔和细腻，这种画法比较细腻。要求绘画者有良好的造型能力和写实功底，绘制时比较费时间，不太适合考试时使用。彩色铅笔的技法和铅笔素描极为相似，无需调色，使用便捷，两者的区别在于颜色。彩色铅笔技法注重同时使用几种颜色，主要是排线上色。上色时应注重同时使用几种颜色，使之交互重叠，多色、多变的笔触达到了多层次的混色效果，这样色调既统一和谐，又变化多样，进而丰富多彩。绘画时切忌一支笔画用到底，以避免色彩过于单调，由于彩色铅笔的笔触细腻，十分适合人物面部的刻画和表现化妆效果。但因铅笔工具的特点及局限，重度略显不足，不适宜表现十分浓重的色彩。另一种是夸张写意的风格，即采用大块面的画法来突出线条排列的帅气，虚实结合，注重动态及色彩的总体效果。在表现这种风格时，须注意用色不宜太多。

彩色铅笔也可以与其他技法结合使用，如常见的有：彩色铅笔加钢笔，彩色铅笔加水彩等。一般适合表现朦胧的色调，飘逸的面料，以及写实风格的效果。可选用水溶性彩铅，可用彩铅笔在重点部位仔细刻画，又可溶于水将颜色大面积铺衬，或可用普通彩铅笔与水彩相结合，水彩由于自身不具有可覆盖性，在绘图时追求意境，讲究一气呵成，这就给初学不久的学生们带来一定的困难。因此，仅仅把水彩色作为图画大面积着色的材料，细节、明暗转折借用彩色铅笔这一工具来完成就会简便许多，最终效果也更容易把握（图4—23～图4—26）。

图4—23

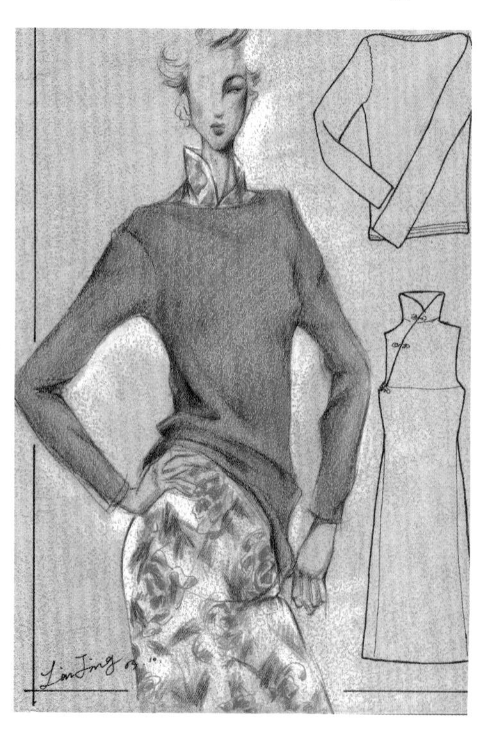

图4—24

图 4—25

图 4–26

图 4–27

二、油画棒的表现技法

由于油画棒属油性材料，覆盖力较强，但对于学生们来说，其表现力不够细腻，所以把油画棒与水粉色相结合就是通常所说的油画棒水粉法，适合表现厚质面料上的图案或条格。一般情况下，先用油画棒画出图案，再着水粉色。由于油画棒是油性的，它排斥一般的水质颜色，因此形成一种特殊的视觉效果。当然，也可先用水粉着色，再用油画棒画出图案。绘制顺序的不同，能产生不同的图画效果。

图 4–28

在绘制过程中，要考虑到着装人体的明暗、透视关系。油画棒的使用要结合这些关系，才不至于和整个图画脱节，以便形成和谐、统一的画面效果（图 4—27、图 4—28）。

三、麦克笔的表现技法

麦克笔最大的特点就是能直接将设计者的构思快速表现出来。在画时装画时，大多采用水性麦克笔。由于麦克笔的每一次运笔都会清晰地留下笔触，应尽量用笔果断，适当留有空白，这一技法的风格豪放、帅气。麦克笔颜色透明，笔触易衔接，但要考虑两个颜色的色相。不宜过多重复涂抹，否则色彩易于混浊。由于彩色水笔物美价廉，又有类似麦克笔的透明效果，可作为麦克笔的替代品。另外，要用麦克笔表现效果图中的阴影和图案，应先上浅色，再上深色。为了使阴影或图案笔触明确，边缘清晰，则可等先上的颜色干了之后，再画阴影和图案（图 4—29）。

图 4—29

四、色粉笔的表现技法

色粉笔既有麦克笔的笔触效果，同时各色彩之间又可以相融。色粉笔是以适量的胶或树脂与颜料粉末混合而成，不透明，极具覆盖力。无需调色，直接使用。色粉笔其特殊的粉质效果常被用来表现带有柔和效果的绒面服装材料，如丝绒、平绒、貂毛等。因为色粉极易脱落色，因此在完成效果图后，故需要喷上适量的定画液或发胶固色（图4—30、图4—31）。

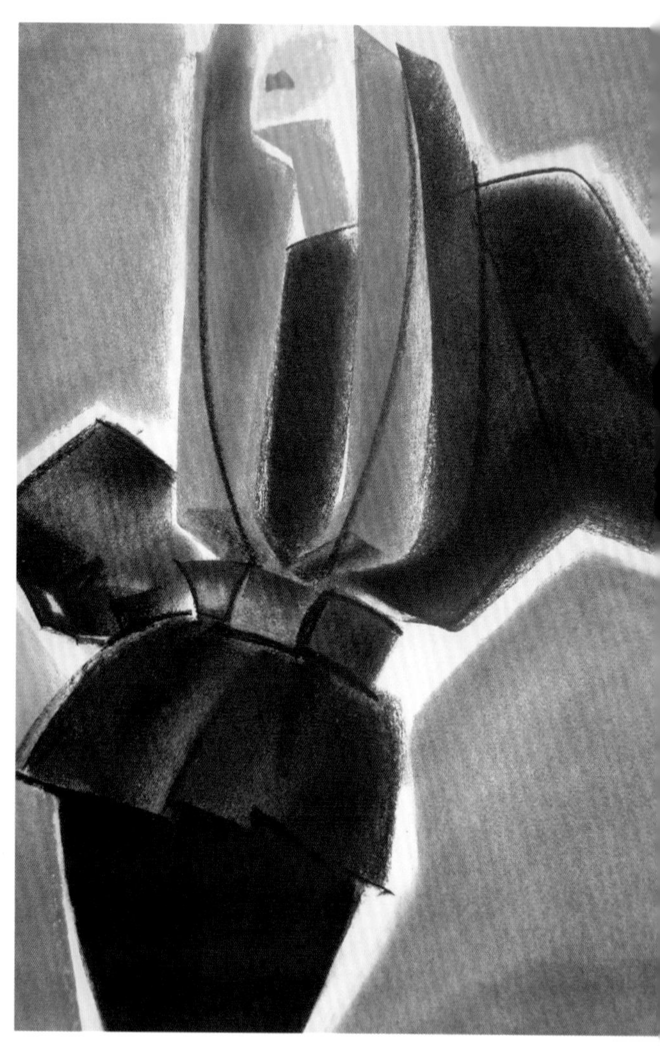

图4—30

图4—31

中国高等院校

THE CHINESE UNIVERSITY

21世纪高等教育美术专业教材

The Art Material for Higher Education of Twenty-first Century

电脑与时装设计表现技法

CHAPTER 5

电脑时装画

第五章　电脑时装画

第一节 电脑与时装设计

一、电脑为我们的时装画表现增加了更丰富的语言

电脑的广泛应用，已使我们周围的世界发生了巨大变化。电脑的出现，使服装艺术设计从概念到技巧都有了全新的变化。电脑绝不仅仅是"计算的工具"，它可以表现为文字、图像，甚至是声音、语言。多媒体技术的拓展，使电脑能做的事情越来越多：电子购物、虚拟现实、全球网络。

电脑艺术设计起源于电脑图形技术在艺术设计领域的拓展。今天，电脑艺术设计的发展涵盖了纯艺术范畴和实用艺术范畴的各个领域。从建筑设计、室内设计、CI设计、商业包装、海报招贴、影视广告到纺织服装、工业产品设计，从平面静态画面到三维的动态画面，无处不体现着电脑艺术设计的巨大魅力和强大的生命力。

与传统的制作表现技巧不同，电脑艺术设计语言有着全新的特点，它无需笔、墨，却能表达同样的内容，无需尺、规，却能更加规范和精确。从构思到着手，从打稿、制作到完成、输出，它们的内容和形式都有了全新的变化。电脑艺术设计语言的特点突出体现在以下几个方面：高效、快速，并且精度很高；色彩极其丰富；修改便捷，保存方便；便于演示。总之，这些基本的特征决定了电脑艺术设计在这个以信息为竞争基础的时代，必将取代传统的手工设计模式，成为行业的主流。因此，今天的设计工作，根本离不开电脑。就设计原则而言，手工或电脑并不是问题的关键所在，重要的是如何既快又好地完成工作，适应不断变化的市场需求。

当今，时装化、个性化的着装趋势使时装流行的周期越来越短，款式变化越来越快。品种多、批量小、周期短、变化快成为当今服装设计生产的特点。这就促使服装业要不断变革，采用现代化的科学技术，拥有市场化、自动化、信息化的快速反应机制。形成集时装信息、设计、生产、供销、广告传媒、企业管理为一体的现代化的服装企业模式是当今服装业发展的方向。应用电脑进行时装艺术设计，使设计师的创意与电脑的高效优势互补，不仅加快了设计速度，还能提高设计的成功率，为设计师提供一个更为广阔的创作空间。

在电脑中进行服装设计需要借助相应的设计软件来完成，这类软件有两大类，一类是通用的设计创意软件，如：Photoshop、Painter、Coreldraw、Poser等；另一类是专业化的服装CAD系统，它包括服装款式设计、样板设计、放码、排料等多个模块。就服装艺术设计这部分功能来看，两类软件有相类似的功能，专业化的服装设计系统加强了三维模拟设计、褶皱设计、织物设计、各类素材库等专业功能。在实际工作中，成功的设计往往需要运用多种设计方式，只有了解并掌握多种设计软件，才能够表现出完美的创意。一般可根据需要选择适合的软件，有时候还需要综合各类软件的特点共同完成设计作品的创作。

二、通用电脑时装画软件介绍

1．Photoshop 简介

Photoshop是Adobe公司出品的数字图像编辑软件，是迄今在Macintosh平台和Windows平台上运行的最优秀的图像处理软件之一。自从Photoshop问世以来，其强大的功能和无限的创意，使得电脑艺术家们对它爱不释手，并通过它创作出了难以计数的、神奇的、迷人的艺术珍品。针对服装艺术设计而言，Photoshop在模拟自然绘画方面并不擅长，较适于做

图像的修描、编辑处理、特效处理、版式编排等。

2. Painter 简介

Painter的推出在电脑美术界引起了轰动，其原因在于它能使艺术家像在现实生活中一样绘画着色。Painter的主要功能是模仿现实的绘画工具和自然媒体进行创造性地工作。它还突破传统的绘画模式，开创性地使用图案、纹理、"影像水龙头"等进行绘画。在Painter里，你甚至可以用凡·高、塞尚的手法绘画，创建令人惊叹不已的艺术效果。同时，Painter还是图像编辑与矢量制作的结合体，总之，Painter为艺术家们开辟了一个崭新的创作空间。

不同的设计软件有不同的工作界面和操作规范，设计者应首先熟悉软件的使用方法和操作技巧，多加使用，才能娴熟地运用这一现代化的设计工具，创作出精美的电脑服装设计作品，充分享受数字科技带来的新感受。

三、电脑服装设计流程概览

尽管各种设计软件有不同的操作要求，但运用电脑进行服装艺术设计的方法还是类似的，主要有以下几个方面：

1. 线描造型

设计师既可以利用各种画笔工具进行人体动态和款式的描绘，也可以根据款式风格从电脑的人体动态库中选择适宜的人体模特儿，直接描绘服装款式。还可以手工画好线描稿后，通过扫描仪或数码相机输入计算机，运用手绘与电脑设计相结合的方式，弥补了电脑在模拟自然笔触方面的局限性，使造型更生动自然。从款式库中调用以前的设计画稿或成衣资料，进行修改后产生新的款式，可充分利用已有的设计成果，减少设计的工作量，这也是一种常用的方法。

如果配备了具有光笔的图形输入板，就可借助光笔进行自由绘画，光笔是一种代替鼠标的压力传感器，与传统画笔十分接近，能精确地模拟各种自然笔触和力度，使设计师更容易接受和使用电脑。

2. 调色与填色

电脑提供了非常丰富的颜色供设计人员选用，除了在各种色彩模式下调节其量值来选定颜色外，有些设计软件还提供了标准的Pantone色库。由于采用了将色彩数字化的技术，Painter8.0以上的版本还有模拟手工的调色板，可调节出任意色彩，计算机能完全模拟真实色彩，且用色十分精确。当然电脑显示的颜色一般过于明亮，希望调出混浊的颜色则较困难。这也是显示设备本身的物理特性决定的。此时印刷用的Pantone色库可帮助我们校正色彩。

另外，电脑还具有提取颜色功能，可从屏幕上显示的图形中吸取某种颜色作为当前的绘图颜色，并可将绘画中用到的颜色建立在一个用户自己的调色板上，存入颜色库中，随时取用。

电脑在线描造型完成后的封闭区域内填充色彩只是几秒钟的事情，可随意更换原有的色彩，将一个服装款式经过复制可以做多种配色方案的尝试。在设计过程中，无论画面上哪里画坏了需要修改，都可以马上清除，而不是像在纸上设计时，墨色、颜色都无法修改，画坏了只好换纸重新再画一次。当设计师感到修改没有把握时，可将所设计的图稿储存起来，如修改后的效果不满意，马上在电脑里调出原先的设计图稿重新修改。

3. 技法表现

手工绘制服装面料效果时，需在衣服上逐一描绘花纹图案，上不同的颜色时，还要等先上的颜色干后再继续着色，效率极低。若想描绘织物的纹理效果和质感则更加费时费力，效果也不理想。用电脑将绘制好的效果图进行换色和实际面料试装可谓一大奇观，可以模拟真实的着装效果，尽显着装风采。所用的各种面料可以由织物设计模块生成，也可以由扫描仪输入，在数秒钟内与款式图合成画面，直接显示着装效果，面料的方向、疏密可以随意调整，使效果更逼真，这要比手工描绘织物的质地快速而真切。

4. 画面的艺术效果处理

在完成服装款式设计后，常常需要对画面及构图做进一步的处理，以呈现最佳的视觉效果。电脑在这方面有极大的灵活性和丰富的处理手段，可充分运用图层、编辑、滤镜等功能对画面的布局进行调整，或产生特殊效果的背景以营造与服装主体相协调的氛围。

电脑只是我们在服装设计中借助的工具，人的主观创造性才是根本，电脑虽然有很好的特效表现，但它是建立在我们很好的绘画感觉表现的基础上。因此只有掌握娴熟的手绘技巧，才能够更好地驾驭电脑时装画的风格表现。

第二节 表现技法

图5–3绘制步骤：

1. 先将手绘画稿扫描入电脑。

2. 在Painter环境下，面部填入肤色，然后用喷枪绘制阴影部分。

3. 帽子用画笔面板中的特效工具F/X画笔的Furry Brush工具绘制毛皮效果。

图5–1　作者：杨洁

图5–2　作者：宁蓓蓓

图5–3　作者：吴昊

4. 扫描蕾丝面料做成图案贴在上衣位置。

5. 上衣的下半部分先用画笔着大的色块，再用画笔中的Impasto的工具中的Loaded Palette Knife刮出针织肌理。

6. 裙子先着淡红色，然后用特效工具F/X画笔的仙尘画笔画出似繁星闪烁的花面料。

7. 背景单建一图层先着色，画阴影，再用画笔中的Impasto的工具中的Acid Etch，再将画笔调大点，给背景均匀地洒满特殊肌理。

图5–4绘制步骤：

1. 先将手绘全封闭画稿扫描入电脑。

2. 在Painter环境下，面部填入肤色，然后用喷枪绘制阴影部分。

3. 用Painter丰富的画笔将服装的图案肌理表现得很充分。

4. 背包的小花图案是运用艺术素材面板中的影像管工具，将所选图案调好大小分布在装饰部位。

5. 找好相应的背景图案应用Photo–shop环境中的滤镜的像素化的晶格效果。

注：软件是电脑时装画的工具，所以很多情况下充分发挥每个软件的特性，在绘制效果图时可在不同软件中切换。

图5–5的作者充分利用Painter的变化笔触将针织面料的肌理质感表现得非常直观，利用特效笔触Furry将右款中的裙下摆的绒质效果表现得很生动。

图5–4　作者：徐金刚

图5–5　作者：朱婉琪

图 5–6

图 5–7　作者：张素萍

图 5–6 在 Painter 环境下，将设计中应用到的毛线肌理、纱质层叠、裘皮点缀效果与皮质面料的对比关系表现得非常逼真，充分发挥了 Painter 的画笔功能。

图 5–7 绘制步骤：

1. 用图形输入板，借助压感光笔在 Painter 中直接绘制线稿，可保证线稿的数据完整，确保线稿的笔触生动。

2. 用路径变选区的方法分区绘制。

3. 一定要有图层以确保毛皮边缘的质感。

4. 通过文字输入点缀画面。

图5–8绘制步骤：

1. 用图形输入板，借助压感光笔在Painter中直接绘制线稿，可保证线稿的数据完整，确保线稿的笔触生动。轻快的线条只有直接在电脑中通过Painter才能表现得出来，照相和扫描都会失掉许多线条的神采。

2. 用Painter的毛笔工具调制不同色彩绘制时尚发型。

3. 用画笔中的Impasto工具的Tex–turizer–Fine画笔，再将控制面板中笔的大小调到1.0左右，绘制服装上立体的绣花图案。

图5–9的作者通过Photoshop、Painter两个软件，将服装的牛仔面料、针织罗纹、皮革材料的肌理质感充分表达，同时还通过Painter的液态笔直接绘制背景。

图5–10中Painter的另一神奇工具是它的克隆特效，先将所需图案编辑到艺术素材面板中，再利用克隆源中的Furry Cloner效果，瞬间就能绘制出具有所需丰富色彩的皮草效果。

在月夜的背景图案中，利用特效工具中的Fairy Dust绘制繁星闪烁的效果。

图5–8 作者：王羿

图5–9 作者：曹建中

图5–10 作者：鲁元

图5–11 作者：王丹

图5–12 作者：王妤

图5–13 作者：蒋利源

图 5–14　作者：张文康

图 5–15　作者：刘艳艳

图 5–16　作者：王妤

图5–17绘制步骤：

1．先将手绘全封闭画稿扫描入电脑。

2．在Painter环境下，面部填入肤色，然后用喷枪绘制阴影部分。

3．利用艺术素材面板中的渐变工具调节渐变位置填入所需部位。

4．在艺术素材面板中的Patterns中，编辑面料图案，再进行填充。

5．将线稿单建一图层填充所需颜色，放大做背景。

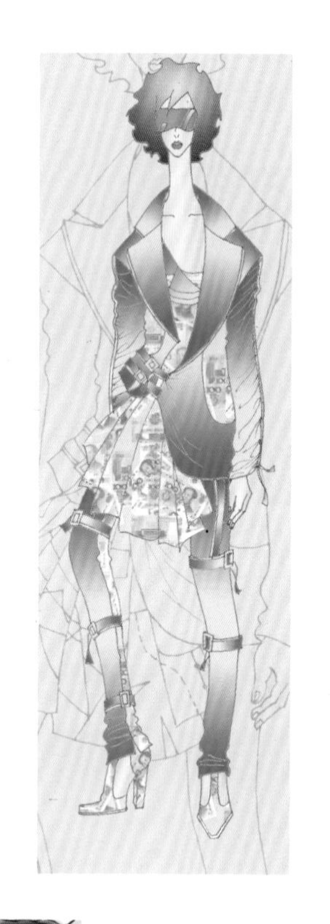

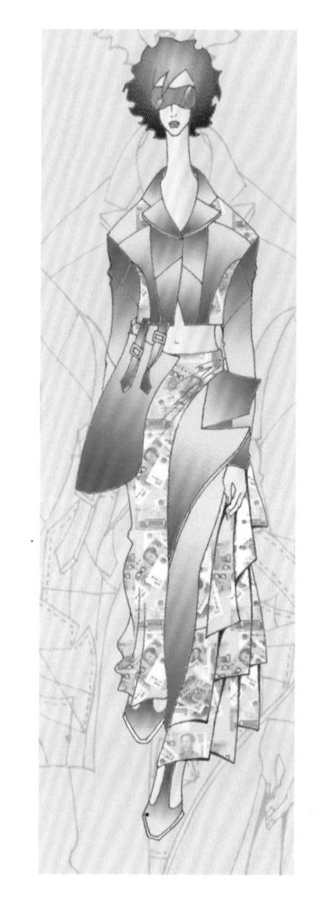

图5–17　作者：康文玲

图5–18　作者：陈海婷

图5–19　作者：陈晓雪

图 5–20　作者：杨俊亮　该作品荣获全国时装画比赛银奖

图5–20的作品以黑白为主调，鲜艳的红为点缀。流畅的线条交织出优美的旋律。利用Photoshop滤镜的特效为背景，使画面充满了迷幻效果。

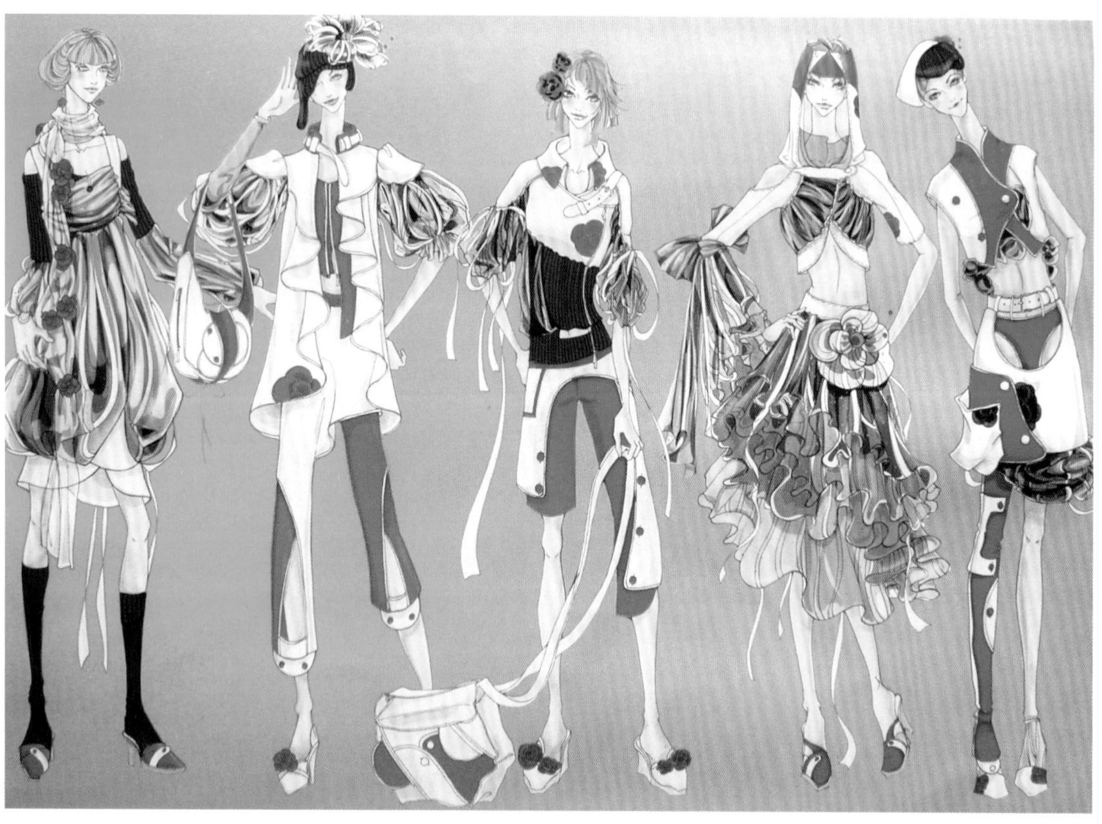

图 5–21　作者：宋芳芳

图 5–22　作者：高欣欣

图 5–23　作者：张璟

图 5–24 绘制步骤：

1. 先将手绘全封闭画稿扫描入电脑。

2. 在 Painter 环境下另建图层，将面部填入肤色，然后用喷枪绘制阴影部分。再用毛笔工具绘制五官及发型。然后在线条图层将不需要的线条擦掉。

3. 上衣的肌理是利用玻璃纹理的特效达到的。

4. 另建图层用画笔面板中的特效工具 F/X 画笔的 Furry Brush 工具绘制毛皮效果。

5. 复制图形将其变为灰色并放大做背景，在 Photoshop 滤镜中，用动感模糊达到迷离的效果。

图 5–24 作者：蒋莉

图 5–25 绘制步骤：

1. 先将手绘全封闭画稿扫描入电脑。

2. 在 Painter 环境下另建图层，用水彩画笔画头发及裤子。

3. 将上衣填充上图案，然后用画笔中的Impasto工具的Acid Etch画笔绘制上衣肌理。

4. 单建图层绘制毛皮效果。

在背景的左边用渐变填充色彩，在用画笔面板中的特效工具F/X的Shattered工具绘制背景中的玻璃纹理效果。背景的右边直接编辑图案填充。

图 5–25 作者：陈海婷

图5-26 作者：居佳

图5-27 作者：张暐

图5-28 作者：宋芳芳

图5-29 作者：宋芳芳

图 5–30　作者：张益婧

图 5–31　作者：王龙刚

图 5–32　作者：孟晓

图 5–33　作者：李露文

图 5–34　作者：钟鸣

中国高等院校
THE CHINESE UNIVERSITY
21世纪高等教育美术专业教材
The Art Material for Higher Education of Twenty-first Century

CHAPTER

时装画赏析

第六章　时装画赏析

图6–1　作者：李莉

图6–1作品在色卡纸上用水粉干练的笔触表现了绸缎的光泽，作者用薄薄的色彩轻松地描绘出纱的飘逸。再用水粉点缀上纱巾的图案。整张画面松弛有度，尤其是用水粉的厚笔触点缀的金属首饰，跃然纸上。

图6–2以线的疏密节奏变化来体现服装不同面料的肌理质感，具有很强的装饰意趣。线条造型准确，画面生动，具有很强的视觉冲击力。

图6–2　作者：康妮

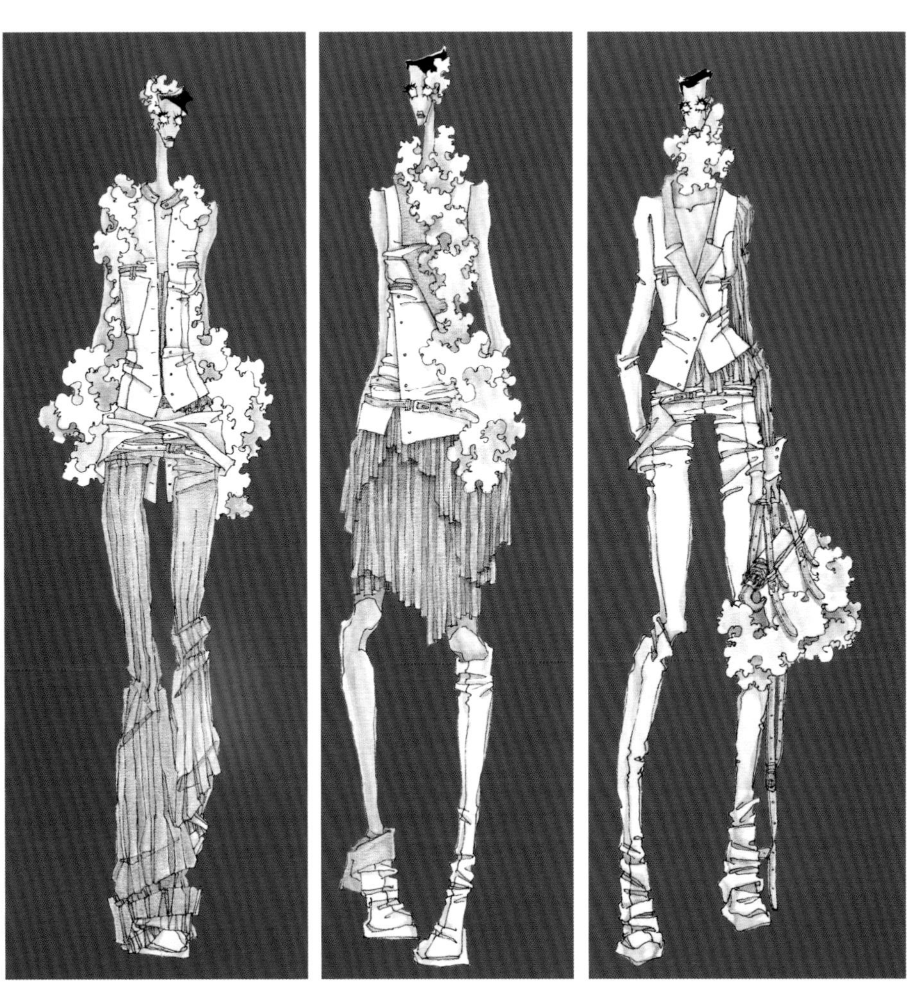

图 6–3　作者：胡劢

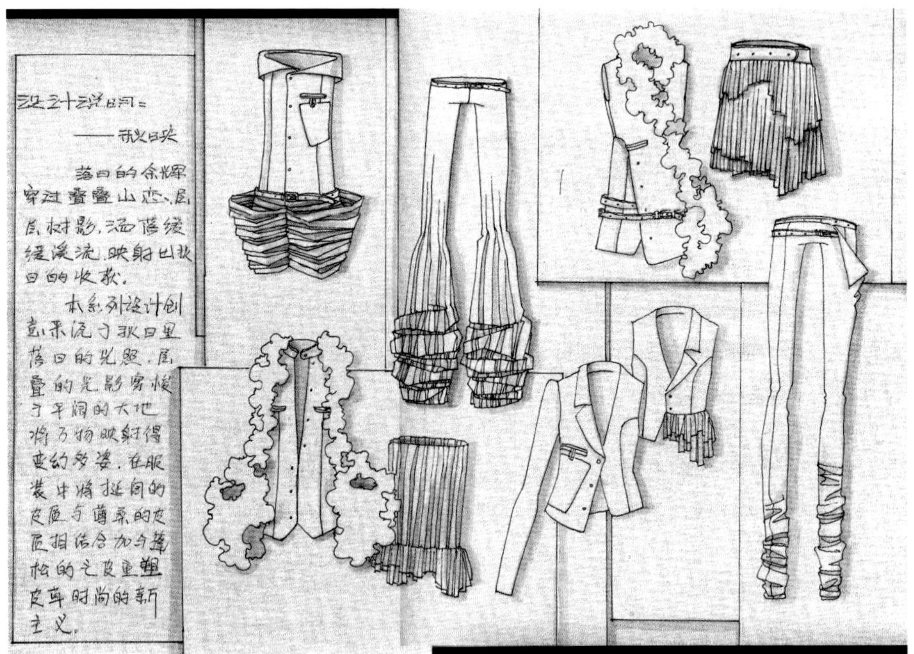

图 6–4　作者：胡劢

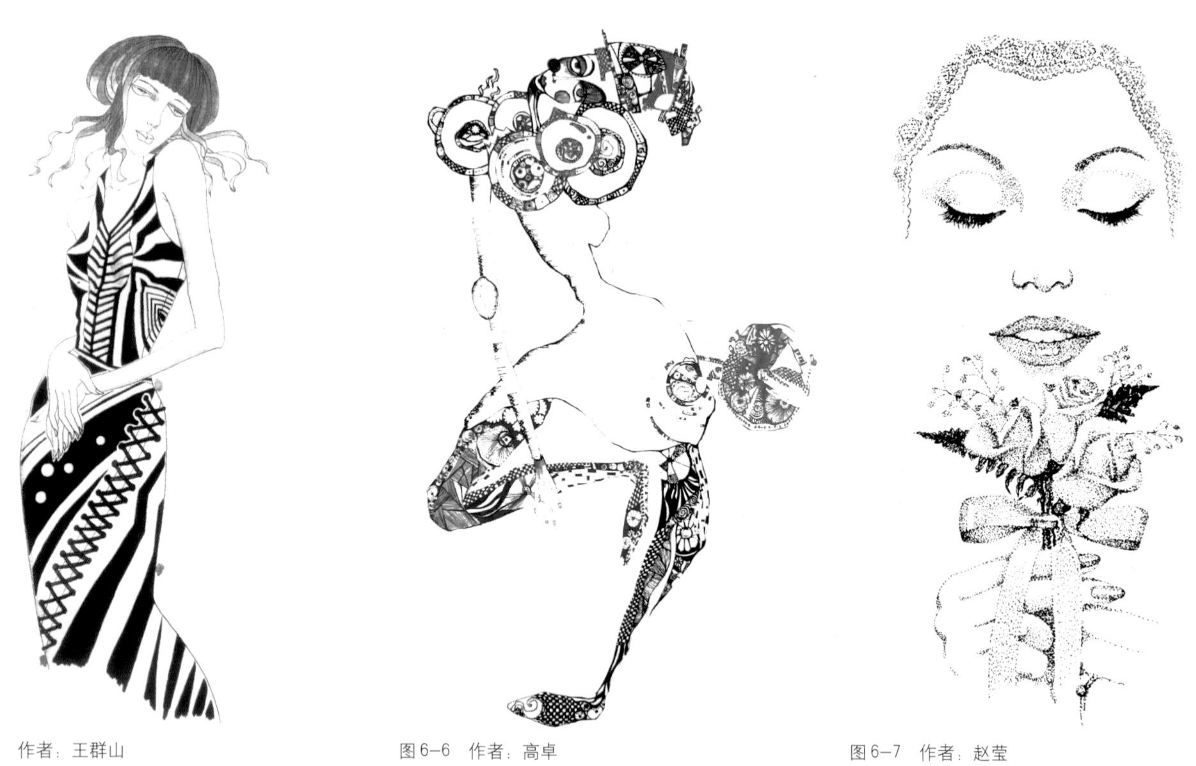

图6-5　作者：王群山　　图6-6　作者：高卓　　图6-7　作者：赵莹

图6-8　作者：佚名

图6-9　作者：佚名

图 6–10　作者：高阳

图 6–11　作者：高阳

图 6–12　作者. 高阳

图 6–10～图 6–12 的人物造型颇具风格，在中国文化的氛围中营造出神秘的色彩。画面刻画细腻准确，表达出深沉、浑厚的意蕴。

图6–13、图6–14画面简洁，笔法跳跃极富动感。色彩丰富细腻，色调雅致浪漫。水彩的写意笔法，生动的画面构图，营造出"小资"的情调。

图6–13 作者：佚名

图6–14 作者：佚名

图6–15 作者：肖珂

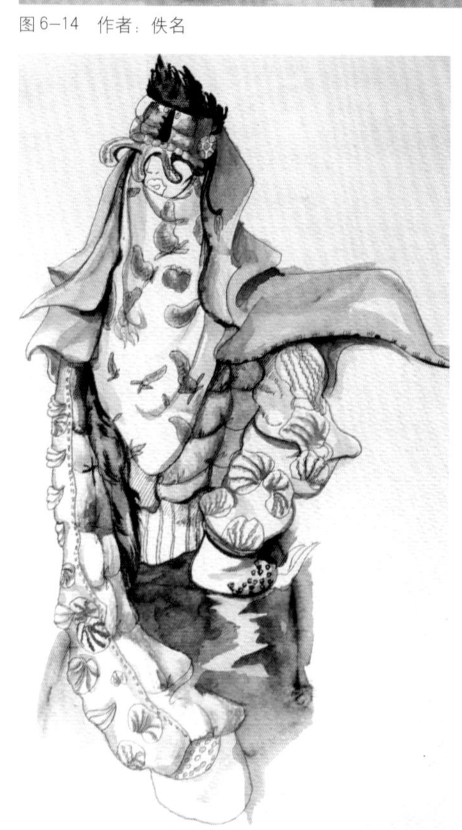

图6–16 作者：佚名

图6–17 作者：佚名

图6–17的画面在色卡纸上利用水彩罩色，再用彩铅描绘细节，画面清新亮丽。重点刻画人物的神态，作品整体收放自如，色彩、技法运用较为娴熟。

图6–18利用色卡纸剪贴装饰，人物简洁概括，大小不同色彩的圆点将画面点缀得生动有趣。

图6–18 作者：佚名

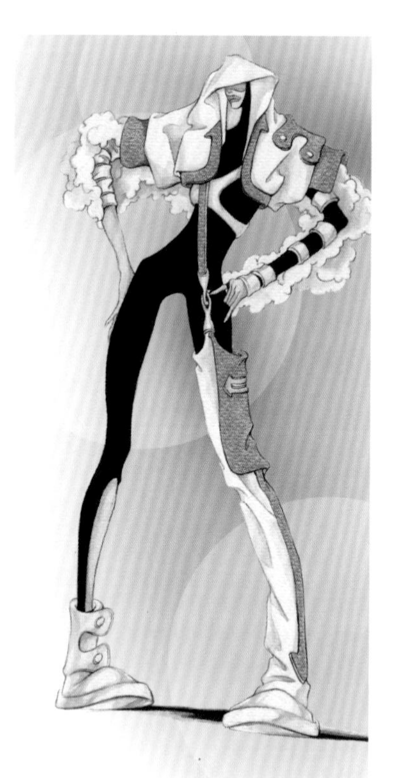

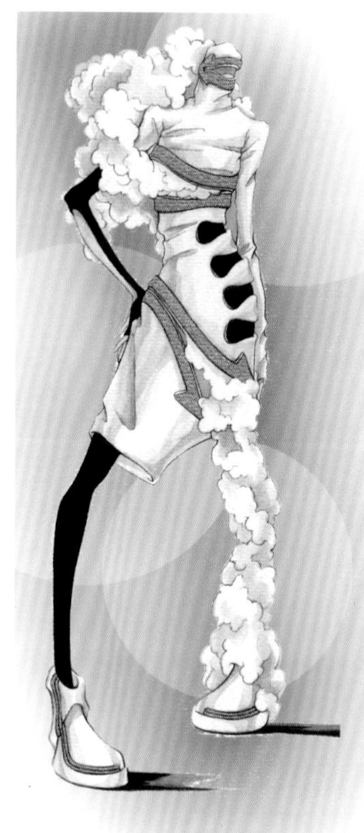

图6–19　作者：胡劢

图6–19作品用淡彩丰富的层次将白色面料的立体肌理表达清晰，与纯黑针织紧身服装的平涂手法形成对比效果，服装的着色部位利用有凹凸肌理的色卡纸剪贴，形成特有的装饰效果。最后在电脑中衬托背景，使整张画面既和谐又充满了变化。

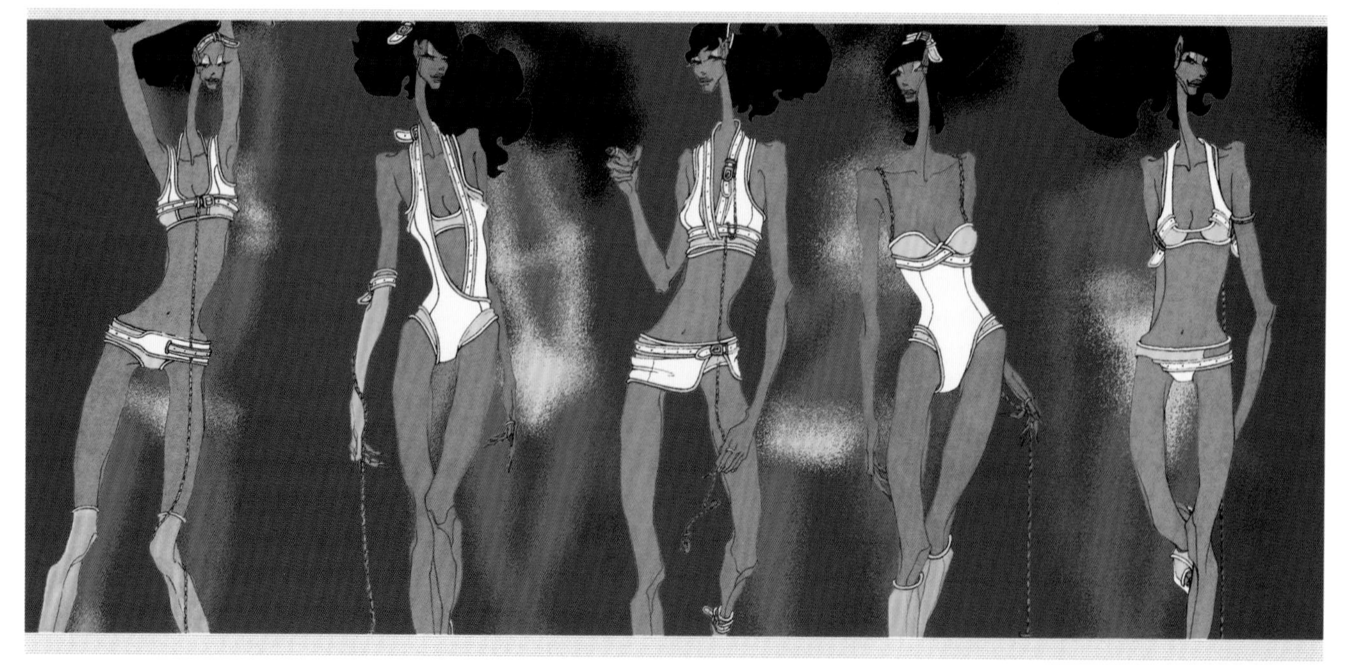

图6–20 作者：李自强　该作品荣获"浩沙杯泳装设计大赛"银奖

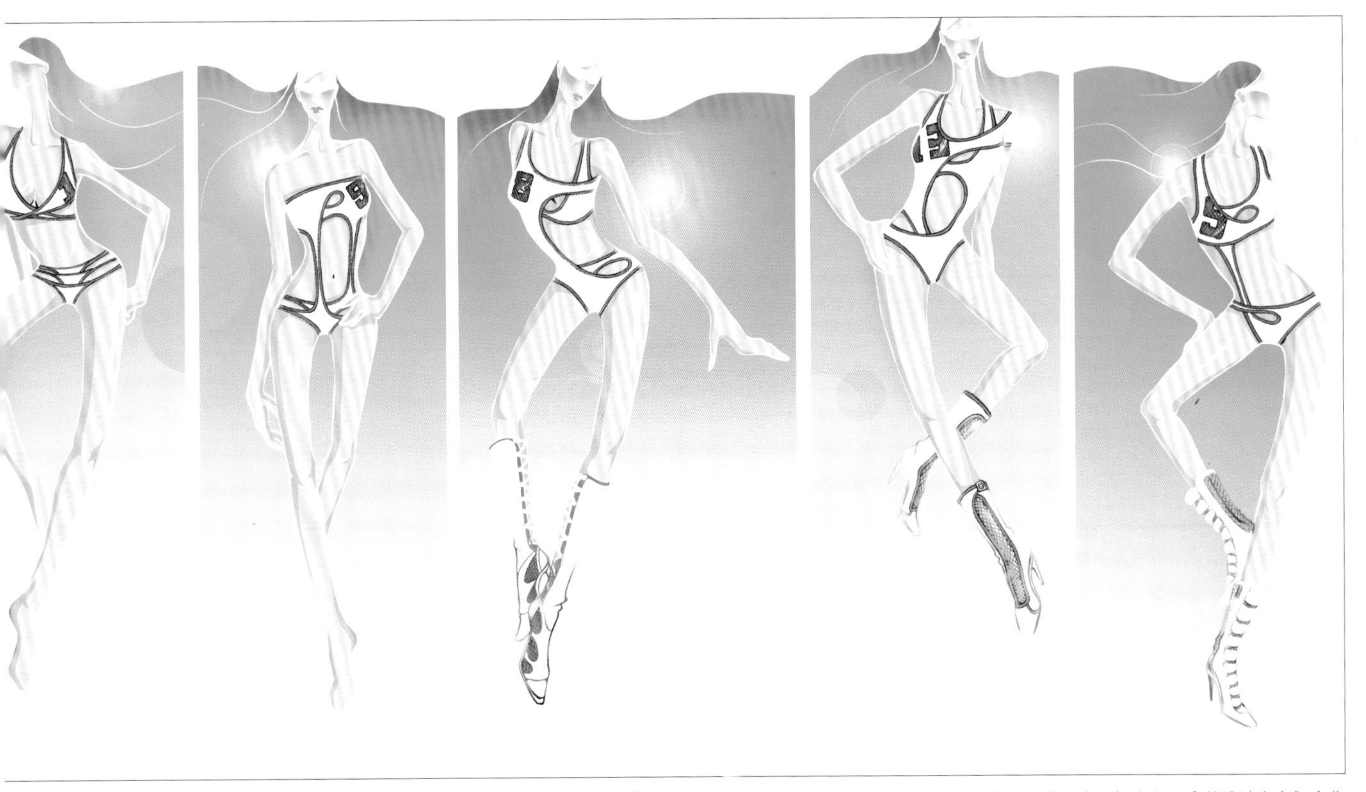

图6-21　作者：杨洁　该作品荣获“中华杯内衣／泳装设计大赛”金奖

图6-22作品利用薄厚相结合的表现手法，服装面料及图案刻画细腻，人物动态生动传神，借鉴动漫的表达语汇，充分体现都市新新人类的时尚着装。

图6-22　作者：杜鹃

图 6—23 在有肌理的色卡纸上用水溶性彩铅将暗部加深，亮部提白，人物面部神态把握极好，发型层次突出，再着以淡淡的色彩，使整张画面在简洁中体现细腻。

图 6—23　作者：刘诗红

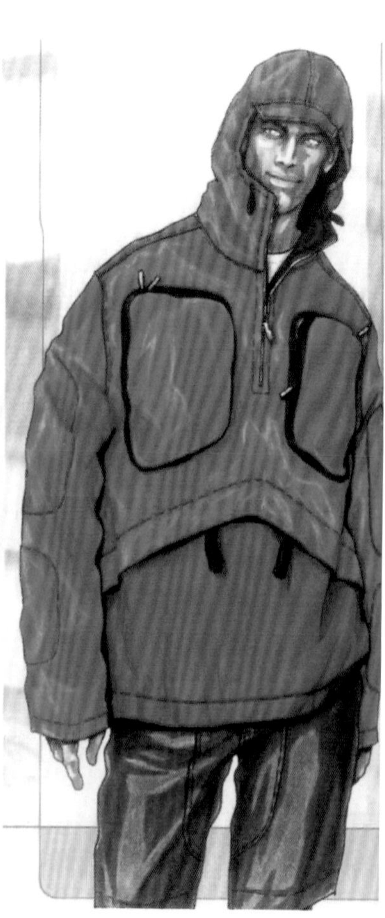

图 6—24
作者：佚名

图6–25的画面构图围绕着鬼魅的造型加以刻画，在色卡纸上用简洁的色彩加深提亮，线条的穿插灵动流畅，人物的眼神与手的姿态表达准确传神。

图6–25
作者：胡劢

图 6–26　作者：高阳

图 6–27　作者：佚名

图 6–28

图 6–29　作者．刘薇

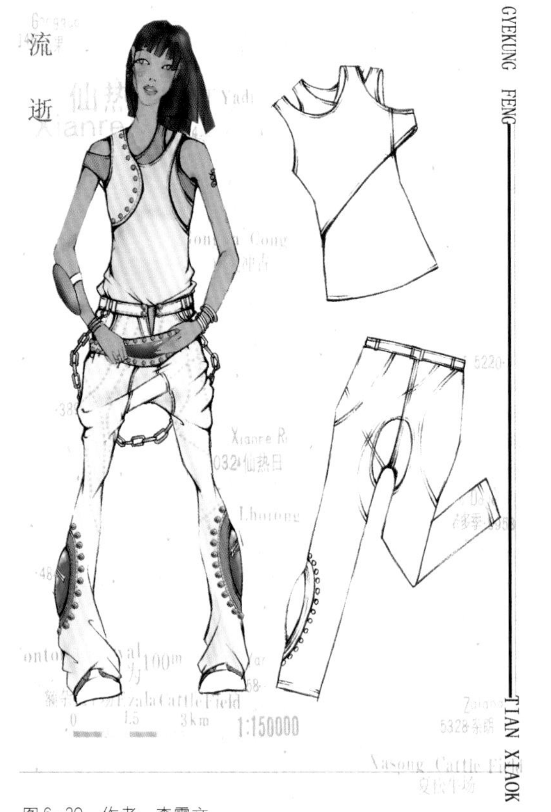

图 6–30　作者：李露文

图 6–31　作者：贾甜田

图 6–32　作者：王羿

图 6–33　作者：李致霖

图6–34 作者：王羿

参考书目：

《服装效果图技法》刘元风 吴 波 编著 湖北美术出版社 2001年12月第一版

《时装画表现技法》庞 绮 著 江西美术出版社 2004年1月第一版

《电脑时装设计》王 羿 黄宗文 编著 人民美术出版社 2001年10月第一版

《美国时装画技法》Bill Thames 著 中国轻工业出版社 1998年7月第一版

《服装设计》王 羿 王群山 曹建中 编写 黑龙江美术出版社 2004年10月第一版

THE RESEARCH

ON CHINESE DESIGN EDUCATION PATTERN

02 服装效果图表现与解读

孙　戈等　编著

前　言

目前，服装效果图技法类的教材种类繁多，其中介绍的表现形式多种多样，既可手绘也可通过电脑软件来完成。一些初学者由于绘画的造型能力较弱，往往通过手绘与电脑软件结合的方法来弥补自己造型能力的不足，以达到应用的目的。所以就服装效果图表现而言，只要方法正确，采用严谨、简洁、实际的绘画语言，经过刻苦的技法训练，就能够表现出服装款式的造型效果。

服装效果图的一个最主要的功能就是通过绘画的形式，把设计构思清楚地传达给别人（如设计助理、打版师、工艺师及公司策划、营销人员等），使之体现设计师在表达理念、风格、流行、色彩、造型及用料等方面的设计信息，当设计的款式准备制作时，如何利用服装效果图读懂设计师的意图，解读设计信息在制作成衣过程中尤为关键。因此，我们所表现的服装效果图是通过图来解决做的问题，而不是解决画的问题；那么，如何解决做的问题，解读图的信息才是关键。

通过长期以来的专业教学及服装产品设计的实践，我们深感此环节的重要性，本书突出服装效果图的应用性的特点，意在架起一座桥梁，将服装设计师、打版师、工艺师紧密地配合起来，让更多的初学者通过对《服装效果图表现与解读》的学习与认识，达到以指导成衣生产为目的的作用，并通过每一章的学习，使学生对本书内容的概览与要求一目了然；并根据自身的实际情况，量身定制训练目标，进而缩短训练过程，以达到最好的学习效果。

此书编著的初衷及定位旨为解决专业学生及职业设计师，在从事品牌服装设计及解读设计意图的实践应用环节中所用。另外，书中还收集了许多在校师生的服装效果图作品，在向他们表示感谢的同时，还期待广大的读者及业内专家对该书的偏颇及不足之处给予指正。

目 录

前　　言　3

学前导读　6

第一章　9

导言与手绘工具

1.　课程的教学方案
1.1　课程的教学作用与目标
1.2　课程的教学要求
1.3　课程的教学内容与课时安排

2.　服装效果图的手绘工具
2.1　马克笔及使用要点
2.2　彩色铅笔及使用要点
2.3　色粉笔及使用要点
2.4　油画棒及使用要点
2.5　水彩色及使用要点
2.6　其他辅助工具介绍

第二章　19

服装效果图的基础理论

1.　服装效果图的概念

2.　服装效果图的功能
2.1　服装造型方面
2.2　服装结构方面
2.3　服装工艺方面

3.　服装效果图的形式类别
3.1　服装效果图
3.2　服装款式图
3.3　服装工艺图
3.4　服装效果图的学习方法

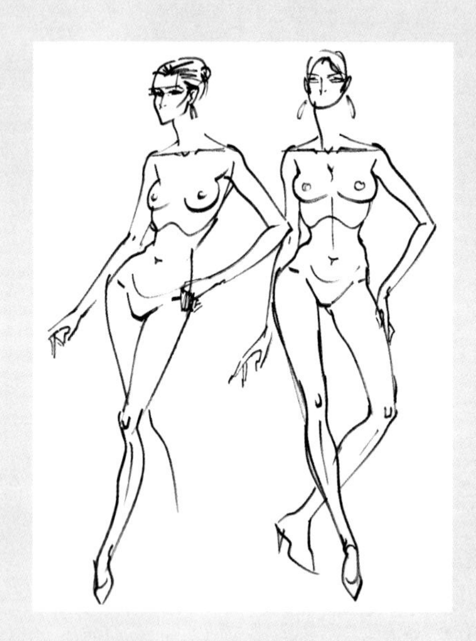

第三章　33

服装效果图的人体表现

1.　人物形象与局部造型的表现
1.1　头部造型的表现
1.2　面部妆容的表现
1.3　手部的造型表现
1.4　脚部的造型表现

2.　人体造型的表现
2.1　服装效果图的人体基本比例
2.2　服装效果图的人体动态表现

第四章 71

服装细节与廓形的表现

1. 服装细节造型的表现
1.1 上装的造型表现
1.2 下装的造型表现
1.3 衣纹造型的表现

2. 廓形的造型表现
2.1 A 型服装的表现
2.2 H 型服装的表现
2.3 X 型服装的表现
2.4 T 型服装的表现
2.5 O 型服装的表现

第五章 97

服装面料与系列设计的表现

1. 服装面料的表现
1.1 针织类材料的表现
1.2 梭织类材料的表现
1.3 裘皮革类材料的表现

2. 系列服装设计的表现
2.1 女装系列效果图的表现
2.2 男装系列效果图的表现

第六章 125

服装效果图解读

1. 设计概念的解读
1.1 设计与设计概念
1.2 设计概念的解读

2. 款式造型的解读
2.1 款式与造型
2.2 设计元素解读

3. 结构工艺的解读
3.1 结构与版型解读
3.2 服装工艺的解读

学前导读

在本书的每个章节中，分别有五项附加信息：

1.范例：每章节中选择一些效果图进行剖析，让读者通过讲解了解每个阶段学习的目标。

2.解读：每章节中通过一些图片，让读者更好地了解一些专业基础知识。

3.技巧：每章节中通过一些技法训练，把技法表现中关键的细节及材料的特性、效果加以注释。

4.点评：每章节中通过一些效果图习作，评点技法运用中色彩、造型及画面整体的表现效果。

5.赏析：每章节中通过一些优秀作品，进行分析研究，以便读者学习到不同的表现技巧与风格。

范例的标注

每章节中选择一些效果图进行剖析，让读者通过讲解了解每个阶段学习的目标。

正文的内容

每章节文字的专业理论介绍及表现技法信息。

图片的标注

章节中选择一些时尚专业图片介绍给读者，以便学习参考。

页码的标注

每两页在书的右上角有页码标注，以便读者查寻阅读。

服装效果图表现与解读

第二章 服装效果图的基础理论 20/21

第二章 服装效果图的基础理论

1．服装效果图的概念

该图内容涉及灵感源、采用面料、色彩搭配、效果图和款式图等设计流程的关键环节。作品中人体比例匀称、没有采用夸张的形式表现，这样才能更好地体现出着装后款式的整体造型与搭配效果。这说明绘制者在描绘前对人体动态与服装造型的特征有较为正确的认识与把握。

服装效果图是将服装设计构思内容用概括的、快速的绘画形式来表现的，通常注重刻画服装造型、结构、材料及人物着装后的整体效果。

服装效果图多为线条勾画，旁边贴有面料小样并配有文字说明，它常常是将设计师构思中的漂浮不定、转瞬即逝的设计概念及服装的色、型、质的设计思路，用较为感性的绘画语言描绘下来。对于广大的从业人员来说，服装效果图是一种直观而有效的方法。

那么，如何绘制服装效果图呢？

服装效果图在表达设计构思时，不仅要对服装外形及细节进行精心的推敲，而且要从服装的功能、色彩、构造、材料、缝制工艺、市场定位、流行的环境区域等诸多方面进行全方位的把握。服装效果图为了把设计构思表达清楚，常常需要画出服装的前、后、侧款式造型，一些需要特别交代的细部结构与工艺必须表现得非常清楚。因此，多角度地分析推敲设计方案，使其趋于完整性，是服装效果图最重要的意义所在。

在效果图的前期创作过程中，那些看似纷乱无序的思维点其实是非常宝贵的，正是这些放射性思维才能够派生出日后许多经典的设计。进而在绘画阶段，伴随着手、脑的协调运动，常常会迸发出更多的创意火花。因此，即使为同一市场目标进行设计，设计师往往也能拿出几个甚至十几个草图来。

范例

该图为男装设计开发图例。内容涉及采用面料、色彩搭配、效果图和款式图等设计流程的关键环节。绘画者用水彩刻画出带有色彩斑纹的粗花呢及夹克肩部的绗缝效果，体现了人物着装后带有传统经典男装的特点。作品注重描绘出男士时装的设计风格与定位以及服装整体的搭配细节，这些往往是初学者在表达服装效果图中容易忽略的内容。

范图的标注

章节中选择一些优秀国内外服装效果图作品介绍给读者，以便学习临摹。

思考与练习

每一章节的结束都有一些作业的具体要求，以便读者练习。

章节的标注

每一章节都有标题的提示，这样就可以让读者快速找到自己想要阅读的部分。

服装效果图表现与解读

第五章 服装面料与系列设计的表现 122 / 123

赏 析

此幅系列服装设计的主题为《接天》，是作者1998年在香港理工大学学习时的设计作业，在效果图的表现中，人物性格突出、动态造型严谨，设色浓重统一，服装结构清晰明确，面料质感及图案纹样的刻画细腻丰富，以写实的手法，较为准确地体现了主题的设计意境与创意理念。

主题：欢庆《潮流时装设计——男士时装设计开发》

主题：低调《潮流时装设计——男士时装设计开发》

主题：冰河世纪　作者：赵华志

思考与练习

1. 通过市场调研，选择6～8款某商务男装品牌的成衣产品，经过对色、形、质及结构工艺的观察与研究，画出符合生产要求的款式图。

2. 模拟一时尚女装品牌，画出一组5套以上的女装系列彩色效果图，并附灵感源、主题、设计构思、面料小样以及服装款式图。

矢岛功　作品

第一章

导言与手绘工具

12色参考色盘
Progresso
8758
24
PASTELEK
WOODLESS COLOUR PENCILS
HOLZFREIE FARBSTIFTE
CRAYONS DE COULEUR SANS BOIS

第一章　导言与手绘工具

1. 课程的教学方案

1.1 课程的教学作用与目标

服装效果图技法是高等专业院校服装设计专业、服装设计与工程专业、时尚传媒专业、服装表演与营销专业主要的必修课程之一。是学习研究服装设计表现方法、表现技巧的一门技能性课程，其目的在于培养学生的设计意识和表现能力，使学生明确服装造型与人体的关系，掌握服装效果图的构思、技法、技巧、形式及服装配色与材料肌理等各种表现方法。作为今后要从事服装设计的学生，不仅要了解表现技法的相关知识，还要能够独立地完成体现设计意图及方便解读的服装效果图，更要熟练地掌握各种技法为实际设计项目服务。

此课程对学生掌握基本的表现技法、解读设计、深化设计，提高整体的设计表现能力具有极其重要的作用。因此长期以来受到专业院校师生和职业设计人员的重视，它是作为一名服装设计师表达自己设计语言最直接、最有效的方法，也是衡量其专业水平的依据。本书根据服装专业的教学大纲的要求，确定了该课程的教学目标，首先要从服装效果图的概念、基础理论的框架上全面地了解认识有关表现技法的相关知识，其次通过人体各部位的结构、动态造型与技法分析、步骤讲解、案例解读、作品赏析等内容，使学生能熟练地运用马克笔、水溶笔、色粉笔等基本材料进行服装效果图的绘制，同时加强设计概念分析与设计方案解读的能力，为全面提升专业表现技法的应用能力打下良好的基础。

1.2 课程的教学要求

为了使学生全面、深入地学习专业表现技法，本课程由基础理论、专业知识、专业技能、应用原理四部分组成。第一、二章为专业知识与概念、基础理论等内容组成，该部分使学生重点掌握服装设计与服装效果图的关系及基本理论，正确建立服装效果图的概念，理解服装效果图的功能、种类及学习服装效果图的基本方法，通过图例分析与手绘工具的介绍，从而增强学生对手绘工具的认识与了解；第三、四章为专业知识与专业技能等内容组成，该部分通过讲述人体与服装的关系，并针对人体结构、比例与动态造型及服装面料、款式廓形等内容的表现形式与基本规律的介绍，本章节必须进行大量的训练，以达到熟练掌握技法，完整准确地体现设计意图的目的，这样才能让学生掌握人体与服装的空间关系、透视比例及衣纹特征，提高学生对人体与服装造型的表现能力；第五章为应用原理与专业技能等内容组成，主要学习不同类型服装的应用表现能力及画面整体的艺术效果，提高学生的表现能力与鉴赏能力，使学生在表现服装在色、型、质设计要素的同时，还能进一步地刻画出着装者的气质与个性，并通过场景的渲染，使设计作品更具艺术感染力；第六章为专业知识与应用原理等内容组成，解读服装效果图中所体现的设计概念、品牌定位、款式造型、结构工艺，本章节以全新的角度引领学生从服装设计的整个过程中，认识解读服装效果图中所表现的内容信息，通过“图”的表现更好地将构思与后期制作联系起来，让学生在今后的设计表现中达到职业设计师应具备的专业水平。

1.3 课程的教学内容与课时安排

章／总课时数	课程性质	分课时	课程内容	训练说明
第一章（2课时）	专业知识	1	导言	针对手绘工具的种类，通过使用了解其特性及效果
		1	服装效果图的手绘工具	
第二章（6课时）	概念与基础理论	2	服装效果图的概念	通过大量的范图，了解效果图的种类与表现形式，掌握其功能与特征
		2	服装效果图的功能	
		2	服装效果图的种类	
第三章（18课时）	专业知识与专业技能	6	人物形象与细节表现	针对头部五官、人体结构、动态造型进行训练
		6	手部与脚部的造型表现	
		6	人体造型的表现	
第四章（12课时）	专业知识与专业技能	6	服装细节的表现	针对上下装不同款式、面料进行训练
		6	服装廓形的表现	
第五章（24课时）	应用原理与专业技能	8	服装面料的表现	针对男、女装及系列服装进行综合性训练
		8	女装系列效果图的表现	
		8	男装系列效果图的表现	
第六章（18课时）	专业知识与应用原理	6	设计概念的解读	针对实际方案，进行概念、款式、结构工艺等信息的解读训练
		6	款式造型的解读	
		6	结构工艺的解读	

2. 服装效果图的手绘工具

服装设计图采用的手绘工具种类繁多，但大多因人而定，设计师会根据自己的习惯、技法特点与设计风格选择绘画工具，主要是为了设计意图及表现效果服务；但就初学者而言，首先要了解和熟悉常规的表现工具：马克笔、彩色铅笔、色粉笔、水彩等，只有熟悉地掌握它们的性能才能运用自如，不断地提高技法的应用能力，使设计图的表现逐渐形成自己的风格。

2.1 马克笔及使用要点

马克笔是现代设计中一种较为普遍的手绘工具，它分为水性、油性和酒精性三种类型，其品种繁多（包括韩国的、美国的、德国的）、色彩丰富，如灰色系（包括冷灰和暖灰）、红、黄、蓝、绿等，可以根据色标号选购颜色，一般在四十支左右即可。笔头分为圆、方、尖三种，受笔头限制在服装上大面积平涂较为困难，可利用马克笔的渐变与排列来表现。

马克笔由于携带方便、使用简单深受服装设计师的喜爱，所以也是服装设计图表现技法的主要使用工具。它的特点是使用方便，不用水和毛笔等辅助工具就能着色，而且线条流畅统一，色彩鲜艳透明，笔触较为一致；油性笔色彩比较稳定，往往通过运笔的速度体现虚实变化，附着力强、不易涂改，所以要进行大量的反复训练，才能把握发挥马克笔的特性及优势，另外，在表现设计作品的使用前，必须对所画的内容做到胸有成竹，并一气呵成。

对于初学者在使用马克笔时，首先，要把线条的表现与服装的外形廓线和内部结构结合起来。在马克笔的使用

时，一般采用光泽平滑的纸张，这样会使画面的效果更好，但在使用时不能反复涂抹，这样会使颜色变得混浊，同时也会使纸张的表面粗糙起毛。可使用的纸张如胶版纸、铜版纸、复印纸、卡片纸等。

2.2 彩色铅笔及使用要点

在服装效果图的表现中，我们最好选用水溶性的彩色铅笔，它不同于水溶性蜡笔和水溶性炭笔。在服装局部造型的处理上往往能恰到好处地表现细节特点，在面料的颜色图案表现上，能较为具体地描绘出色彩的过渡变化及纹样特征。

水溶性彩色铅笔一般分为 12 色、24 色、36 色至 48 色等类型的包装，另外还有金、银两色；荧光色及不同硬度的单色铅笔。它含油性较高、质地细腻、使用方便、色彩稳定。它的特点是可将上色部分用水渲染，能够达到水彩颜料的透明效果，当渲染待干后，可继续用水溶笔深入刻画，即可达到色彩艳丽的效果；没有进行水染的部分不易反复涂画，但可配合擦笔进行涂抹；另外，可结合水彩、马克笔、签字笔或与计算机后期处理相结合，形成较为丰富的艺术效果。水溶笔的运用一般对纸张的要求不高，最好选择一些表面略带纹理，易于上色的纸张，如钢骨纸、图画纸、水彩纸、特种纸等。

在服装设计图的色彩表现中，可用作打底或对画好的部分进行细致刻画；如人物的面部化妆、服装的光影部分或服装上的装饰纹样。但它的颜色在渲染后不够光泽艳丽，且覆盖力不强。其表现效果适合于表现针织类或皮毛类材料的服装。对于初学者来说，使用前可先做一些尝试，进行勾画、涂抹、渲染等，在使用的过程中积累一些经验，掌握其不同的特性。彩色铅笔与马克笔相比，对于初学者来说易于掌握，画错可用橡皮擦掉，是我们手绘设计图的理想工具之一。

2.3 色粉笔及使用要点

色粉笔有国产、进口之分，根据实际经验认为国产的更为好用，容易涂匀。色粉笔是流行于西方绘画中运用较为广泛的工具。近年来在我国的绘画及设计领域中，色粉笔的使用也较为普遍。产品的种类及色系的分类非常丰富，最多可达到180色盒装的色粉笔，它质感柔软，色彩丰富、鲜艳而厚重。

在使用时，通常要配合擦笔或者纸巾进行涂抹，可在涂抹中进行混色，以调和出所需的色彩效果。色粉笔的覆盖力极强，适合大面积的色彩渲染，具有较强的艺术感染力和视觉冲击力，如在表现服装效果图中背景与场景的色彩处理。

在细部刻画上，如裘皮的刻画上，可先用色粉笔表现出裘皮的大体的光影效果、肌理特征及基础轮廓，再配合水溶性彩色铅笔勾画出重点部位的裘皮毛针，待画面完成后一定要喷上定画液加以固定，以免色粉脱落。色粉笔一般选用于较粗糙、肌理突出且含棉质较多的纸张进行绘画，如新闻纸、有色纸、白板纸、素描纸、水粉纸等，都适合色粉笔的应用，因为这样的纸张易于色粉的附着及色牢度的提高，另外，在用有色纸进行绘制时，可增加画面的层次感及色彩的对比效果。

在服装设计图的表现中，还可先选择马克笔勾线，再用其描绘出多种不同质感的面料特点，也可单独使用，在体现厚重、粗糙的面料质感上效果极强。在表现反光面料的质感上也具有自己独到的特点；初学者在使用时，应先用铅笔简单勾画出草图，再按步骤深入完成。另外，可尝试用手指、擦笔或其他媒介工具涂抹，色粉笔会产生丰富而奇妙的肌理效果。

2.4 油画棒及使用要点

油画棒是一种传统的绘画工具，表现出的效果肌理粗犷厚重、富于变化，其色彩艳丽且覆盖力强，如配合水彩色使用，可表现出雪纺、蕾丝、丝绒花等轻薄的面料与图案纹样。

油画棒可在平涂后，用刀片刮去部分较厚的颜色，即可获得涂层面料的效果，另外，还适合表现粗纺类或毛衫类等其他服装材料的效果。在表现编织的毛衫时，可先用油画棒按其款式造型的效果进行平涂、勾画，再用小刀刮出毛衫的纹理、图案的位置。

2.5 水彩色及使用要点

水彩色分为透明性水彩和不透明性水彩，我们通常把不透明性水彩称之为水粉

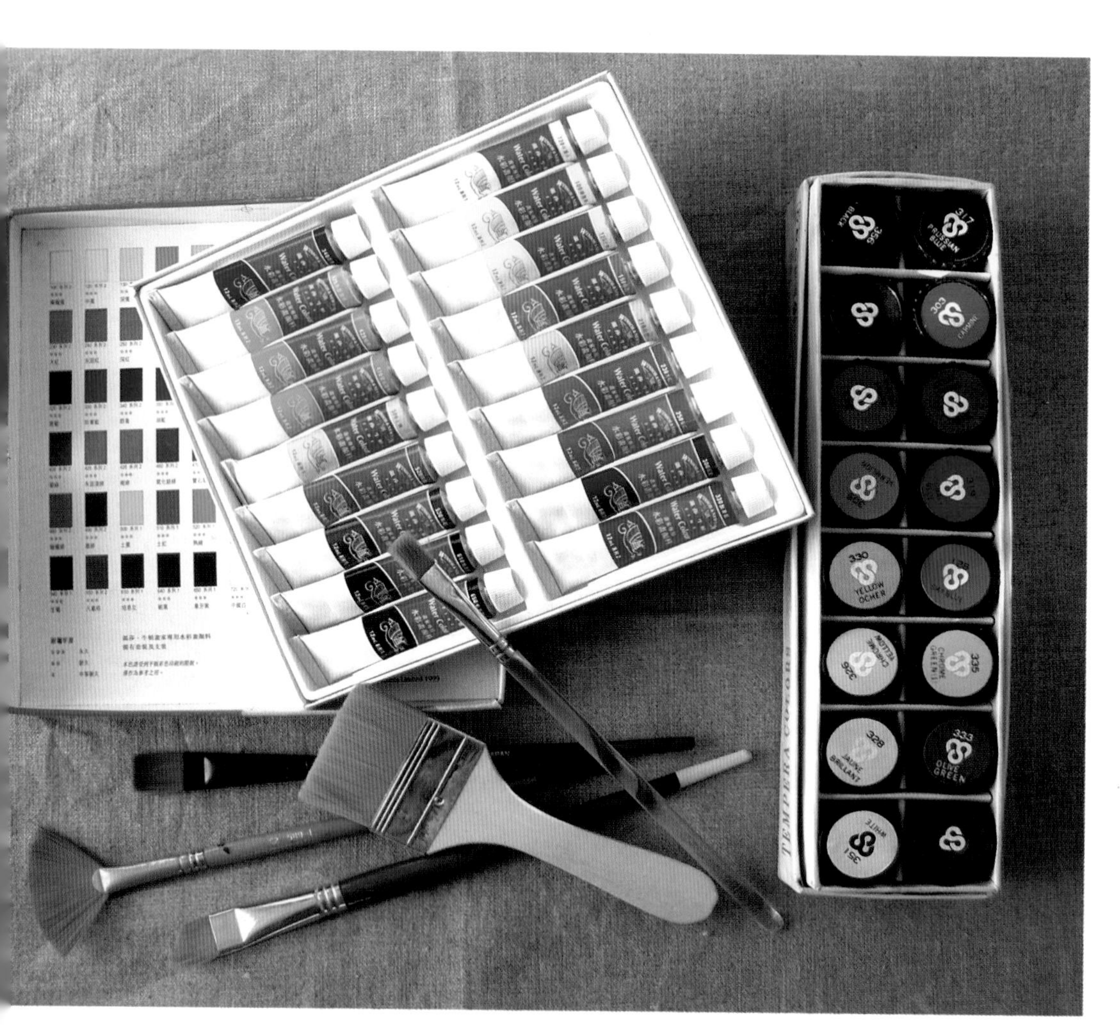

色或广告色，其产品种类较多，如彩色墨水、水彩笔、水彩颜料、水粉颜料等。它们都是服装效果图中色彩表现最常用的材料。它的色彩鲜艳且丰富，既可运用透明性水彩色表现出面料轻薄、飘逸的效果，又可运用不透明性水彩色表现出面料厚重、粗犷的肌理特征。也可作为大面积的染色或打底，水彩色可表现出各种面料的质感特征。

另外，在人物的妆容表现上，也可刻画出其化妆的效果及人物的性格气质。总而言之，水彩色是众多手绘工具中色彩的表现力最为丰富全面的，如与马克笔、水溶铅笔等其他颜色材料配合使用，将会获得更加完美的效果。

2.6 其他辅助工具介绍

服装效果图的手绘工具除了以上介绍的工具之外，其他的使用工具还很多。就服装设计师而言，只要使用方便，能够满足他们的设计意图和表现效果都能使用，如著名服装设计大师卡尔拉菲尔德，在他的服装效果图中，经常会使用唇彩、眉笔，化妆盒里的眼影、腮红也常常作为涂抹在服装及人物身上的色彩。以下将介绍一些常会用到的辅助工具，在染色、勾线的毛笔中，我们经常会用白云笔、叶筋笔，另外，各种方头、圆头的水彩笔也是我们在服装效果图的色彩表现中不可或缺的工具。

如何选择与使用工具相配的纸张是画好服装效果图的关键之一，对于刚开始学习服装效果图的初学者来说，因要进行大量的练习，可选择一些价格便宜的纸张，如雪莲纸、复印纸等，有时为了更好地体现人体的动态造型，在拓摩拷贝时一般会用到硫酸纸；在服装效果图的作品表现中，由于使用工具的不同，往往在选择纸张的肌理上也会有所差别，如：一、表面光滑的铜版纸和白卡纸，适合用水性、油性等各种马克笔及水彩笔表现；二、表面粗糙的素描纸、水彩纸及各种有色卡纸较适合色粉笔、油画棒及水溶笔使用。专业美术用品商店往往按纸张的大小规格、颜色、厚度分类，一般可根据使用工具和表现内容来选择合适的纸张。

最后如擦笔、美工刀、调色盘等工具也要在学习服装效果图前准备好。

辅助工具：
(1) 可压缩涮笔筒；
(2) 斜头水彩笔；
(3) 平头板刷；
(4) 剪刀；
(5) 扇形水彩笔；
(6) 调色盘；
(7) 多功能美工刀；
(8) 粉笔画固定剂；
(9) 固体胶棒；
(10) 胶带；
(11) 燕尾夹；
(12) 水性马克笔；
(13) 尖头毛笔；
(14) 油性漆笔；
(15) 擦笔；
(16) 橡皮。

思考与练习

1. 针对本章介绍的手绘工具，通过使用了解其特性及效果，为画好服装效果图做好准备。

2. 通过练习选择自己喜欢的两至三种手绘工具，尝试临摹服装效果图。

伊丽莎白·赛特　作品

第二章

服装效果图的基础理论

第二章　服装效果图的基础理论

1．服装效果图的概念

范　例

该图内容涉及灵感源、采用面料、色彩搭配、效果图和款式图等设计流程的关键环节。作品中人体比例匀称、没有采用夸张的形式表现，这样才能更好地体现出着装后款式的整体造型与搭配效果。这说明绘制者在描绘前对人体动态与服装造型的特征有较为正确的认识与把握。

服装效果图是将服装设计构思内容用概括的、快速的绘画形式来表现的，通常注重刻画服装造型、结构、材料及人物着装后的整体效果。

服装效果图多为线条勾画，旁边贴有面料小样并配有文字说明，它常常是将设计师构思中的漂浮不定、转瞬即逝的设计概念及服装的色、型、质的设计思路，用较为感性的绘画语言描绘下来。对于广大的从业人员来说，服装效果图是一种直观而有效的方法。

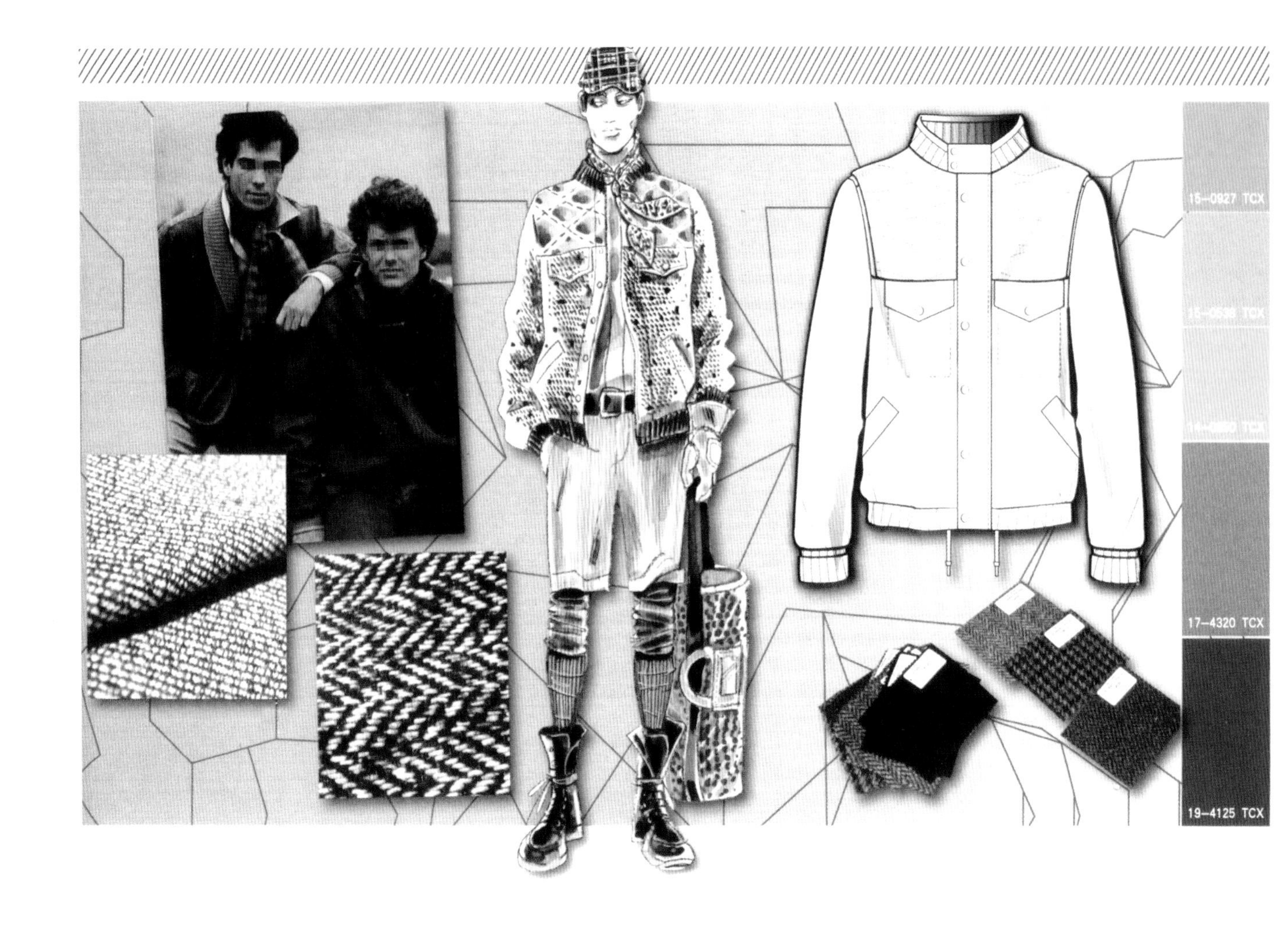

那么，如何绘制服装效果图呢?

服装效果图在表达设计构思时，不仅要对服装外形及细节进行精心的推敲，而且要从服装的功能、色彩、构造、材料、缝制工艺、市场定位、流行的环境区域等诸多方面进行全方位的把握。服装效果图为了把设计构思表达清楚，常常需要画出服装的前、后、侧款式造型，一些需要特别交代的细部结构与工艺必须表现得非常清楚。因此，多角度地分析推敲设计方案，使其趋于完整性，是服装效果图最重要的意义所在。

在效果图的前期创作过程中，那些看似纷乱无序的思维点其实是非常宝贵的，正是这些放射性思维才能够派生出日后许多经典的设计。进而在绘画阶段，伴随着手、脑的协调运动，常常会迸发出更多的创意火花。因此，即使为同一市场目标进行设计，设计师往往也能拿出几个甚至十几个草图来。

范例

该图为男装设计开发图例。内容涉及采用面料、色彩搭配、效果图和款式图等设计流程的关键环节。绘画者用水彩刻画出带有色彩斑纹的粗花呢及夹克肩部的绗缝效果，体现了人物着装后带有传统经典男装的特点。作品注重描绘出男士时装的设计风格与定位以及服装整体的搭配细节，这些往往是初学者在表达服装效果图中容易忽略的内容。

2．服装效果图的功能

服装效果图与纯绘画或艺术性时装画的艺术表现形式不同，它不是为满足大众艺术欣赏的审美需求。它的功能在于为样衣的制作，提供了造型、结构、工艺的依据。其具体功能主要体现在服装造型、服装结构、服装工艺等三个方面。

2.1 服装造型方面

主要通过人体与服装造型关系的表现，反映出着装后的面料及服装三围状态的设计效果。为制版环节中的首要问题——规格设计提供了比例造型的依据。

解 读

通过该图我们不难看出效果图中所体现的服装造型、结构、工艺等的三大功能。它为成衣制版、缝制提供了重要的参考依据。

我们通过该图中袖子的造型、腰身的纹样及装饰挎包等部位，与成衣图片进行比对，说明了该作品的绘制者用严谨写实的表现技法，较好地把握了服装的造型比例、结构工艺及图案纹样等细节特征，并通过人体动态、发型化妆准确地体现出主题思想及设计概念。

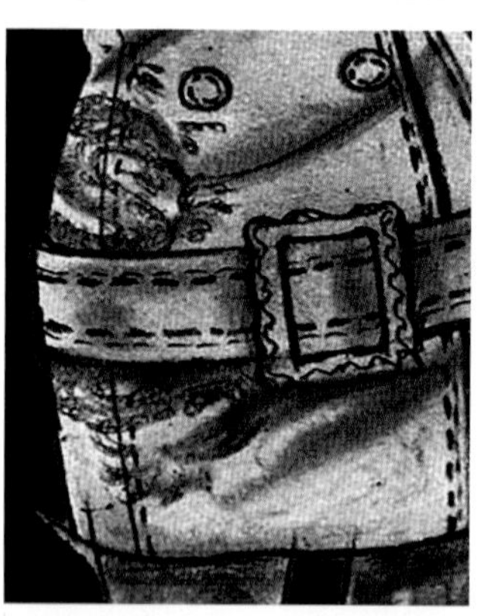

2.2 服装结构方面

主要是通过服装外部廓形与内部构造的结构关系，反映出服装款式各部位，如领型、袖型、身型、省道、褶裥、口袋等设计特点，并在关键的细节设计上，配以文字说明及设定尺寸范围，为制版人员准确地完成版型设计，提供了重要的参考方案及结构造型的依据。

2.3 服装工艺方面

主要指通过服装整体造型的工艺表达，突出反映在明线的位置、针距的大小及图案纹样等工艺处理，并以图解的形式将工艺的特殊要求详细说明。

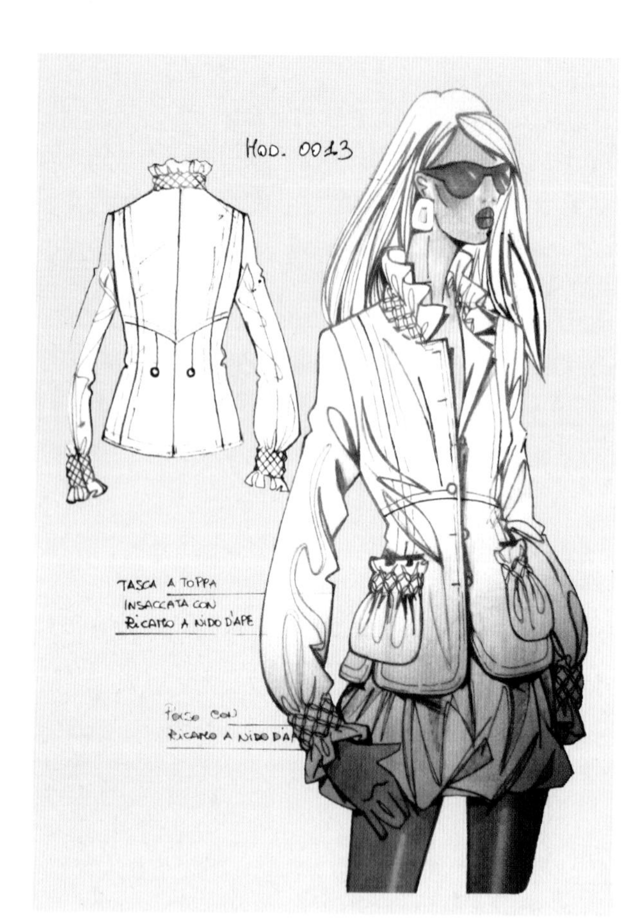

Durelli Alessandro [意]

3. 服装效果图的形式类别

3.1 服装效果图

主要表现人物着装后的整体效果。一般可分为用于品牌服装设计中效果图的表现和服装设计大赛中的表现。

其一在品牌服装设计效果图中，注重品牌的定位、风格中标志性造型设计特点的表现。

其二在服装设计大赛效果图中，可选择多种的表现形式：写实的、抽象的、变形的、夸张的，但一定要注重表现参赛主题及设计概念。

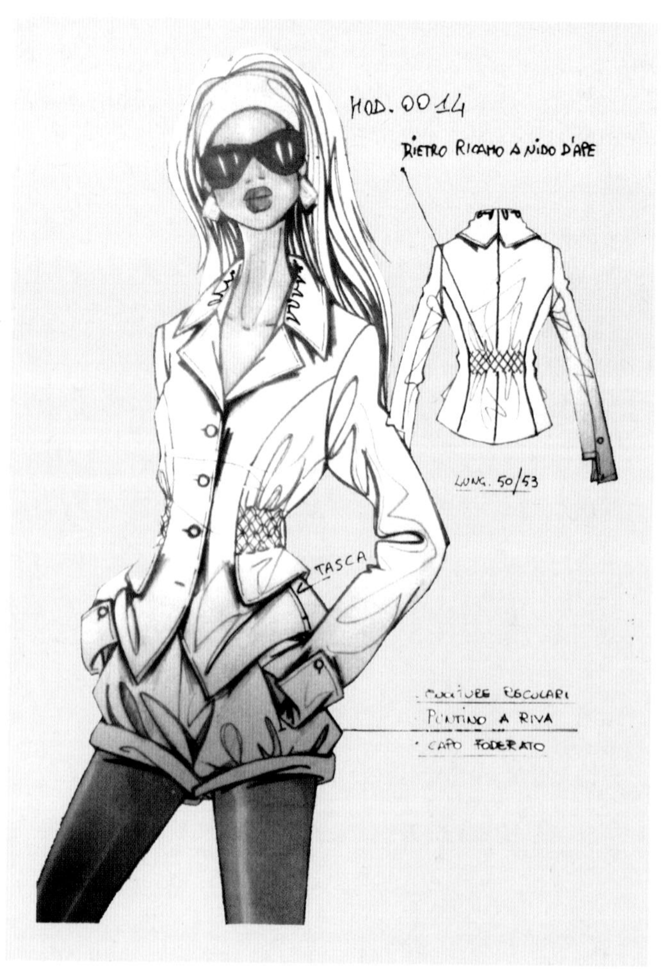

范例

一般在品牌服装效果图的表现中，首先选择模特儿的动态造型是最能体现服装的设计特点，并采用简洁的线条配以适当的色彩勾画出着装后的效果，并用文字说明设计的细节要求。以上两幅范图，设计师通过严谨流畅的线条准确地表现出自己的设计意图及领、腰、口袋等部位的造型特点，同时勾画出人物的妆容及定位。

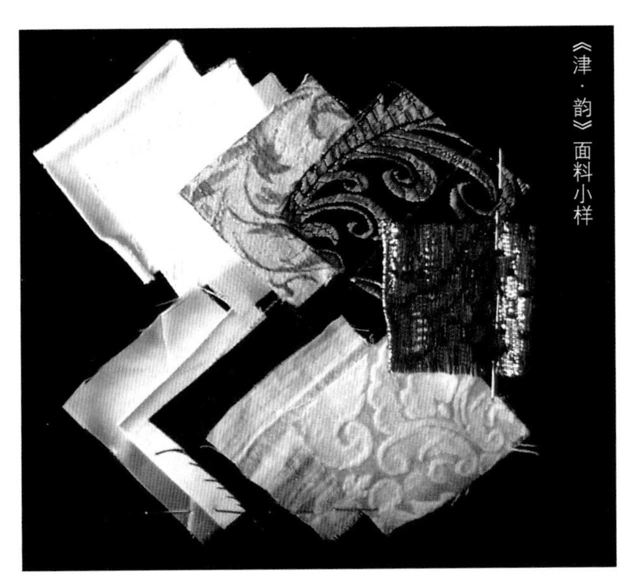
《津·韵》面料小样

点 评

服装设计大赛的效果图在表现中，首先体现系列设计的概念定位，往往在人物形象及动态造型表现上，可采用夸张、变形的手法，来体现设计意图与创意风格。服装造型与面料质感的描绘上要尽量贴近构思的效果，使系列设计的表现效果能充分地让评委解读。

设计者：刘晶

3.2 服装款式图

着重表现服装款式的造型、结构与工艺的设计特征。在表现时，以人体结构的造型为基础，依据所使用的面料特征，通过款式图正面、背面、侧面的造型，准确地表现出款式的造型特征与基本比例的关系。在技法的表现上，应使用概括而严谨的线条勾画出服装的基本状态及细节效果，明确特殊工艺的缝合要求。

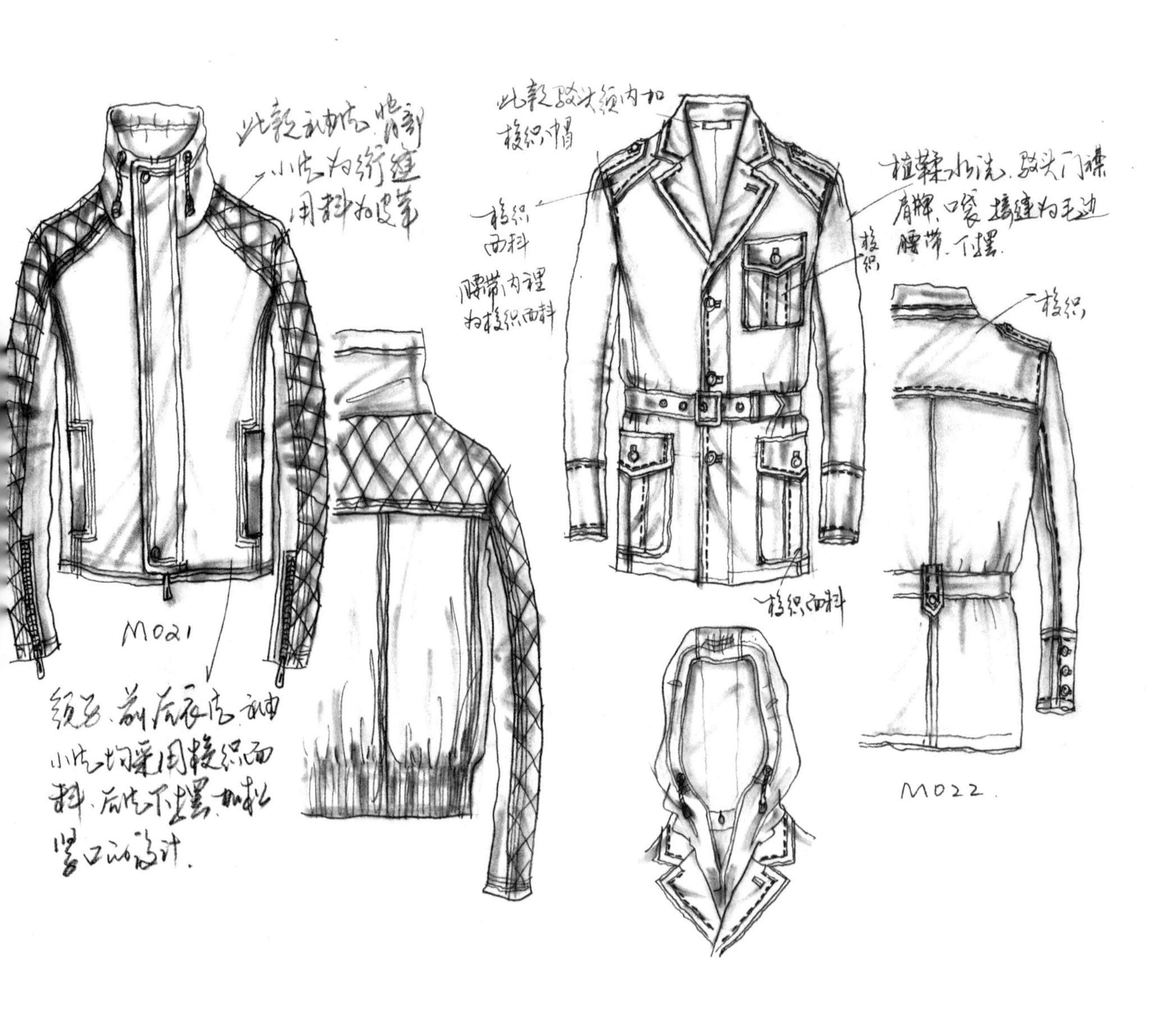

技 巧

在品牌成衣的设计中，由于季节的因素，往往设计的表现形式以服装款式图的形式来体现。设计师大多采用铅笔、签字笔、马克笔勾画出服装的正面、背面及细节的款式造型。在表现时，设计师要准确地体现出服装的长宽比例与造型的特殊关系，为制版及工艺缝制提供出准确的设计信息。

3.3 服装工艺图

只表现服装的款式、结构与工艺细节的要求，通过服装的正面、背面、侧面和细节放大的造型描绘，明确缝合形式、工艺特征，一般用于具体的生产指导。

服装工艺说明书

品牌		品名		款号		制作人		年　　月　　日

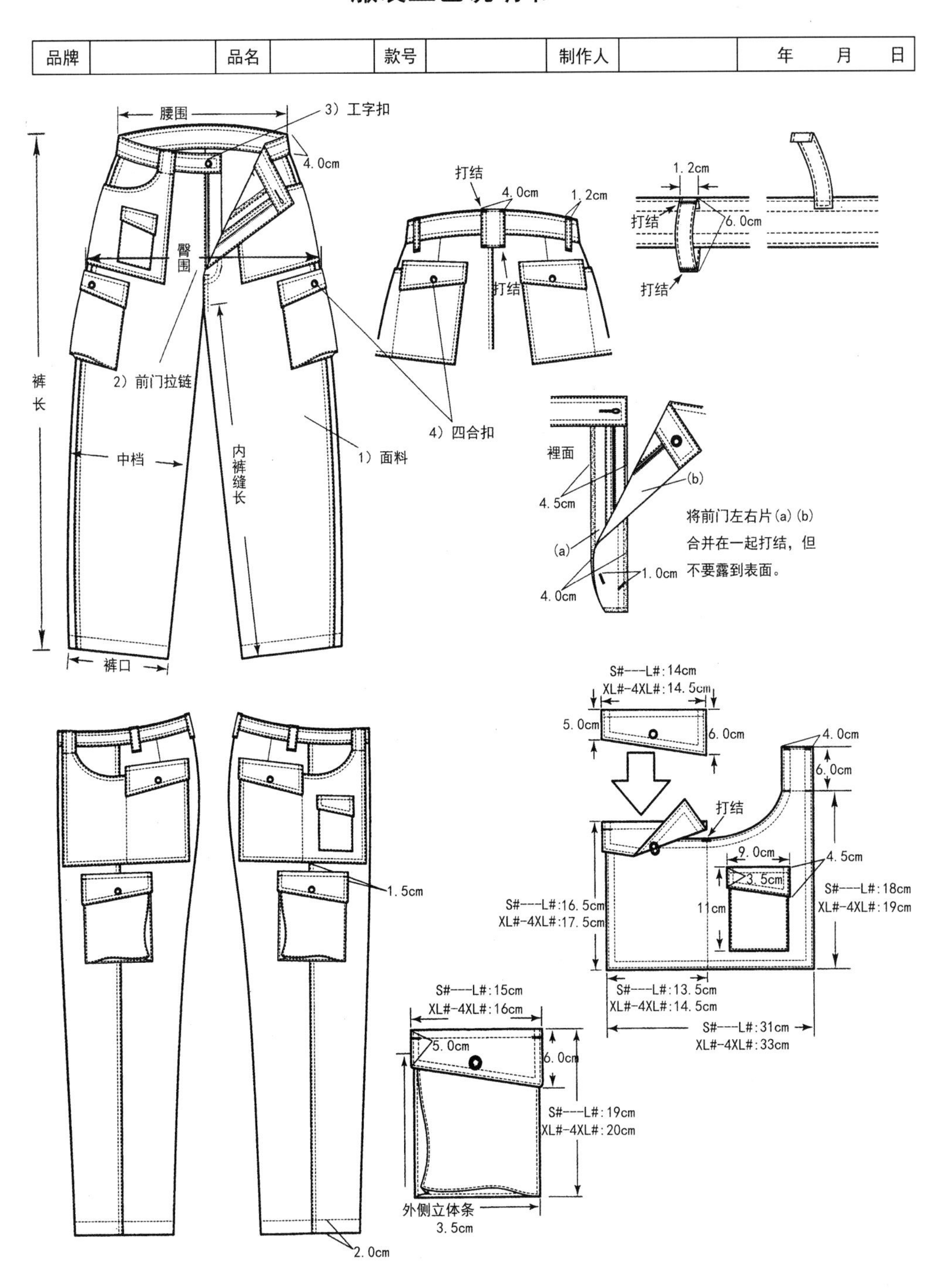

《服装效果图技法》的课程中，正在写生的学生们。

3.4 服装效果图的学习方法

针对大多数初学者绘画的造型能力较弱，所以开始训练时，可以根据几个常规的人体造型进行反复的临拓练习，同时参考人体摄影的资料，观察人体在不同的动态造型下，体表曲线的变化规律，并根据摄影图片上的人体动态，进行线描训练，直到可以准确地画出符合服装效果图所要求的人体动态造型。并根据不同的人体动态，再把设计好的服装准确地描绘在人体上。

简单来说：就是拓、临、默结合法——将人体动态造型及优秀设计图作品进行反复大量的拓临默练习，是学习服装设计图入门的最佳途径。服装效果图的临摹训练是学习别人已经获得的造型经验和表现方法，初学者由此进入服装效果图的学习，很容易取得成效。

学习之始，初学者往往束手无策，一定要在大量的临摹中学会如何借鉴，在服装大师绘制的作品中，那些丰富的表述语言和充满感染力的线条，我们只有通过反复读画、临摹才能获得效益，临摹的优点是能很快学到效果图的表现“程式”，并运用程式建立自己的技法的形式与特点，而缺点是极易陷入别人的习惯之中，不会生动自如地表现出

各种“造型”的人衣穿着效果，且缺乏举一反三的能力，所以在训练中不能过多单纯地依赖临摹的训练方式，有时反而形成了自己进步的障碍，必须与模特儿写生结合起来进行训练。

默写在服装效果图的练习中，是运用自己的记忆、想象，进行默写，首先要勾画出各种适合服装造型的模特儿动态，再将人物五官的化妆形象反复训练，最后再把设计好的服装穿在“模特儿”身上，这样才能把临摹的经验与写生的体会结合起来，并应用在实际的服装效果图表现中。

点 评

上图为教师上课写生的范画，右图是一张学生的临摹作业，该作业人体的动势特征的表达不够明显，但比例上问题较大，腿部较短，手脚的造型在结构和透视上也不够准确。另外，五官的刻画及化妆效果缺乏时尚。

时装图片转换法——利用掌握的技法，将时装图片用效果图的形式表现出来，为学习服装效果图的技法奠定了基础。另外对服装结构造型原理的了解与掌握，也是画好服装效果图的先决条件。

对此，初学者可以参考优秀的服装设计作品的摄影图片，通过仔细地观察、反复地练习，才能熟练地掌握人体与服装的空间关系、动态与衣纹的位置关系、光影与造型的体积关系、结构与面料的状态关系。所以在这里，我们要遵循这样一个规律，服装效果图的目的是为服务于成衣制作与生产等环节，能准确地反映出设计者在服装的色、型、质及结构、工艺等方面的设计意图即可，不需要进行过多的艺术性夸张与渲染，所以服装效果图的表现技法应从实际出发，可根据个人的风格特点，选择一两种绘制工具及材料进行训练，直至熟练掌握。

最后，模特儿写生法——模特儿着装写生是画好服装效果图的重要训练环节，是初学者通过自己眼的观察、脑的构思、手的表现，与模特儿进行的面对面的真实交流。

在临摹取得一定技法和认识后进行写生，应将学习得来的程式给以校正、检验，并能启发技法的创造性表现语言。通过模特儿静、动态的时装展示进行速写性的写生训练，为服装效果图的创作提供良好的训练素材。

课堂中把服装穿在模特儿身上进行写生。

技 巧

写生训练是效果图技法训练中重要的环节。初学者应抓住人体动态与服装造型的关系，注意衣褶的特点与服装的透视，表现出适合服装效果图所需要的着装效果。

通过从人体到服装，从效果图到时装摄影的大量临习、观察及默写，由简到繁循序渐进，不断地提高专业知识及职业素养，就可以将自己的构思与创意熟练地表现在服装效果图上。在学习服装效果图的表现中，初学者可按照以上的方法与要求进行训练。

思考与练习

1. 通过时尚资料，按图片转换法完成一张服装效果图。

2. 选择一幅优秀的服装效果图作品，进行临摹训练。

3. 找出两到三位国际知名服装设计师的效果图作品，分析其技法特征。

芮内　恭鲁奥　作品

第三章

服装效果图的人体表现

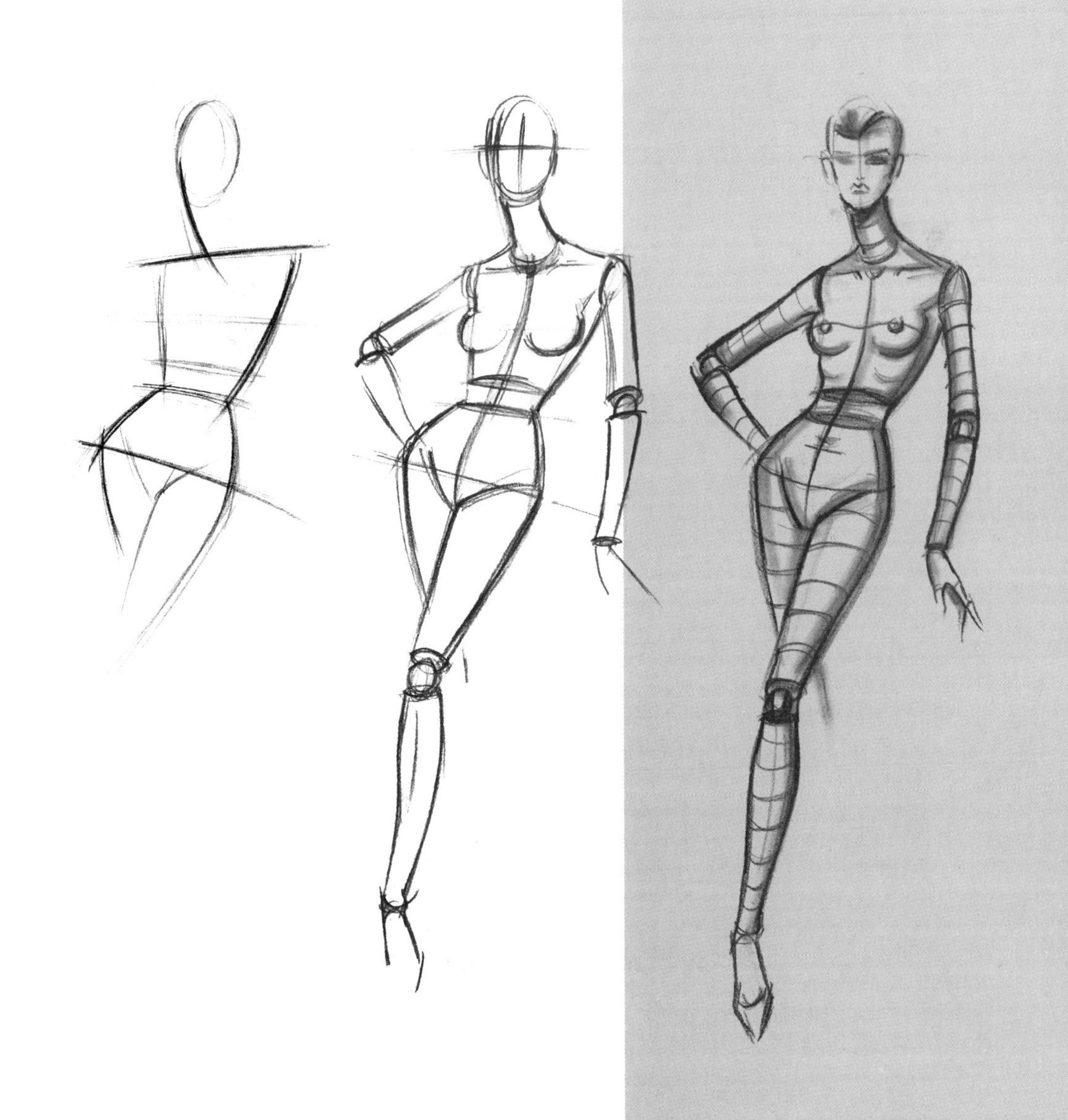

第三章　服装效果图的人体表现

1. 人物形象与局部造型的表现

1.1 头部造型的表现

1.1.1 头部造型的基本结构、比例与透视

服装效果图是以表现服装的造型和款式为主，但人物头部的形象则代表和反映了一个人的气质和精神世界。其中眉、眼和嘴，更是传达人物思想感情的重要器官。只有将头部刻画好，才能使画面更加完整，也能更好地与服装的整体风格相呼应。准确而生动地描绘头部五官，首先要掌握它们的基本结构、比例和特征。

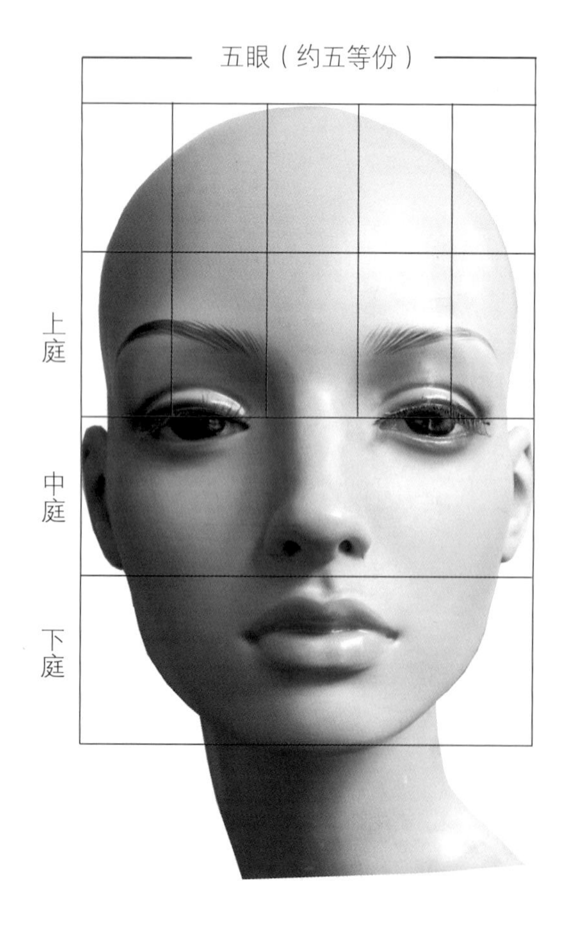

解　读

以头部的正面、半侧面、侧面为例：

1. 正面：从水平的角度观察，眼睛基本上位于头高的二分之一处(头高为上至头顶，下至下巴)，发际线位于头顶和眼睛的二分之一处，鼻子的下方则位于眼睛和下巴的二分之一处，鼻子所在的四分之一份正好是耳朵的位置，嘴唇在下半个四分之一的上二分之一处。两眼之间的距离恰好是一只眼睛的长度。

2. 半侧面：半侧面的头部五官，清楚地呈现出正面无法看到的头部、颈部肌肉。头部的中心线向侧面偏移，脸部左右的比例发生了透视变化，脸型、鼻子纵向拉长，眼睛、嘴唇横向缩短。

3. 侧面：头部造型的上部廓形为圆形，下部廓形为三角形；耳朵的位置为头部宽度的二分之一以后，呈现出耳朵的整体形状，眼睛的透视后造型为三角形。

让我们利用模特儿头部造型的辅助线来了解头、脸部及五官的结构、比例与位置关系。

中国绘画史上将人物面部五官的比例概括为“三庭五眼”，也是正面脸部结构一般的规律。

“三庭”：“一庭”是指从发际线到眉毛；“二庭”是指从眉至鼻底；“三庭”是指从鼻底至下巴。“五眼”：人物正面脸的宽度正好为五只眼睛的宽度，两眼之间的距离，正好为一只眼睛的宽度。

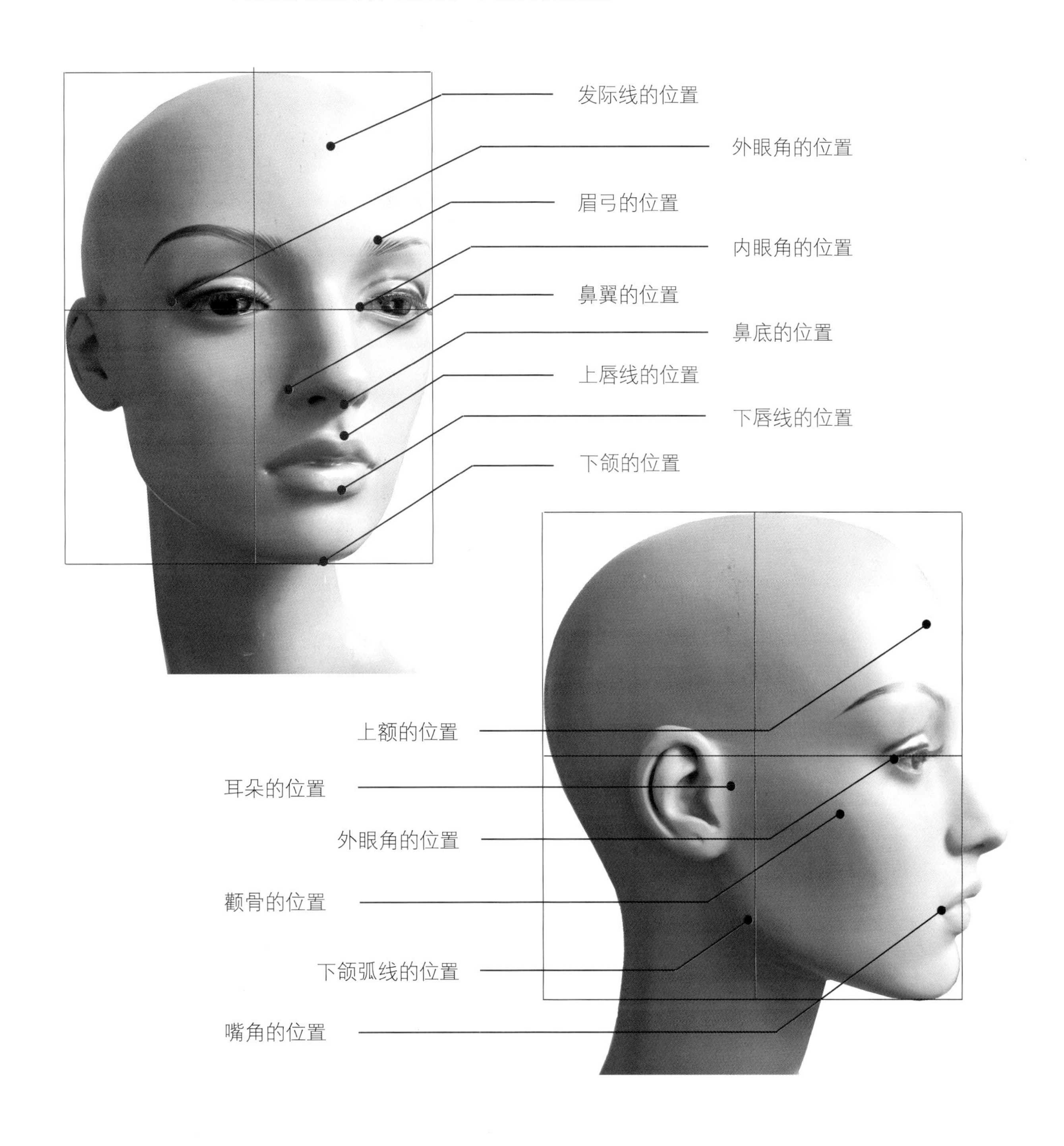

仰视：正面、半侧面、侧面　　平视：正面、半侧面、侧面　　俯视：正面、半侧面、侧面

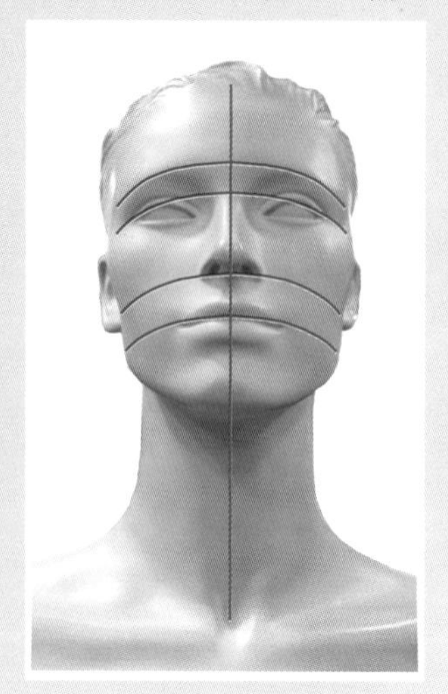
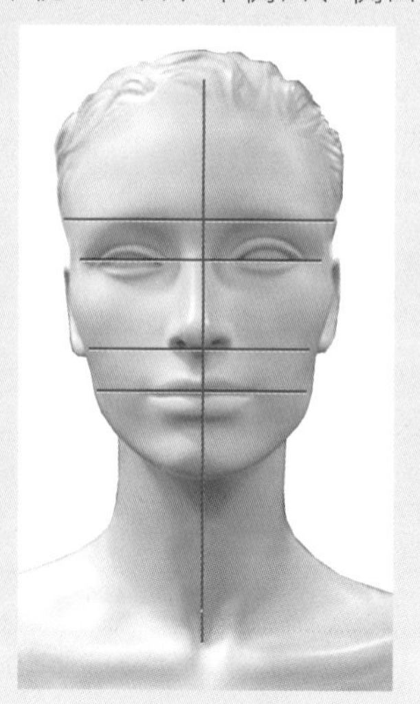
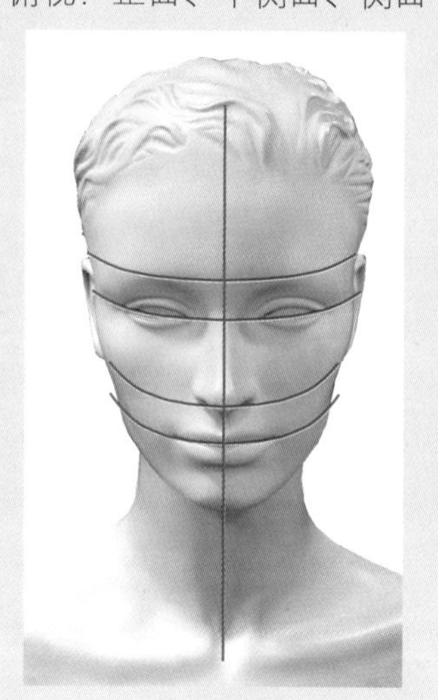

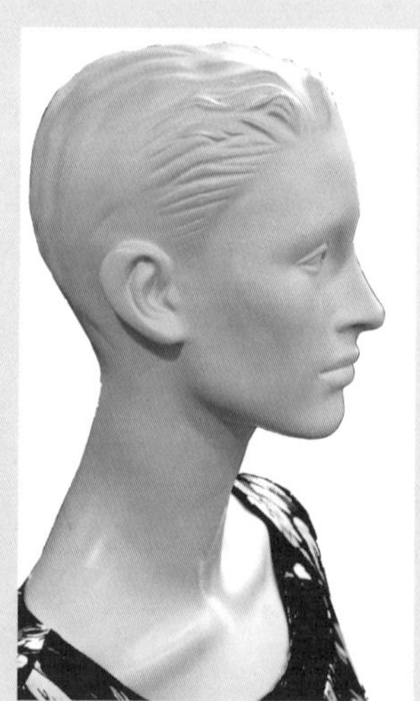

头部的透视是随着头部角度的变化，脸部五官的透视也随之产生变化，应该根据不同角度的透视关系灵活地调整五官的比例与透视关系。我们在这里应重点理解头部五官的透视（两眉间、两眼间、两鼻翼间、两嘴角间、两耳间），因为它们在表现时，往往最容易出错。左页为头部五官常用视角的透视分析图。

1.1.2 男、女头部五官造型的特点与表现

男性与女性头部的特点为：一般男性头部的轮廓可表现为正梯形或长方形，前额较为宽阔，要把眉眼的距离表现得略近，勾画的重点在于表现面部的结构特征，以突出男性的阳刚之气；而女性的头部轮廓线表现为倒梯形，前额表现得略高一些，显得更加美观，通常将眼睛的位置画得略低一些，显得柔美妩媚，眉眼间的距离表现得略远，勾画的重点往往突出化妆的效果。

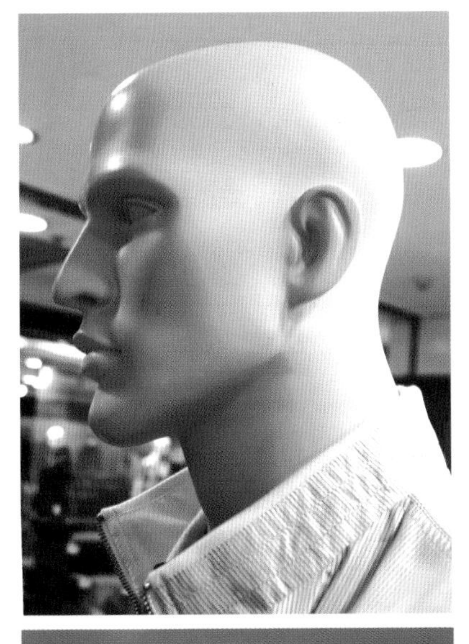

（1）头部五官的正面画法

将头高均分四等份，画出头宽的 1/2 中线，根据头部的比例画出五官的位置，眼睛和耳朵的造型一定要表现出左右对称。另外，眼睛的高低位置决定了人物的年龄特征，一般年轻人眼睛的位置为头高的 1/2 处以下，中年人为头高的 1/2 处，老年人为头高的 1/2 处以上，儿童眼睛的位置则在头高的 1/3 处及以上。

在常规的情况下，我们经常说到“三庭五眼”，“三庭”一般女性可以按发际线到下颌骨分为三等份，但在表现男性的发际线时往往要画得略高一些，即头高的 3/4 的位置以上，以此突出其性别的特征。鼻子为了达到隆起的效果，一定要表现出正面鼻梁与鼻底的结构变化。

（2）头部五官的半侧面画法

将头高均分四等份，先画出透视后的头部中心线，要注意表现出五官的透视及造型的变化。另外，颧骨的位置及脸部的外轮廓线是画好脸部的关键，往往表现男性头部轮廓的线条时，要用肯定、硬朗的线条刻画出男性额头、颧骨及下颌骨的结构特征及阳刚气质；但在表现女性头部轮廓时，则要用严谨、流畅的线条刻画出柔美的气质。半侧面的头部造型，鼻梁的透视及造型表现不可小视，且男女差别较大。嘴部的造型由于透视角度的不同，初学者应针对在写生过程中观察到的透视变化，反复练习，并根据眼、鼻的透视画出相对应的嘴部造型。

（3）头部五官的侧面画法

将头高均分四等份，先画出头宽的 1/2 中线，并在头宽的中线之后，画出耳朵的造型，脸部侧面的外形轮廓在额头、鼻子、下颌处男女差别较大。眼睛与嘴部的外形由于透视的关系，基本可归纳为三角形，另外，从侧面的角度最容易看出，鼻梁与耳朵的长度大致相同，初学者在练习侧面的头部五官时，往往头宽的比例不足，容易将后脑画得过窄，影响头部的造型效果，所以一定要根据头部高宽的比例定出耳朵的位置，这是至关重要的。

在表现人物头部五官造型时，男性头部和女性头部有着明显不同，一般女性的头部要表现出柔和、秀气的特点，而男性的头部则要表现出刚毅的线条和轮廓。

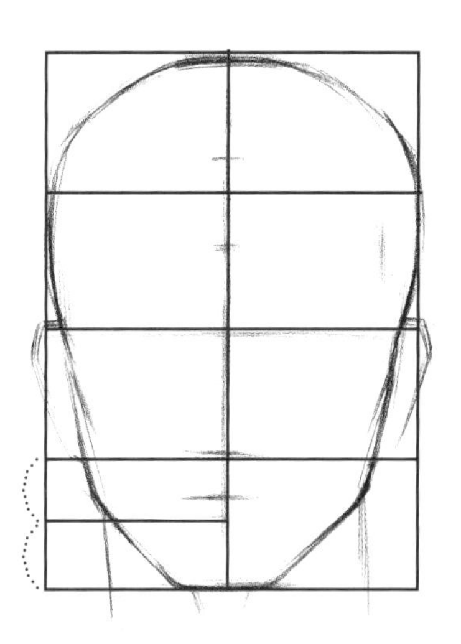

技巧 ↗

男性正面头部的高宽比例为 5 ∶ 3.5，正面头部五官要画得对称，眉毛要画得略粗一些，发际线在头高的 3/4 处以上。

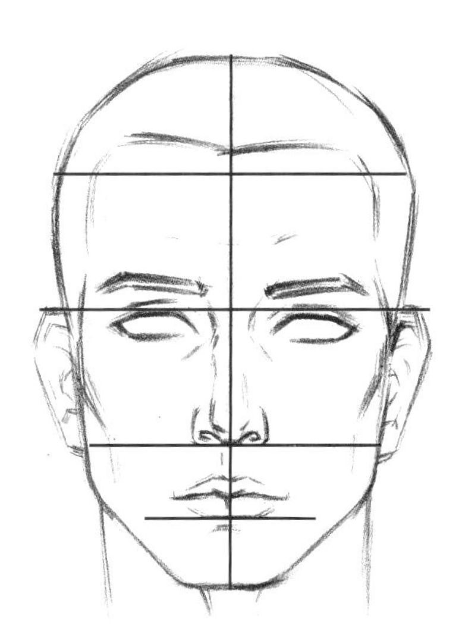

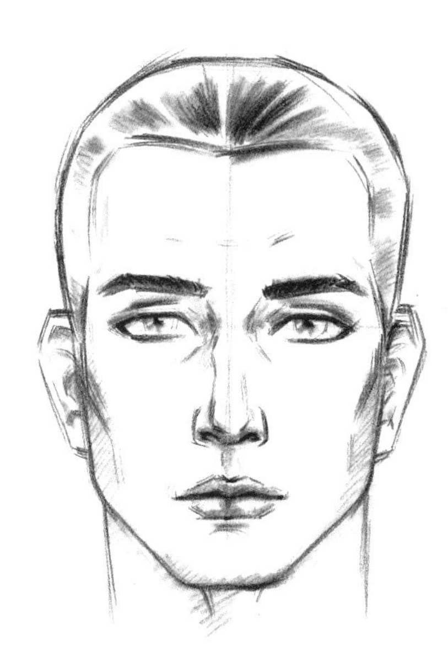

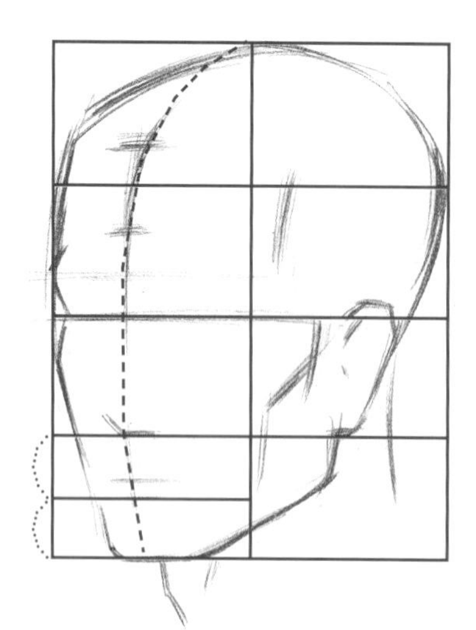

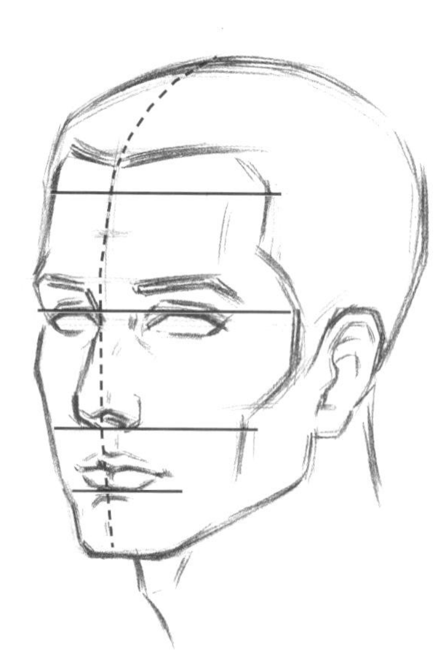

技巧

男性半侧面头部的高宽比例为 5 ∶ 4，先画出透视后的头部中心线，准确表现出半侧面头部五官的造型，要加强颧骨的刻画。

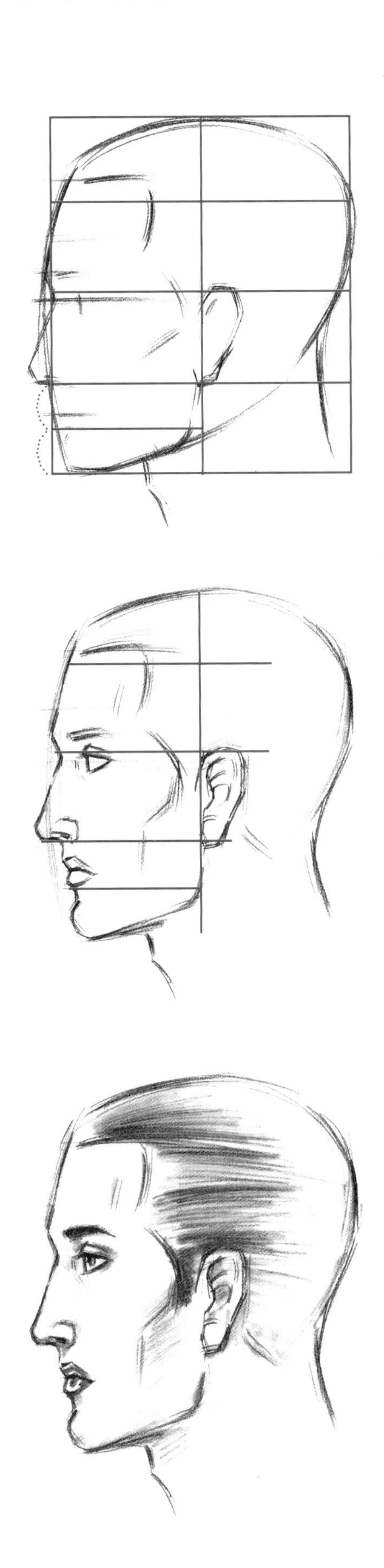

技巧

男性侧面头部的高宽比例为 5 ： 4.5，侧面头部的宽度增大。要注意耳朵的位置及眼睛、嘴的透视造型。

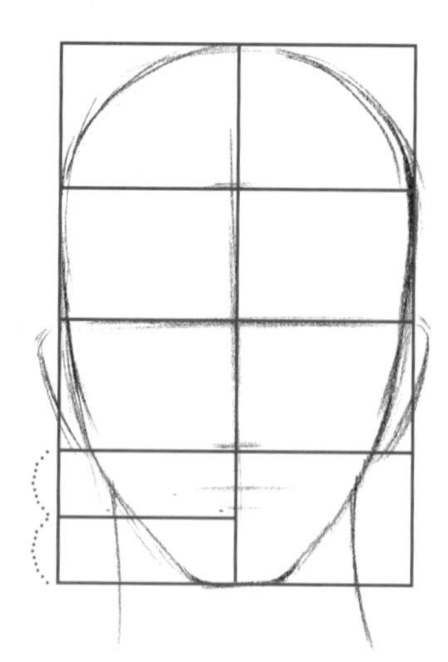

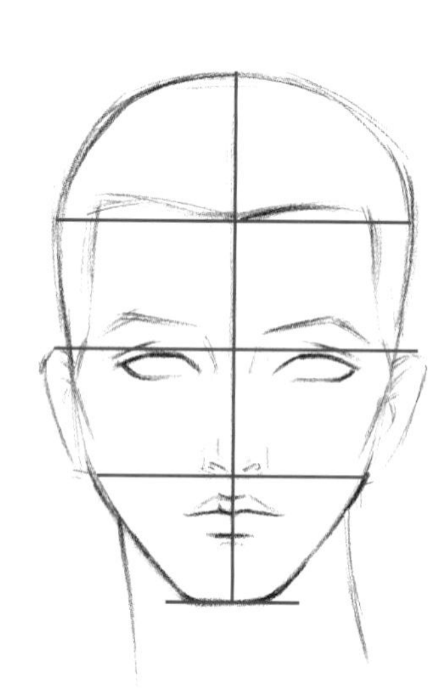

技巧

女性正面头部的高宽比例基本同男性，发际线的位置略低于男性，在刻画正面眼睛造型时，外眼角一定要高于内眼角。

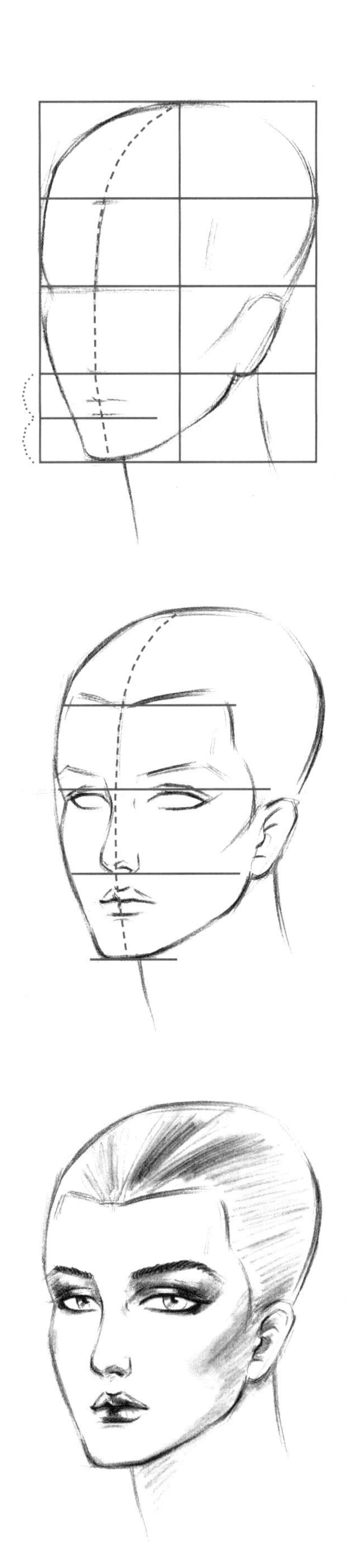

技巧

女性半侧面头部的高宽比例为 5 ：4，先画出透视后的头部中心线，准确表现出半侧面头部五官的造型，并要减弱颧骨的刻画。

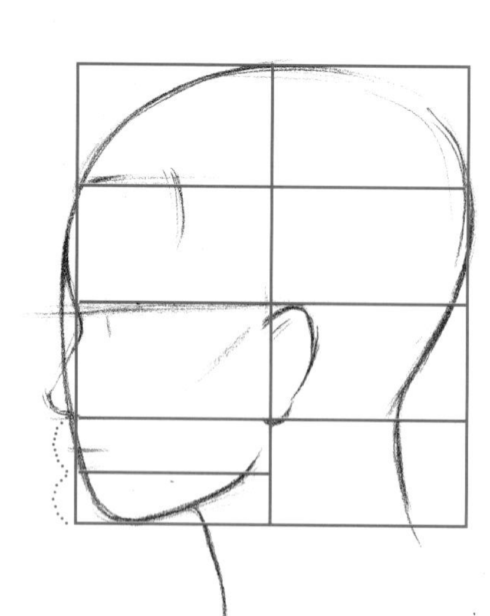

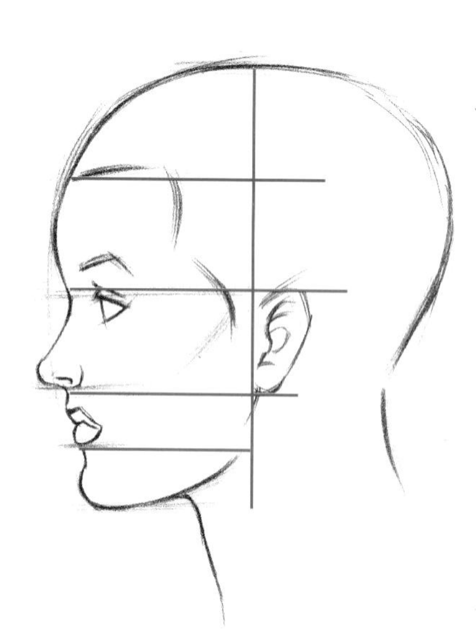

技巧

女性侧面头部的高宽比例基本同男性，要注意耳朵的位置及眼睛、嘴的透视造型，另外，下颌部分一定注意不要过于前翘。

1.2 面部妆容的表现

1.2.1 面部五官化妆的表现

面部化妆主要表现在眉、眼、嘴、腮等部位，化妆的表现及色彩要与穿着的服装造型及风格相互呼应，并形成整体的统一。服装效果图中女性的头部造型主要通过化妆来体现结构特点及人物的气质；男性则是通过头部的结构刻画来体现其性格与人物的风度。

另外，现实中五官化妆的立体效果是通过人物脸部的结构表现出来的，所以，服装效果图在面部化妆的表现上要通过颜色的深浅变化及细腻的过渡才能表现出真实的化妆效果。

技巧

在表现头部五官化妆时，首先要准确地描绘出头部的外形及眉、眼、鼻、嘴、耳的基本结构位置；再用淡色染出眼影、腮红、口红及头发的底色，但要按五官结构的虚实关系表现出妆容的渐变效果；最后，逐渐加重染色的效果，并将眼睛、头发及嘴唇的反光处留白。（上图使用工具为炭铅＋擦笔）

范例 12

一般在表现不同角度的面部化妆中，首先要注意不同角度眉、眼、鼻、唇的透视关系与结构造型，并准确地描绘出面部的妆容效果，此三幅作品用线要简洁、流畅，面部的化妆特点突出，其步骤可用淡肤色色粉先渲染出面部的起伏和阴影部分；再用深色的色粉反复勾画眼线及眼影部分，并用擦笔轻轻地擦出立体渐变效果，另外，眼睛在勾画中一定要留出高光来，再轻轻进行染色，即可使之明亮有神。

眉的表现可先用灰色马克笔勾画出眉形，再用黑色马克笔刻画出眉毛的细节，最后用擦笔沾着黑色色粉涂在刚刚画出的眉形上，就能表现出真实的眉毛的效果。

唇的表现可先用黑色马克笔勾画出唇形，再用擦笔沾着淡红色色粉涂在嘴唇上，但要在下唇留出反光的部分，最后再用深红色色粉勾画上唇，就能表现出唇部化妆的立体效果。

1.2.2 头发造型的表现

人物发型的画法是较难把握的，但人物头发的造型是着装后整体效果中一个较为突出的环节，也能反映出一个时代的风格与时尚的特征。在服装效果图表现中，一般要从整体出发，对发型概括处理，从而将表现的重点放在服装上面。

(1) 画光滑的直发或波浪形的卷发时，应该根据发丝走向和发型的整体特征，用较明确的线条从发根画起，要做到疏密有致，不能简单均匀地排列线条。对于卷发，一般要把握其重点，深入表现最为突出的几组，以带动发型的整体效果。

技巧

在表现人物发型中，可参照时装照片的效果进行描绘，发型和头部的结构是一个整体，在刻画时要注意表现出发型的特征、轮廓、反光的效果，并要处理好发型与面部的衔接关系。

（2）画体积感较强的短发或较为凌乱抽象的发型时，前者由于头发被修剪成特定的形状，应该先用线描绘出头发的整体轮廓来，再根据反光、暗面等光影效果深入刻画；后者在表现时要抓住发型的特点，用擦笔擦出边缘发型的凌乱效果，再根据发型的结构突出表现靠前的几组。

（3）画盘发时，线条应该体现一种律动感，注意头发之间的穿插缠绕、长短疏密的形式特点，注意用线面结合的方式表现出发型的光影效果，即可达到盘发的造型特征。

范例

一般在表现不同发型中，首先要注意发型的外轮廓线及造型特征，另外，光影效果与主次关系的表现是画好发型的重要环节。

（上图使用工具为炭铅＋色粉＋擦笔）

范 例

通过这几幅作品，我们不难看出在表现发型的过程中，一定要表现出头发的厚度、发髻和鬓角部分与脸部的过渡及衔接效果，要注意处理好不同发型的边缘特征与头发的反光特点，在刻画时，不能漆黑一片没有层次。

1.2.3 帽子造型的表现

帽子是服饰的一个重要组成部分，在表现帽子的造型时必须注意刻画出帽子与头部接触部位的透视关系，还要考虑好帽子与服装的配套关系及戴在头上的深浅状态，这样才能获得整体效果。

范例

画帽子时表现出其造型特征与尺寸大小是至关重要的，以范图为例：小型的帽子一般戴在头上的部位较浅，且略向前倾。包头的围巾一定要注意围裹的部分要紧贴在头部，并由于蝴蝶的装饰使之形成细碎的褶皱效果。

范例

通过这几幅作品，我们可以看到不同的帽子造型与头部接触的深浅状态与位置的差别，范图中有帽檐上翘的平顶帽、柔软随形的贝雷帽、边沿硬挺的水兵帽、帽檐下落的礼帽，其造型千变万化但离不开头部的基础形态，所以表现出帽子造型与头部的立体状态是非常重要的。（范图使用工具为炭铅＋色粉＋擦笔）

作者：钟慢慢

作者：钟慢慢

作者：卢长花

1	3	5
2	4	6

点 评

以上作品均为课程作业，画面人物头部造型与五官化妆表现准确细腻，用色丰富大胆，人物神态生动传神，较好地体现出发型与妆容的设计效果。但有些作品缺乏深入的细节刻画。

图 1 使用工具为炭铅 + 色粉 + 擦笔
图 2 使用工具为水性马克笔 + 水溶性彩色铅笔 + 擦笔
图 3 使用工具为炭铅 + 色粉 + 擦笔
图 4 使用工具为油画棒 + 水溶性彩色铅笔 + 擦笔
图 5 使用工具为炭铅 + 透明性水彩
图 6 使用工具为透明性水彩 + 水溶性彩色铅笔 + 签字笔

作者：李雅娴

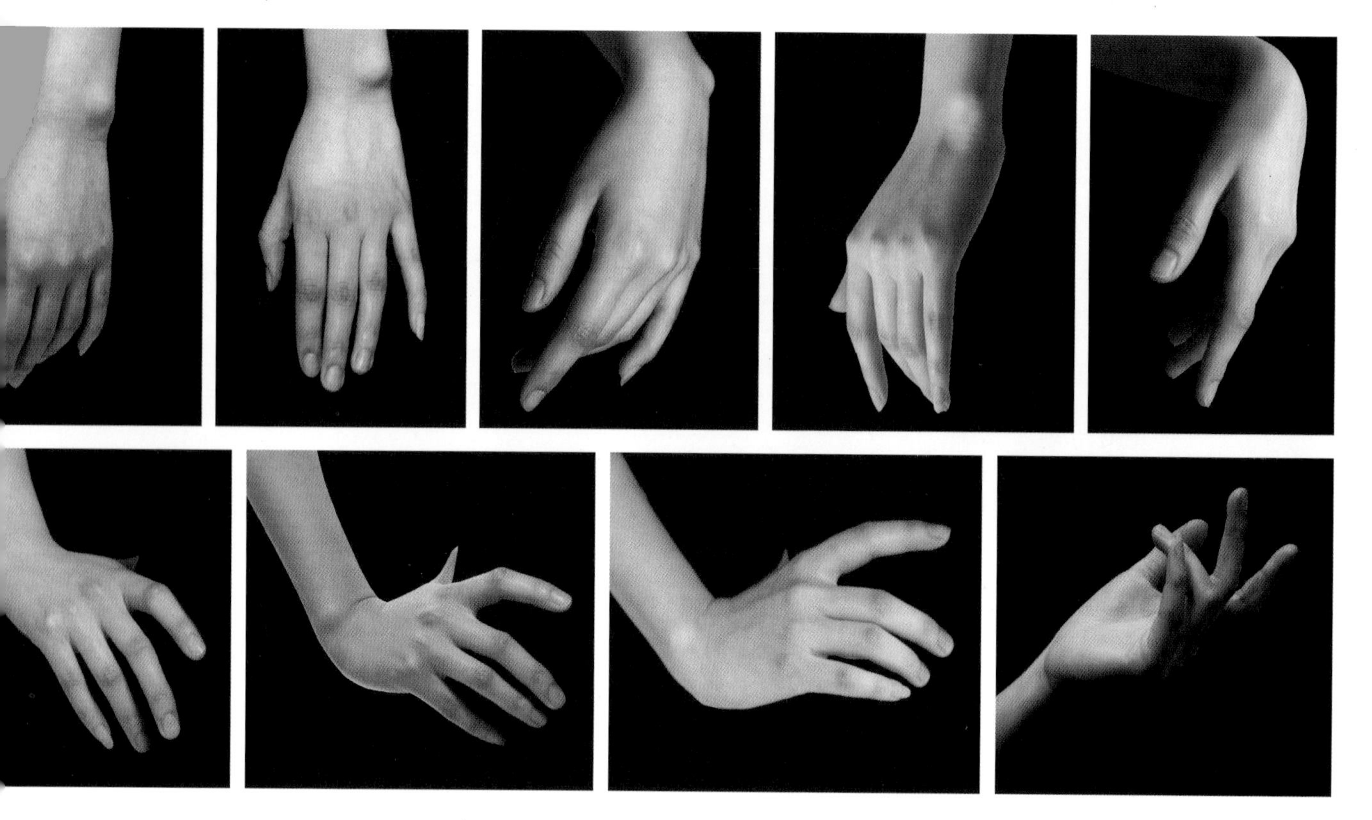

1.3 手部的造型表现

手是人的第二表情，在服装效果图中手的姿态与造型起着衬托服装美的作用。要画好手的造型，先要了解手的基本结构、比例与动态特征。女性的手是纤细而优雅的，所以女性的手指多用 S 形曲线来表现，手长等于头部的四分之三即下巴到发际线的长度，中指的长度为手长的二分之一。

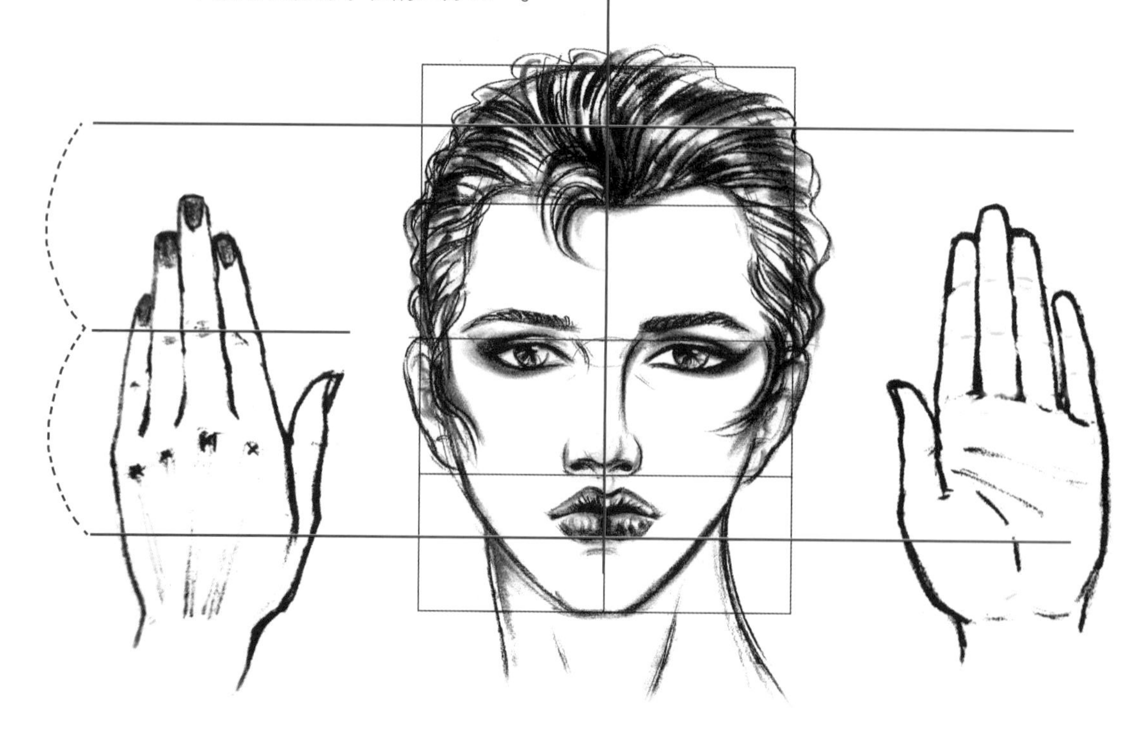

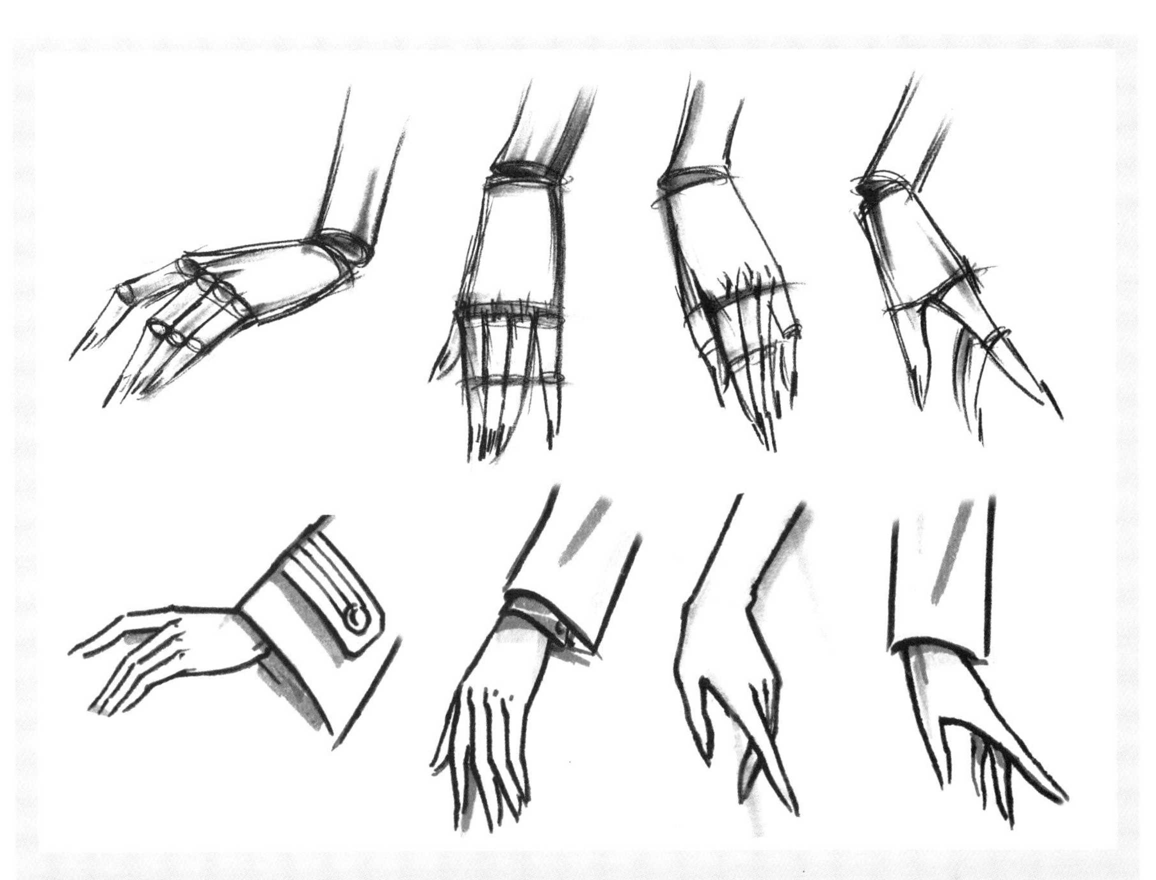

技巧

在服装效果图中，手的表现至关重要。要画好手的造型，先要了解手的基本结构、比例与动态特征。表现手的造型时，首先要勾画出手的大体轮廓，再画出每个手指的基本结构，并注意表现食指与小指的造型姿态，这样会使其更加生动并富有表情。

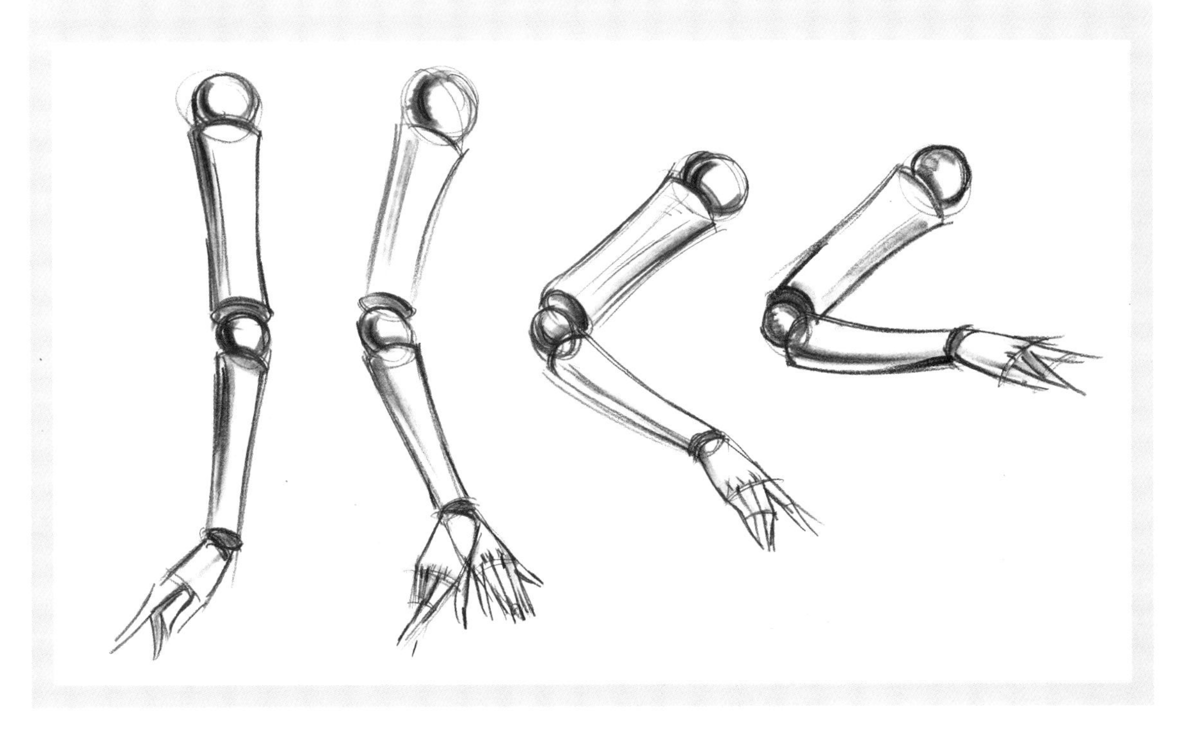

手的造型从腕、掌到指呈阶梯状逐级下降，在表现手的时候，可以先把掌部画成梯形，再画出食指、小指与拇指的造型，即可表现出手的姿态。另外，女性的手是纤细而优雅的，所以女性的手指多用 S 形曲线来表现。

在表现手臂的结构造型姿态时，首先要注意肘关节、腕关节与人体肩、腰、臀部的位置关系，并要画好手臂结构曲线变化的特点及肘部的骨点，同时注意在自然状态下，手臂无论处在什么位置时，袖口的造型始终垂直于手臂。

1.4 脚部的造型表现

脚是全身重量的支点，脚的位置与透视造型关系到人的姿态美感，脚的造型有限，不像手的造型有那么多的变化，脚的长度是小腿长度的二分之一，通常我们在画脚时，首先要画出脚的透视形状，再将鞋的造型准确地表现出来。在完成鞋的造型时，要仔细观察鞋跟的高度，因为不同鞋跟的高度会影响脚面与地面的角度。另外，鞋的造型与时尚特征也应与服装的设计风格形成协调与统一的整体效果。

在服装效果图中，女性的腿部是健美的、修长的，在表现方法上，基本上与画手臂一样，也要注重立体感的表现。当我们看腿的轮廓线时，无论看哪一部分都没有直线。仔细观察，外侧的线从大腿根部到脚后跟呈 S 形，内侧从膝盖一直到脚踝也呈 S 形。

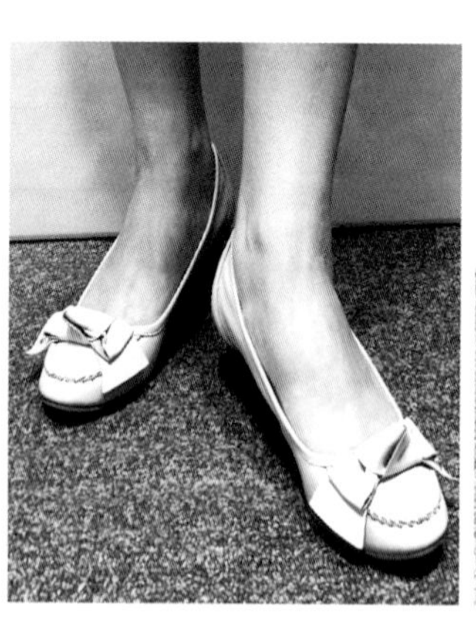
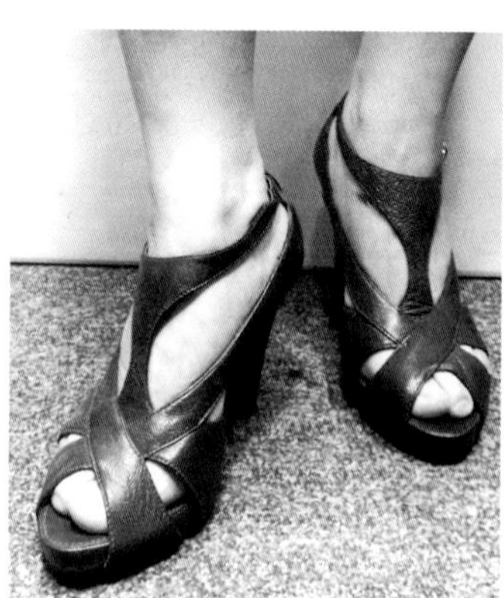

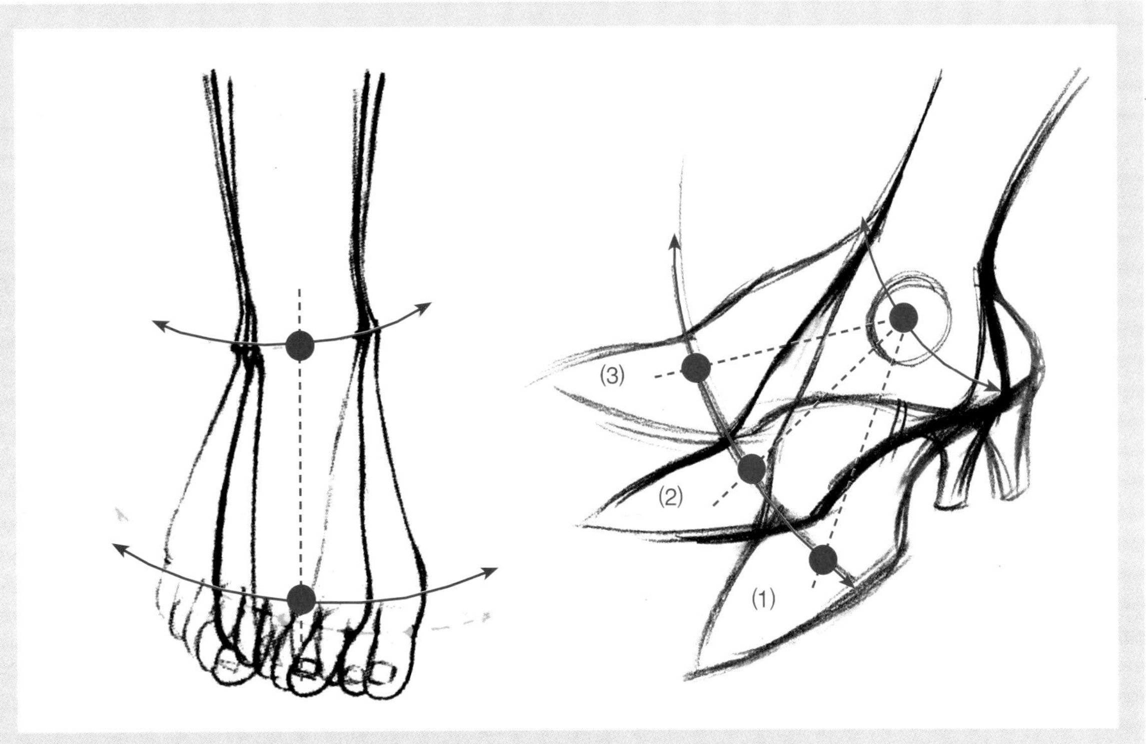

解读 ↗

脚的运动规律以脚踝处为圆心，至脚掌前端为半径，可上下左右自由运动，其造型与透视的关系的准确表达是画好脚部的关键，另外，必须进行实际观察与写生，并参照艺用人体解剖书的腿脚部结构反复练习。（下图使用工具为炭铅＋色粉＋擦笔）

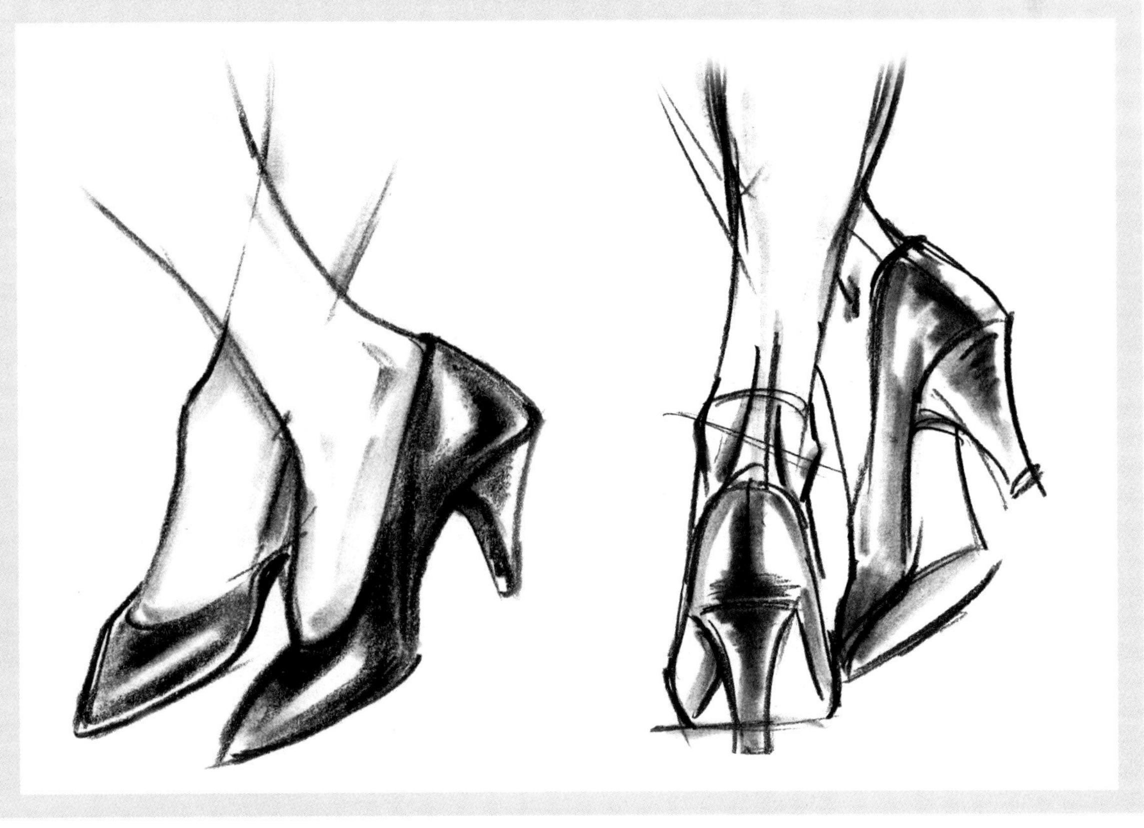

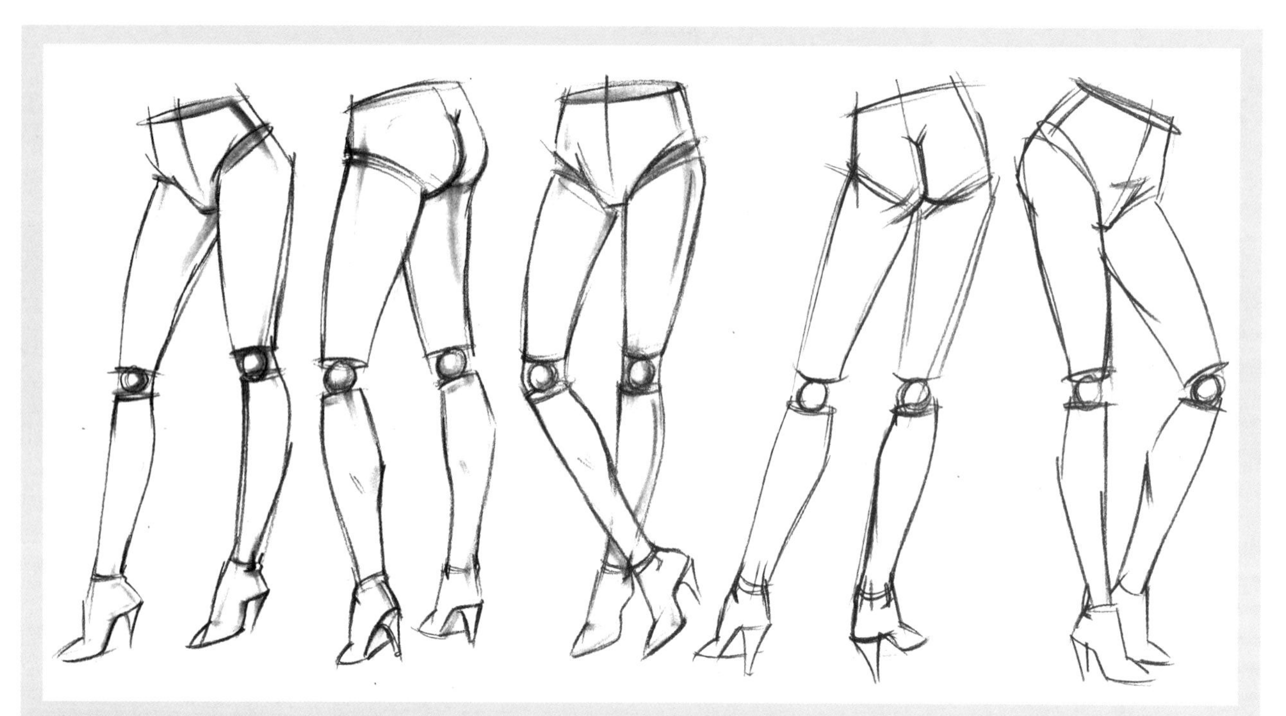

技巧

要想画出理想比例的腿部造型，首先要将小腿肚的位置画到小腿高度的 1/2 处以上，只有这样与大腿连接后才能形成“s”形的弧线变化，对于初学者来说，可以首先按照标准的模特儿动态造型，选择一两个常用的腿部姿态，将其外形勾画在硬纸上剪下，在使用时拓画下来即可。

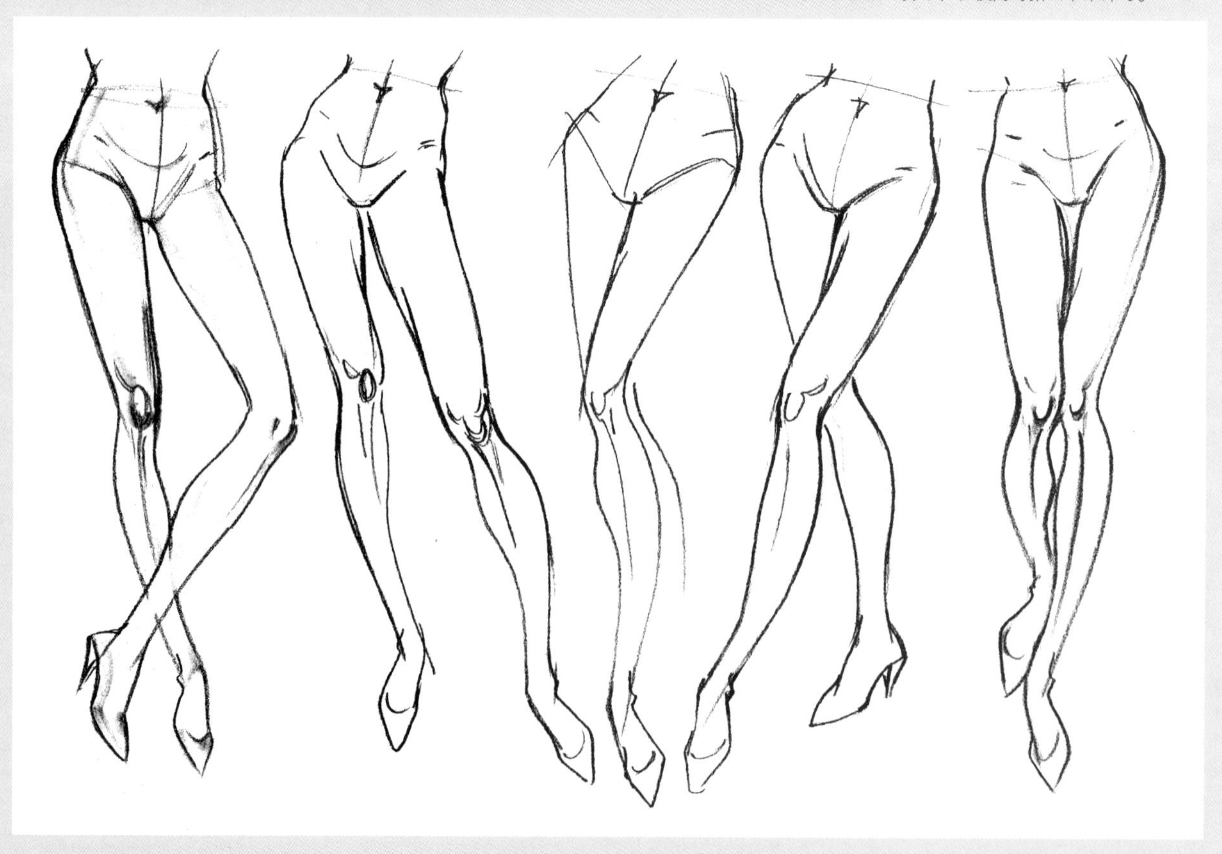

2．人体造型的表现

2.1 服装效果图的人体基本比例

人体是一个复杂的肌体，其中的所有组成部分之间都紧密地联系着，并结合成一个不可分割的整体。其构造是由头部（可分为脑颅和面颅两部分）、躯干（可分为颈、胸、腹、背四个部分）、上肢（可分为肩、上臂、肘、前臂、腕和手六个部分）、下肢（可分为髋、大腿、膝、小腿、踝、足六个部分）四个部分组成。

人体结构的外形特点：正常的男女人体比例为七至七个半头高，在画服装效果图时，通常增加半个头的比例，以达到突出服装、表现时尚的理想效果，增加

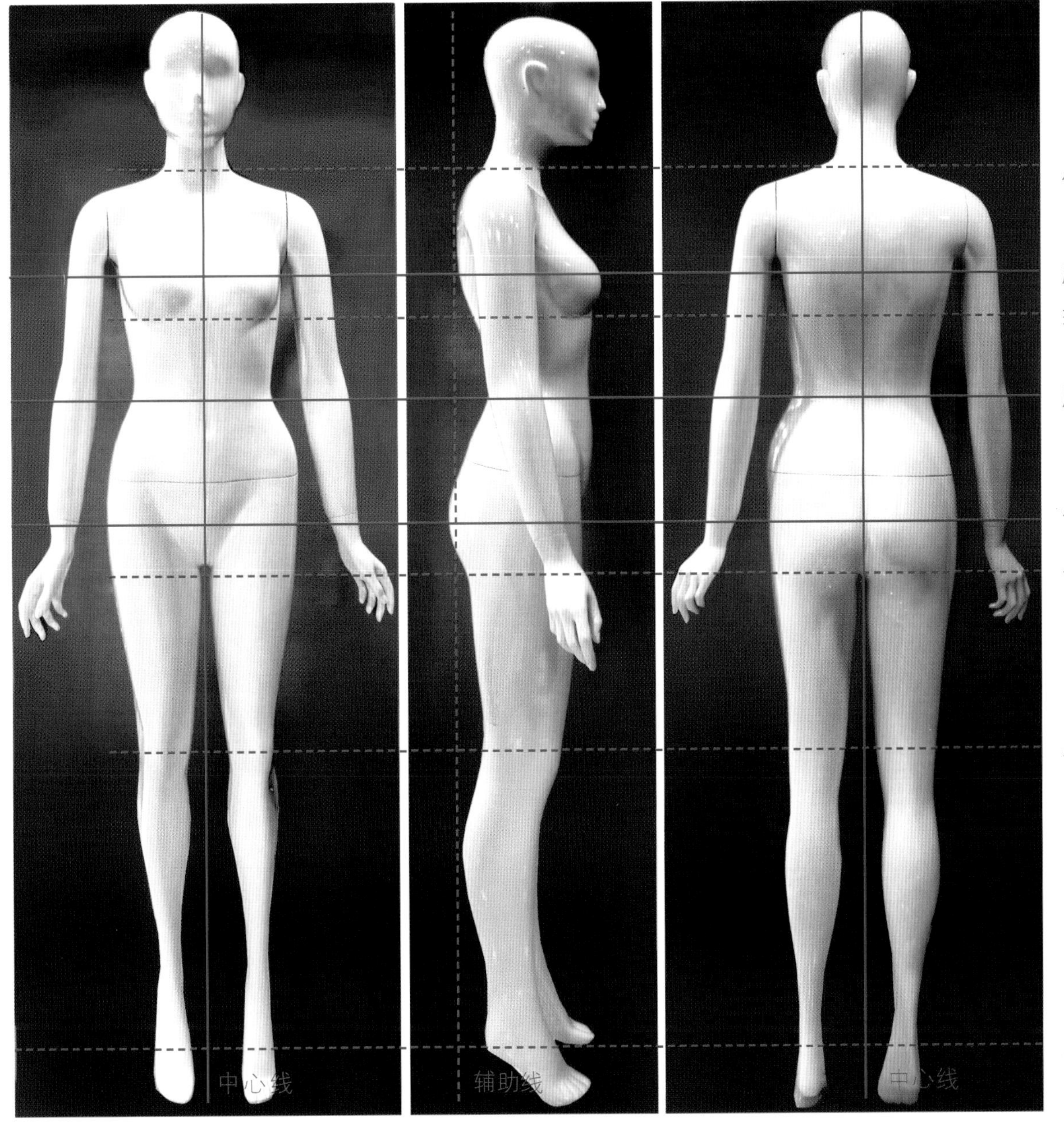

的部分放在膝盖以下的小腿部，这可以减少由于增高后所出现服装比例变形的问题。

女性的体型特点

女性的体型轮廓线特点为 X 型。在表现女性人体的比例时，先将头顶至踝部的长度，分为七点五份，也就是七个半头体。人体的中心线与第一线相交处

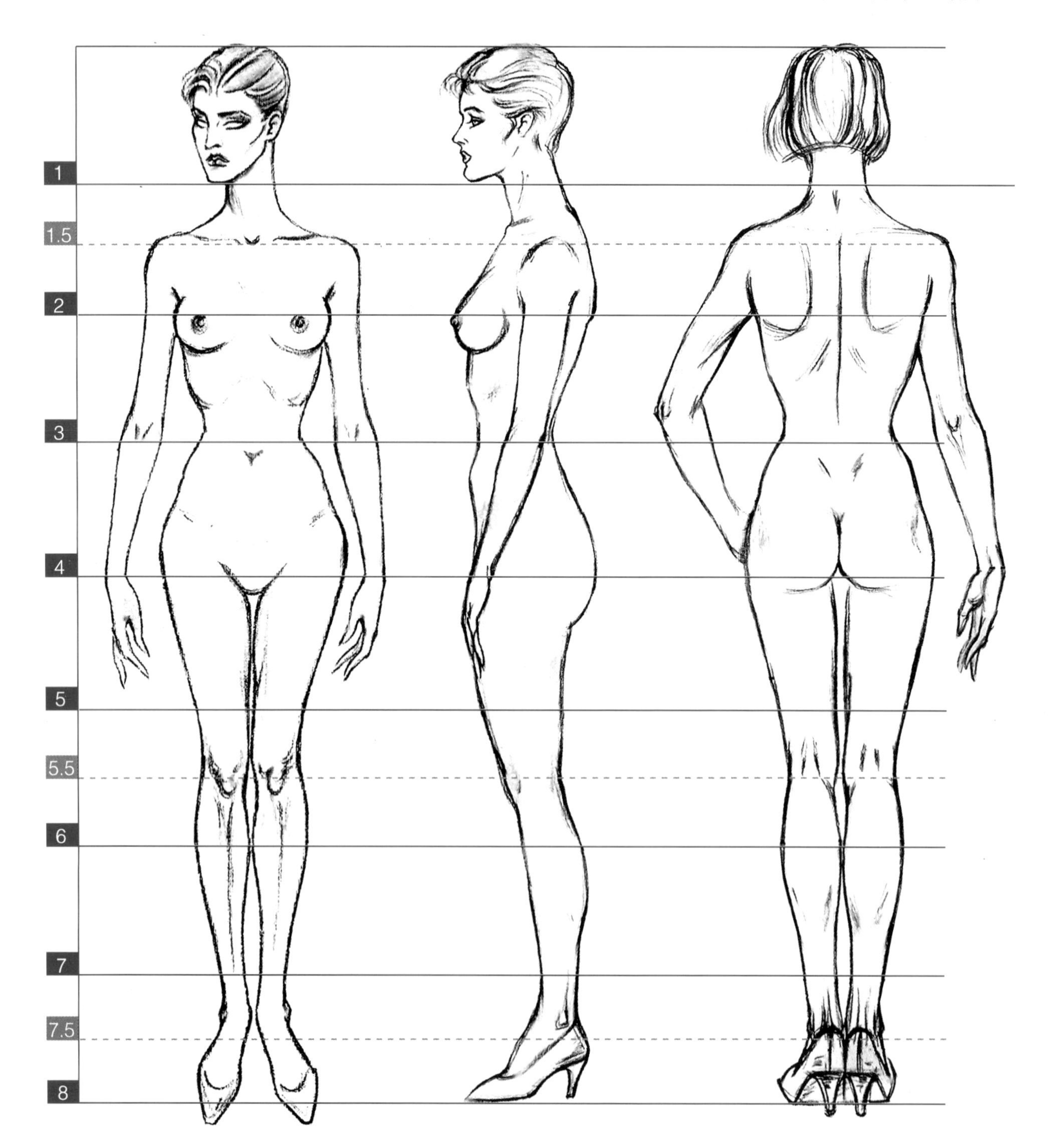

为下颌的位置。第一线至第二线的二分之一处为颈窝及肩线的位置，第二线至第三线的三分之一处，为乳下线的位置，乳头恰好在第二线至三分之一处中心点位置，第三线为腰线及肘线的位置，第三线至第四线的三分之二处为臀线的

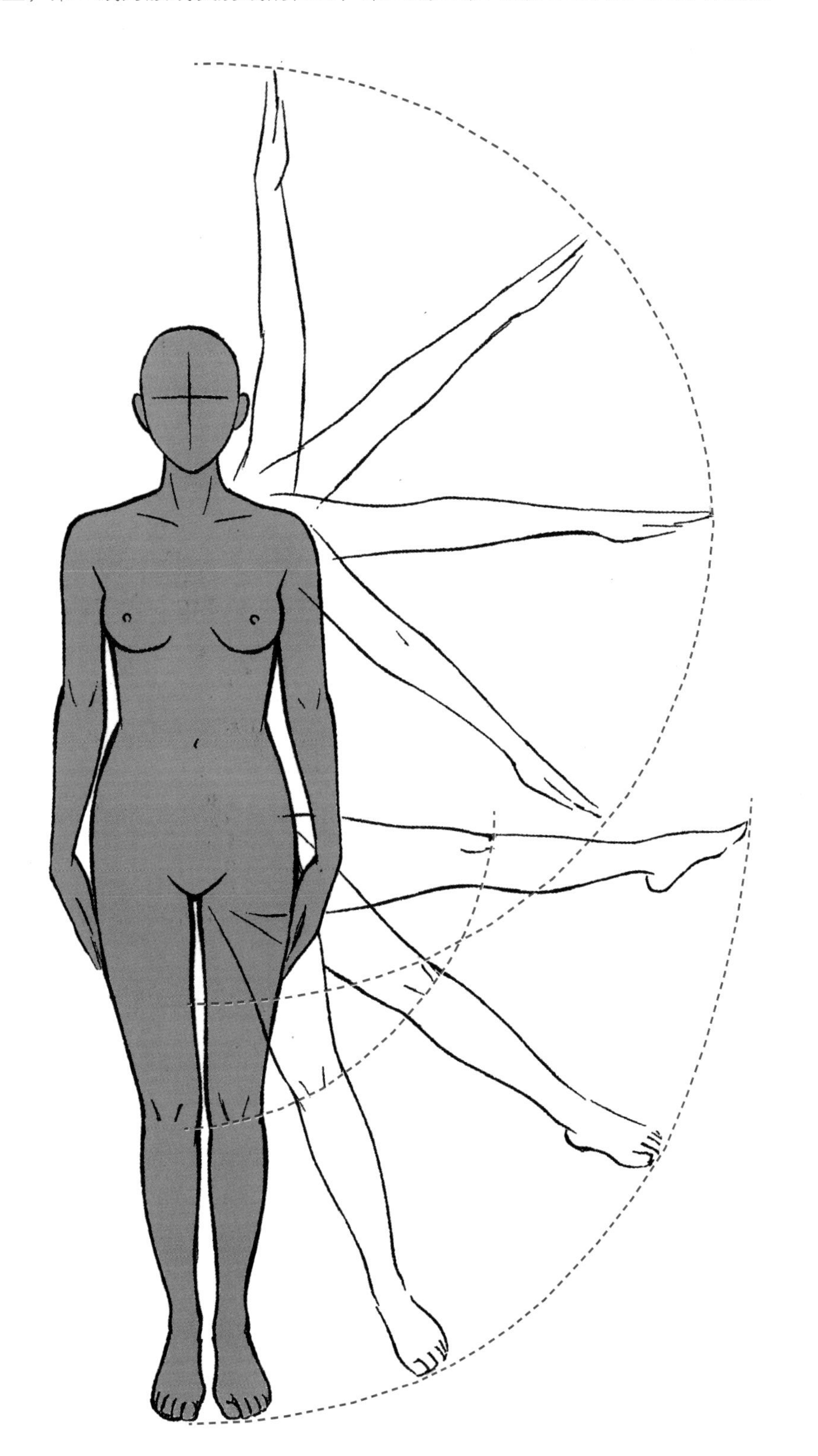

解 读

对于初学者来说，准确地表现出手臂与腿部的运动规律、范围及身体的平衡状态，是较为困难的。当手臂与双腿弯曲或抬起时，身体的造型也会随重心的变化而发生变化，同样由于身体动态造型的不同，手臂与腿部的造型也随之发生变化。

所以要想掌握人体动态造型与运动规律，可从人体的正面、背面和侧面进行实际写生训练，从多角度来表现人体的各种动态及造型变化。

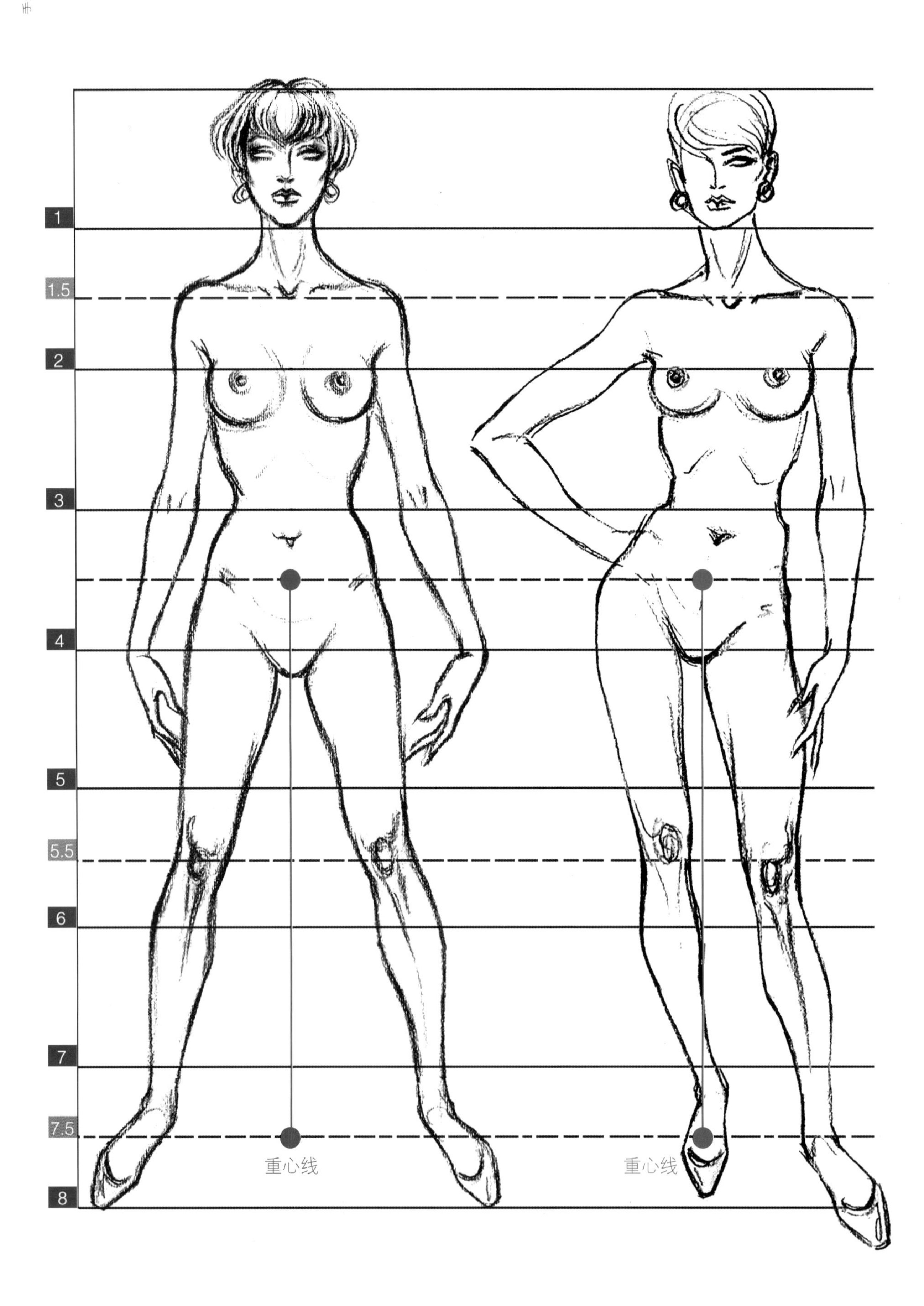
1
1.5
2
3
4
5
5.5
6
7
7.5
8
重心线
重心线

位置，人体的中心线与第四线相交处为耻骨及手腕的位置，第五线至第六线的二分之一处为膝线的位置，人体的中心线与第七线的相交处为脚踝的位置。女性肩部的宽度为一个半头长，腰部的宽度基本为一个头长多一点，臀部的宽度为一个半头长。

男性的体型特点

男性颈粗、肩宽、肌肉发达，四肢粗壮、上宽下窄，体型廓线的特征是为Y型。男性的人体比例，基本上与女性相同，在表现男性人体的比例时，一般按八头体的比例。肩线的位置在第一线至第二线的三分之一处，腰线比

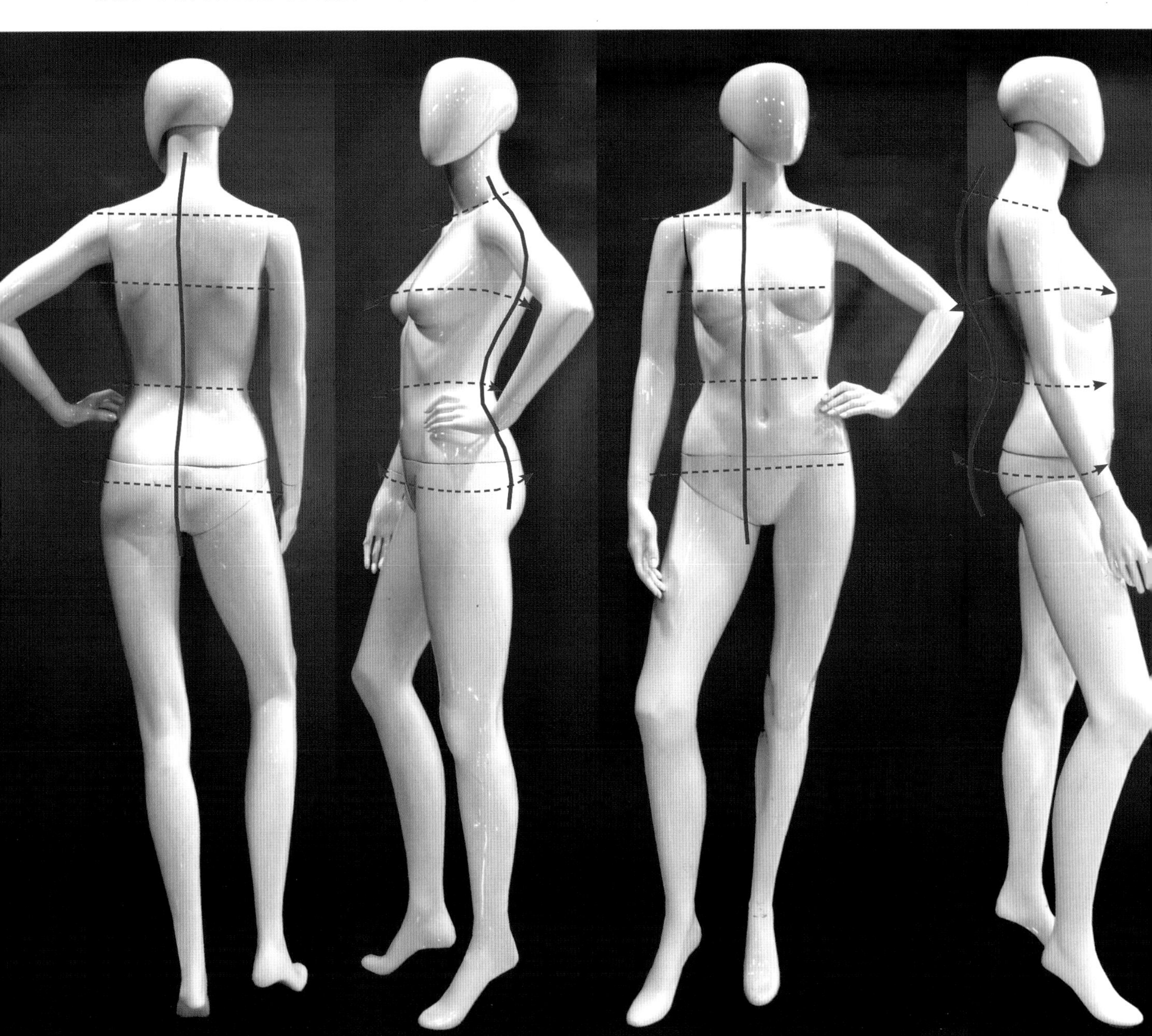

女性略低一点，男性肩部的宽度约为两个头长，腰部的宽度约为一个头长多一点，臀部的宽度为一个半头长。

2.2 服装效果图的人体动态表现

人体在直立静止的时候，从正面看人体的中心线垂直于地面，以中心线为界，人体左右两部分是互相对称、平衡的。从侧面看，人体前后的曲线呈不对称式，但人体的曲线相互联系，人体也因此而保持平衡。

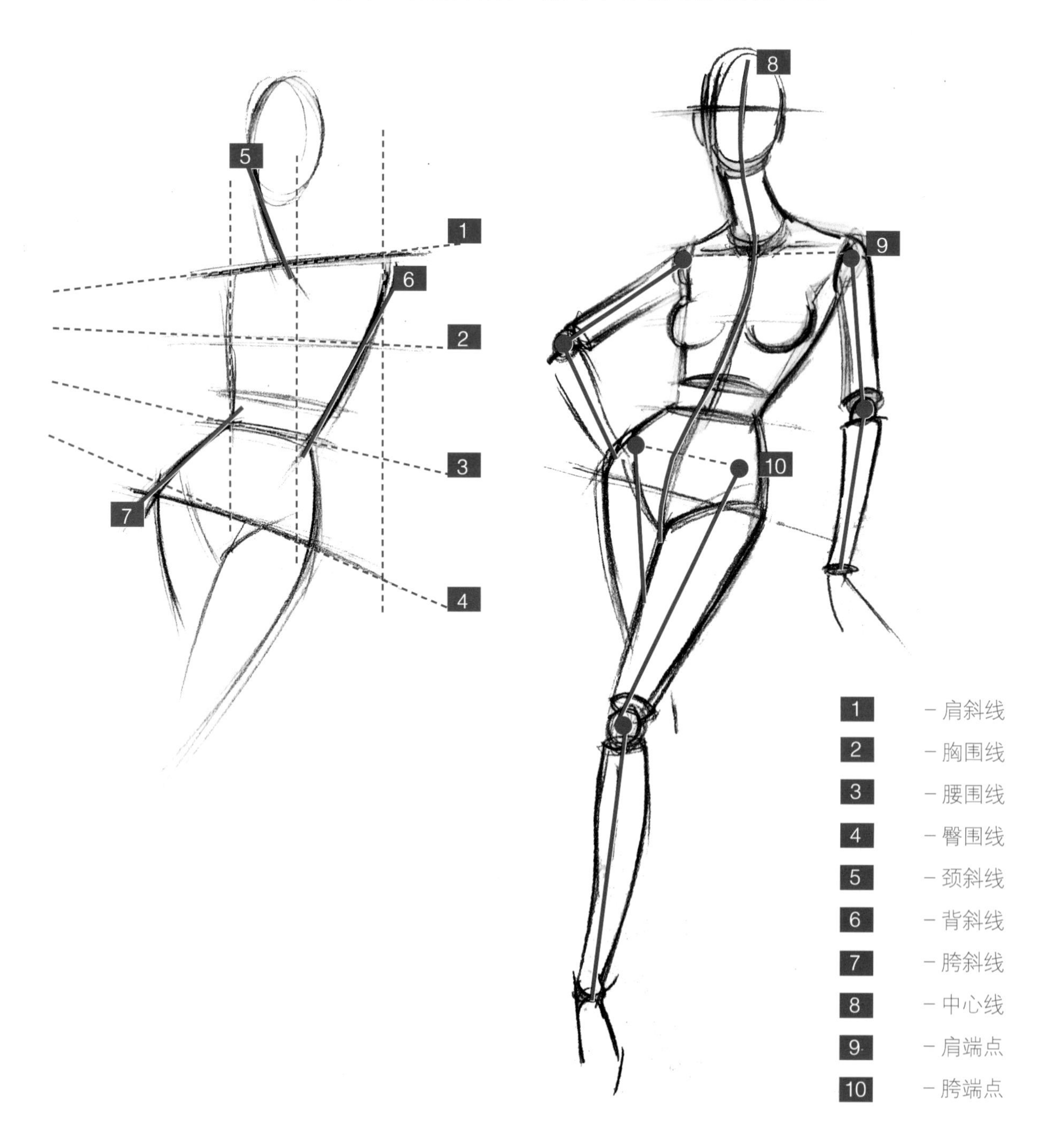

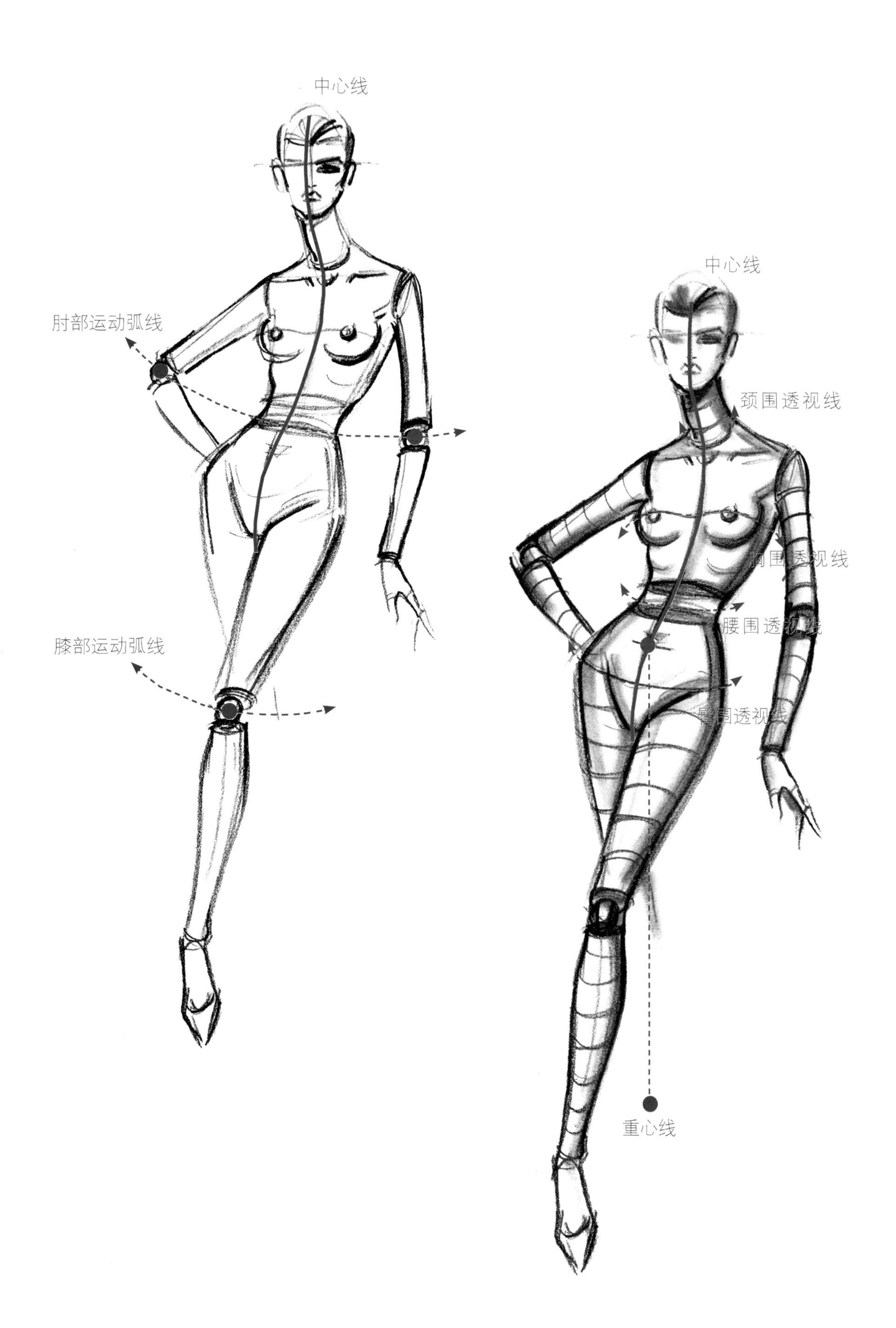
中心线
肘部运动弧线
膝部运动弧线
中心线
颈围透视线
胸围透视线
腰围透视线
臀围透视线
重心线

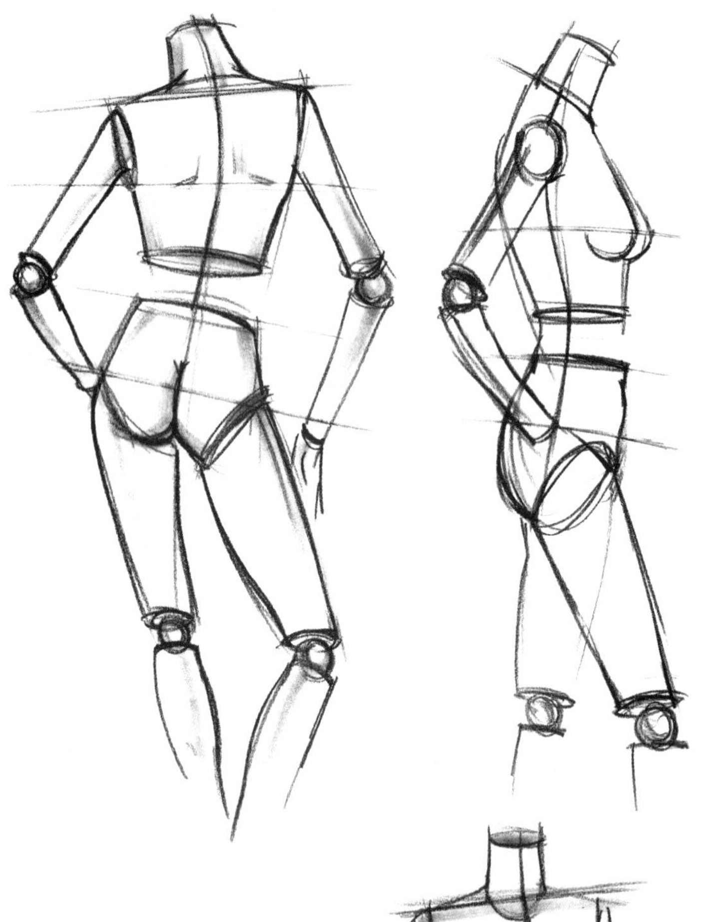

技巧

对初学者而言，如何才能掌握人体动态造型、透视规律及表现方法，首先要抓住所画人体造型的大的动势特征，可将其肩宽线、胸围线、腰围线、臀围线及人体的中心线，简化为直线画出来，再将头部、胸部、骨盆这三个部分简化成为三个长方体或一个椭圆形（头部）、两个梯形（胸部、骨盆），当人体动态造型时，三个形体相互转向不在一个平面上。上肢与下肢，可以概括成八段圆柱体，另外，可将连接各部位的关节先画成球状，要注意其动态造型的规律与位置范围。

从正面人体的造型规律来看，当肩宽线、胸位线、腰位线和臀位线发生倾斜时，要注意观察肩线、胸线、腰线与臀线的角度关系，此时中心线将为“S”形的趋势。

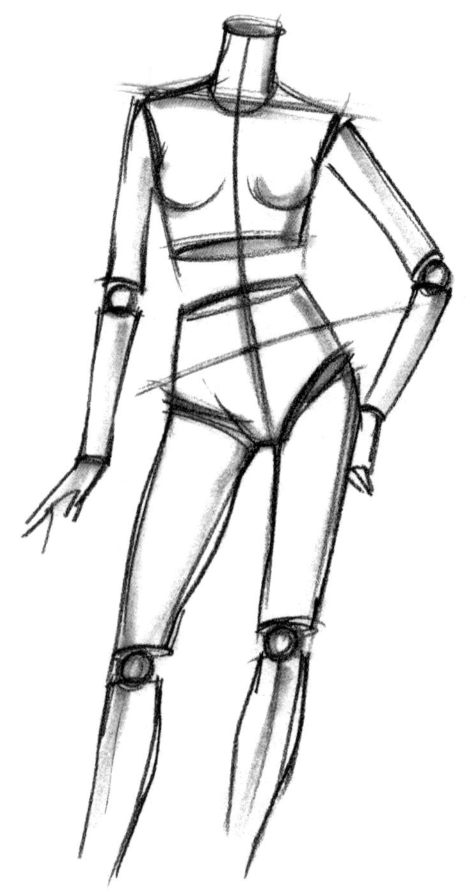

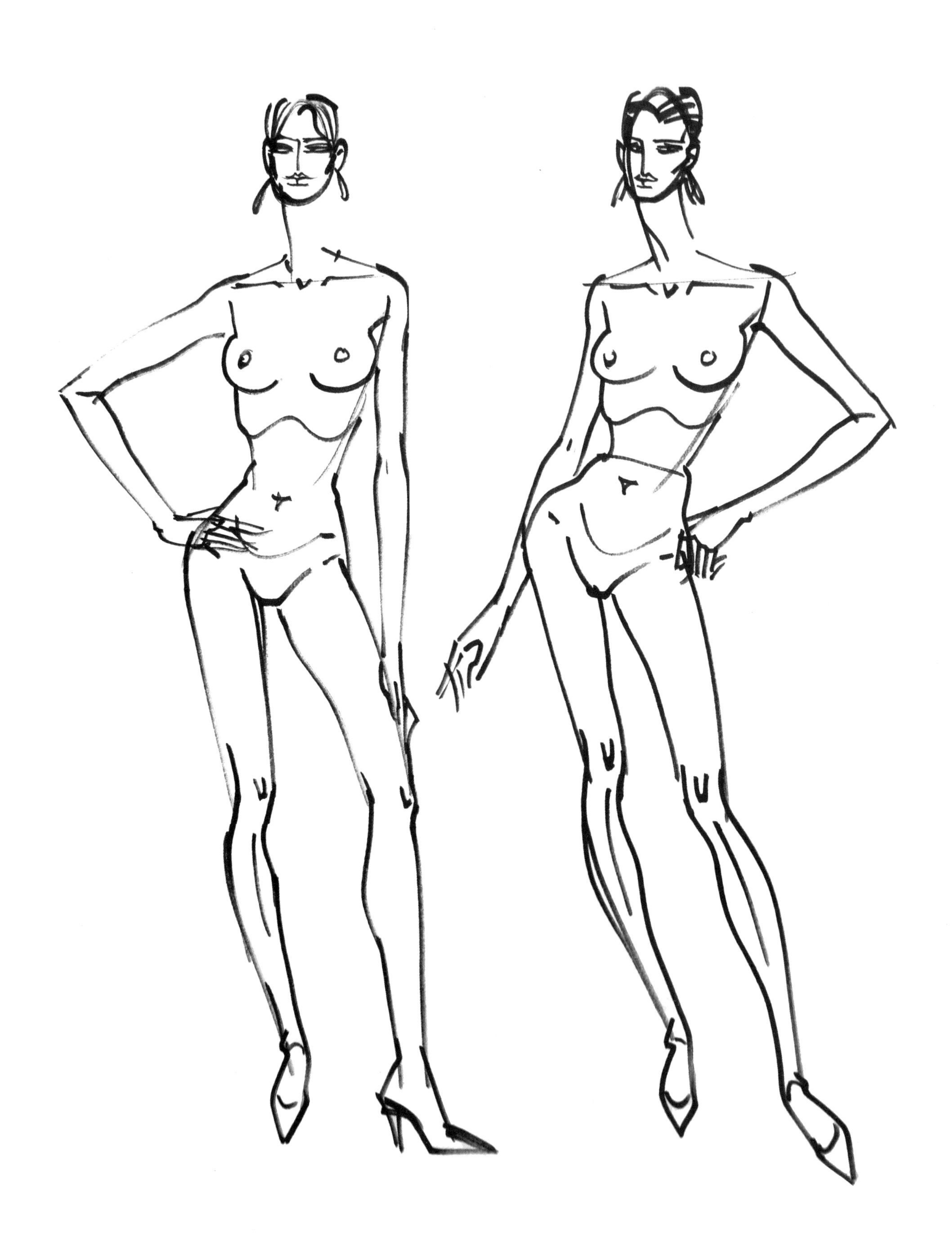

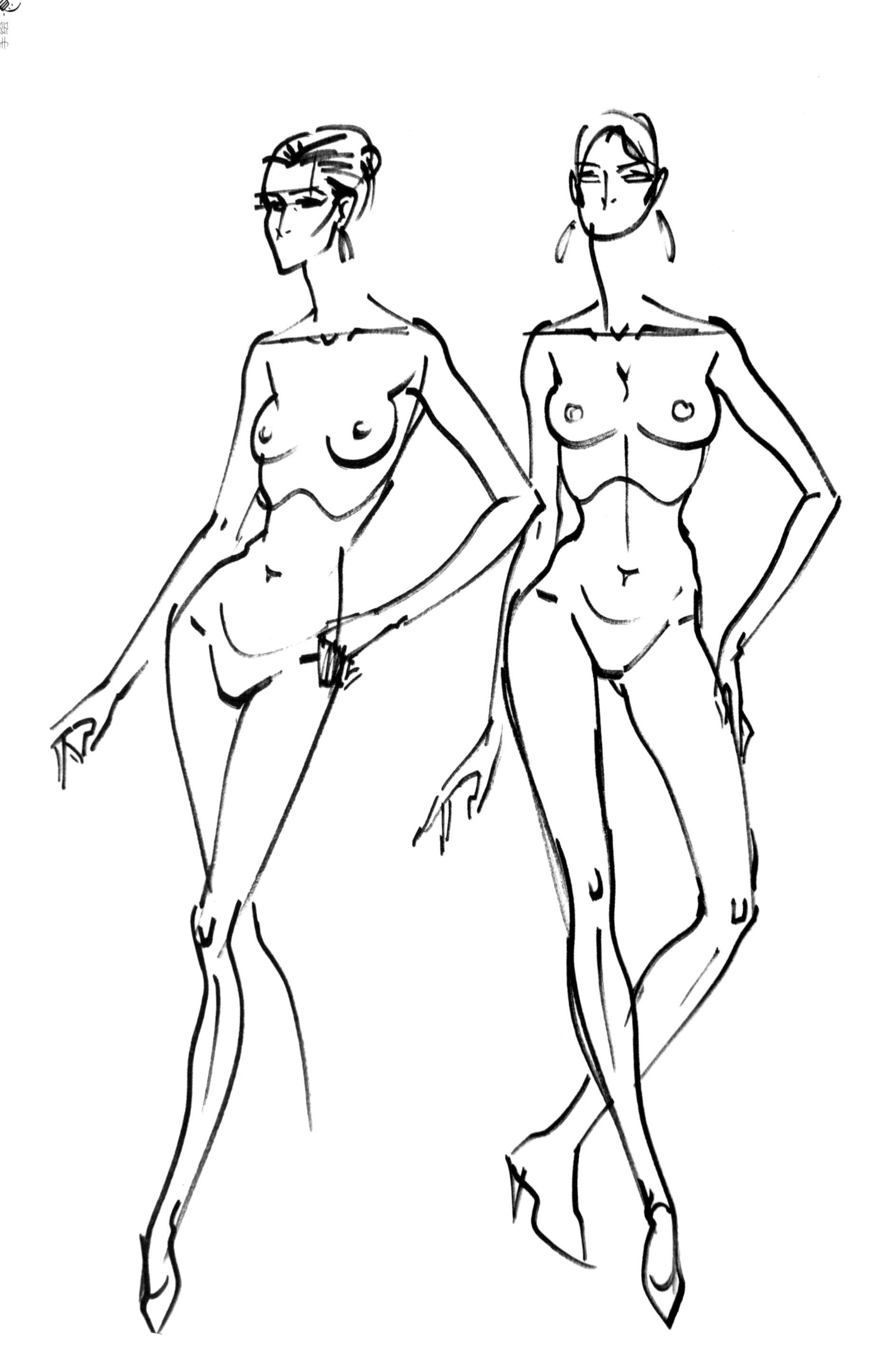

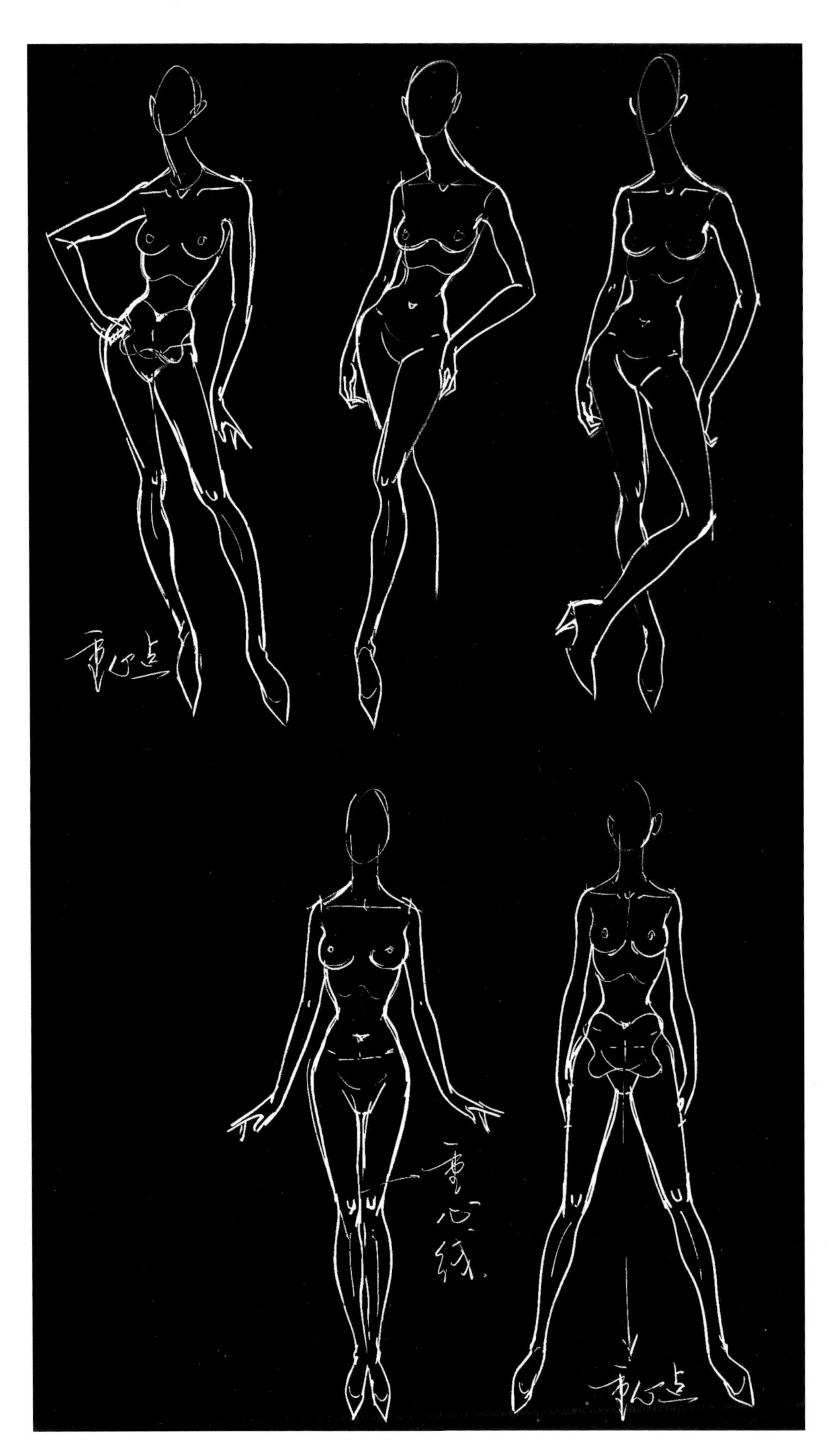

课程中，黑板上给学生示范勾画的不同动态的人体造型，通常由骨盆的十字点向下做一条垂线，即为人体的重心线。

思考与练习

1. 根据本章所学内容并参考时尚图片，画出六种不同的女性面部五官、发型的妆容造型。

2. 按照两种不同的正面人体动态造型，根据透视规律将其动态的背面、左面、右面造型描绘出来。

保罗 洛 作品

第四章

服装细节
与廓形的表现

第四章 服装细节与廓形的表现

1. 服装细节造型的表现

服装款式的细节表现是服装造型表现的重要组成部分，我们将服装款式分为上装与下装两部分，这其中包括衣领、袖子、裙子、裤子、廓形等细节几部分，而服装造型的各个部分与人体动态之间有着密不可分的关系，因此，想要将服装各部分造型准确地传达出来必须遵循以下几点：

——人体动态的造型选择必须以最好的角度展现服装造型特点为依据，让服装造型的美感与肢体的美感和谐、统一，才能达到整体造型的完美；

——服装造型的线条表现要充分传达服装与人体间的空间关系与立体效果；

——服装造型的细节表现应尽可能地传达出服装款式设计的廓形特点、工艺手法、结构处理等具体细节。

克利斯汀·拉克鲁瓦　作品

1.1 上装的造型表现

1.1.1 衣领的造型表现

衣领最靠近人的脸部，与脖子的关系极其密切，因此在进行不同领型的造型表现时要充分考虑到脖子的结构特点及运动规律。在表现较夸张的领子时还要考虑到颈部与脑袋及肩部的关系。

套脖领的造型表现

套脖领根据造型不同会有很多的形态。紧的套脖领其领子与脖子之间的空隙比较少，在表现手法上基本是紧随脖子的角度发生变化，不同薄厚的材质在外围线型的表现上会同薄的面料有区别。松垮的套脖领在形态表现上其特征会弱化，呈现的状态更接近于面料堆积的感觉，线型表现更加随意，弧度状态变化也比较丰富。

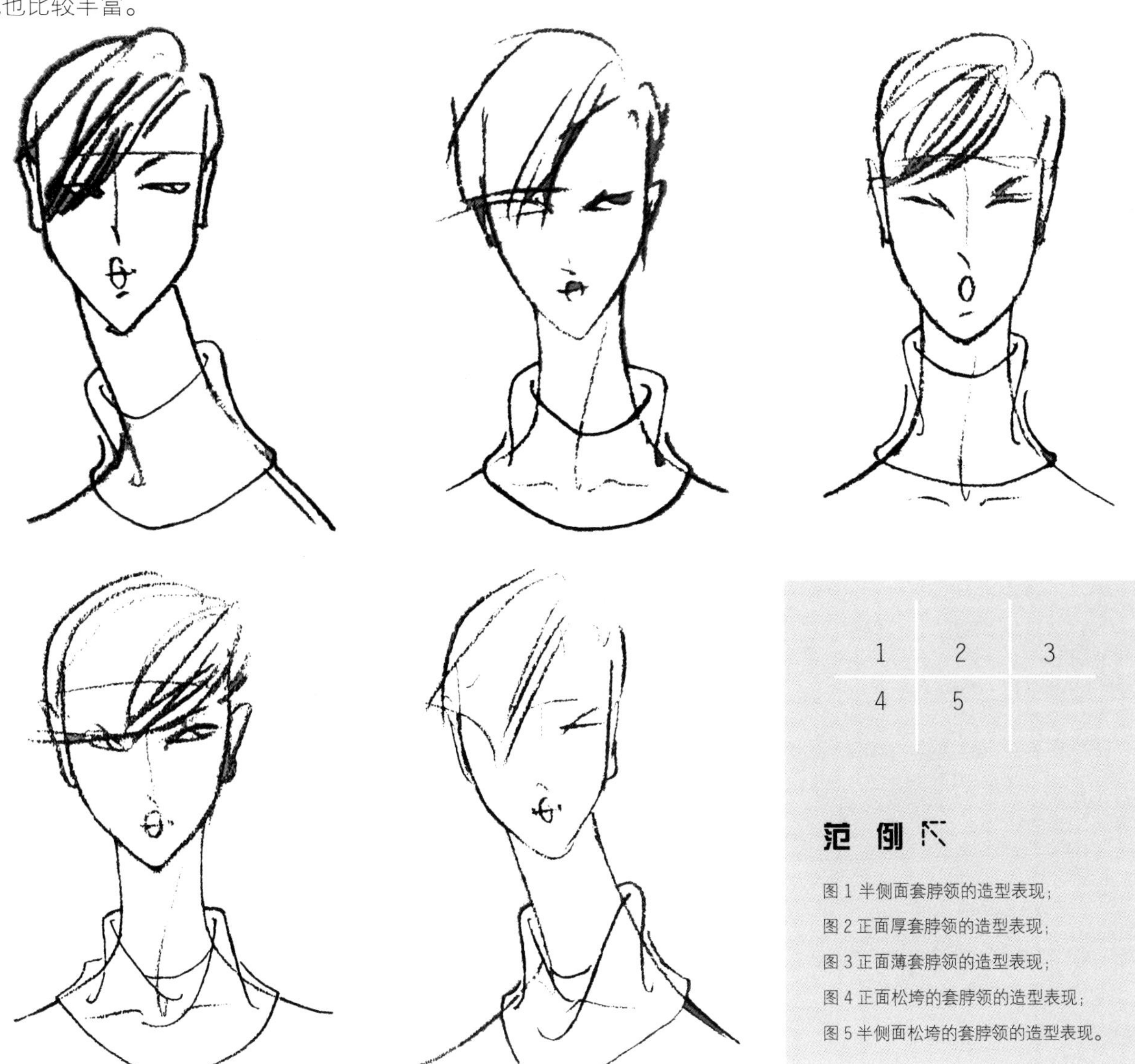

范 例

图 1 半侧面套脖领的造型表现；

图 2 正面厚套脖领的造型表现；

图 3 正面薄套脖领的造型表现；

图 4 正面松垮的套脖领的造型表现；

图 5 半侧面松垮的套脖领的造型表现。

衬衫领的造型表现

衬衫领是小立领＋不同形态领面的组合，所以它的上围线表现很贴近紧的套脖领的表现手法，同时，不同开合状态及角度下，衬衫领会呈现更加复杂的形态。

西服领的造型表现

西服领的上领面有一个小的领台式结构，所以它跟脖子的接触状态类似于衬衫领，下领的表现重点是展现“翻”的效果，不同厚度面料的西服领在线型表现上会有小差异。

技巧 ↘

面料的厚度表线是通过靠近脖子位置的领子内侧线和外侧线之间的距离来调节，距离越近代表面料越薄，距离越远则面料越厚。

中心线指的是从颈窝到肚脐之间的连接线，我们通常把它看做是人体左右对称的对称轴，在服装款式表现的时候都需要以此为参照线。比如，在表现衣领时，领子外延弧度的最低点应该在中心线的位置，扣子的位置也应该在中心线所在的位置上。

赏析 ↖

上图画面中不仅表现了领子的形态，还表达了领子的材质，丰厚蓬松的毛领与轻薄柔软的纱质面料系结组合，带给画面更丰富的视觉层次。领子的造型表现充满力量感，外廓线节奏强烈。

下图画面中男装的狐狸毛皮披肩张扬而充满节奏的律动，我们可以通过画者灵动、随性而高度概括的笔触感受到狂野与柔美并存的对比效果，该画面的裘皮表达首先要注意毛绒的色彩变化与肌理效果，再用轻快有序的线条勾画毛针的细节，即可体现出裘皮的特征。

1.1.2 袖子的造型表现

上袖的造型表现：上袖是服装中最常见的袖子类型，对于该袖型的表现重点在于袖窿线的位置及关节部位的表现。

插肩袖的造型表现：在运动装当中经常可以看到插肩袖的造型，该袖子的结构特点非常适合胳膊的活动要求，对该袖型的表现重点在于展示其方便活动的特点。

落肩袖的造型表现：落肩袖也是一种能让胳膊自由活动的袖型，对该袖型表现的重点是通过其肩部的线型及宽松的袖身传达出一种轻松随意的东方气息。

范 例

图 1　对于袖子的设计很多设计师也多通过对常规袖子的重新演绎着手。该袖型是对泡泡袖的创新设计，通过改变泡泡袖的上袖工艺使袖子呈现新的造型，所以对该袖子造型表现首先要从外形上展现泡泡袖的特征，细节上对袖子的工艺手法进行归纳展示。

图 2　该图也是对泡泡袖的一种创新设计，在造型表现时既要表现泡泡袖的外观造型，同时也要表达其结构创新的手法。

图 3　该袖子的设计是在一款合体的泡泡袖上加入荷叶边的造型，在表现上只需要将两种我们熟悉的造型作完美地结合，将各自特点充分展现。

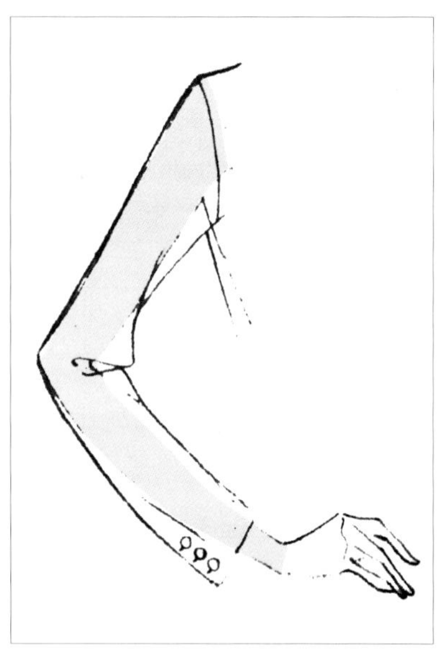

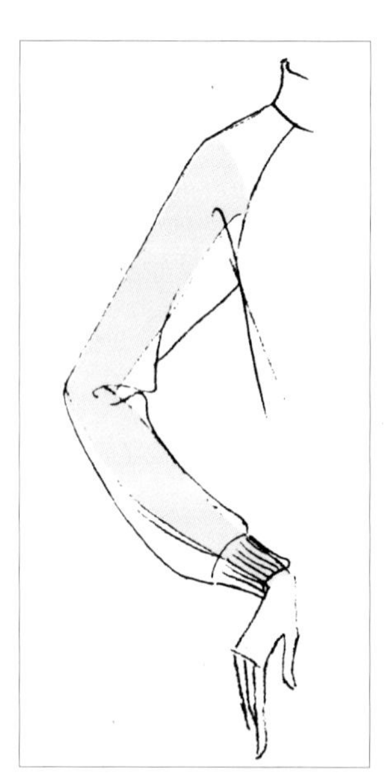

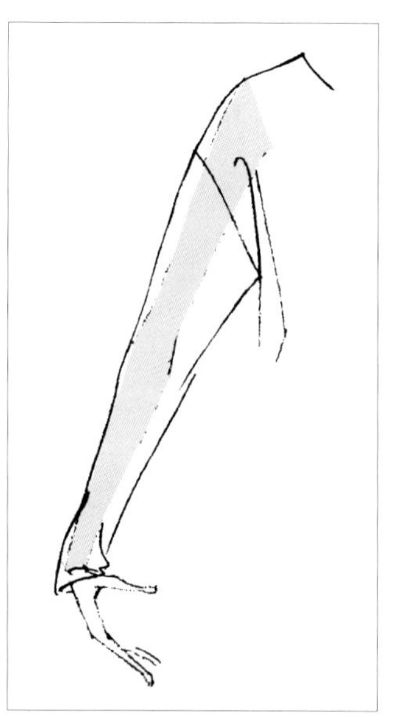

图1

图2

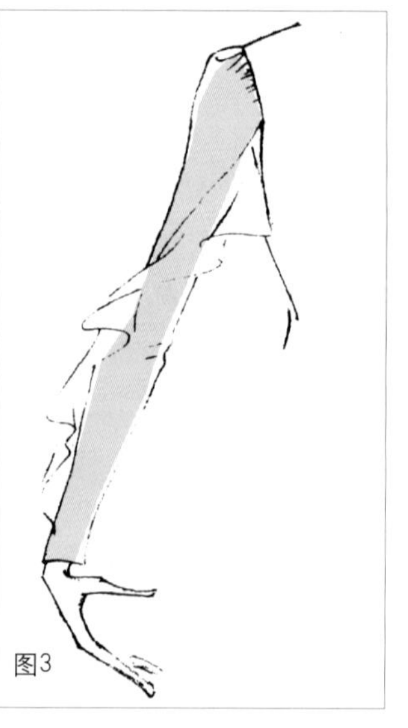

图3

胳膊最擅长传达肢体的情绪，它的肢体表情非常丰富，相对于脖子它拥有更灵活多变的活动空间，因此在进行袖子的造型表现时首先要了解胳膊的活动轨迹并根据不同袖型特点找与其相配的肢体造型。

对于表现如泡泡袖般体积感较强的造型，在上色时适当地留白处理不仅可以丰富泡泡袖不同角度的造型变化，而且会增强泡泡袖轻盈的感觉。

赏析

上图画面中通过光影的细节处理及线条的弧度安排赋予了泡泡袖丰满而又轻盈的形态。

下图画面袖型表现准确，通过线条、色彩处理赋予袖子飘逸、通透的质感。

1.2 下装的造型表现

1.2.1 裙子的造型表现

服装中裙子的造型非常多样，裙子也最能够最好地体现女性肢体的美感或掩盖女性的肢体缺点，对于裙子的造型表现要充分考虑腿部的肢体形态，应该根据不同裙子的款式风格及造型特点搭配以与之相配的腿部造型。

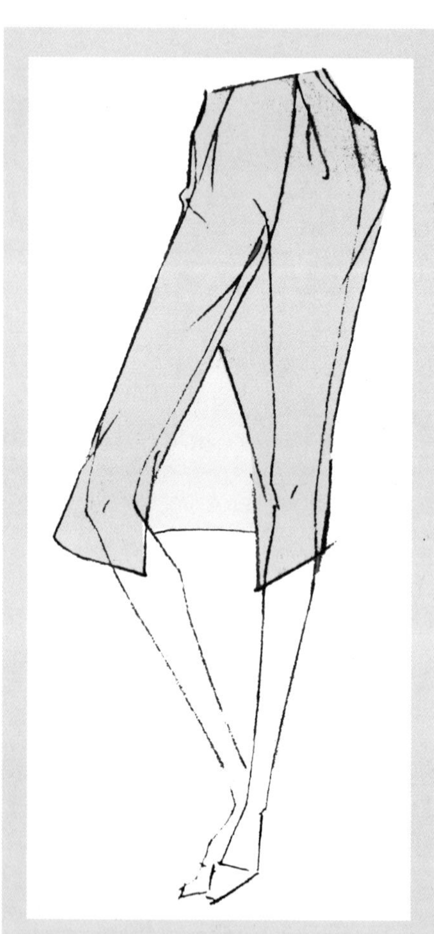

紧身裙的造型表现：紧身裙的造型特点是指裙子紧紧包裹于人体之上的款式，服装的外形线条应紧随肢体的变化而变化。

A型裙的造型表现：是一种上紧下松的款型，在进行表现时要同时表现松和紧两种不同的造型特征。

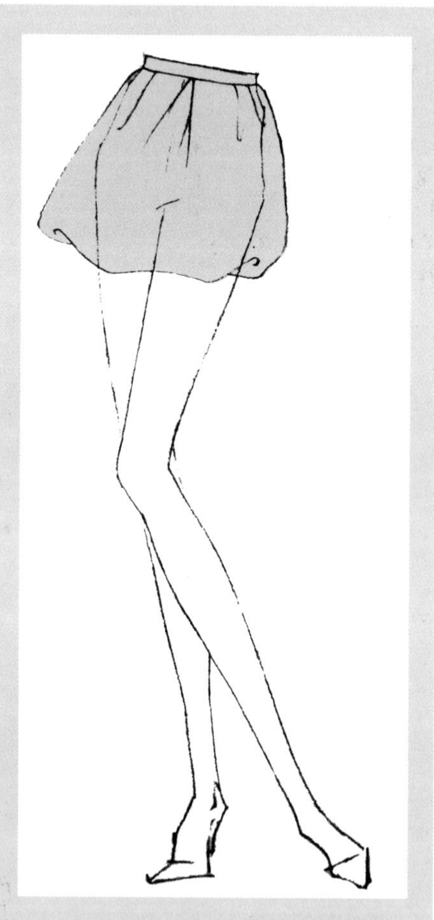

泡泡裙的造型表现：泡泡裙的表现重点是一种空气感的表达，在表现时要注意线型的语言传达。

技巧

在服装造型表现中，立体感的塑造方法多种多样，我们可以通过颜色的明度变化来表现，也可以通过线条的曲线走势及密度变化来展现，不同的表现手法呈现出多种多样的立体状态。

赏析

上图华美的线条展示出如梦如幻的蓬蓬裙，如丝般娟秀的线条做着优美的弧度排列，画面中羽毛散发着贝壳般的光泽，两种同样绚丽的材质让画面的美变得绚烂非常。

下图A裙的裙摆飞扬、充满空气感，裙身自由流动的褶皱不仅展现了风的力量，同时也塑造着优美的形体，面料上绚烂的花纹迎合身体的曲线随光线流动，发动、裙摆动、身动——所有这一切都完美地静止于一瞬间。

1.2.2 裤子的造型表现

裤子的造型表现要充分考虑到腿的活动特点及造型美的一般规律，腿部的动态必须以更好地传达各种造型的裤子特点为前提。另外，由于裙子或裤子腰部位置的不同及高腰、中腰和低腰三种不同腰部位置，且腰位同流行的关系密切，所以在服装造型表现时不仅要注意腰部的松量差异，还要注意腰位上的变化。

紧身裤的造型表现：服装与人体之间的空间很小或没有，裤子紧裹肢体，服装造型基本接近腿部的造型效果。

西服裤的造型表现：比紧身裤宽松的造型，也是经常见到的裤子形态，在造型表现时要注意关节部位的表达。

卷脚裤的造型表现：是一种腿脚部收口的造型形态，也是近几年流行的一种时尚造型。

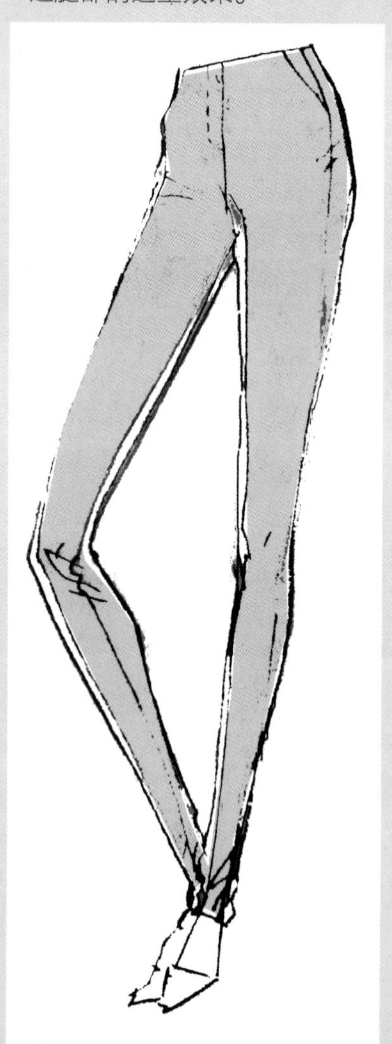

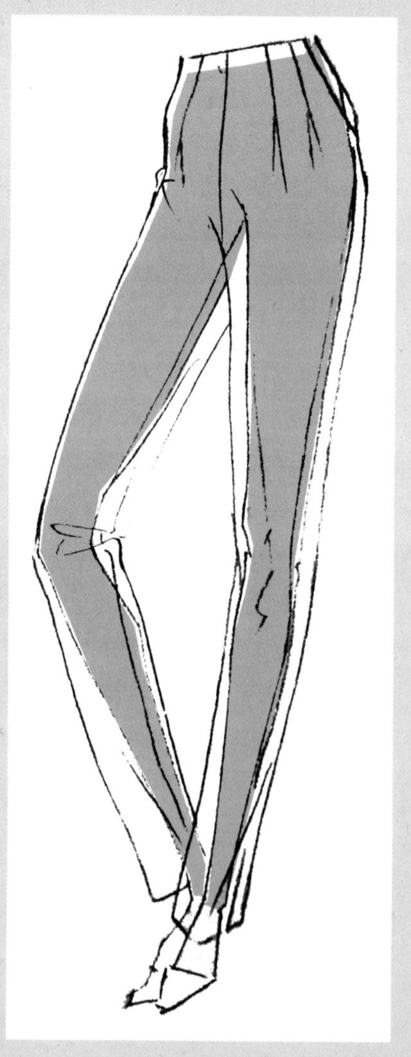

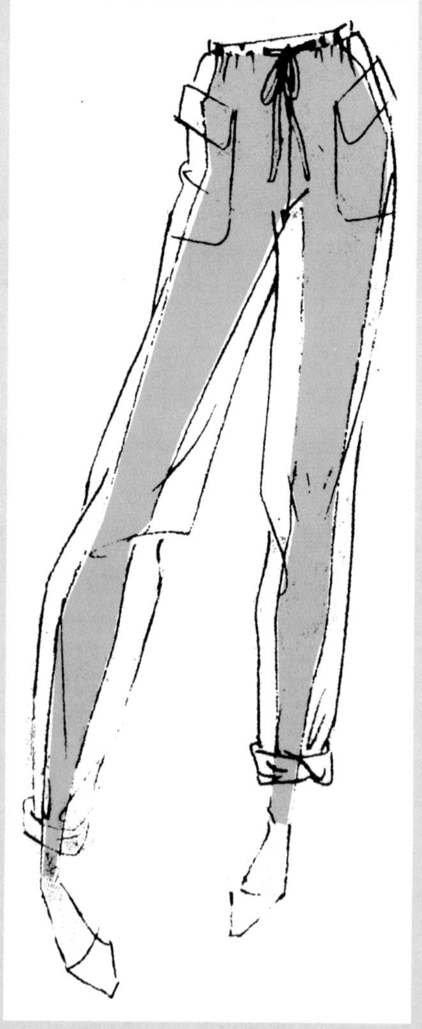

技巧

穿着状态：同样的款式因为穿着方式的不同会呈现不同的时尚态度，卷脚裤正是近几年流行的穿着方式，服装造型表现不仅应该传达出各个款式的结构特点及其与人体的空间关系，而且应该表现出穿着方式上的时尚气息。

赏析↗

上图出自德国服装设计师手稿，作者用线简洁随性而充满节奏感，不仅传达了服装款式的造型与风格，而且表现出裤子的设计细节及材料的特征。线条流畅、概括，结构比例刻画清晰，反映了作者率性自由的表现技巧。

1.3 衣纹造型的表现

人体由于肢体特点及肢体的运动姿态不同会产生各种各样复杂的衣纹，但在服装表现中，我们需要对衣纹进行归纳整理，所有的衣纹以能够传达某一信息而存在，衣纹的产生是由于人体结构在动态造型的情况下，所表现的自然而不固定的褶皱。大多衣纹出现在人体四肢的关节部位，要想准确地通过衣纹反映出人体动态造型及服装款式特征，首先要仔细地观察着装动态下的衣纹特征及规律，但在表现时要省略、减弱你所见到的大部分琐碎衣纹。服装衣纹也由于面料质感的不同，呈现疏密、强弱、长短、大小的不同形式，所以服装衣纹的表现是否得体，不仅能体现出服装款式的设计效果，同时还可以反映服装面料的质感与风格。我们将衣纹所要传达的信息归为三大类：

第一：以表现关节部位为主的衣纹。

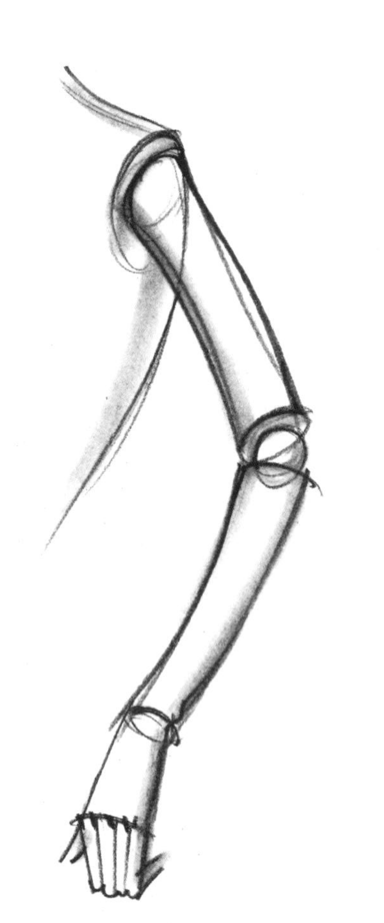

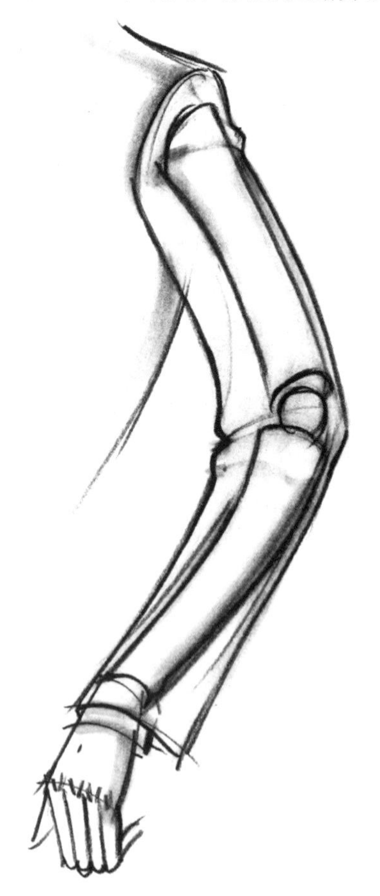

解 读

以表现关节部位为主的衣纹：人体的主要关节有肘关节、腕关节、膝关节，以表现关节部位为主的衣纹是以对每一种关节角度变化及形态特点进行归纳之后而形成的一种相对模式化的表现方法。

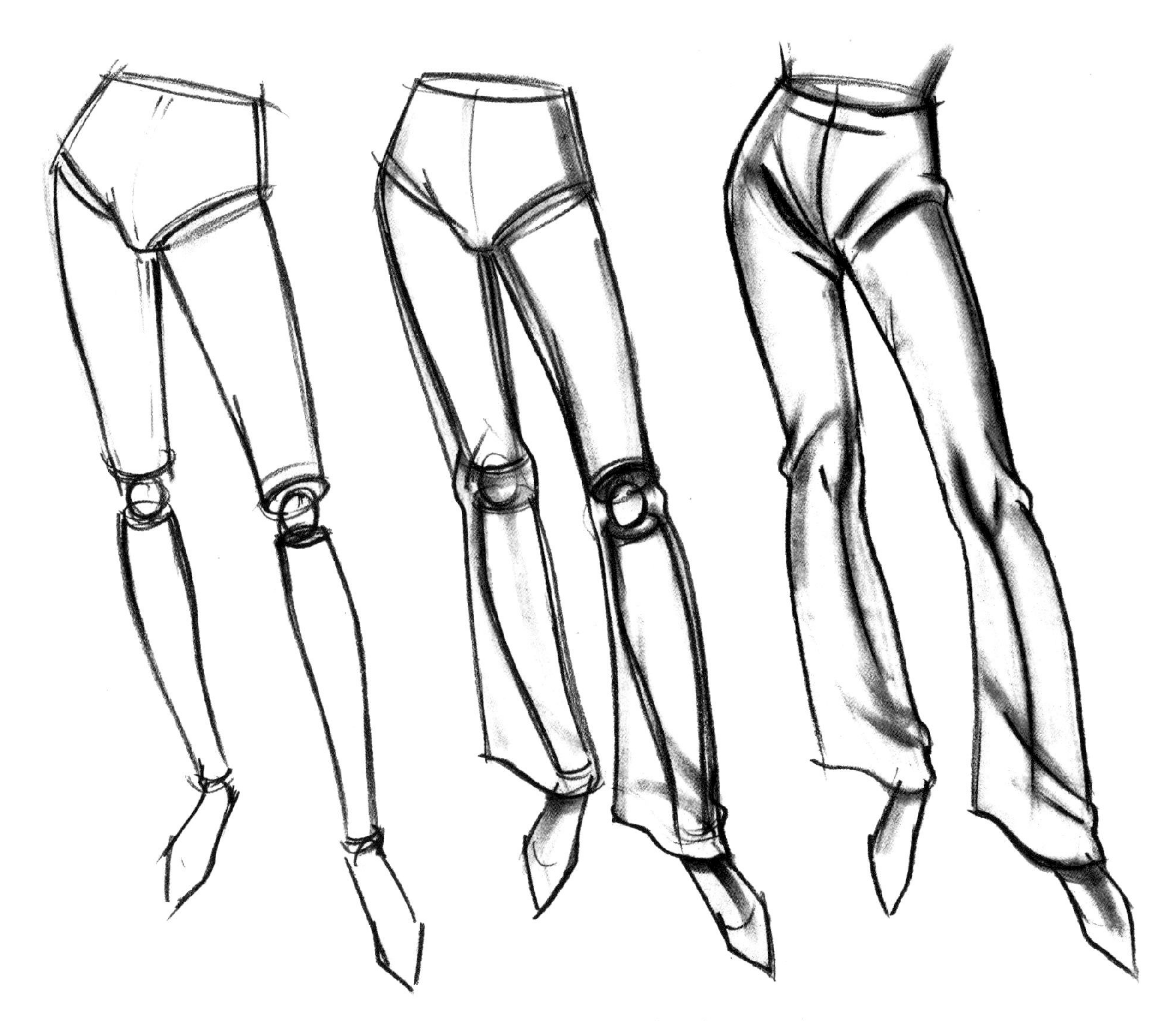

衣纹是服装中必不可少的客观存在，对于偶然性的衣纹要合理地运用，对于服装结构上的衣纹要准确表现，衣纹可以是美感、情绪、风格的载体，它可以成为提升画面的艺术氛围的重要手段。

裤子的画法跟人体腿部的结构造型有很大关系，在表现时，要根据人体腿部的骨骼、肌肉、关节的运动规律及动态造型，来确定裤子与人体腿部的贴合关系，并准确地反映出褶纹的位置，即可用简练的线条把它表现出来。

要想画好服装的明暗关系，首先要反复观察各种不同质感肌理的服装面料，以及着装状态下的成衣在光影下的变化及特点；再根据人体的结构造型，将明暗关系表现在人体结构造型转折的位置上，这样既能体现着装后的立体效果，又能通过不同的明暗位置及面积反映出服装面料的特征。另外，出现衣纹的部分及位置，也应通过明暗关系，强调其起伏的立体效果。裤子与裙子一样，要注意腰线的位置及透视线的造型。

第二：以传达身体动势为主的衣纹。

解 读

以传达身体动势为主的衣纹：这种衣纹以传达身体各个部位的动势为主，它会加强肢体的表现语言，对形体美的表达起到非常好的强调作用，这种衣纹多主要以表现上身躯干、大腿的动势为主。

第三：以表现服装结构为主的衣纹。

范 例

以表现服装结构为主的衣纹：服装中会造成衣纹的造型手法多种多样，常见的有抽褶、折叠、堆积，等等，不同的造型手法产生的衣纹在表现手法处理上会有不同，但所有的衣纹最终都需要理性的归纳及整理，最终都要能准确地传达设计意图。

左图：裙摆处流畅的线型既是对于服装款式的表现，飞起的衣摆也传达出一种静态中跃跃欲起的情绪。

右图：画面中衣纹的表现丰富，线条干脆流畅，传达出一种率性、随意的绘画风格。

2. 廓形的造型表现

服装廓形的特点、风格等方面的信息主要通过服装外部的轮廓造型表现来传达，所以对于廓形的表现会直接影响到视觉传达的准确性，服装与人体间的空间把握是廓形表现的重要方面。廓形是对服装外部造型的剪影，对服装流行趋势的分析多从廓形着手，服装史中对于各个历史时期服装特点的分析、表述也多通过廓形进行描述。

2.1 A 型服装的表现

A 廓形的特点是上窄下宽，在廓形表述时我们也常称之为正三角形。设计师在表达时常常以裙子造型及连衣的服装设计。

2.2 H型服装的表现

H廓形的特点是衣摆同肩宽，腰部松身设计，造型特征偏中性，在廓形表述时我们也常称之为箱形。

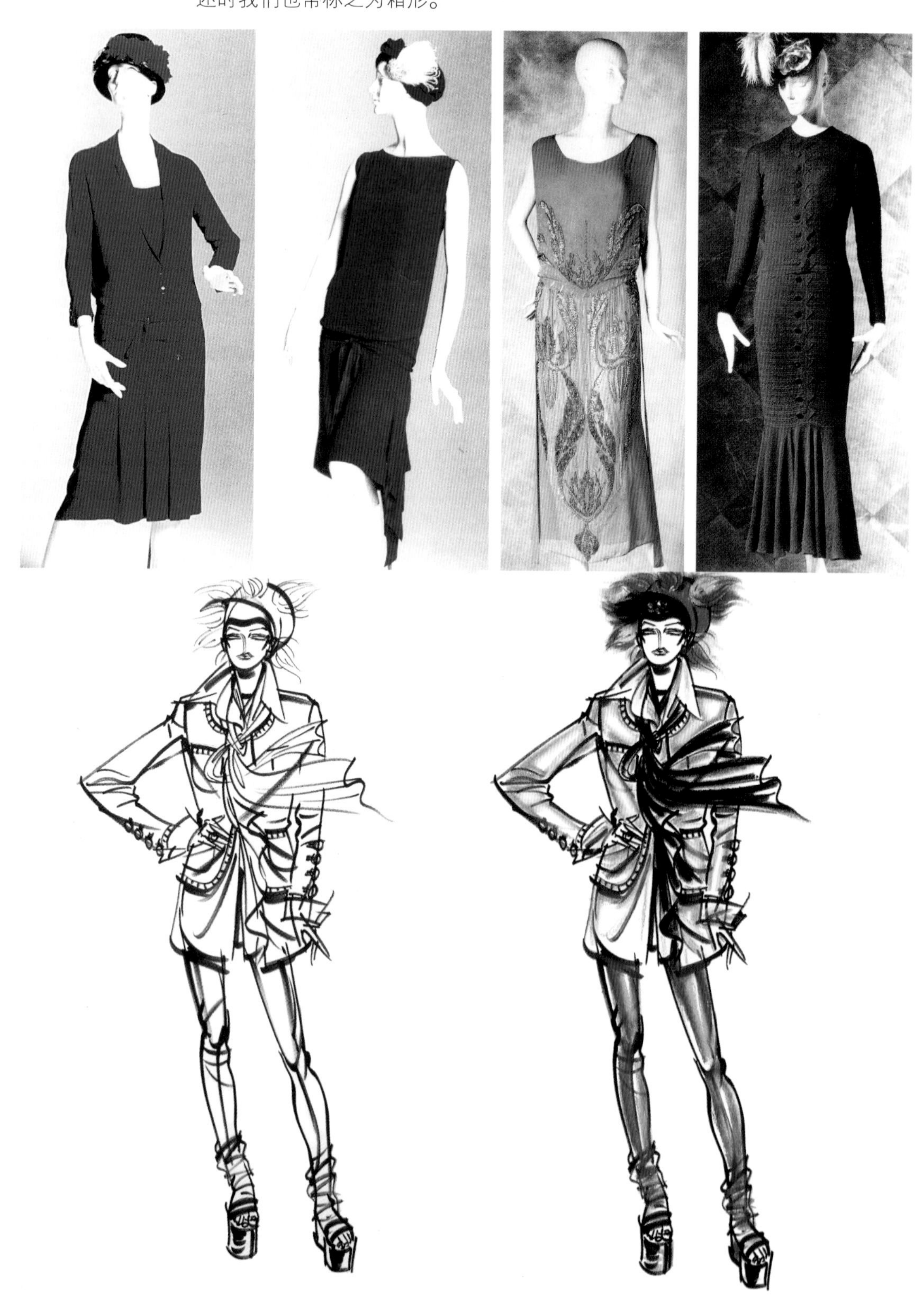

2.3 X型服装的表现

X廓形的特点是突出肩部与下摆，腰部束紧，使外部廓形如沙漏状，故在廓形表述时我们也常称之为沙漏型。

2.4 T型服装的表现

T廓形的造型特点是肩部夸张、衣摆收拢。在廓形表述时我们也常称之为倒三角形。

2.5 O型服装的表现

O 廓形的造型特点是肩部圆润、腰部宽松、衣摆收拢。在廓形表述时我们也常称之为橄榄形。

思考与练习

1.练习勾画领子、袖子及下装等局部造型。

2.参照服装资料，画出 A、H、X、T、O 五种廓形的服装效果图。

鲁迪·简莱什 作品

第五章

服装面料与系列设计的表现

第五章 服装面料与系列设计的表现

1. 服装面料的表现

服装面料的材质包括材料与质地两部分，一般材料指面料物质的类别，其服装材料主要是纤维制品，如棉、麻、丝、毛及化学纤维等织物；质地是指纤维纱线编织而成的纹理结构和性质，如厚、薄、轻、重、粗、细等。服装面料肌理的表现不仅能够使服装造型的表现更准确、更丰满，而且也是展示表现风格的重要手段，各种服装面料的质感有厚重的、挺括的；相反有轻薄的、飘逸的；其纤维特征有长短、粗细、疏密之分，还有经处理后呈起毛、缩绒等各种风格。

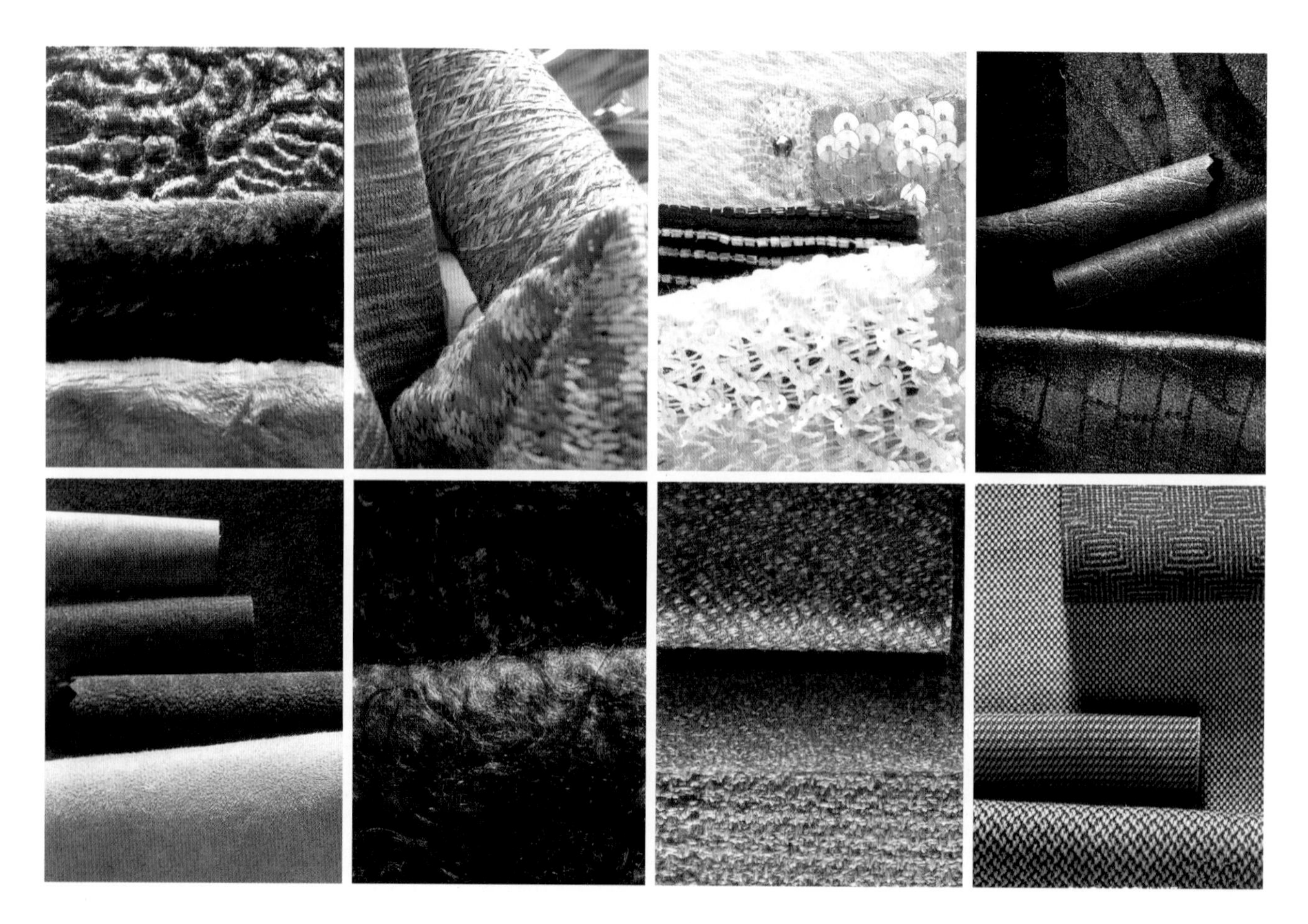

在表现时，应以底色的浓淡、线条的粗细等相应手法来描绘，刻画的顺序可先上底色，再根据面料肌理的变化按其特征刻画出不同质感的效果。另外，初学者在表现时，首先要抓住其面料的七种肌理特征：1.厚薄程度；2.软硬程度；3.粗细程度；4.反光程度；5.松紧程度；6.起毛程度；7.轻重程度。以下我们将通过针织面料、梭织面料和裘皮材料的表现作具体的介绍。

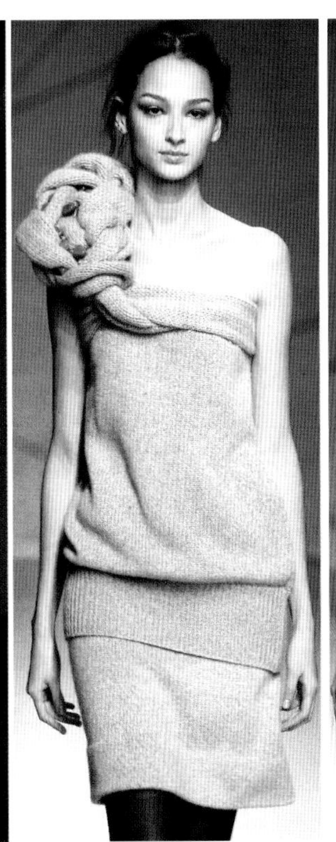

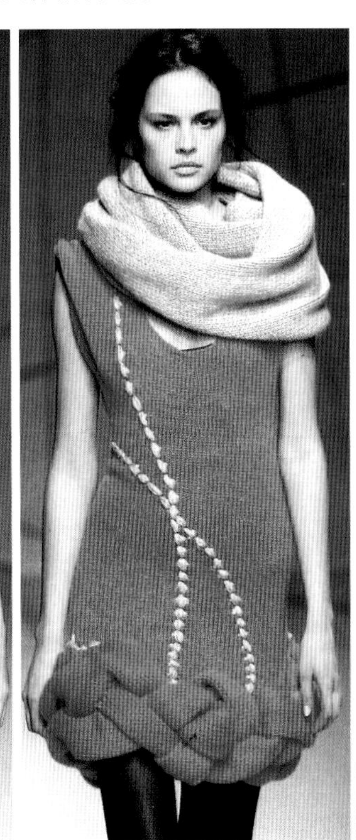

1.1 针织类材料的表现

针织服装的特点是：材质柔软，伸缩性强，富有弹性，宜于活动；肌理与纹样鲜明突出，通常用来制作运动服、休闲服和贴身内衣。当今，也通常把针织面料和编织好的针织片裁剪后缝制成时装，深受消费者欢迎。

般针织产品大体分为两类：一是用圆机织成像梭织物一样的桶状针织面料，其幅宽各不相同，往往根据设计来裁剪缝制，制作成的服装叫做可裁制的针织服装；二是开始就按照所设计的服装造型用横机织成的针织物，像套头式的毛衫或开襟式的毛衫都属于此类产品。所以，我们在表现针织服装的效果图或款式图时，首先要注意其造型、纹样及肌理特征，并要借助人体的外形曲线变化来表达针织服装的弹性与垂感，另外要注重表达针织服装的针法工艺的纹样效果。针织面料的质感表现重点在于其织纹的表达，通过对织纹的表现展现一种半立体的浮雕效果，常见的造型工具有蜡笔、油画棒和水粉、水彩的组合。

KNIT PATTERN 07/08 A&W

赏析

此幅效果图作者运用了综合技法来表现，用线简洁严谨，较好地体现了人体动态与针织服装款式的造型关系，在男女针织衫的图案表现上用线准确简洁，恰到好处地描绘出了纹样特征与肌理效果。

1.2 梭织类材料的表现

梭织服装的特点是：材质肌理变化丰富，其服装阔线突出、结构分割明显。梭织面料的拉力与针织面料相比较弱，故而款式图的表达一要表达出服装的外轮廓线，二要表达出内部结构的分割特点，三要注重表达设计细节的工艺效果，另外梭织服装的面料肌理与图案纹样也是非常重要的。

轻薄类雪纺、薄纱及丝绸等面料的肌理表现：一般此类面料最大的特点是轻盈、通透，飘逸感强。其表现手法常见的有水彩、水粉渲染或先采用油画棒勾画出面料的图案，再用水彩平涂，即可表现出轻薄面料的效果。另外，丝绸面料的表现，要突出的是光泽感与柔顺的质感，这是丝绸面料的特点，常见的表现手法是水彩或色粉笔渲染，但必须在反光处留白，通过色彩的自然过渡及反光的处理，即可表现出该面料的质感效果。

厚重类羊绒、毛呢、牛仔等面料的肌理表现：一般作为春秋两季或冬季服装的用料。它的种类较多，其特点丰富突出，如粗纺、牛仔、棉麻、毛呢等，面料挺括、粗犷、结构组织清晰明显；羽绒、棉服类则表现出蓬大、松软、轮廓圆浑的特征。所以在表现上，要抓住其鲜明突出的外形特征加以表现，用线要大胆自然，特别是外观圆浑蓬大的防寒服类，要强调表现其绗缝所形成的肌理变化，将服装上出现的一块块凹凸起伏的效果，用线、面结合的形式反映出来。

赏 析

这是两款涂层材质的外衣，画面整体效果和谐统一并富有变化。用线随意而准确，为了强调突出其面料质感，在重点部位有意加重款式的外形廓线，作者同时运用有色透明膜结合的方式来表现面料厚挺及悬垂，是十分巧妙而生动的。

赏析

作者用笔灵活而流畅，人物动态舒展，适于表现服装的整体造型特点，面料上的图案处理丰富而不凌乱。同时，作者用极概括的线条归纳简化服装因人体造型而产生的褶皱，并在此略加明暗就生动地表现出了轻薄面料的质感。画面人物与动态造型的处理简洁而统一，裙子的表现简洁而利落，较好地突出了面料的悬垂与反光效果，同时还将裙子的结构造型表现得十分严谨。

1.3 裘皮革类材料的表现

裘皮服装的特点是：蓬松、柔软、厚重，皮毛的长度、密度变化较大，其成品外形廓线不够清晰，但不论裘皮服装的肌理、造型多么复杂、特殊，只要我们注意观察，了解面料的结构特征、外形状态及着装后的造型效果，特别是在表现时，抓住明暗变化较大的部位，根据其结构形态，重点表现一簇皮毛的毛绒与毛针特点，就能将裘皮的肌理效果准确地表现出来。

皮革服装的特点是：材质挺括，肌理丰富，反光突出，悬垂性较弱，服装外形与结构分割明显。故而款式图的表达首先要突出表现皮革的反光效果与肌理变化；二要表现出结构分割的设计特点；三要注重表现明线的位置及细节的设计要求，另外皮革服装多与裘皮相搭配，皮毛的肌理表现也是非常重要的。

毛皮面料的肌理表现：毛皮材质种类丰富，如水貂毛、狐狸毛、兔毛、鸵鸟毛……毛皮造型的表现多样，在进行该材质的表现时重点要表达其蓬松、柔软的特点。

范例六

首先，用黑色油画棒用力图画帽子与裤子的皮革背光部分，在皮革反光处用湖蓝色的油画棒先概括式的勾画。用肉色、橙色表现出人物的肤色，再用蛋黄色在上衣部分作概括式的处理，再使用橙黄色油画棒按面料纹理与褶皱特点进行勾画，最后再用黑色勾画豹皮纹的黑斑图案。最后用蛋黄色、橙红色深入刻画上衣的肌理效果，用青莲色描绘出围巾的阴影部分，最后针对面部化妆及皮革部分，做进一步的刻画。

皮革面料的肌理表现：皮革材质种类丰富，如羊皮、牛皮、蛇皮、鳄鱼皮等，对皮革的造型表现手法多样，常见的有水粉渲染、马克笔造型、色粉晕染等，在进行该材质的表现时重点要表达其光泽感及挺括感。

使用工具：马克笔、不透明性水彩、彩色水溶性铅笔、钢骨纸

赏析

这是一款毛革服装，虽然只用马克笔，但毛绒的纹理、蓬松、厚重的肌理效果却表现得非常逼真；人物头部造型及眼神的刻画与此款服装相得益彰，彰显了自信、狂野的整体着装效果及设计理念。另外，作者用简洁严谨的线条配合有色透明膜，来刻画内衣与牛仔裤，使整个画面在蓝紫色调中相互衬托，突出了整体的着装效果。

图1

作者：叶慧敏

图2

图3

点 评

以上作品均为学生课程作业，画面人物动态与服装造型的整体表现准确详细，用色恰当丰富，较好地体现了服装面料的肌理效果，准确地传达了服装效果图中所需要的信息与内容。

图 1 使用工具为色粉 + 签字笔 + 透明性水彩 + 擦笔

图 2 使用工具为水溶性彩色铅笔 + 不透明性水彩

图 3 使用工具为炭铅 + 色粉 + 擦笔

2. 系列服装设计的表现

在系列服装设计中，一般包括两种形式：一种是服装公司根据品牌定位、流行趋势和设计理念针对目标市场和消费者所进行的产品系列设计。比如，一个系列要运用三至四种配色，款式上由几条裙、几条裤及几件同种风格的外套、夹克组成，每个系列中的套装都能自由组合、相互搭配。另一种是参加服装设计大赛所表达的系列设计，设计者往往要根据大赛的设计要求及概念主题进行设计，这里一般分为带有创意的概念设计也有成衣化的男、女装系列设计、休闲装设计、运动装设计、针织服装设计、裘皮革服装设计、内衣设计及礼服设计。在系列服装设计构思中，往往根据主题将最初的构思先用草图表现出来，再经过款式廓形、结构线条并结合面料和色彩的搭配，最终完成系列设计的创作过程。

初学者在完成系列服装效果图的表现中，必须凭借长期的练习，认真总结经验，不断地完善表现技法，只有这样才能将系列设计的构思准确地表达出来。

Victor Horsting & Rolf Snoeren的系列服装设计作品

Antonio Berardi的系列服装设计作品

2.1 女装系列效果图的表现

女装顾名思义女性的服装，女性颈部纤细、肩窄、身体曲线凹凸有致，体型廓线的特征是为X型。表现的重点在对胸、腰、臀曲线的塑造。主要分为上衣、夹克、风衣、斗篷、大衣、连衣裙、半裙、长裤等类型。以休闲、时尚、都市、前卫、中性等风格为主。

在表现女装系列设计效果图时，一般采用俯视的角度去表达，往往视点在腰部以上，这样使表现出的女性造型更富有动感效果，能够更好地体现出女性的柔美及身体的曲线。

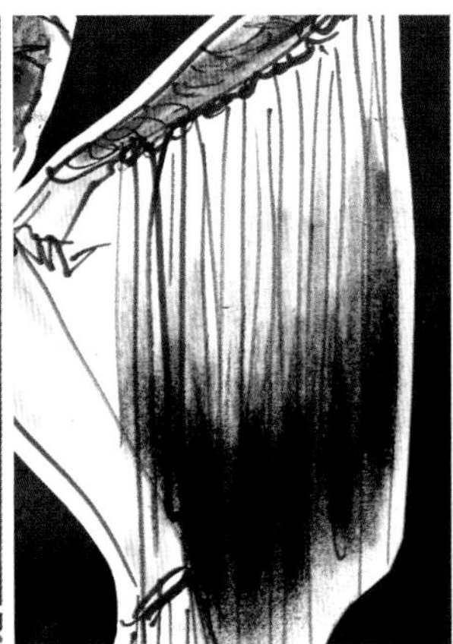

范例

(1) 人物面部化妆与头部装饰物的色彩、造型表现；
(2) 手臂装饰物与流苏的色彩、造型表现；
(3) 服装肩部结构与图案纹样的色彩、造型表现；
(4) 纱质裙摆结构与腿部装饰物的色彩、造型表现。

此系列服装设计的主题为《日出东方》，该幅作品设色艳丽丰富，面料质感的表现细腻自然，服装造型的刻画严谨简洁，人物造型组合富有韵律，整幅效果图的画面表现完整统一，用线生动流畅，较好地体现了设计构思的概念主体。对于初学者而言，熟悉掌握绘画工具性能及表现效果，是画好一张服装效果图的成功关键。

作品使用画具：黑灰色油性马克笔、金色漆笔、色粉笔、水溶性彩色铅笔、擦笔、高级复印纸、黑卡纸。

赏 析

此系列服装设计的主题为《祥云》，该幅作品构图丰满，形式完整，人物性格与面部化妆和发型的刻画生动而丰富，面料质感特征的描绘准确而细腻，并在服装造型与细节的处理上深入、严谨、具体；整幅作品较好地表现出了作者的设计理念与创意形式。

作品使用画具：水溶性彩色铅笔、黑灰色油性马克笔、擦笔、水彩纸、灰色卡纸。

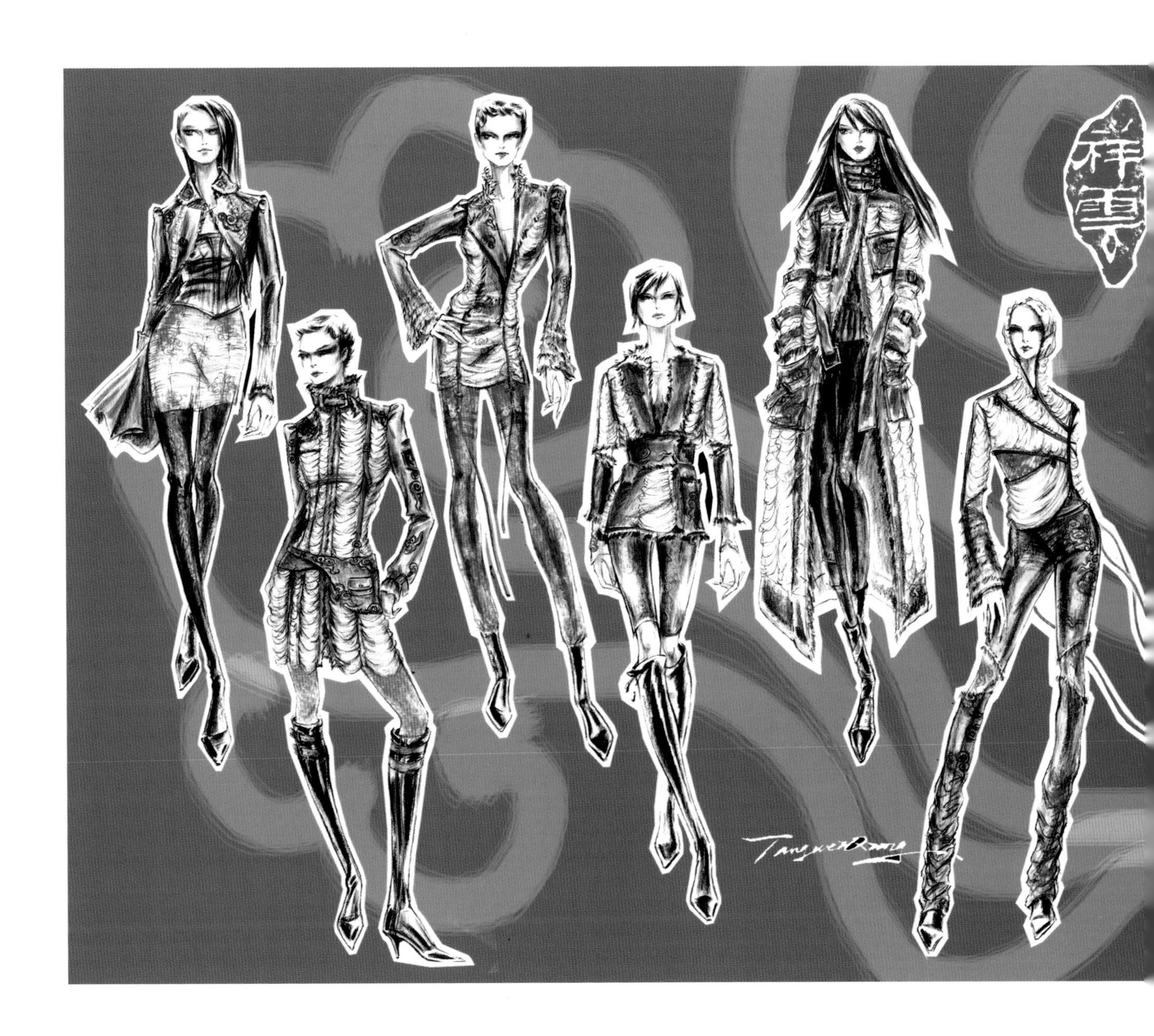

主题：暗影《潮流时装设计——女士时装设计开发》

主题：低调《潮流时装设计——女士时装设计开发》

主题：复苏 作者：张馨元

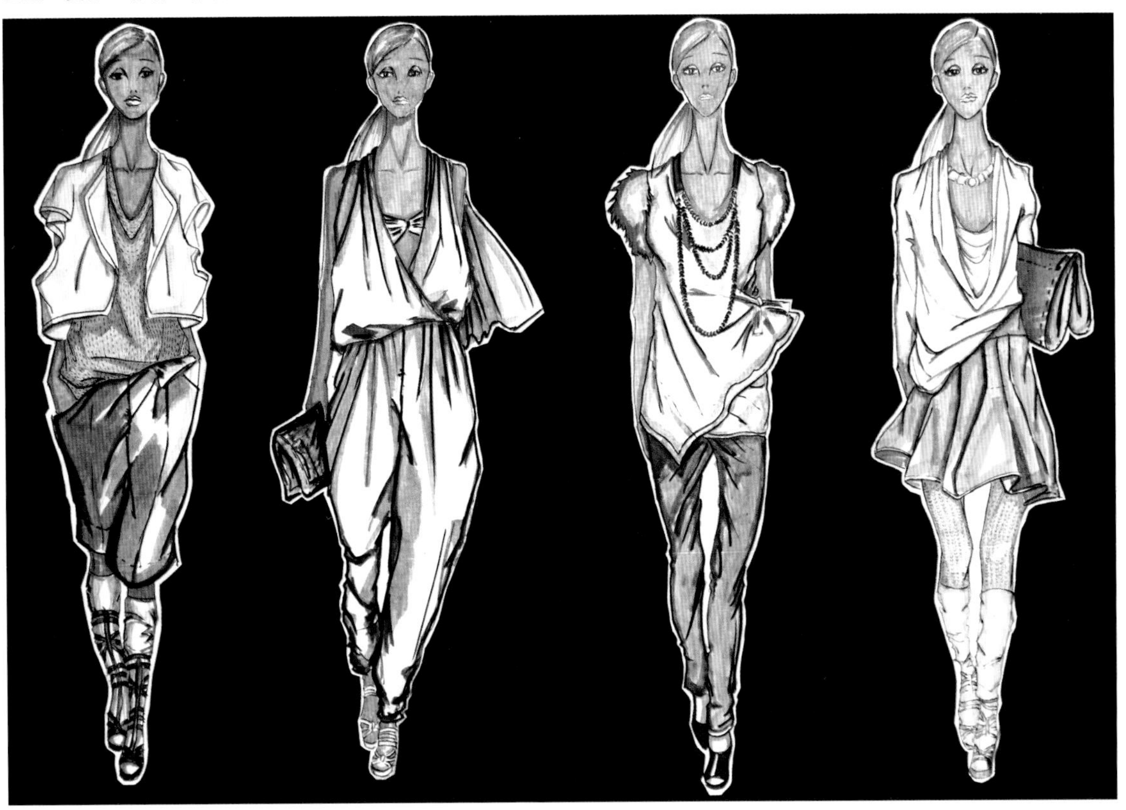

主题：回归 作者：孙晓航

2.2 男装系列效果图的表现

男装顾名思义男性的服装，男性颈粗、肩宽、肌肉发达，四肢粗壮、上宽下窄，体型廓线的特征是为Y型，表现的重点在于对肩部与后背曲线的塑造。

男装主要分为西服、衬衫、背心、夹克、风衣、长裤等类型，以休闲、商务等风格为主。

在表现男装系列设计效果图时，一般以仰视角度去表达，往往视点在腰部以下，这样更容易体现出男性的阳刚、坚毅的气质，且造型的稳定性较强。

系列服装泛指在同一设计概念下，所设计的数款不同造型的服装，它们或种类相同或种类不同，但总是围绕着一个设计主题，在今天的服装设计大赛中，不论男装或女装一般都是以系列服装为主，其中还包括服饰、包、鞋、袜的搭配。

设计系列服装时，注意将男装或女装的发型、配饰、设计要素统一化，使其有很好的整体感，但在每套服装的细节设计上又要突出各自的特点，使整套系列服装充满跌宕起伏的韵律美感。

D&G的系列服装设计作品

D&G的系列服装设计作品

《COLLEZIONI UOMO》 N.52

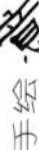

范例

具有硬挺质感的牛仔面料，很难表现出身体动态的造型下细腻的曲线起伏，所以，在表现时要用硬朗、粗犷的线条来描绘牛仔服装的结构特征。在着色之前应取得最佳的构图效果，并用铅笔认真地勾画出人物与服装的轮廓及细节，然后用色粉笔渲染服装的区域，并利用纸的白色来表现水洗牛仔的退色效果。

技巧

首先用铅笔画出人物的着装造型，线条笔触一定要肯定简练，用笔要干净利落，其次要处理好线条的粗细变化。

用色粉笔将人物面部和手部的肤色、服装褶皱部分及背光部分进行概括式的处理，注意在表现时要突出服装面料的肌理与款式的造型特点。

再用蓝灰色调整服装的整体色调，表现出人体动态下的服装造型效果，注意服装的局部亮面一定要留白不画。

最后对人物面部进行细致的刻画，这样才能使人物与服装达到整体效果，并对红色、白色、黑色渲染出背景部分色彩。

赏析

此幅系列服装设计的主题为《接天》，是作者1998年在香港理工大学学习时的设计作业，在效果图的表现中，人物性格突出，动态造型严谨，设色浓重统一，服装结构清晰明确，面料质感及图案纹样的刻画细腻丰富，以写实的手法，较为准确地体现了主题的设计意境与创意理念。

主题：欢庆《潮流时装设计——男士时装设计开发》

主题：低调《潮流时装设计——男士时装设计开发》

主题：冰河世纪　作者：赵华志

思考与练习

1. 通过市场调研，选择 6 ~ 8 款某商务男装品牌的成衣产品，经过对色、形、质及结构工艺的观察与研究，画出符合生产要求的款式图。

2. 模拟一时尚女装品牌，画出一组 5 套以上的女装系列彩色效果图，并附灵感源、主题、设计构思、面料小样以及服装款式图。

安东尼·鲁匹兹　作品

第六章

服装效果图解读

第六章 服装效果图解读

1. 设计概念的解读

1.1 设计与设计概念

设计，来源于拉丁语的Designare，原意为构想、画记号。对应词典《WEBSTER》中design一词，其动词解释为：在头脑中的想象、计划；打算、企图；就特别的机能提出设想和方案；为达到既定的目标而创造、计划和计算；用符号、记号来表示等。名词解释为：针对目的，在头脑中描绘出来的计划或蓝图；事先画出来的，将要被实际制作的物体的草图或模型；制作艺术性的动机，意义上的线，对部分、外形和细部的视觉整理和配置等。日本服装专家村田金兵卫认为："设计即计划和设想实用的、美的造型，并把其可视性地表现出来，换句话讲，实用的、美的造型计划的可视性即设计。"川添登在《什么是设计》一文中指出："所谓设计，是指从选择材料到整个制作过程，以及作品完成之前，根据预先的考虑而进行的表达意图的行为。"

设计概念，就是将设计所要表达的内容的本质特点抽取出来，加以概括并用简单的语言说出来。

服装设计概念，就是以企业和品牌所追求的形象为前提，对各方面的信息进行分析、取舍，把设计师想表达的中心思想和具体内容，通过文字、图片、色彩、面料、图样等形式表现出来，这个过程就是提出设计概念，根据这个设计概念企业进行服装的设计、生产和营销等活动。

1.2 设计概念的解读

确定设计概念一般要经历以下几个过程：

信息收集

服装行业是一种信息产业，服装企业要依据各种信息来研发新品、组织生产和实施营销策略。信息的收集主要包括行业信息、市场信息、生活信息和社会信息四个方面。

信息分析

收集信息的目的是为了使用信息，因此必须对所收集的信息进行整理和分析，并从中提取对服装设计和营销有价值的信息。其方法主要包括归类、筛选、挖掘和应用四个过程。

设计概念的确定

设计概念的提出并不是由设计师或是企业决策人员的主观意愿和喜好决定的，而是根据信息的收集和分析，结合本企业的经营策略和本品牌所追求的理念以及下个季节具体的商品计划为基础做出的选择。

设计概念一经确定，就可以为近期的设计和营销工作确定十分明确、清晰的方向，而且原则上一个成熟的基本概念不应轻易改变。也就是说，每个季节的设计概念的提出，都不能脱离品牌的基本概念。只有保持品牌形象的基本稳定，才能保持品牌稳定的市场占有率；只有每个季节都有新的设计概念，品牌才能有所发展和充满活力。因而，设计概念的确定，一定要稳中求变，既要统一在同一品牌风格之中，又应具有丰富的变化。

系列皮装设计《丝路花雨》
范例一：设计概念与灵感源

设计概念图的制作

设计概念图，就是对下一季的设计概念进行的图示和诠释。设计概念图一般的制作方法多种多样，一般要求图文并茂，必须包括主题、色彩、面料和造型四个方面的主要内容。

◆主题：设计概念图中的主题是服装设计的中心思想，要通过简单准确的语言进行概括，同时使用一些相关的照片和图片对主题进行诠释。概念图的制作要注重画面的艺术性和趣味性。

◆色彩：根据设计主题选择相应的色彩，并提出配色方案。设计概念图的色彩表现要包括文字说明、服装形象照片和色卡三部分。色彩的选择一定要与设计主题相吻合。

◆面料：根据设计主题选择相应的面料样卡。面料的选择要注意面料的流行、织物的风格和性能等因素，要有简单的文字说明。

◆造型：根据设计的主题确定服装的基本外形。设计概念图的造型表现，既要画出服装的基本廓形，又要画出简略的服装款式，还应该加入一些文字说明，力求直观形象地把服装最基本的造型特征表现出来。

系列皮装设计《丝路花雨》 范例二：设计效果图

2．款式造型的解读

2.1 款式与造型

款式，指格式、样式。服装款式，是指构成一件衣服形象特征的具体组合形式。这里包括了衣领、大身、袖子、口袋等形态，也包括了它们之间的相互关系。

造型，具有动词和名词双重含义，作为动词是指创造的过程；作为名词是指创造的结果。例如，一块面料不叫造型，当我们把它缠绕在人体上，就形成了服装，其过程和其结果便可称之为“造型”。从这个意义上说，造型指的是占有一定空间的、立体的物体形象，以及创造这个立体形象的过程。

服装的款式和造型，常常是指一件服装的两个方面。款式多指服装的细节样式和组合形式；造型多指服装的外观状态和总体形象。二者合二为一，构成服装完整的形象。因此，款式造型常常合在一起使用。

2.2 设计元素解读

设计元素就是组成设计的最小单位，是设计的基础。服装的设计元素包括面料、色彩、廓形、细节等。它们是所有服装产品设计的根本。

2.2.1 面料

服装材料是指构成服装的一切材料，服装材料按其在服装中的用途分成服装面料和服装辅料两大类。服装面料是指体现服装主体特征的材料，它是构成服装的主要材料。服装面料主要是纺织品，不同的材料由于其本身特有的组织结构，各种材料的纤维原料、织造方法、加工整理的不同，因而产生的肌理效果也不相同。归纳起来有：轻重感、厚薄感、软硬度、疏密感、起毛感、光泽感、湿润感、凹凸感、透明感、起皱感、松紧感等。这种感觉概括起来称为肌理。肌理包括视觉肌理和触觉肌理等。掌握材料的性能是创造服装美的物质基础。除此之外还有天然裘皮、皮革、人造裘皮、塑料薄膜、橡胶布等。

服装面料的不同风格直接影响服装设计的风格。同时在选择服装面料时还要考虑服装的功能性和视觉美感要求，着装者的性别、年龄、体型和特殊要求等。

2.2.2 色彩

莫奈说过：“色彩是破碎的光”，生活因为有了色彩才变得如此斑斓。服装色彩是服装设计的重要因素之一，服装色彩设计的最终目的，就是要寻找一种和谐的服装色彩搭配效果。所谓服装色彩的和谐，也就是通过服装色彩的组合搭配而使人产生愉悦感。

服装色彩设计的原则是：和谐统一之中富有变化。也就是说服装的整体色彩要和谐统一，局部要有丰富的色彩变化，给人舒适而不乏味、跳跃而不杂乱的感觉。

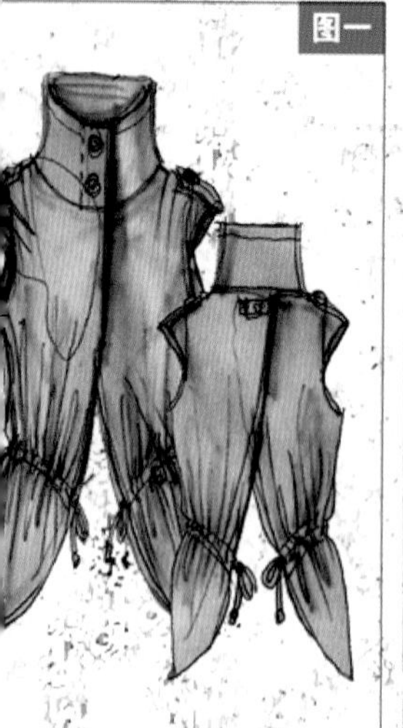

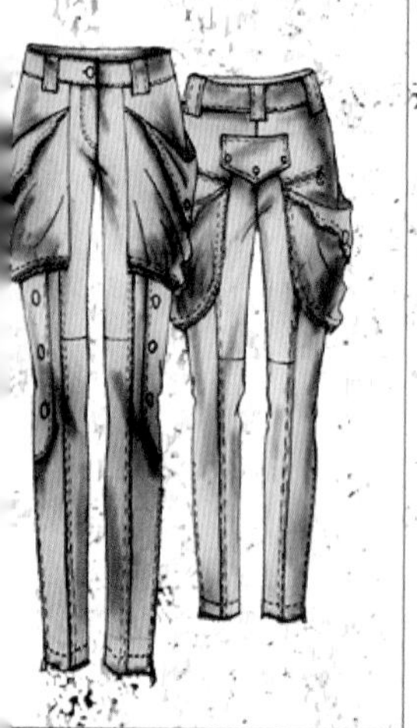

本系列以回归复古为主题，以沧桑、斑驳富有历史感的中性色为主色调，以25岁——35岁白领女性为主要设计对象，对风格追求独特性、时尚性和对品质追求的高标准的唯一性。在设计中，迸发的灵感往往来某个细节上的触动，富有立体感的民族装饰纹样含蓄而富有个性，手工工艺的风格无处不在，为整系列增添独特细腻的魅力，演绎出大漠驼队、繁华丝路的传奇与风情。选用优质的超薄绵羊皮，采用国际最新流行的蜡染皮革技术，为视觉效果带来独特的不可复制的怀旧风格，强调高品质，让色调与质地、色彩与肌理、视觉与触觉和谐而统一，透出神秘而优雅的韵味。对于成品的后期整理，则融入很多现代的工艺和手法。如激光镭射、做旧、水洗、蜡染等，局部的细节处理和立体图案的装饰变化，让风格更加自然和有品位。经典的"X"廓线被重新演绎，重点突出女性的曲线美，民族元素被运用到设计中总是带来神秘感和新鲜刺激，装饰图案和繁琐的手工工艺让服装更具欣赏价值与折服，彰显出时尚知识女性独有的率真气质及充满东方之美的神秘气息。

系列皮装设计《丝路花雨》 范例三： 设计款式图

色彩的情感运用：色彩是具有丰富的情感象征的，不同的色系、色调使人产生不同的联想，因此也会带来不同的情感感受。例如：红橙色系给人热情、甜蜜、吉祥、神秘、幸福之感；蓝绿色系给人沉静、酸涩、平和、畅通之感；高明度色调给人明亮、轻盈、柔软、薄透之感；低明度色调给人低沉、压抑、恐怖、沉重、坚硬之感。在服装色彩设计中要根据不同的设计主题，所要表现的不同设计风格，采用不同色彩搭配。

色彩设计的方法：首先应该注意色相的运用，在同一套服装中不要采用过多色相，否则会给人杂乱的感觉。其次，在不增加色相的前提下，为了增加色彩的丰富感，可利用同色相色彩的明度差别和纯度差别来增加色彩的层次感。再次，服装色彩设计中要善于使用无彩色（黑、白、灰、金、银）搭配，它们在色彩搭配中既能起到点缀作用，也能起到调和作用。

2.2.3 廓形

服装廓形是指服装正面或侧面的外观轮廓。任何服装造型都会拥有各自的外轮廓。用外轮廓表示服装造型可以舍弃烦琐的服装款式细节，以简洁、直观、明确的形象，迅速地反映服装造型上的本质特征。因而，用服装廓形研究和发布服装流行趋势，已经成为国际惯例，这样可以十分明确地反映每年每季服装流行的总体特征。常用的廓形表示法主要有以下四种：

字母表示法：A 型特征、H 型特征、X 型特征、T 型特征等。

物态表示法：气球型、吊钟型、喇叭型、花冠型、桶型、箱型等。

几何表示法：三角型、梯型、长方型、椭圆型等。

体态表示法：长身型、苗条型、丰满型、健康型等。

2.2.4 细节

成功学理论提出了细节决定成败的理念，服装设计中的细节处理也是吸引消费者的重要因素。服装设计中注重细节设计，是服装美学、服装功能上的共同需要。例如，女式衬衣前胸的褶裥、裙装或礼服的镶边以及领子、袖子、口袋等部位的变化都是服装设计中取胜的关键。特别值得提出的是，细节部位的点缀也是不容忽视的重点，如特种纽扣、异型拉链、特殊工艺的使用等。

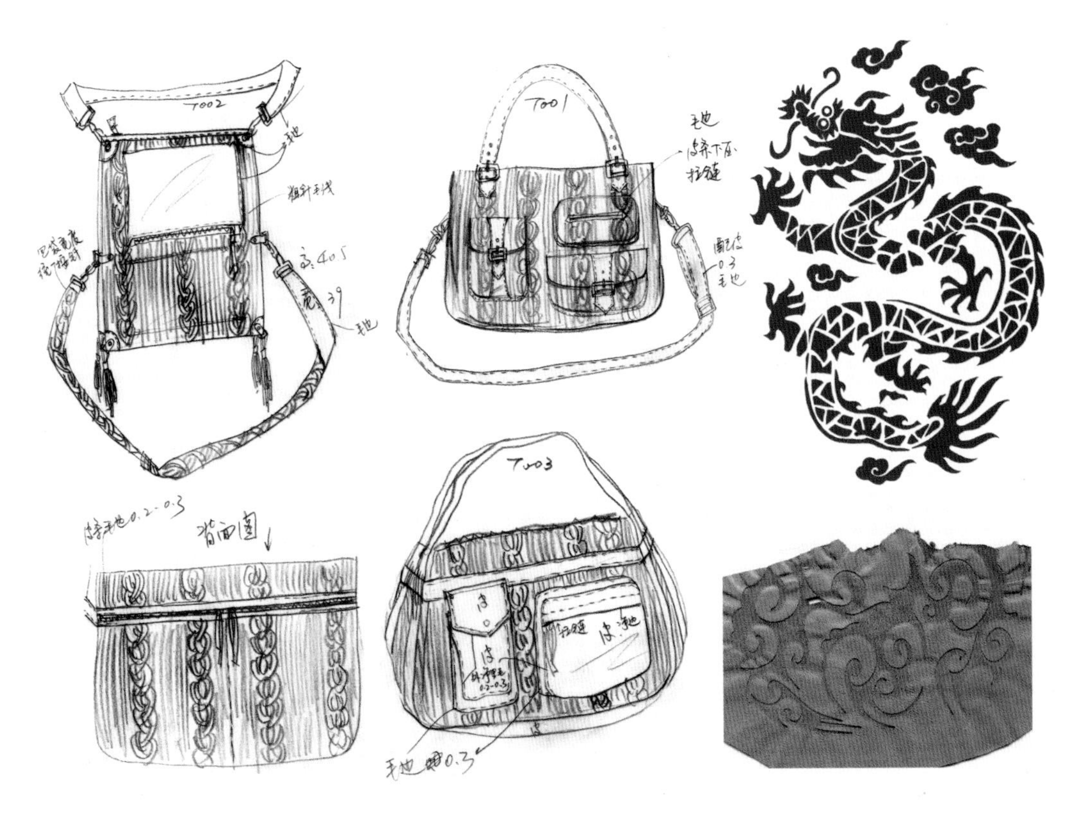

系列皮装设计《丝路花雨》 范例四：设计细节图

3．结构工艺的解读

3.1 结构与版型解读

3.1.1 结构

与英文structure同义，原意为组成整体的各部分的搭配和安排。服装结构，即组成服装款式与造型的各个部分与零部件的搭配与安排。服装结构与人体外形有着直接的关系，研究服装结构的目的是为了使服装最大限度地满足人体外形的需要。

3.1.2 版型

是指为制作服装而制订各种结构造型的样板，是表达设计构思的重要途径之一，为分析款式进行服装整体造型与局部造型、省缝与分割线等细节的设计与变化处理，必须与制作工艺时达到统一，它包括净版、毛版、里布版和系列板。

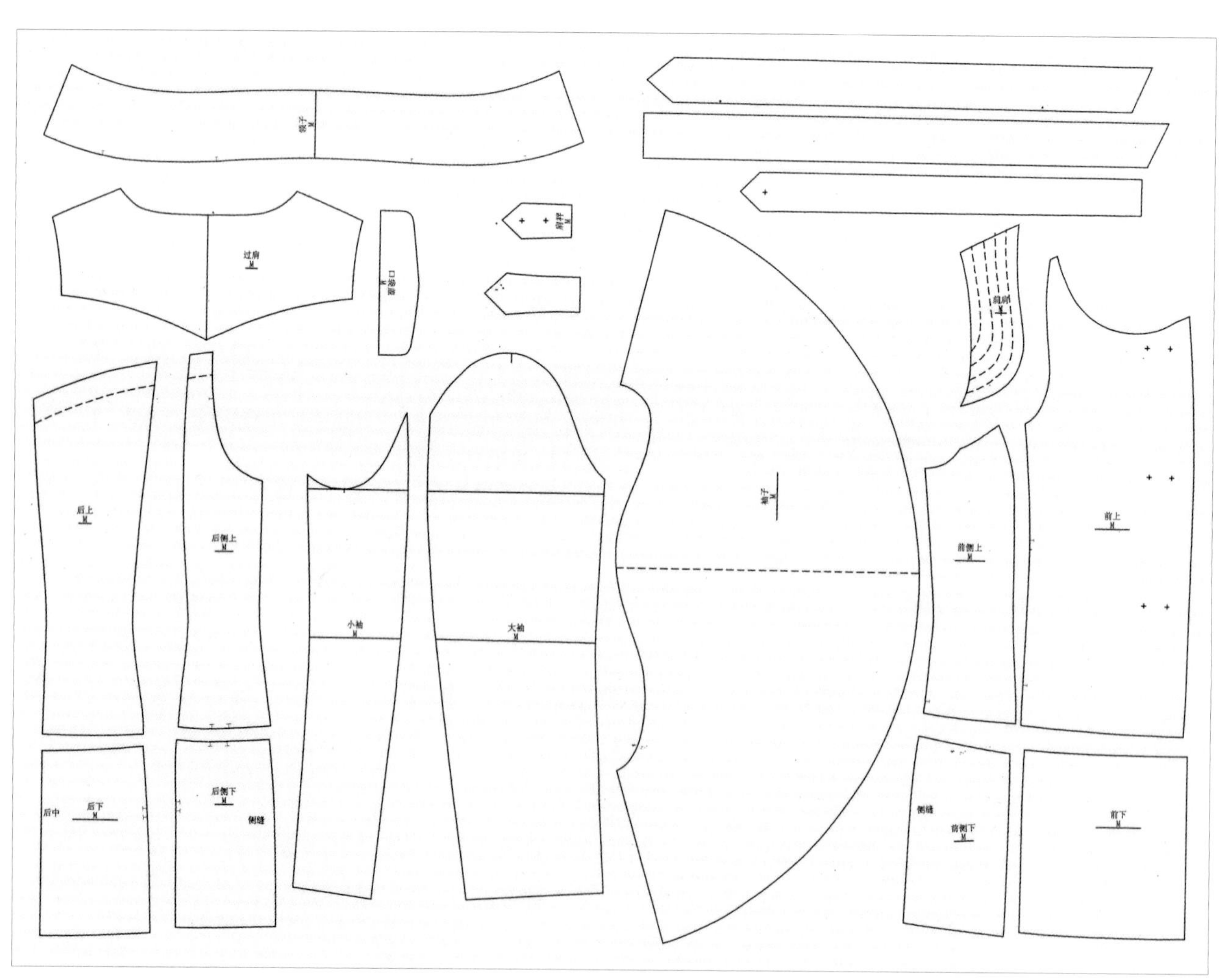

系列皮装设计《丝路花雨》 范例五：版型设计

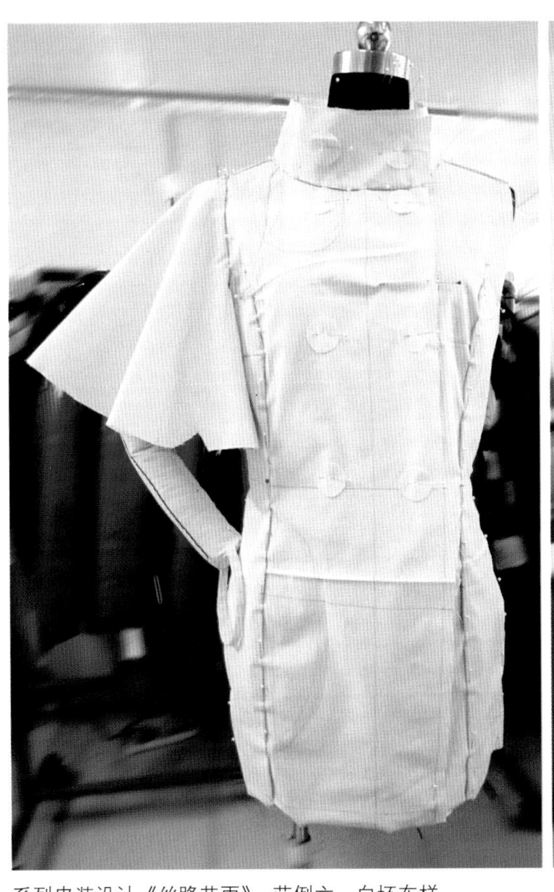

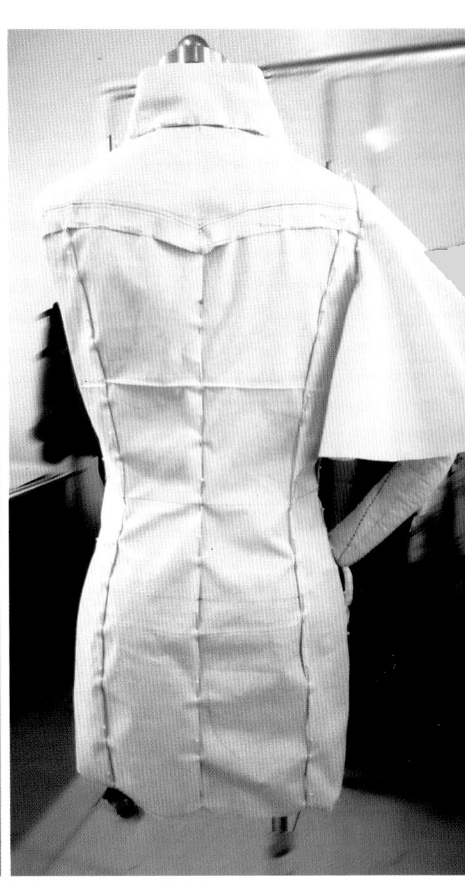

系列皮装设计《丝路花雨》 范例六：白坯布样

3.2 服装工艺的解读

服装工艺是指通过手工或设备将服装裁片缝合、烫整制作成为成品的技术。服装工艺是体现服装高档、精良的重要标志之一。它主要包括机缝工艺、手缝工艺和熨烫工艺。

3.2.1 机缝工艺

使用缝纫机缝制服装的技术，称之为机缝工艺。其特点是：速度快、针迹整齐、美观。机缝技法很多，仅机缝的常用缝型就有几十种，如平缝、分缝、分缉缝、搭缝、来去缝、内包缝、外包缝等。主要设备有高、中速平缝机和各种特种机器，如锁边机、开袋机、打结机、链式机等。

3.2.2 手缝工艺

是服装缝制工艺的基础，是现代工业化生产不可替代的传统工艺。当今，尤其是在加工制作一些高档服装时，有些工艺必须由手缝工艺来完成。手缝工艺的工具很简单，主要是手针和各种材质的线，但手缝的技法却很丰富，除了具有很强的实用功能外，还能够带来非常好的装饰效果。

3.2.3 熨烫工艺

熨烫是服装缝制工艺的重要组成部分。服装行业常用“三分缝七分烫”来强调熨烫的重要性。熨烫贯穿于缝制工艺的始终。特别是服装行业所谓的“推、归、拔”工艺，利用衣料纤维的可塑性，改变纤维的伸缩度，以及织物经纬组织的密度和方向，塑造服装的立体造型，以适应人体体型和活动的需要，弥补裁剪的不足，使服装达到外形美观、穿着舒服的目的。主要熨烫设备有电熨斗、烫台、垫呢、马凳、烫包等。

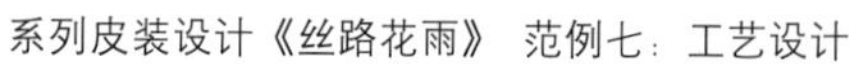
系列皮装设计《丝路花雨》 范例七：工艺设计

系列皮装设计《丝路花雨》 范例八： 成衣展示

思考与练习

1. 根据设计概念图，归纳、提炼出一个系列服装（不少于 4 个款式），绘制出效果图和款式图，并附文字说明。

2. 在设计的系列服装中挑选出具有代表性的一款服装，进行纸样设计、推板练习，并制作成为服装成品。

参考书目

1.《世界杰出服装画家作品选》陈重武编译　天津人民美术出版社出版
2.《矢岛功时装画作品集》矢岛功（日）著　江西美术出版社出版
3.《时装画风格六人行》孙戈等著　中国纺织出版社出版
4.《服装设计图技法》孙戈主编　人民美术出版社出版
5.《潮流时装设计——男士时装设计开发》MCOO 时尚视觉研究中心　人民邮电出版社出版
6.《潮流时装设计——女士时装设计开发》MCOO 时尚视觉研究中心　人民邮电出版社出版
7.《20 世纪世界服装大师及品牌服饰》彭永茂　王岩编著　辽宁美术出版社出版
8. FASHION TRENDS SPORTSWEAR/STYLING
9. MAGLIERIA ITALIANA N.139
10. THE COMPLETE BOOK OF FASHION ILLLUSTRATION
11. KNIT PATTERN 07/08 A&W
12. LA PIEL INTERNATIONAL FUR&LEATHER FASHION PRINTED IN SPAIN
13. Elegance PARIS 87 PRINTED IN W.-GERMANY
14. Collection VOL.19/21 gap PRESS MEN
15. SAMSUNG FASHION TREND FOR MEN/WONMEN
16. COLLEZIONI UOMO N.52

THE RESEARCH ON CHINESE DESIGN EDUCATION PATTERN

03

服装立裁制板实训指导

王东辉 等 编著

目录 contents

_ 第一章　立体裁剪制板的基础知识 6

_ 第二章　上半身原型立体制作 14

_ 第三章　造型省应用（完成立体造型效果和原型法制图方式及平面展开图例） 25

_ 第四章　双排扣女西服上衣立体制作 36

_ 第五章　直形公主线上衣立体制作 45

_ 第六章　紧身吊带小衫套裙立体制作 56

_ 第七章　大荷叶领上衣立体制作 65

_ 第八章　小披肩式上衣立体制作 76

_ 第九章　借肩袖大衣立体制作 089

_ 第十章　大师作品欣赏 106

第一章
立体裁剪制板的基础知识

立体裁剪概述

一、服装立体裁剪

服装立体裁剪又称服装结构立体构成，是设计和制作服装纸样的重要方法之一。其操作过程是，先将布料或纸张覆盖于人体模型或人体上，通过分割、折叠、抽缩、拉展等技术手法制成预先构思好的服装造型，再按服装结构线形状将布料或纸张剪切，最后将剪切后的布料或纸张展平放在纸样用纸上制成正式的服装纸样。这一过程既是按服装设计稿具体剪切纸样的技术过程，又包含了从美学观点具体审视、构思服装结构的设计过程。

顾名思义，立体裁剪主要是采用立体造型分析的方法来确定服装衣片的结构形状，完成服装款式的纸样设计。具体一点说，立体裁剪就是以立体的操作方法为主，直接用布料在人台或人体上进行服装款式的造型，边裁边做，直观地完成服装结构设计的一种裁剪方法。它的重要性在于，既能看到立体形象，又能感到美的平衡，均量长短，还能掌握使用面料的特性。

立体裁剪造型能力非常强，并且十分直观——在裁剪的同时就能看到成型效果，所以结构造型设计也就更准确，更易于满足随心所欲的服装款式变化要求。掌握立体裁剪的操作方法和操作技巧，对服装设计师来说，不仅又多了一条实现自己绝妙构思的快捷思路，而且还非常有助于启发灵感，大大开阔了设计思路途径；而结构设计师掌握立体裁剪技术后，不仅多了一种服装结构设计的方法，而且可以通过立体裁剪的实践，更加深刻地理解平面裁剪的技术原理，增强自己的裁剪技术本领。

二、立体裁剪的历史和发展

服装立体裁剪作为服装结构构成的方法之一，与一切裁剪技术方法一样，是伴随着人类衣着文明的产生、发展而形成和逐步完善的。尽管东西方服饰文明曾有过异同的发展轨迹，但在东西方服饰文明充分融合、演化的今天，服装立体裁剪已成为人类共有的服装构成方法，并将随着人类服饰文明的深入发展，进一步推陈出新，形成完整的理论体系。

在漫长的原始阶段，原始人将兽皮、树皮、树叶等，简单地加以整理，在人体上比画求得大致的合体效果后加以切割，并用兽筋、皮条、贝壳、树藤等材料进行固定，形成最古老的服装。在人类还不懂得几何图形的绘制与计算时，原始的立体裁剪便产生和应用了。

在以后相当长的历史长河中，由于科学技术的进步，原始的立体裁剪在产生平面裁剪之后逐渐丧失了其应用价值。但至公元15世纪前后，东西方由于长期以来在哲学、美学、文化上的差异，服饰文化又有较大的不同。

根据苏格拉底等人“美善合一”的哲学思想，古希腊、古罗马的服装便开始讲究比例、匀称、平衡和和谐等整体效果。至中世纪，基督教强调人性的解放，直接影响到在美学上确立以人为主体、宇宙空间为客体的对立关系的立体空间意识。这种意识决定了欧洲人在服装的造型上视服装为自我躯体对空间的占据，在服装上必须表现为三维立体造型的认识。从15世纪哥特时期耸胸、卡腰、蓬松裙身的立体服装的产生，至18世纪洛可可服装风格的确立，于是强调三围差别、注重立体效果的立体服装就此兴起。历经兴衰直至今日，虽然服装整体风格不再过分强调这种形体的夸张，但婚纱、礼服仍然承袭着这种造型设计的思维。这种立体服装的产生促进了立体裁剪技术的发展，而现代立体裁剪便是中世纪开始的立体裁剪技术的积累和发展。

在东方，特别是东亚，由于受儒教、道家“禁欲律行”哲学思想的支配，其服饰文化更多地表现为含蓄。东方宇宙观强调“天人合一”，在艺术表达上追求意象，因而在服装造型上表现为一种抽象空间形式，象征性地表达了人与空间的协调统一关系。自中国周朝的章服至近代的旗袍、长衫，以及日本的和服等，基本上都是以平面结构的衣片构成平面形态的服装，并适应立体形态的人体，达到三维空间的效果，因而在服装构成上偏向于平面裁剪技术，但不排斥在构成中两者的交替使用。时至今日，世界服饰文化通过碰撞、互补、交融，得到迅速的发展，西方服装代表了近代服装科技发展的方向，并已成为全球日常服装的流行主体。因此，立体裁剪和平面裁剪同样成为世界范围的服装构成技术。

三、立体裁剪的特点

立体裁剪在一些时装业发达的国家一直被广泛地运用着。随着我国服装业的迅速发展，它也必然会被我国服装专业人士和服装爱好者所认识并运用。主要是因为立体裁剪有着许多使人折服的特点：

1.立体裁剪造型直观、准确

造型直观、准确是立体裁剪最明显的特点。因为立体裁剪是用布料在人体或人台上直接立体模拟造型的，它可以立竿见影地看到服装的成型效果，所以也就比较容易准确地完成已确定款式的服装结构设计。平面裁剪靠的是经验，在处理一些我们经验不足、把握不准的服装结构时，立体裁剪往往优势十足，您可以不要计算、不要绞尽脑汁，只要用您的眼睛看就可以了。

2.立体裁剪造型快捷、随意

在进行一些立体效果较强、有创意的服装结构设计时，立体裁剪造型快捷、随意的特点将体现得淋漓尽致。以平面裁剪方法处理一些有褶裥、垂荡等造型变化的服装款例时，往往只能采用剪切拉展的方法，剪切拉展的剪切线位置以及拉展量都只能靠大致的估计，所以虽然经过反复操作，服装的成型效果有时还是不尽人意。这时，若采用立体裁剪的方法来处理，就可以根据款式要求随意进行造型的处理，非常快捷地完成看似繁杂的款式。

3.立体裁剪简单易学

立体裁剪是一门以实践操作为主的技术，没有太多的理论，也不需复杂的计算，甚至不需您有任何的服装裁剪经验，就可以在较短的时间内掌握它的操作方法和操作技巧，裁制出既有新意又舒适合体的服装。所以，立体裁剪不仅被服装专业人士所青睐，而且吸引了大量的服装爱好者，这些特点在我的大量教学实践中已得到了充分的体现。

立体裁剪的工具与材料

这里介绍的工具都是立裁制板很基本的，很必要的。对工具准备充分，不但会使你的立裁制板工作有一个良好的开端，而且，还会提高工作效率和立裁与制板质量，所谓“工欲善其事，必先利其器”。下面介绍的工具都是有着重要作用的专业工具，使用十分方便。

人台也叫人体模型，是立体裁剪最重要的工具。虽然立体裁剪也可以直接在人体上进行操作，但多数情况都是以人台为基准操作的。立裁人台的塑型基准自然为人体体形，而人体体形有着地域性差异的特点，所以立裁人台的体形特征也因国家和地域的不同而不尽相同。因而不同国家、不同地域有着基于自己国家和地域的人群体形特征而研制开发的立裁人台。

人体体形随着时间的变化是会有一定的发展变化的，所以立裁人台的研制开发也应根据人群人体体形的变化而不断修正变化，一般与服装号型标准的修订同步进行。

一般常见的人台不是都适合立体裁剪的。常见的人台可以分为裸体人台、展示用人台、立裁工业人台。它们无论是在造型特点上还是在材料上都不尽相同。以下就立裁工业人台作详细介绍。

一、工业人台

工业人台又叫产业人台，是日本文化式人体模型，它的标志为9A2，9代表M号，A代表标准体，2代表总体高。它不是某个人体的复制，是依据很多人体各部位的数据归纳整理出具有代表性的人体比例尺寸，然后对人体进行修正，比如，胸围、臀围加了一定放松量（肌肉的运动量），把比例与功能、比例与美感相结合，美化了人体，立体操作起来比较容易，很适合工业化大生产。本书使用工业人台操作。

二、工业人台的特点

1.覆盖率高，比较美，实用性强。

2.对成衣来讲，体形覆盖率更高。

3.人台上肩胛骨、斜方肌、臀肌凸起的程度，腹部、臀部都有不同程度的调整。

4.人台的肩斜度要标准，不溜、不平，斜度适中。

5.人台必须左右对称，人台包布的缝线和人体的公主线位置应吻合，线条流畅漂亮。

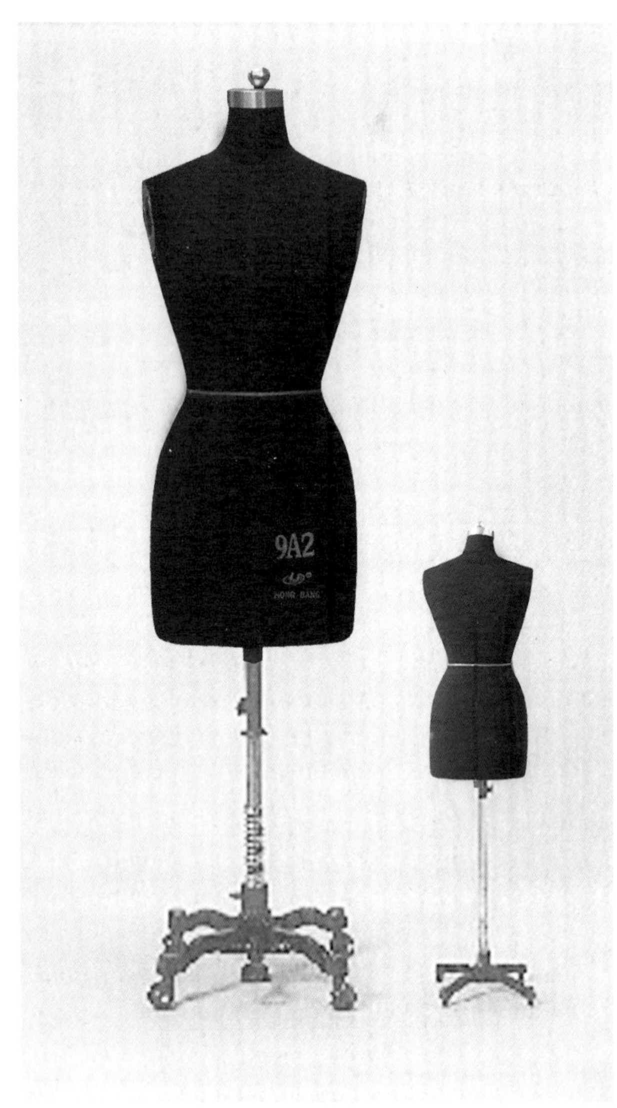

工业人台

三、操作制板工具

1.大头针。立体裁剪使用的大头针一般有多种不同的粗细和长短，质地有黄铜、不锈钢、镀镍不锈钢等。标准女装大头针长为2.6厘米，高档面料及轻薄面料用的大头针则要短些，一般长为2.3厘米。有玻璃珠的大头针比较便于拿取，T形针则适用于网眼织物。

2.剪刀。西式立裁曲柄剪刀。用于布料的裁剪，锯齿剪刀。有多种不同大小型号，可根据自己的喜好选用，一般稍小较好，分量较轻而且操作灵活。锯齿剪刀用于毛边脱散。

3.铅笔。这里需要的铅笔是用来在坯布上画线、标点的，以2B型号的绘图铅笔最合适。铅笔太硬，图线将不清晰；太软，图线难以规范或显得较脏。

4.粘带。粘带是用来贴置人台标识线以及记录坯布造型结构线的。立裁专用胶带为成卷的宽度为3毫米的单面粘纸，颜色有黑、白等多种。

如无法购买到立裁专用粘带时，也可将即时贴裁割为3毫米的细条代用，效果也很好。对粘带颜色的选择有两条基本原则：一是和人台的颜色有较大的反差；二是在坯布覆盖后，还可以透过坯布看得见。所以，粘带的颜色可以为黑色（适合白色人台）、白色（适合黑色人台）或比较鲜亮的颜色。

5.针插。针插是插别大头针用的，在立裁操作时一般戴在手腕或手背处，方便大头针的随时取放。如图针插有多种样式，市场有成品可选购，也可自己动手制作。

6.点线器。用于上下两层布料在同一部位作对位记号及放缝份。

7.熨斗。熨斗用于熨烫裁剪用布以及使某部位形态固定。一般以采用500W以下带蒸汽装置的电熨斗为宜。为了能有效地控制温度，熨斗必须带有温度指示盘。

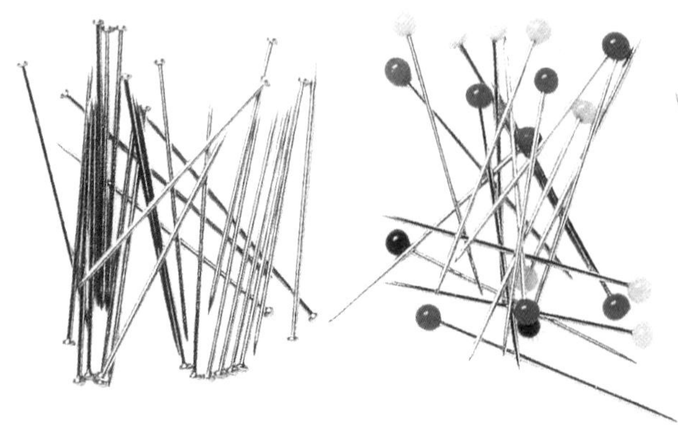

女装用大头针　　玻璃珠大头针

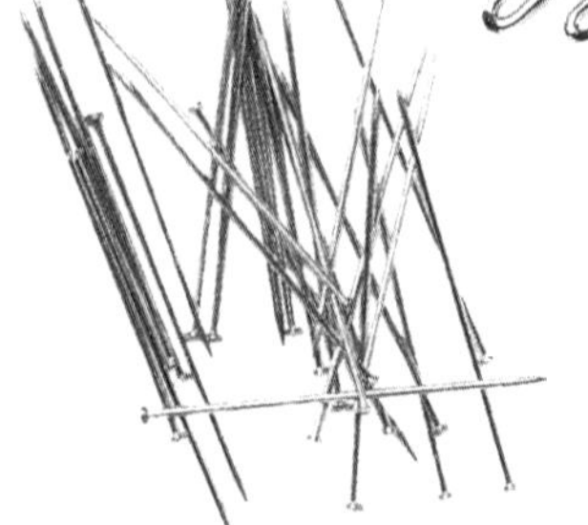

花边用大头针

T形针

剪刀

锯齿边剪刀

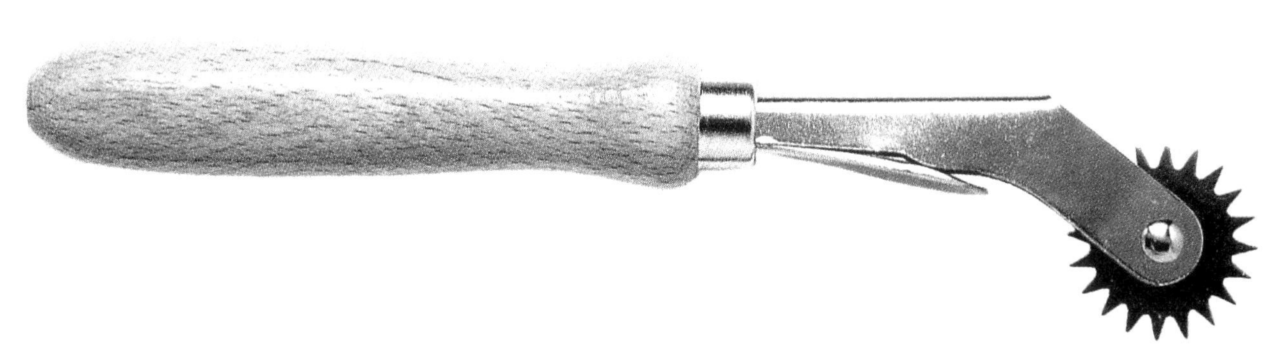

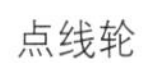

点线轮

铅笔

粘合标线带

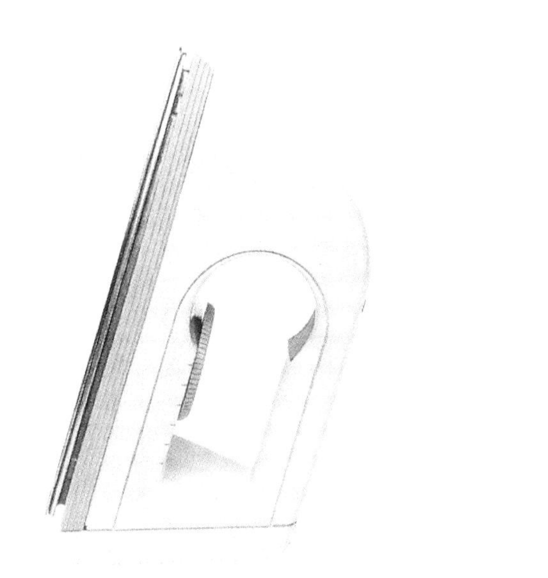

熨斗

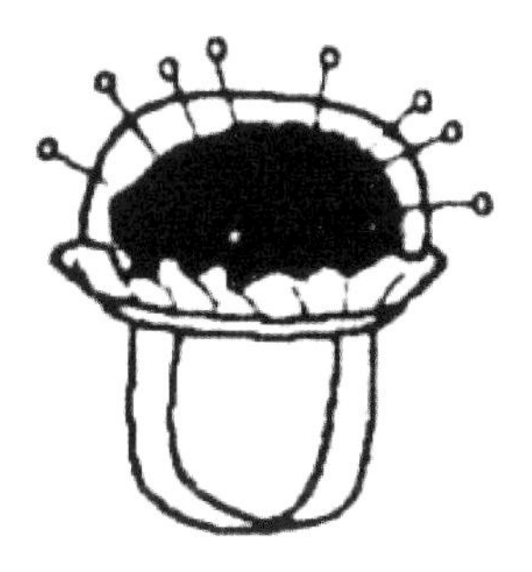

针插

8.尺子。要保证服装合身，制板标准，一定要选用适宜尺子，以便随时对纸样进行必要的调整，确保最后的成衣效果。蛇形尺可弯曲成任何形状，用于修正曲线纸样。软尺柔韧性好，准确不变形。法式标准曲线板用于修正纸样的曲线部分，如袖窿、领窝等。法式全功能曲线板，用来调整纸样曲线部分的弧形边缘和画纸样的直角边。

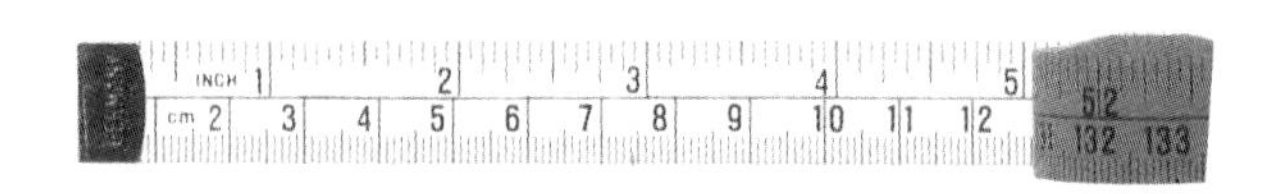

软尺

蛇形尺

法式标准曲线板

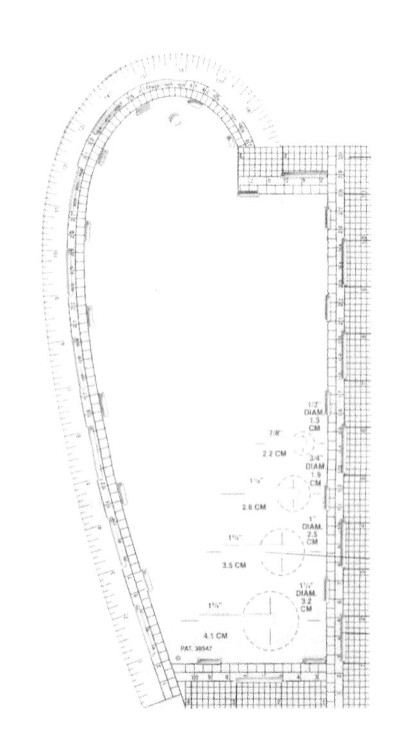

法式全功能曲线板

9.坯布。坯布就是织造后只经过最简单整理的原色的全棉布，它有不同程度的厚薄、梳密、柔软和硬挺之分。立体裁剪使用最广的是宽幅平纹棉布，经纬的织纱有40号薄质到20号厚质等各种型号，可以按用量选料。因此平织的布纹清楚可见，这是优点，也有纵、横布纹里织进彩色线的，有时用起来很方便。最好避开那些易滑、易伸展和过沉的材料，在实际的立体操作中，为了保证服装造型的准确，所用的坯布应依据服装实际所用面料的特性来匹配选择。这样就可能顺利而准确地进行立体操作，熟练了也可以用实际面料来进行立裁操作。

大头针的别法

大头针的正确别法，是进行立体裁剪必须掌握的技巧之一。在立体操作中，部位的连接全由大头针完成。针的别法不同，用法不当，会破坏造型，影响织物平衡，因此，操作时应遵循以下针法原则：

1.针的方向一致，大头针方向可以水平，也可以斜向。为了保证美观性，针的方向应基本保持一致。

2.针与针的间距均匀，一般在比较长、比较直的部位针的间距稍大，在曲线部位，针的间距可稍密，最好在同一款上针与针间距应均匀一致。

下面介绍四种针法形式：

抓别固定法——将布料与布料抓合之后，用大头针由上向下抓别上，使布料贴在人体模型上，并在贴合处留给松量。大头针抓别的位置，就是完成线的位置。

折别固定法——将一块布料折叠之后，重叠在另一块布料上，用大头针斜别固定，由于完成线在表面上显而易见，直接确认完成线是否顺畅美观，并且可以试穿。折叠线就是完成线的位置。

藏针固定法——从一块布料的折线插入大头针，穿过另一块布料，再回插折线内方法，这种方法也能显示出内折的完成线位置，适用于袖子固定，布料的折线为完成线的位置。

重叠固定法——将两块未经折叠后的布，用大头针固定，大头针固定的位置就是完成线的位置。

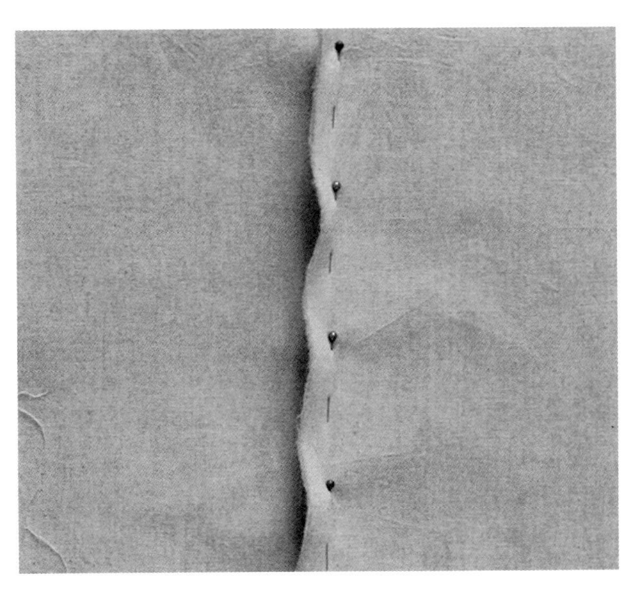

抓别固定法

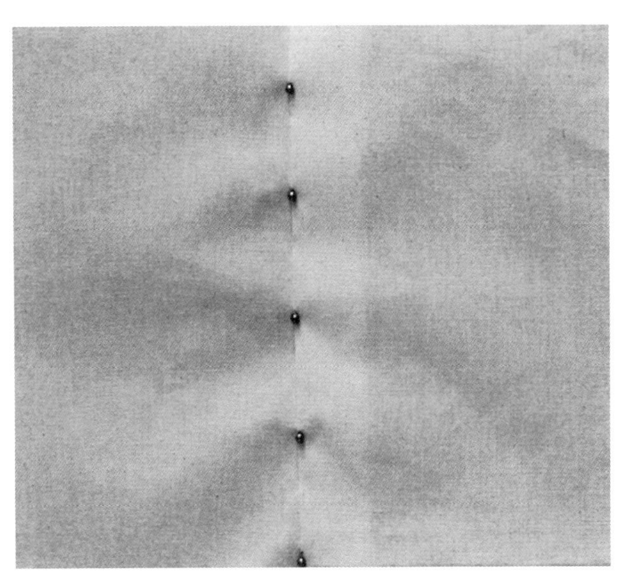

藏针固定法

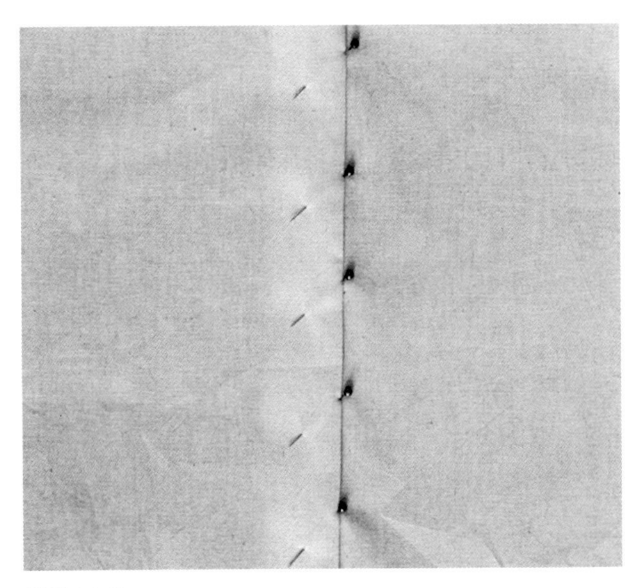

折别固定法

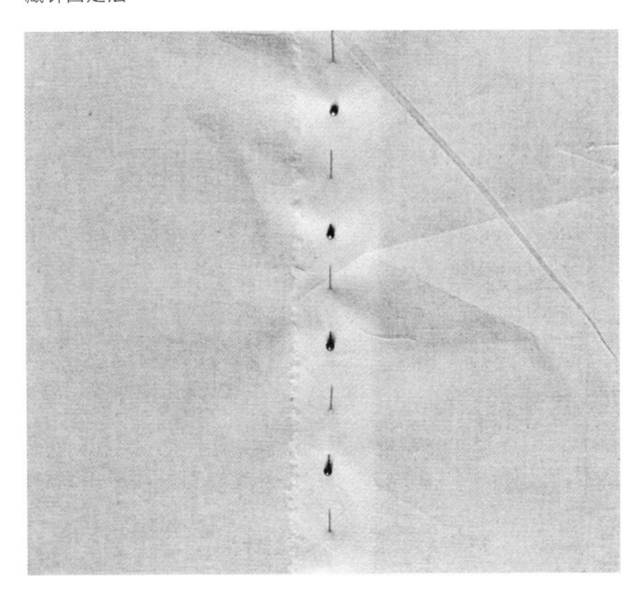

重叠固定法

服装制板常用的符号及代号

服装制板常用的符号

名　称	符　号	说　　明
基础线		引导结构的辅助线，比制成线细的实线或虚线
完成线		纸样完成后的边际线，在纸样设计图例中最粗的线
连折线		此处不剪断
贴边线		表示贴边位置的大小，主要用在里布的内侧
直丝符号		箭头方向对准布丝的经纱方向
毛向符号		单箭头所指方向与带有毛向材料的毛向相一致
等分符号		符号所指向的尺寸是相同的
直角符号		此部位为90°角
拼接符号	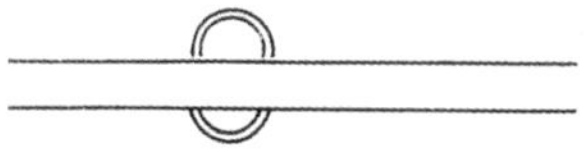	两部分拼合在一起，在实际纸样上此处是完整的
省	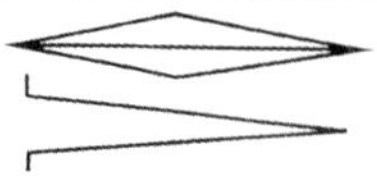	表示局部收拢缝进及省道位置与大小
活褶符号	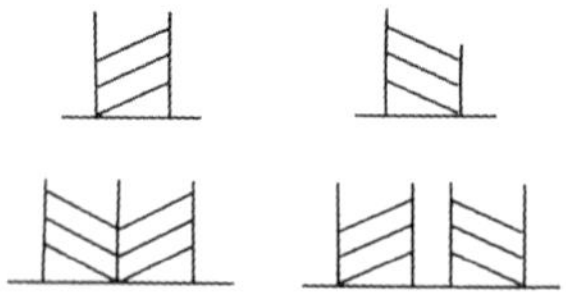	表示需要折进的部分，有单褶、明褶、暗褶之分，褶的方向是斜线由高向低折
缩缝符号		需要缩缝的部位
拔开符号		表示经过熨烫需要拔开、拉大的部位
归拢符号		表示经过熨烫需要归拢、收缩的部位
重叠符号	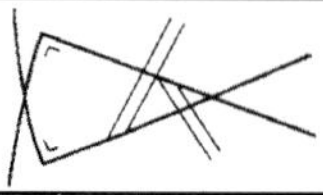	表示纸样重叠交叉部位

服装制板常用的代号

中　文	英　文	代　号	中　文	英　文	代　号
胸围	Bust	B	膝线	Knee Line	KL
腰围	Waist	W	乳高点	Bust Point	BP
臀围	Hip	H	肩颈点	Side Neck Point	SNP
颈围	Neck	N	肩端点	Shoulder Point	SP
胸围线	Bust Line	BL	袖窿周长	Arm Holl	AH
腰围线	Waist Line	WL	前领窝中心点	Front Neck Point	FNP
臀围线	Hip Line	HL	后领窝中心点	Back Neck Point	BNP
肘线	Elbrow Line	EL	中臀围线	Middle Hip Line	MHL

第二章
上半身原型立体制作

效果图

上半身原型（日本文化式）概述

所谓原型是指符合人体原始状态的基本形状。原型是构成服装样板设计的基础。服装原型朴素而无装饰，具有简单、实用方便等特点。

服装的款式变化日新月异、丰富多彩，但是服装无论怎么变化，关键还是要抓住“基本型”，即原型。因此说原型是服装结构纸样设计的基础。

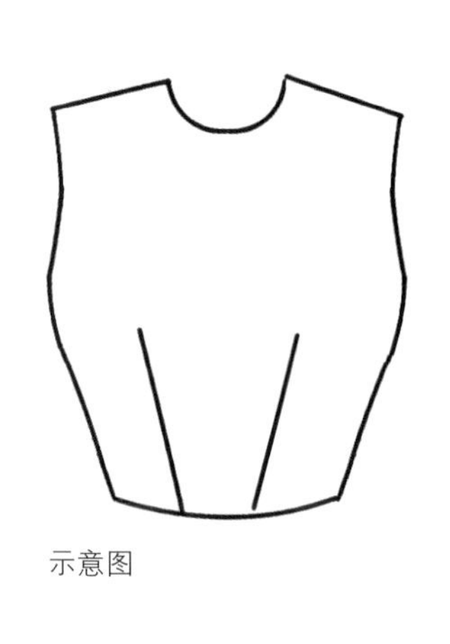

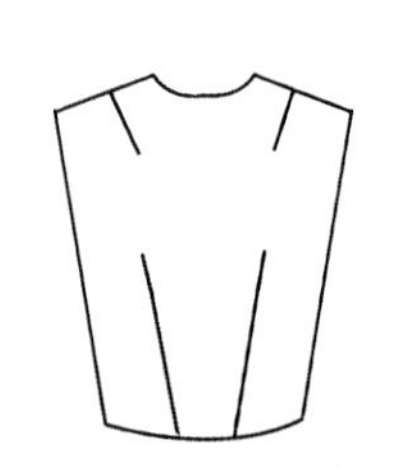

示意图

上半身原型用料图

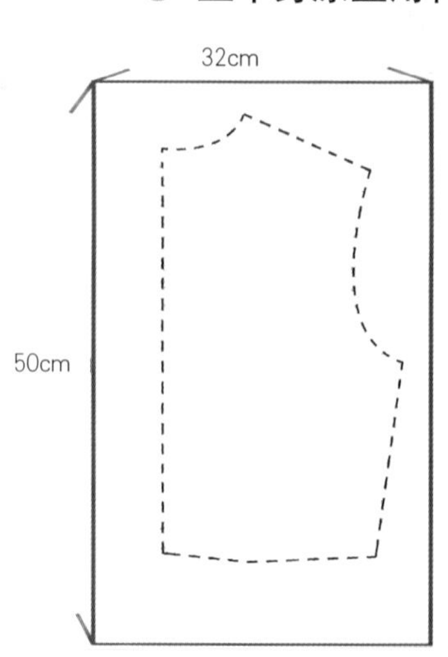

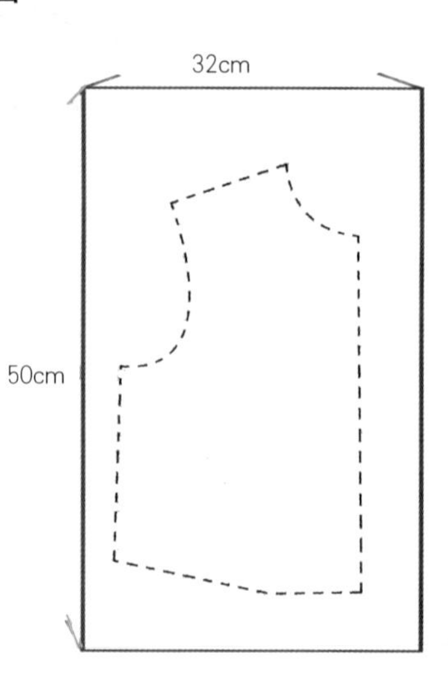

上半身原型制作步骤

图2—1

1. 立体裁剪以右半身为主。
2. 前片，布样的前中线、胸围线与人台上的前中线、胸围线对齐。
3. 用两个大头针分别固定前领窝点、腰部，乳间处是空的，不要拉直。

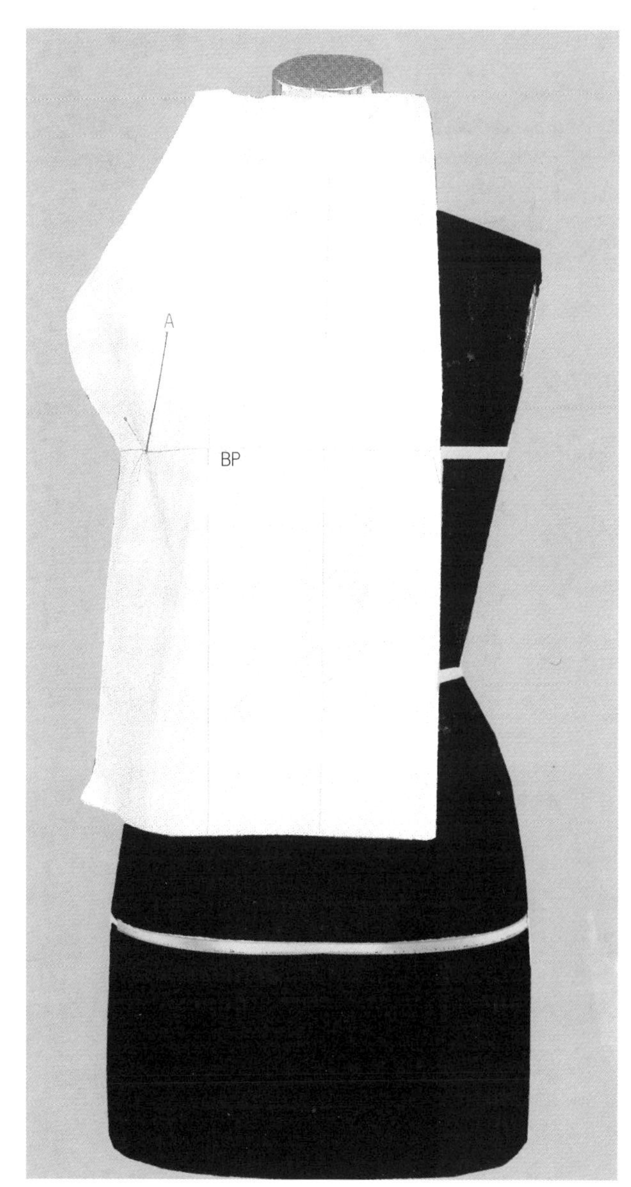

图2—2

1. 水平打剪口至前领点。
2. 由前领点向肩的方向理顺，固定侧领点。
3. 在BP点取0.25×2厘米松量用两针固定。

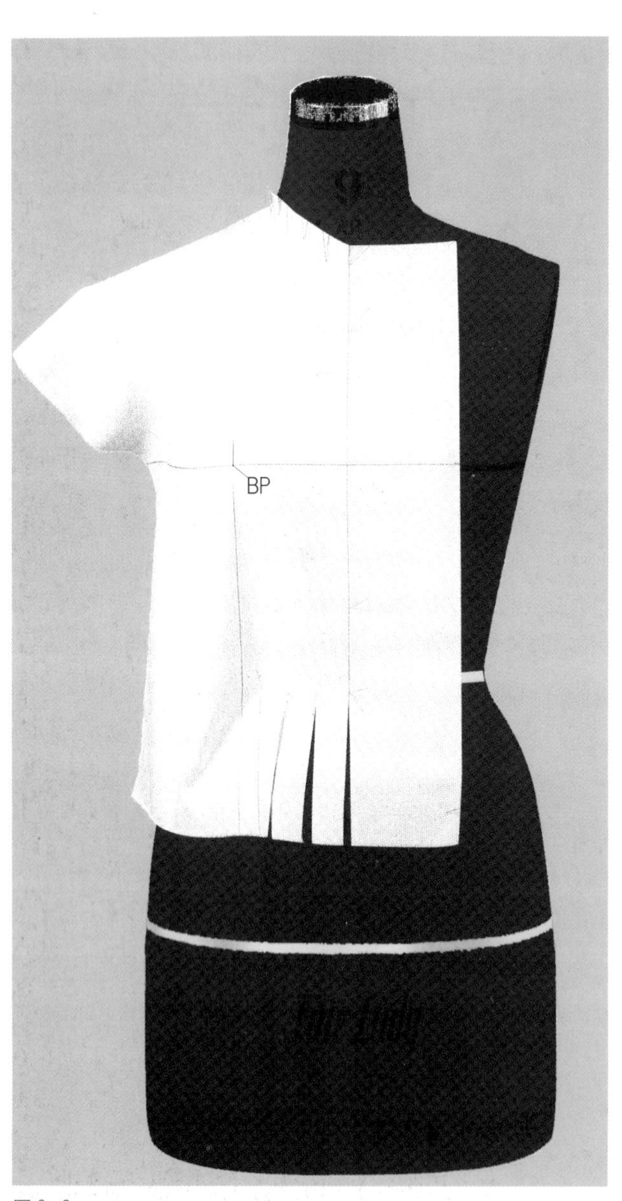

图 2–3

1. 剪去领窝多余毛边，留 2 厘米余份，然后在转折处打 5 个剪口。
2. 塑造转折面，由BP点轻轻地理顺到侧面，胸线水平，不要拉紧，留有松量。
3. 在前中腰部打 4 个剪口，使腰部至臀部平整。

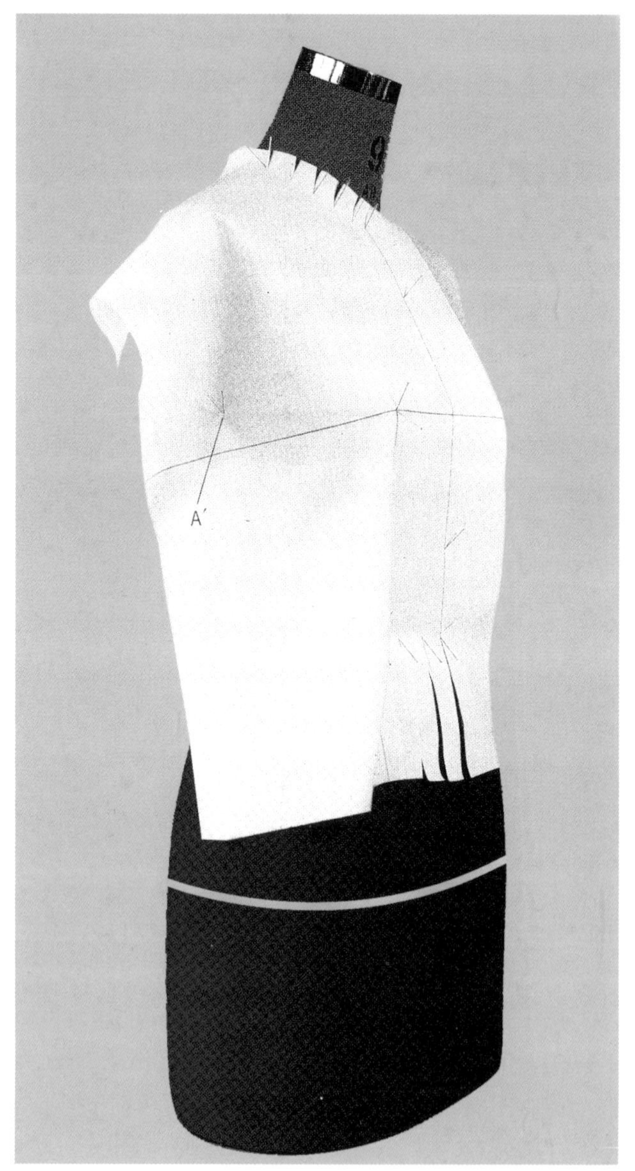

图 2–4

1. 确定肩宽，剪去肩部多余毛边，留 2 厘米余份。
2. 把袖窿余缺的量向下移动，留有余量。这时布样的胸围线在侧中下落属于正常。

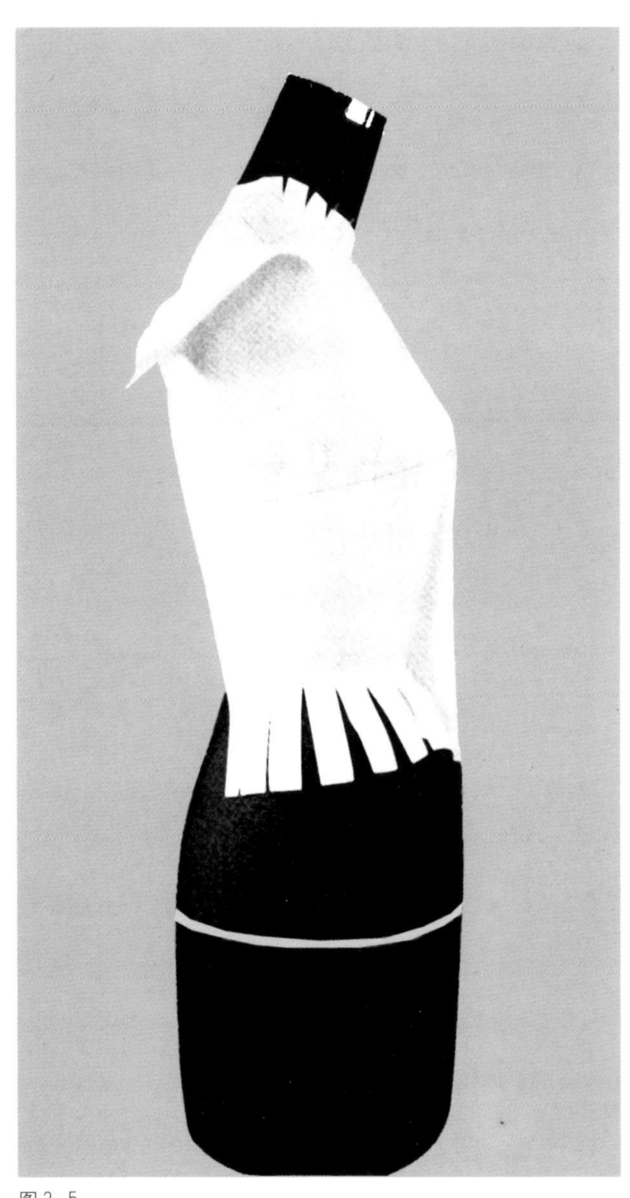

图 2–5

1. 在转折面的胸围线用大头针固定。
2. 做腰部的转折面，留 0.2 × 2 厘米松量。在腰部打几个剪口，使腰部至腹部平整。然后固定侧中线。

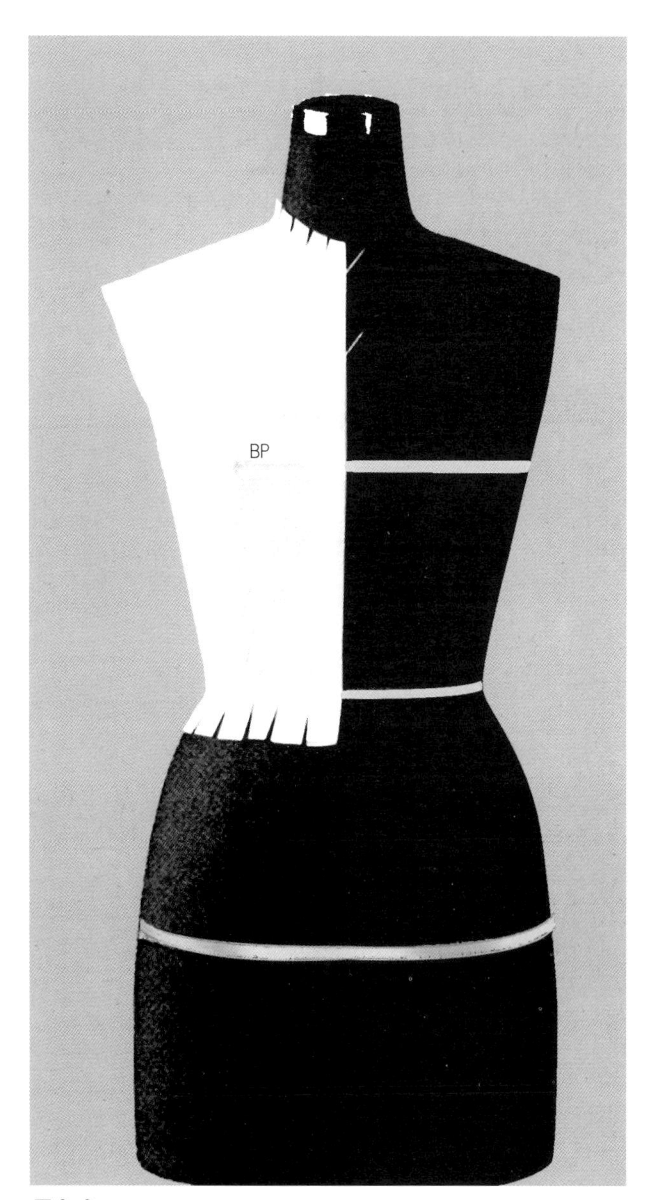

图 2–6

1. 斜针折别 BP 点下边的腰胸省，省尖确定在 BP 点向下 1 厘米。
2. 剪去腰部多余毛边，留 5 厘米余份。
3. 剪去前中线毛边，留 3 厘米，再折进去。

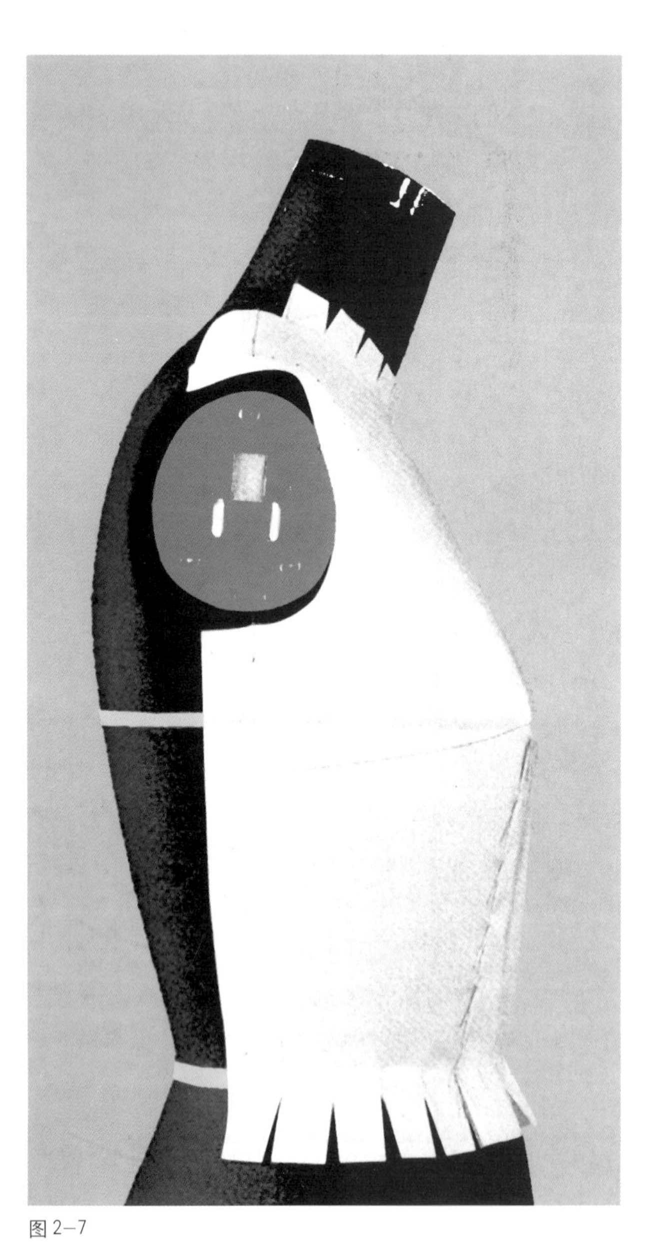

图 2–7

折别后侧面造型，袖窿平衡。

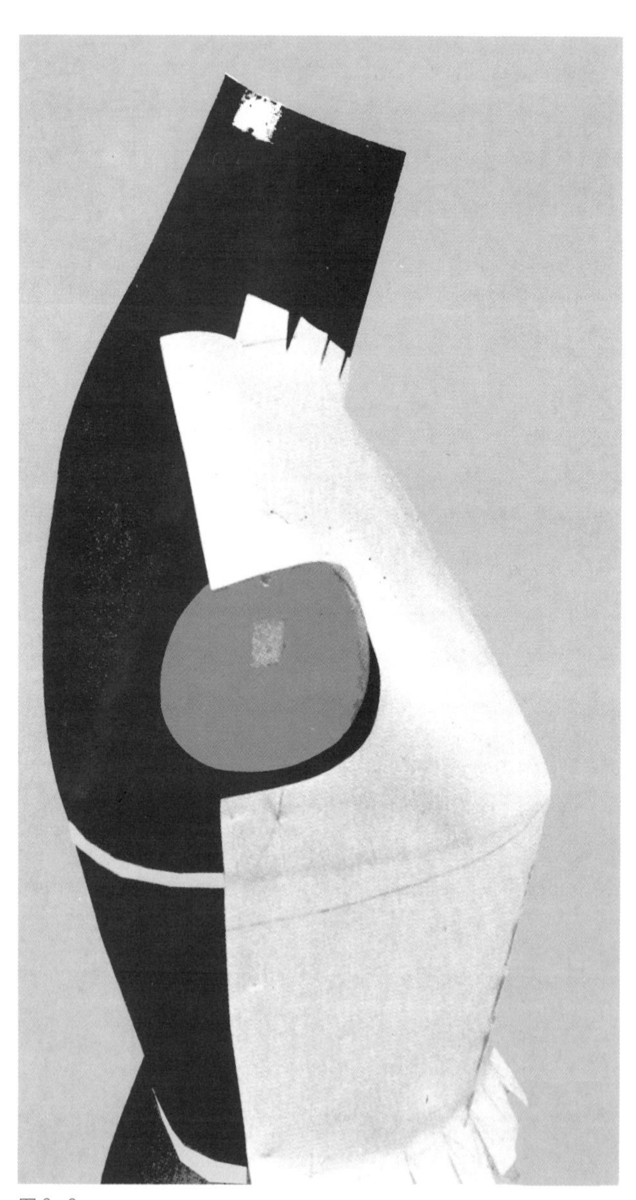

图 2–8

肩线顺直，袖窿深点由腋窝向下 2.5 厘米，插针固定。

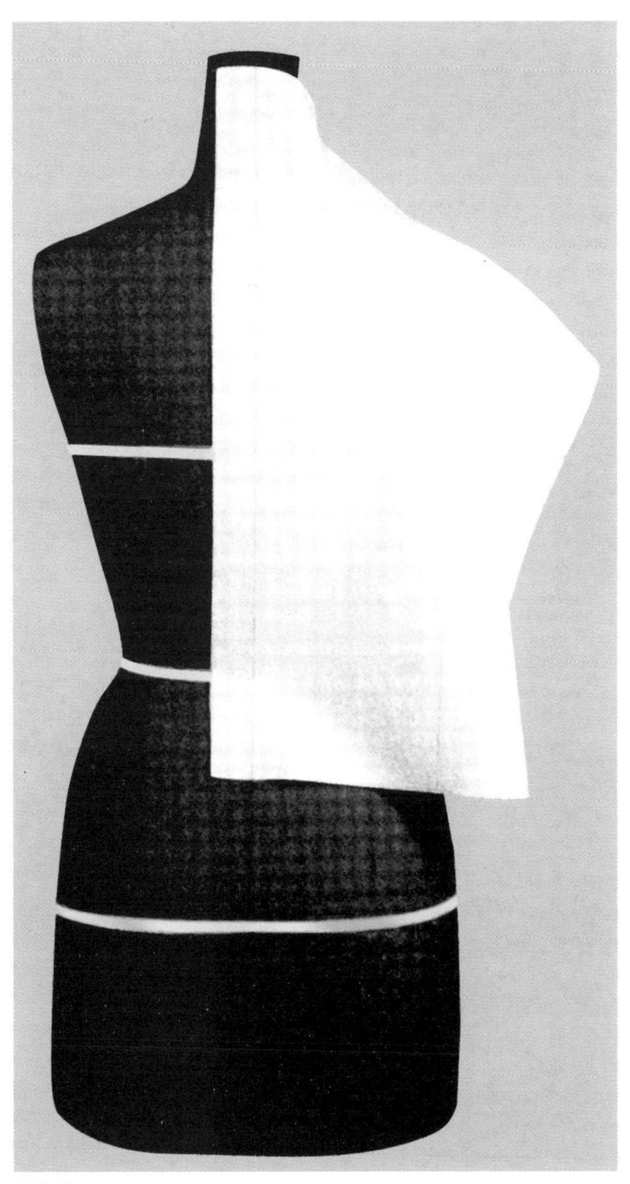

图 2–9

后片，布样的后中线、背宽横线与人台上的后中线、背宽横线对齐。在背宽横线与后中线交点，背宽横线、腰围线分别插两针。

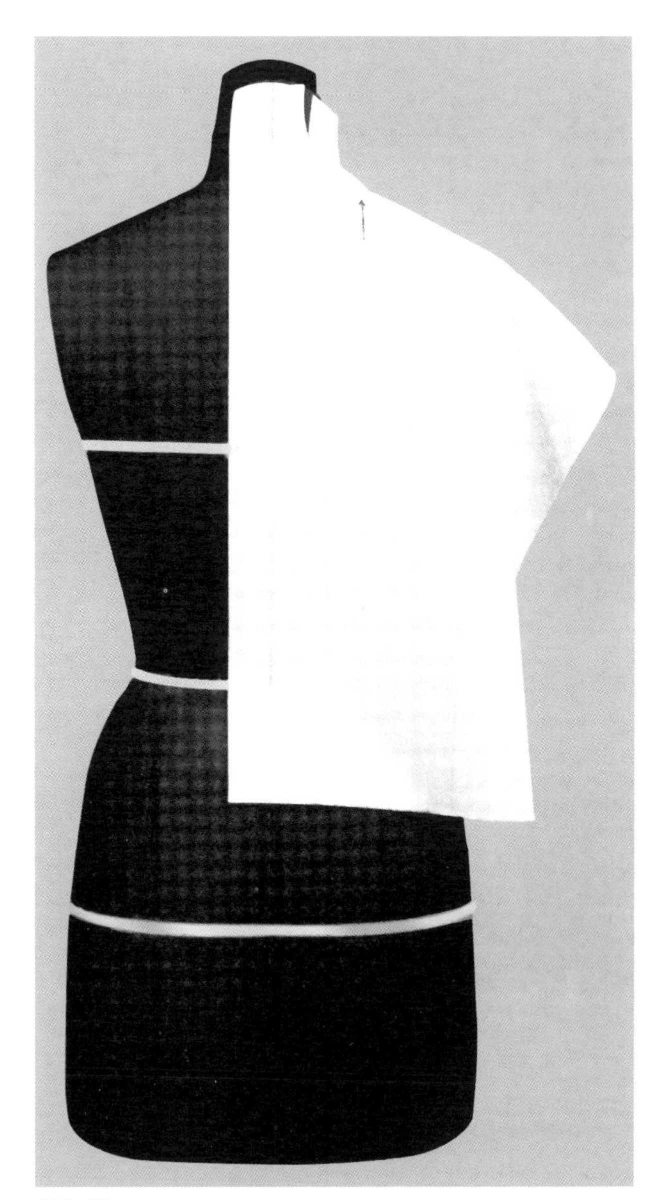

图 2–10

1. 背宽横线保持水平。
2. 在背肩胛骨处取 0.3 × 2 厘米松量，顺沿向上由后颈点向肩的方向理顺。在颈窝处打两个剪口，确定颈侧点。

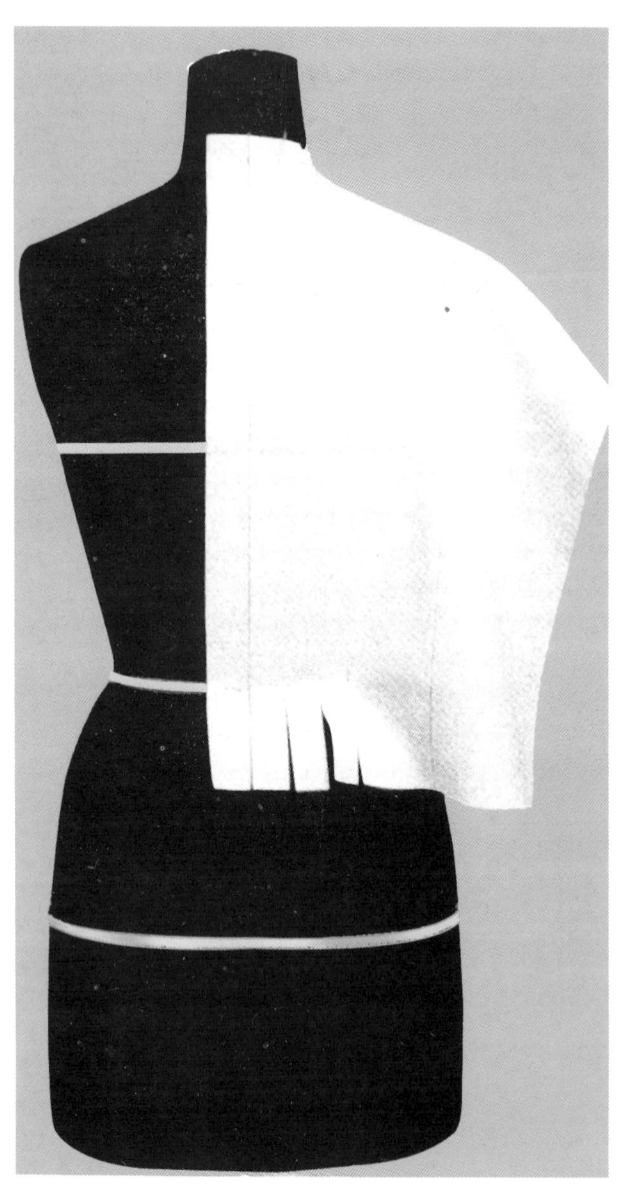

图 2—11

1. 剪去领窝多余毛边，留 2 厘米余份，然后用两针固定。
2. 在腰部打 3 个剪口，使腰部平整。

图 2—12

1. 在背宽处要留松量，不要拉紧，顺沿向上确定肩宽点，用针固定。
2. 由背宽肩胛骨向上把肩部余量捏肩省。
3. 再由背肩胛骨向下把腰部余量捏腰省，并且在腰部打剪口。

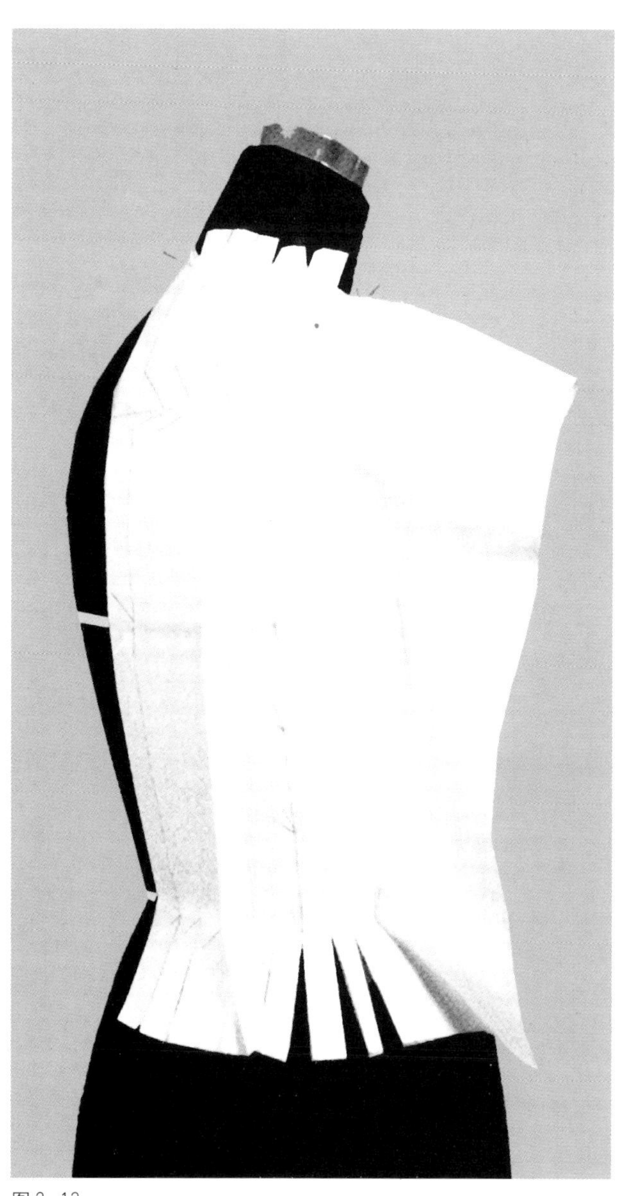

图 2–13

1. 塑造由后向侧的转折面，不要拉紧，要留松量。
2. 确定肩省省间，由背肩胛骨向上 6 厘米腰省省尖，由胸围线向上 2 厘米。

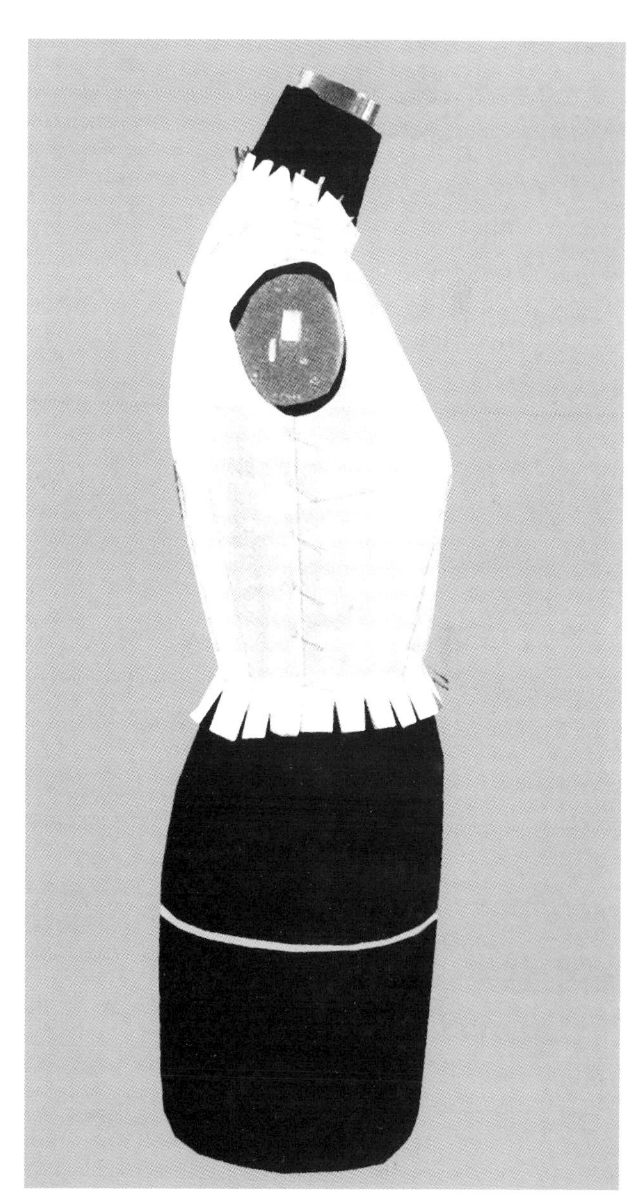

图 2–14

1. 剪去肩部、侧中、袖窿、腰部多余毛边，留 2 厘米余份。
2. 斜着折别肩省、腰省、肩线、侧中线，折别时，针距均匀。在肩省、腰省，肩线、侧中线要留一定松量。

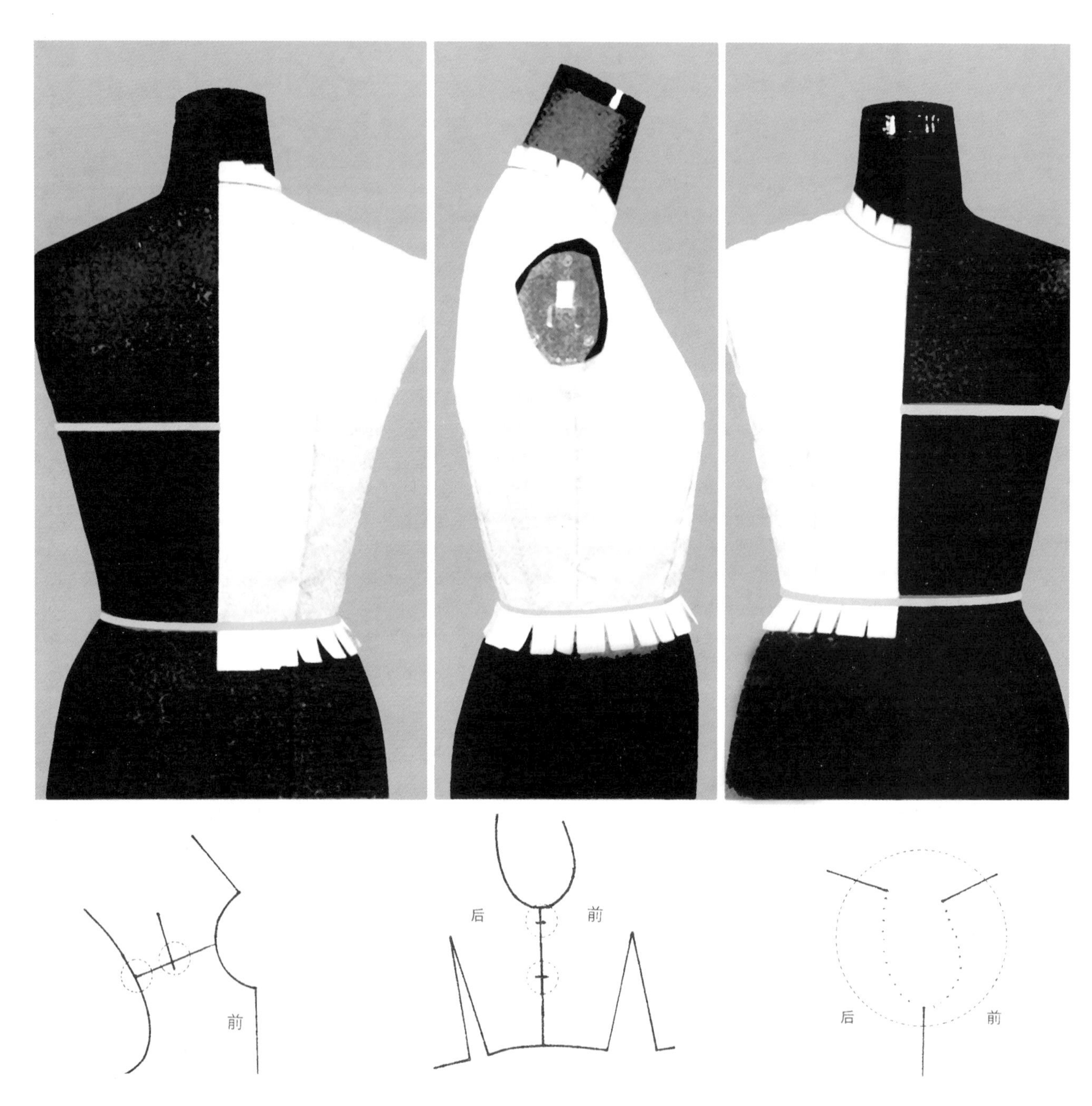

图 2–15　完成立体造型效果

1.标点描线，记录初步造型所得到衣片的结构，可以采用胶带贴出的方法，也可以采用标点的方法用胶带贴出领口弧线、腰围线，由后向前要圆顺。

2.肩线，作标点，并且标注出肩省与前肩合印。

3.侧中线作标点，把人台上的胸围线标记上，在侧中线由腋窝向下 2.5 厘米作标注“+”。

4.袖窿深点作标点，由腋窝向下 2.5 厘米，袖窿弧要圆顺。

5.标注前后颈侧点、肩点、袖窿深点、腰围与侧中交点。这些都是公用点，必须标注“+”。

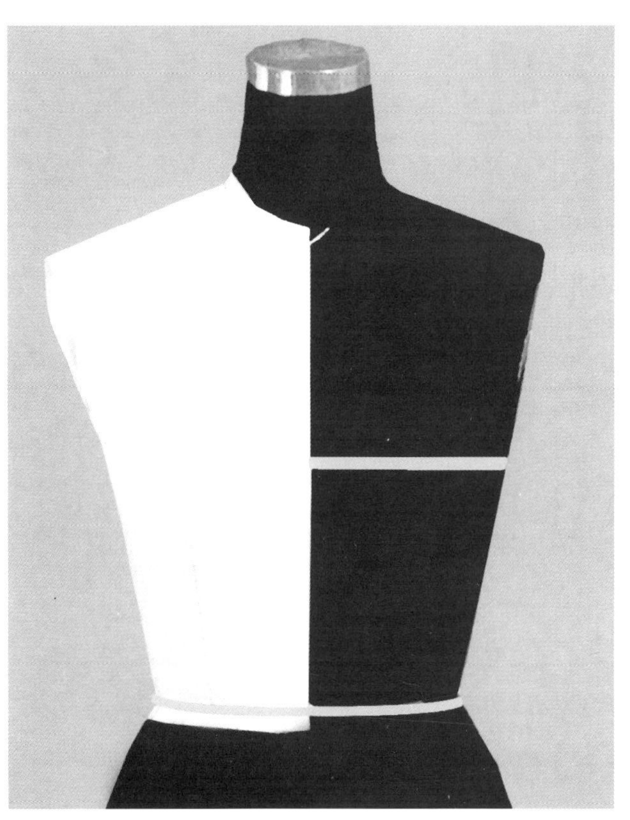

图 2–16　原型衣应符合的条件

1. 领围线圆顺，无凸起，无漂浮。
2. 袖窿线、袖根线、合袖印及周边无漂浮，无压迫。
3. 腰围线水平。
4. 与人体具有适当的放松度，背宽，胸宽，肋宽比例协调。
5. 肩线在肩棱线前后，肩斜线顺直，平服。
6. 原型整体无斜折吊绺，布目顺直，与人体相符。

上半身原型平面展开布样

标点、描线，平面整理布样、对应剪修，将所标记点连直线或弧线，然后修剪缝份，再画出完整的前片布样和后片布样。

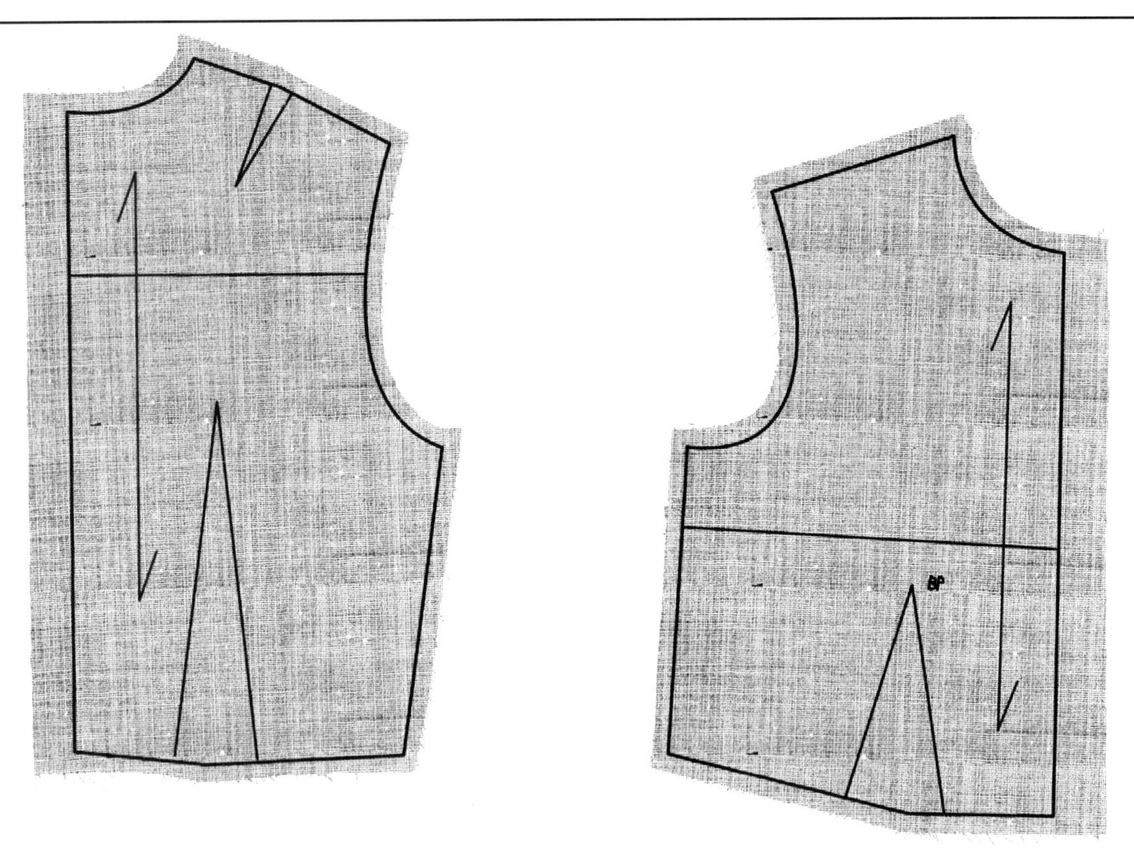

上半身原型法制图

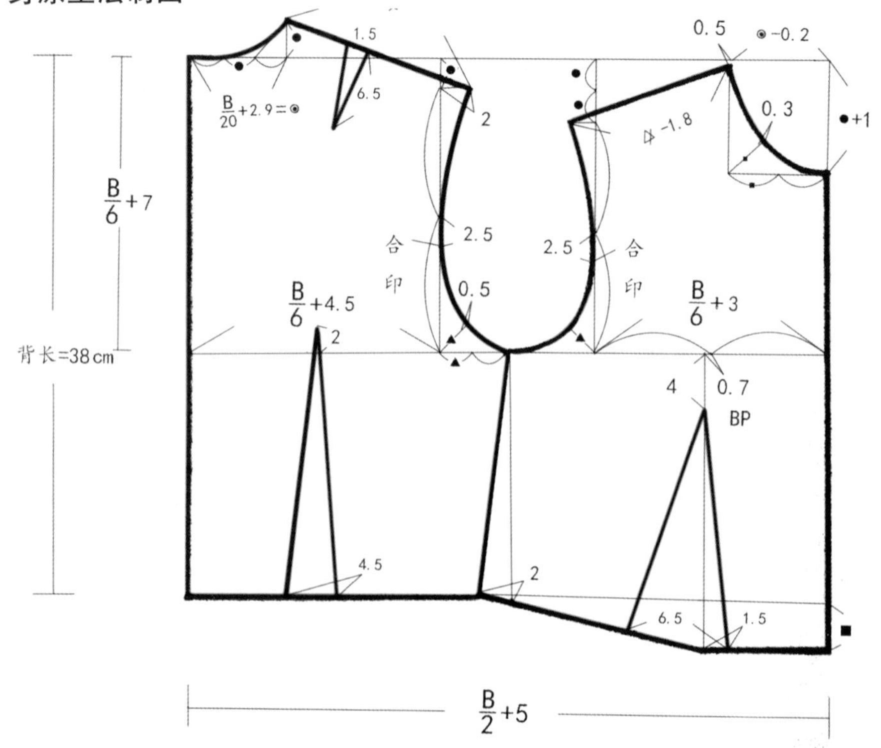

第三章

造型省应用（完成立体造型效果和原型法制图方式及平面展开图例）

前中心线的变化

前中碎褶塑造胸部造型

1.确定碎褶分散的位置，如右图①②③设在前中线上，然后，BP－①，a－②、b－③，分别连水平线。

2.把BP－①、a－②、b－③分别剪开，使点A到B、点C到D合并，形成放射状态，使前中心线展开。

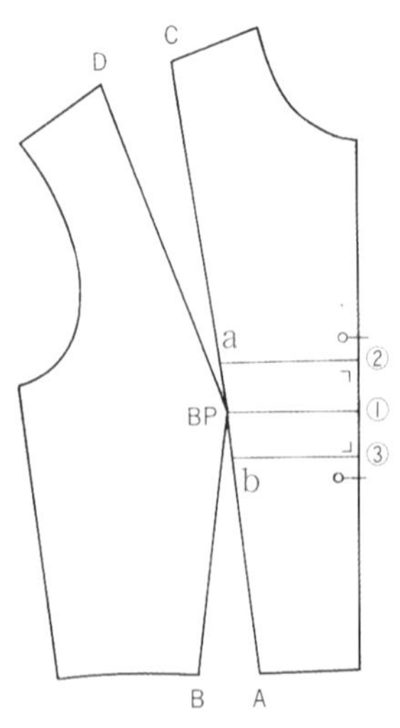

原型法制图方式

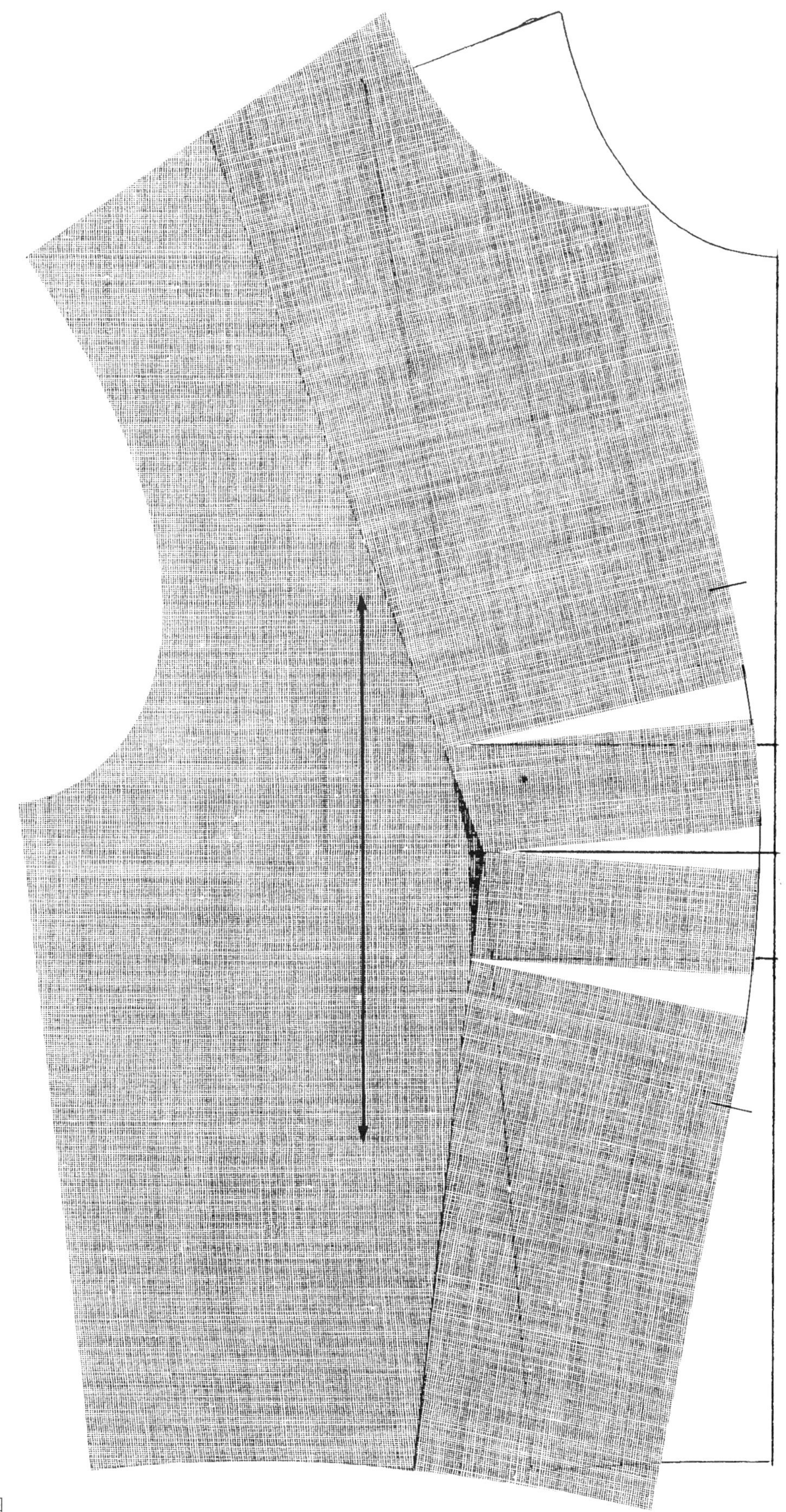

前中心线展开图

领口线的变化

领口碎褶塑造胸部造型

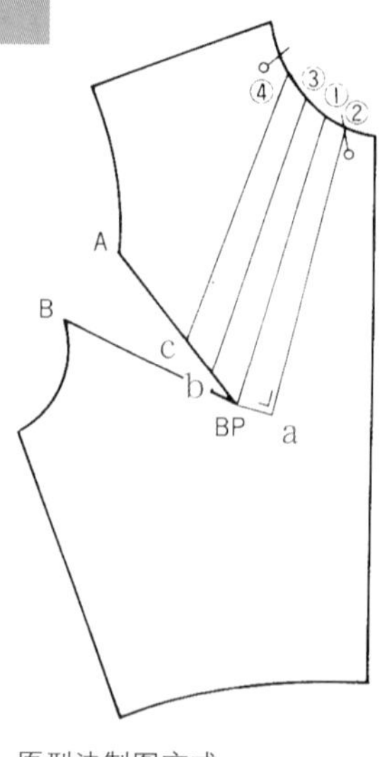

原型法制图方式

1.确定褶分散位置，如图①②③④设在领口线上，然后BP-①、a-②、b-③、c-④连直线。

2.把BP-①、a-②、b-③、c-④分别剪开，使点A到B合并，形成放射状态，使领口线展开。

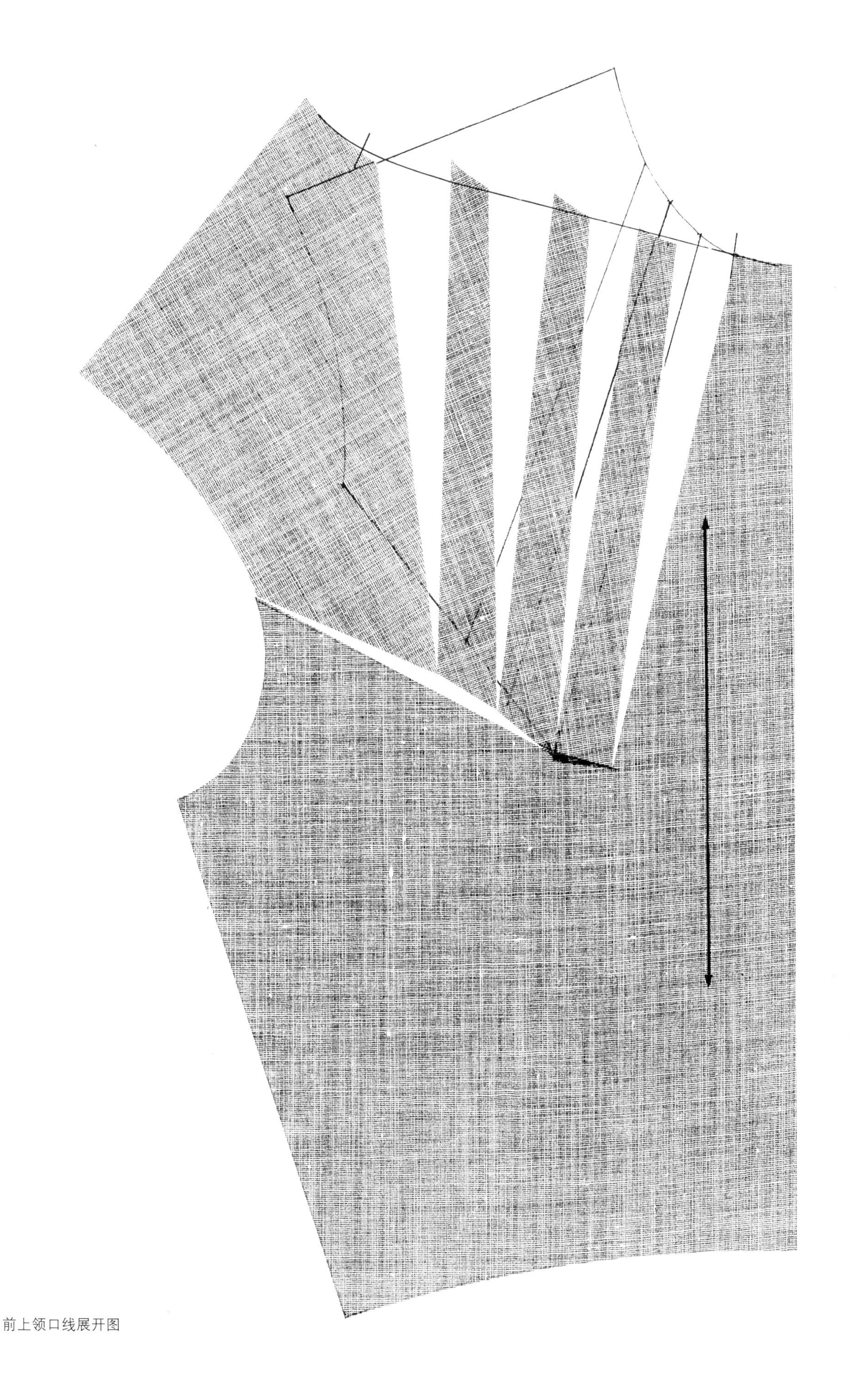

前上领口线展开图

袖窿弧线的变化

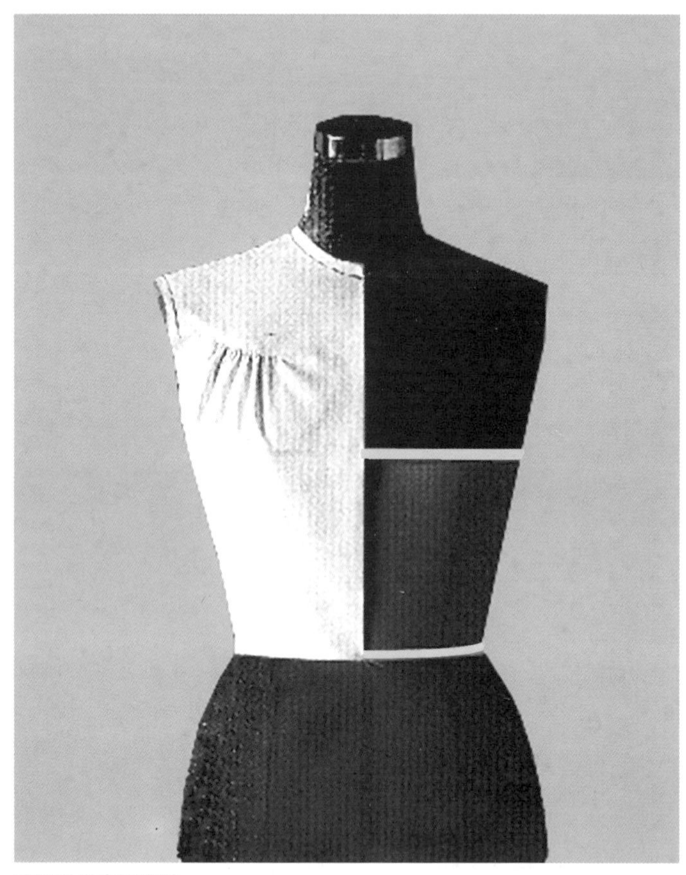

碎褶塑造胸部造型

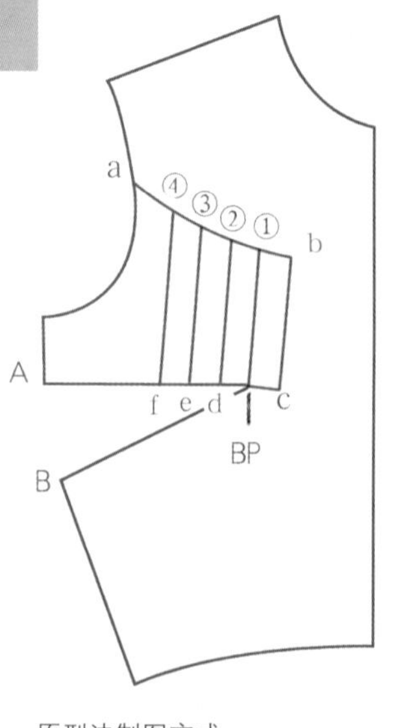

原型法制图方式

1.确定开刀线的位置，如右图a−b。然后在a−b开刀线上确定①②③④褶分散的位置。

2.然后c−b、BP−①、d−②、e−③、f−④连直线。

3.分别剪开c−b、BP−①、d−②、e−③、f−④，形成放射状态，合并点A到B，展开袖窿弧线。

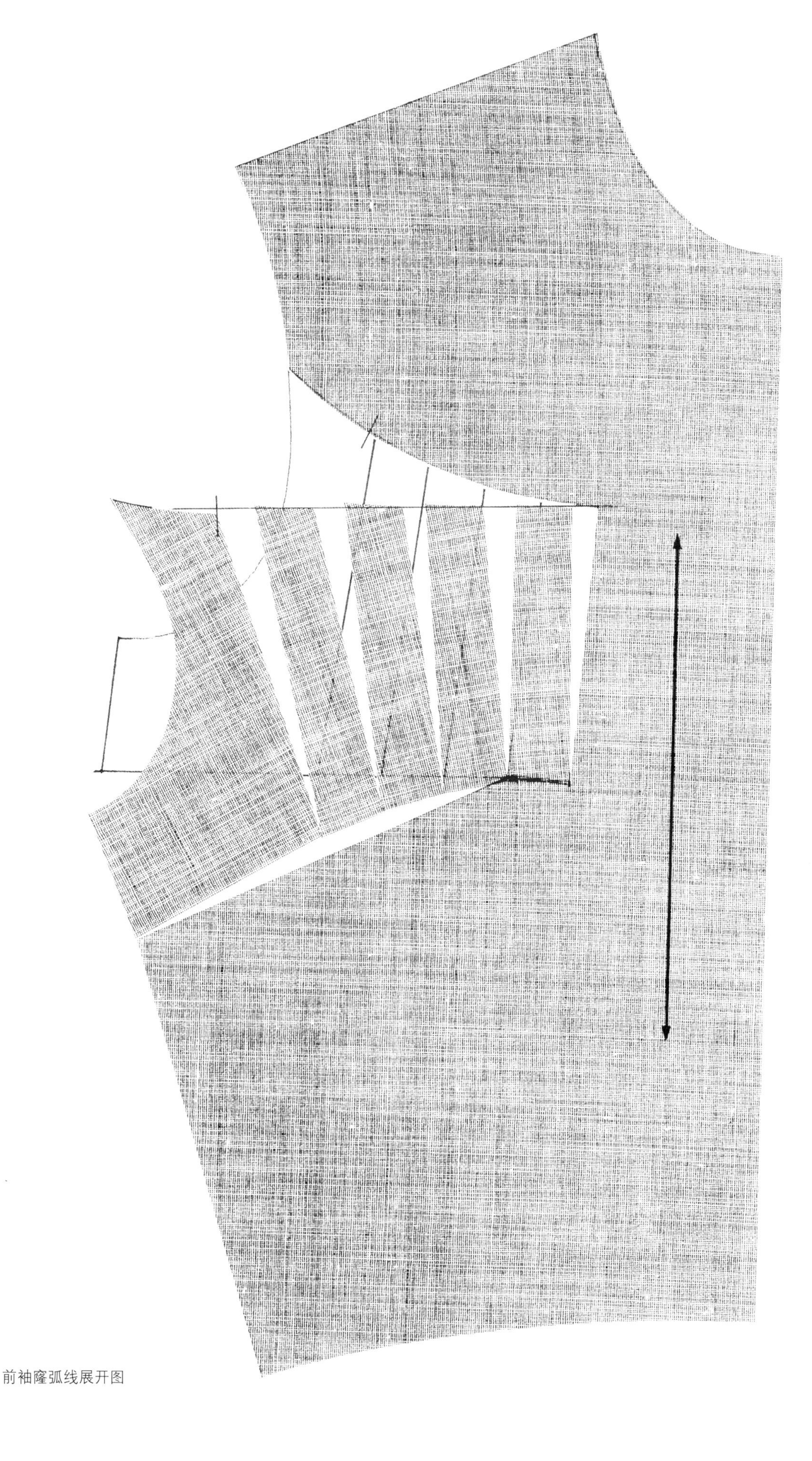

前袖窿弧线展开图

肩线的变化

碎褶塑造胸部造型

1.确定开刀线的位置，如右图a–b。在开刀线上设置①②③④⑤⑥，然后，BP–①、c–②、d–③、e–④、f–⑤、g–⑥连直线

2.分别剪开BP–①、c–②、d–③、e–④、f–⑤、g–⑥，合并点A到B，形成放射状态，使肩线展开。

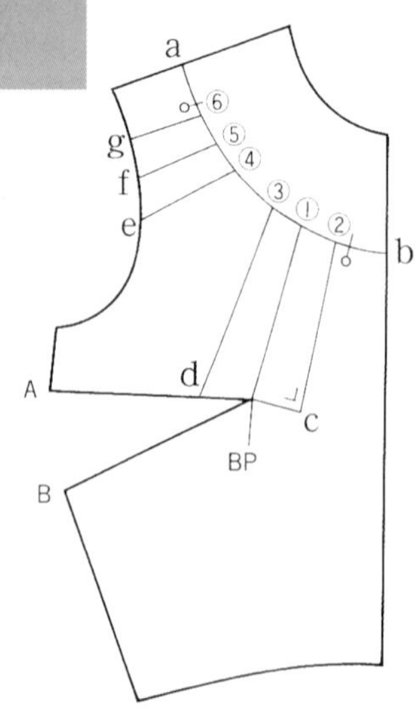

原型法制图方式

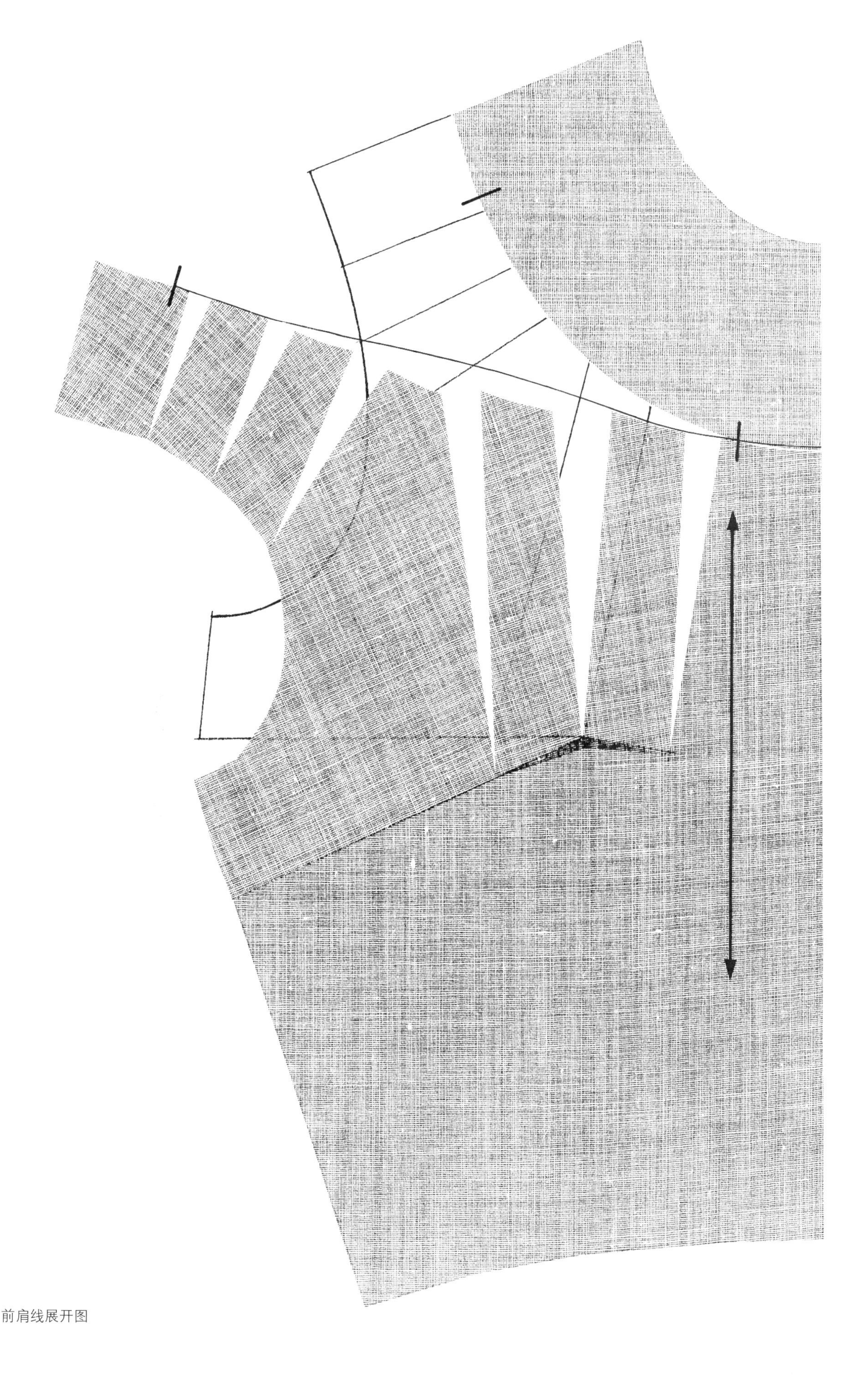

前肩线展开图

肋线的变化

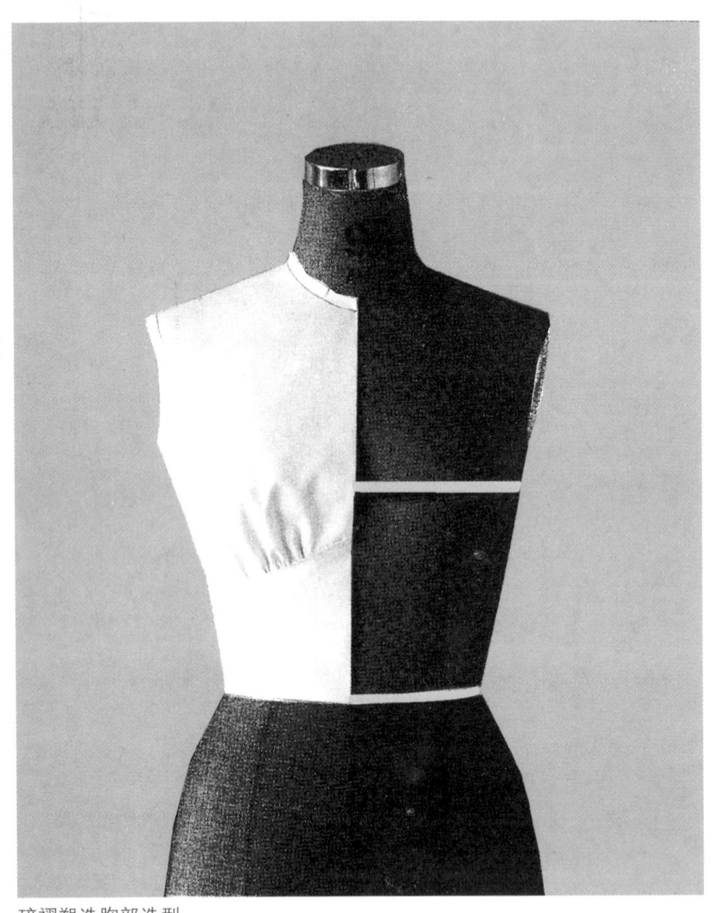

碎褶塑造胸部造型

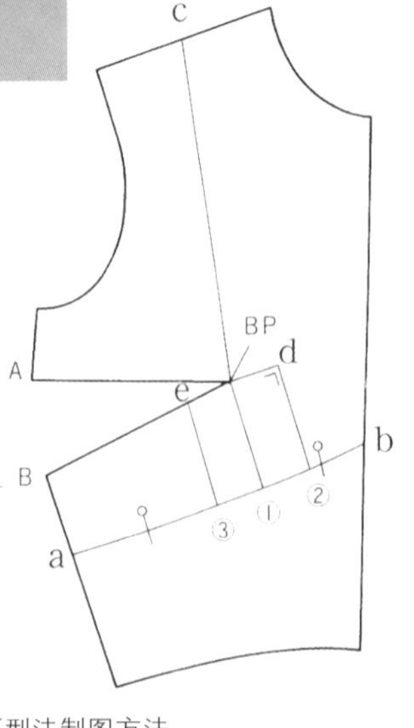

原型法制图方法

1.确定开刀线的位置，如右图a–b、c–BP。
2.把①②③设置在开刀线上，然后① –BP、② –d、③ –e连直线。
3.把① –BP、② –d、③ –e及c–BP分别剪开，形成放射状态，使肋线展开。

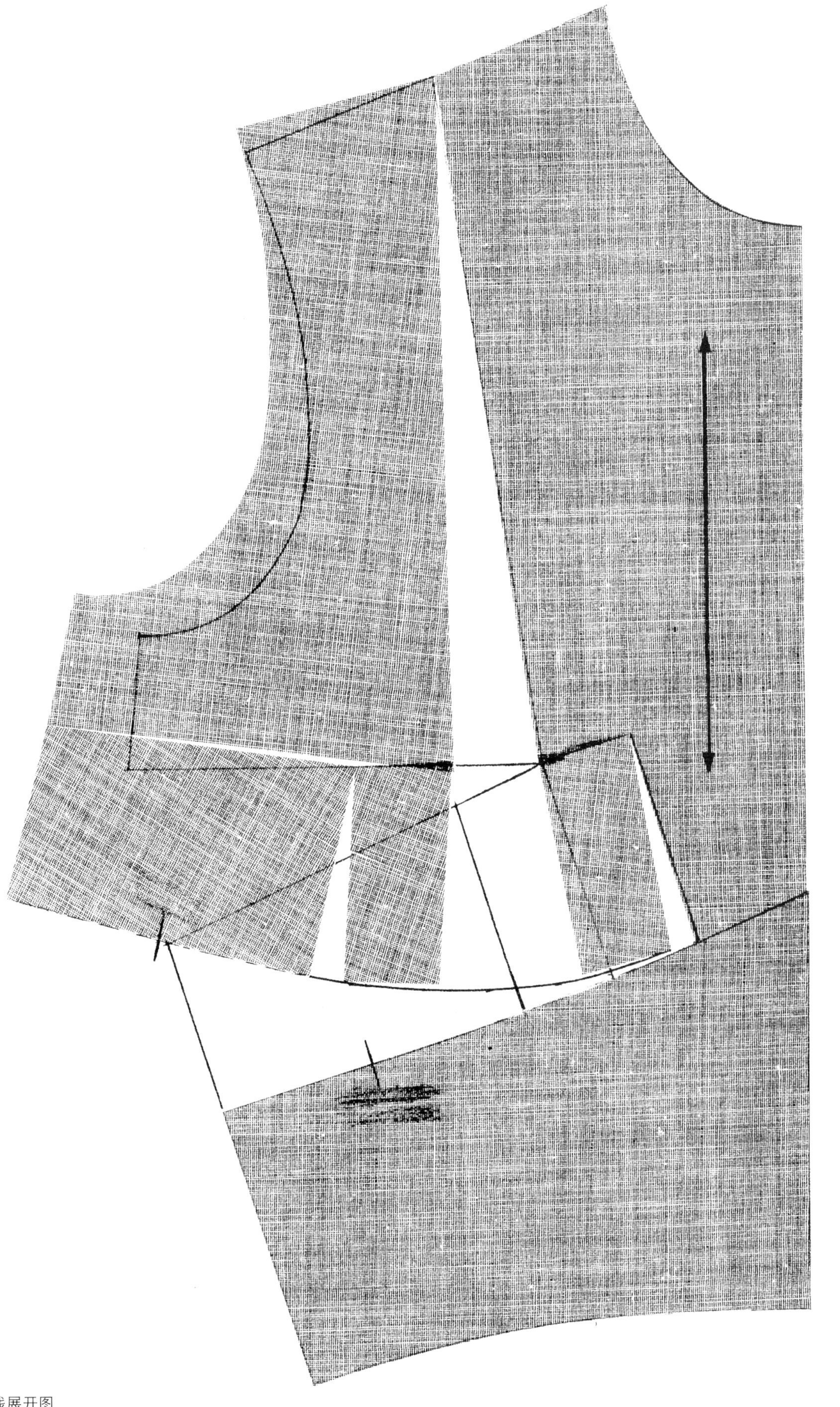

前肋线展开图

第四章
双排扣女西服上衣立体制作

效果图

诺尔曼·哈特耐尔大师作品解析

诺尔曼·哈特耐尔（Norman Hartnell)是英国现代时装设计师中的元老，也是颇具特色的战时时装设计的代表人物。曾为英国政府设计了战时的制服。战时时装的特点是肩部较宽、形状方正、线条硬朗、设计简约。女性着装时若把头发束起或配以短发造型会更显高挑。例如这件双排扣西服上衣，它的特点是由三片构成，整体简练、洁净，轮廓清晰，对人体进行完美修正，朴实自然，是职业衣装的典范。

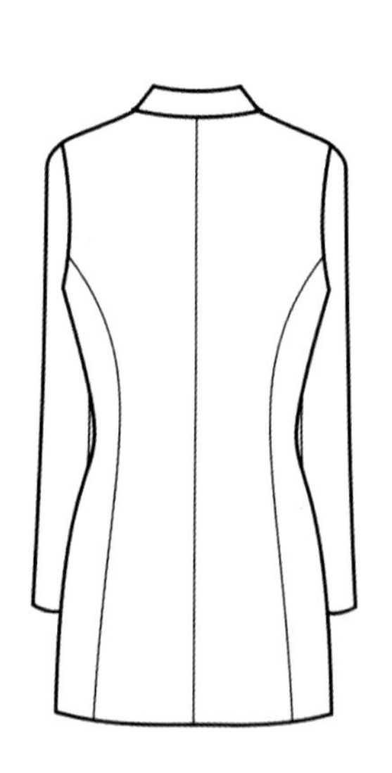

示意图

双排扣女西服上衣用料图

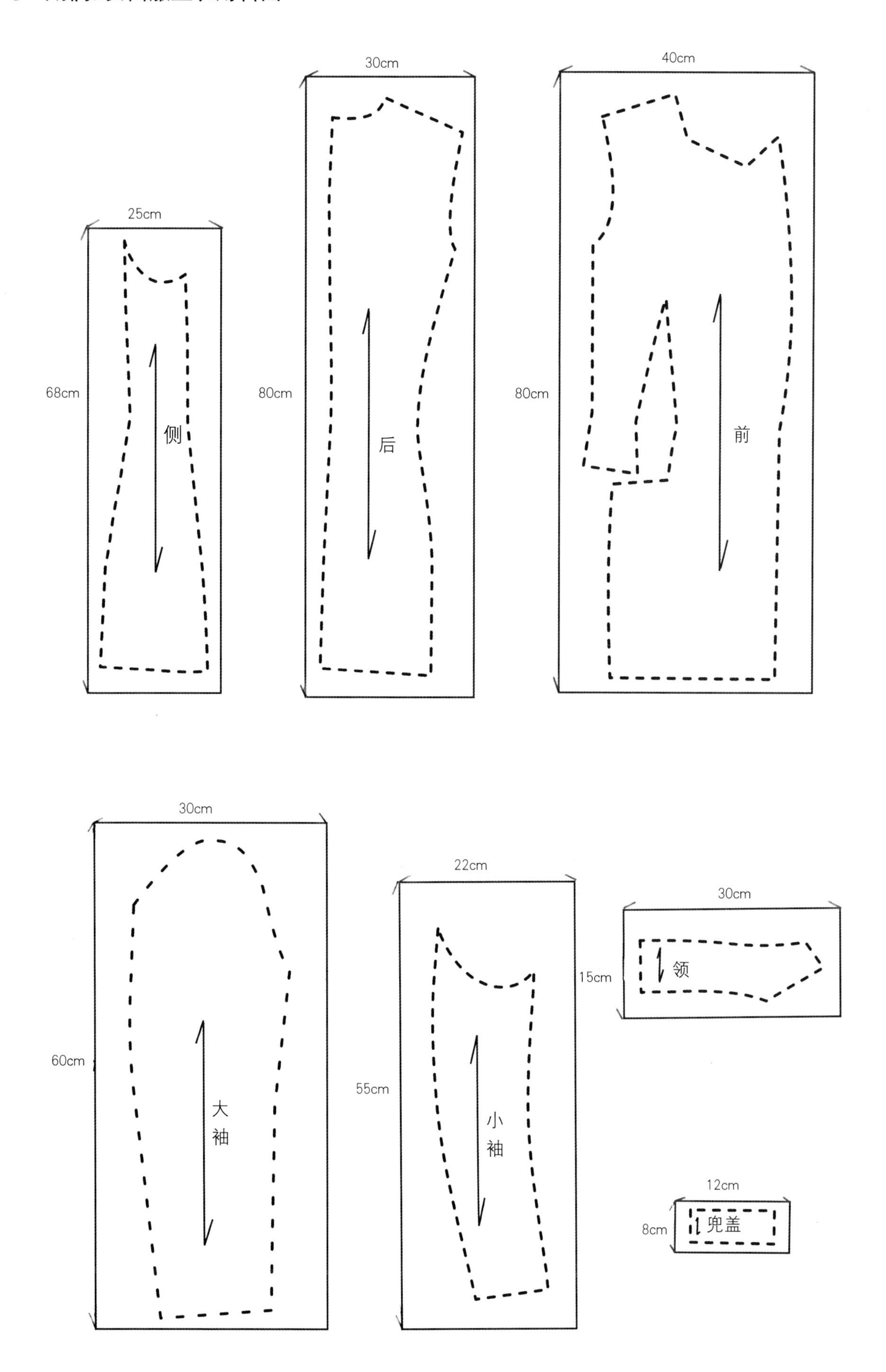

双排扣女西服上衣制作步骤

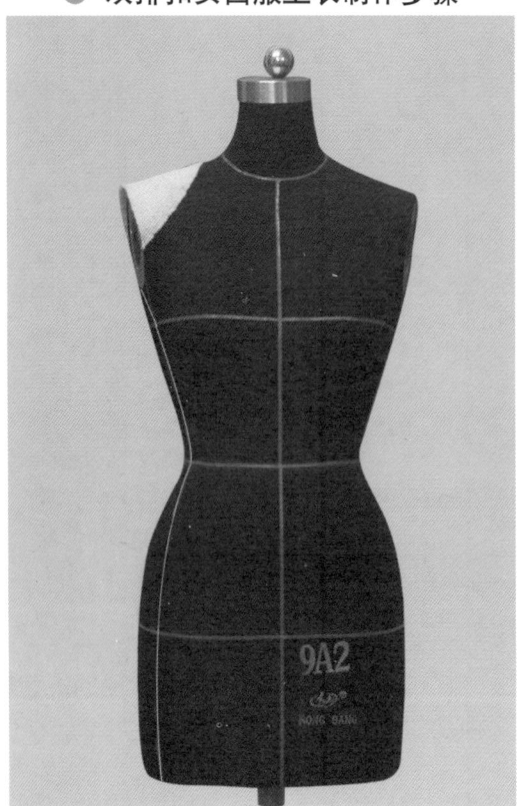

1.垫肩，把垫肩对折取中点，再向前移1厘米，与肩宽点对上，然后，向外探出0.8～1厘米用针固定，由腰围线向下7厘米左右，贴出兜口线的位置。

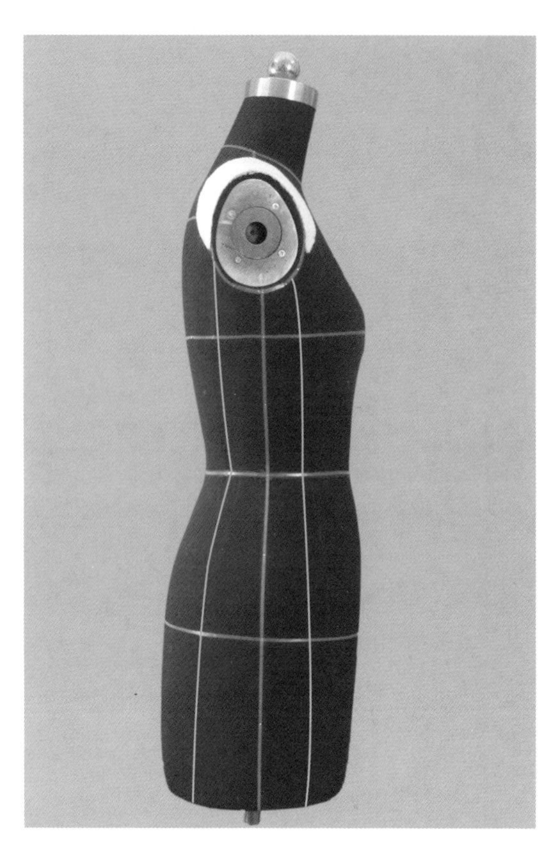

2.看款式图，贴出三开身开刀线。前片上端由转折向侧中3厘米左右，后片由转折向侧中1厘米处为起点，然后顺沿到腰部至臀部都是弧线。

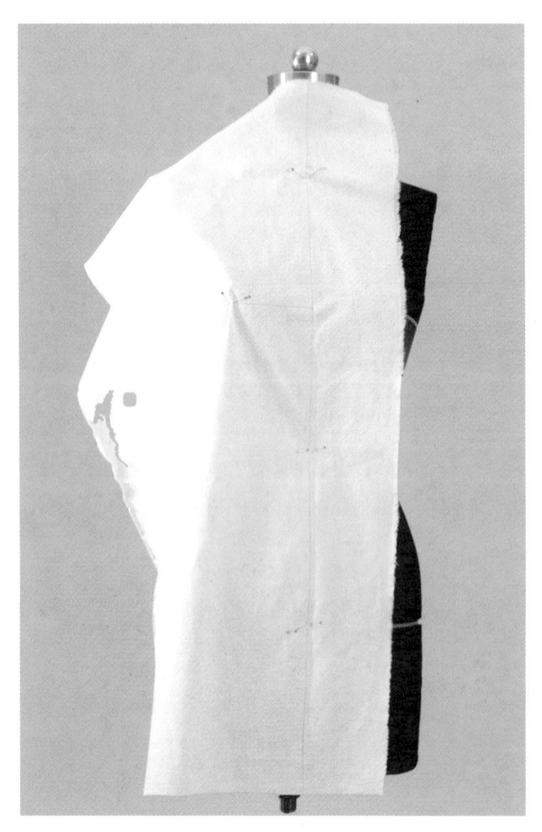

3.前片，布样的前中线、胸围线与人台上的前中线、胸围线对齐，前中留出10厘米余份，在前颈点插两针顺沿腰部到臀部固定，在BP点插针取0.25×2厘米松量。

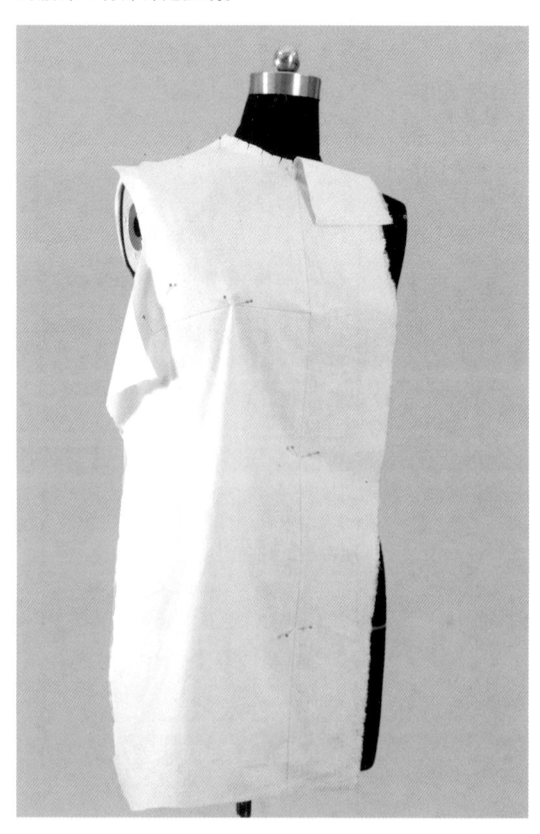

4.撇胸，前中线向右移0.7厘米。确定领宽、肩宽，把领窝、肩部多余剪去，留2厘米余份，在领窝转折处打5个剪口。然后塑造转折面，把一部分造型省转到腰、胸省里用针固定。

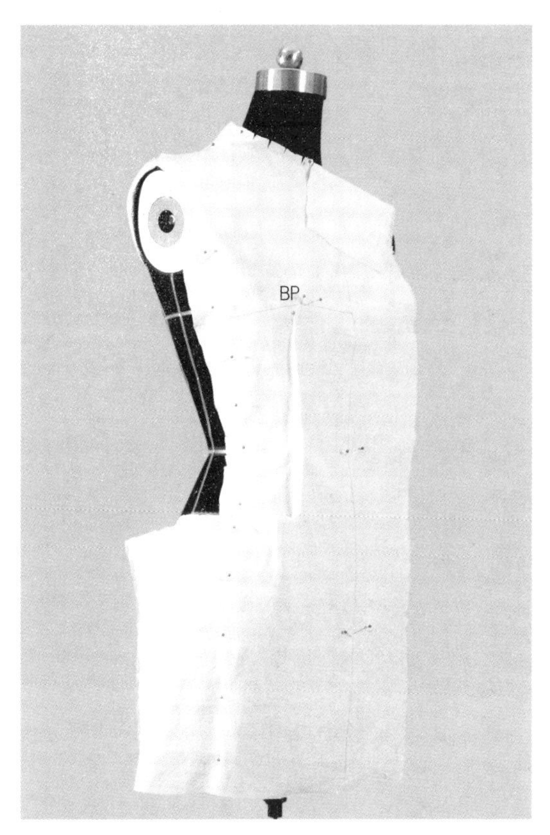

5.六针固定开刀线，抓别BP点下边的腰省，剪开兜口线至腰省为止，然后，再固定下边开口线。在兜口处有余量是正常的。

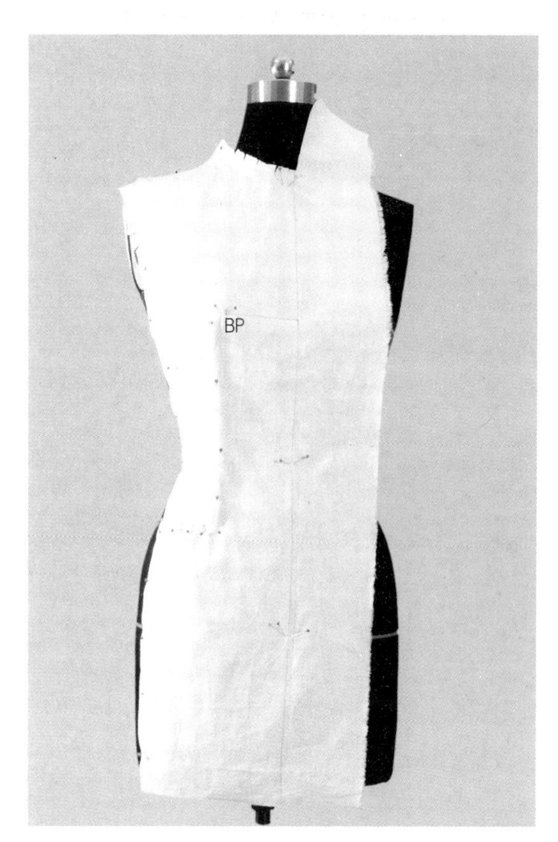

6.剪去开刀线多余毛边，留2～3厘米余份，用大头针缩缝兜口的余量，再把BP点下边腰、胸省多余量剪去，留1厘米余份。

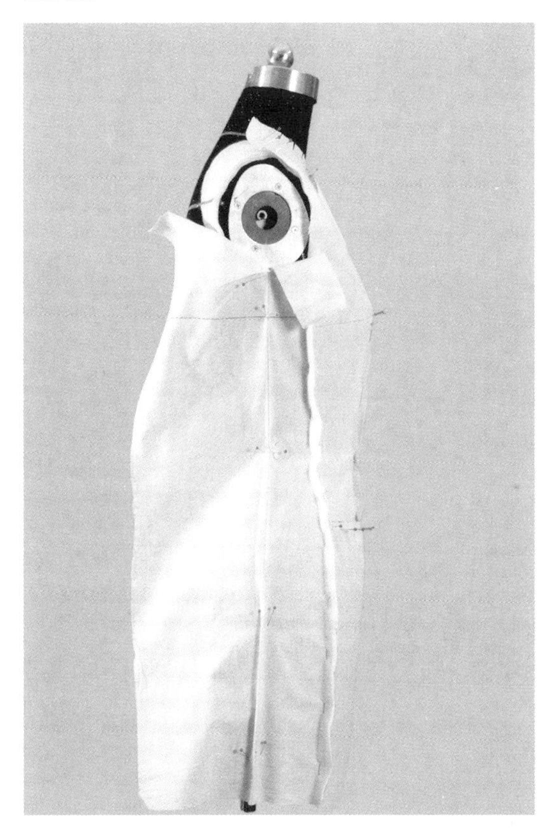

7.侧片，布样的胸围线、侧中线与人台上的胸围线、侧中线对齐，用两针固定在胸围线留0.25 × 2厘米松量，在臀围线留0.8 × 2厘米松量。在底摆取1 × 2厘米松量。从上端打剪口至腋窝。

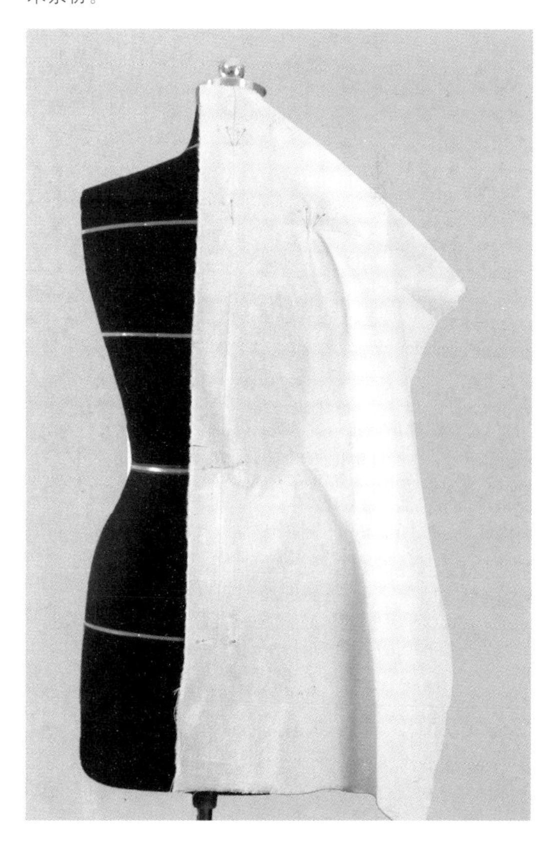

8.后片，布样的后中线、背宽横线与人台上的后中线、背宽横线对齐，在背宽胛骨处取0.3 × 2厘米松量，并用两针固定。

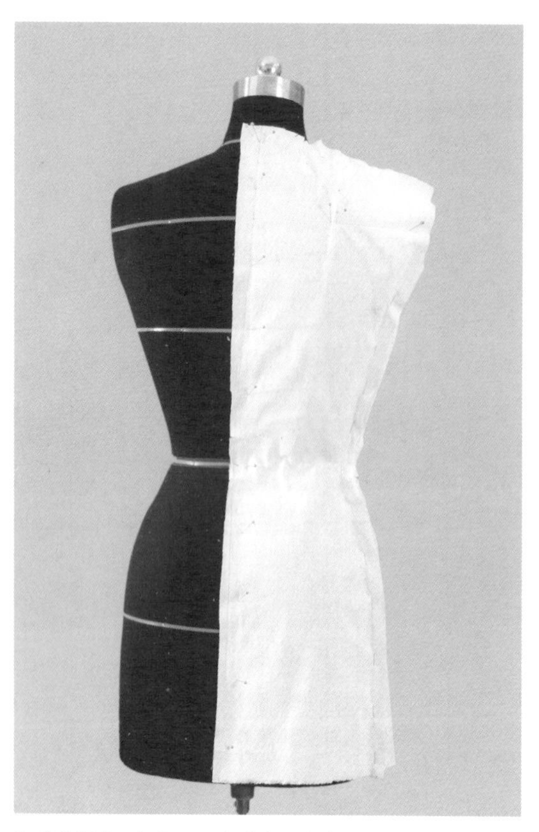

9.确定领宽、领深，固定背宽、肩宽，做后中缝省，保持背宽横线水平，固定后中线开刀线，在臀部有0.5 × 2厘米松量。

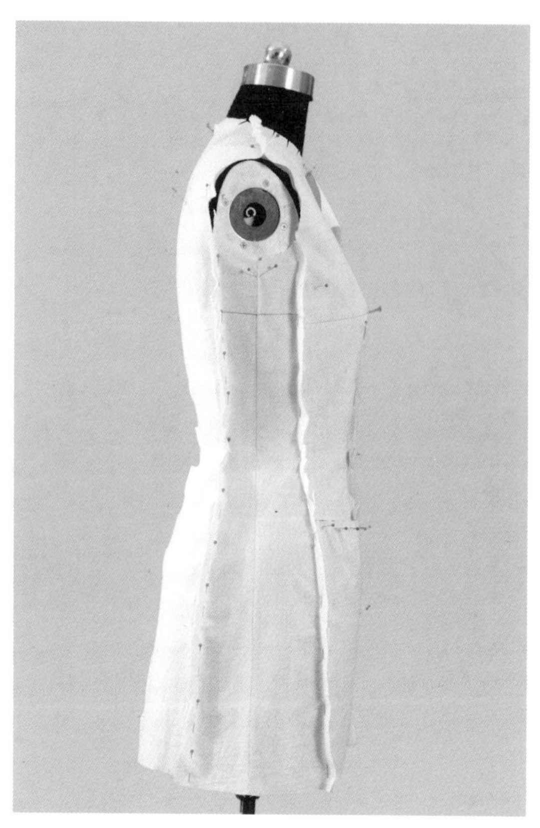

10.抓别肩线，中间有吃势，然后塑造转折面。抓别开刀线，在腰部要拔开0.5厘米左右，剪去领窝、肩线、袖线、开刀线多余毛边，留2厘米余份。

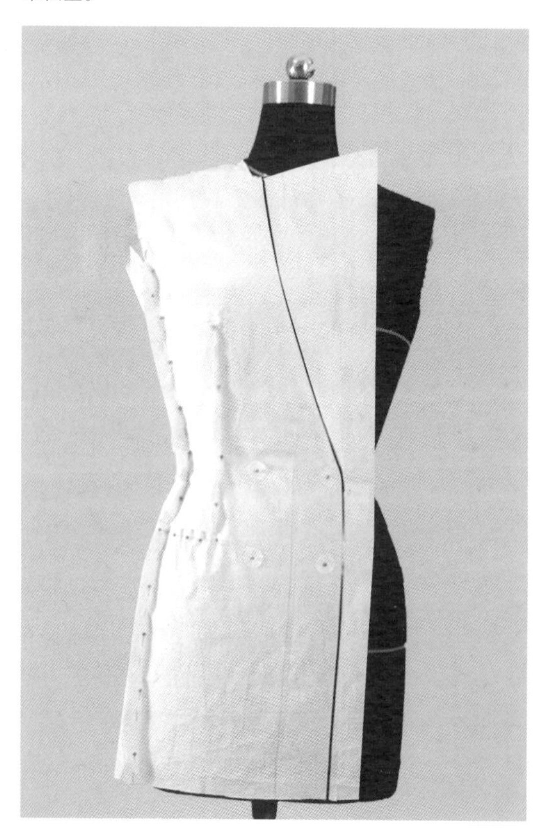

11.由颈侧点沿肩线向外移2.5厘米左右，在腰围线与搭门线交点连翻折线。确定扣位，由翻折点向里取扣子直径为一粒扣，然后，纵向扣距10厘米，横向扣距是前中线到扣中心的2倍。

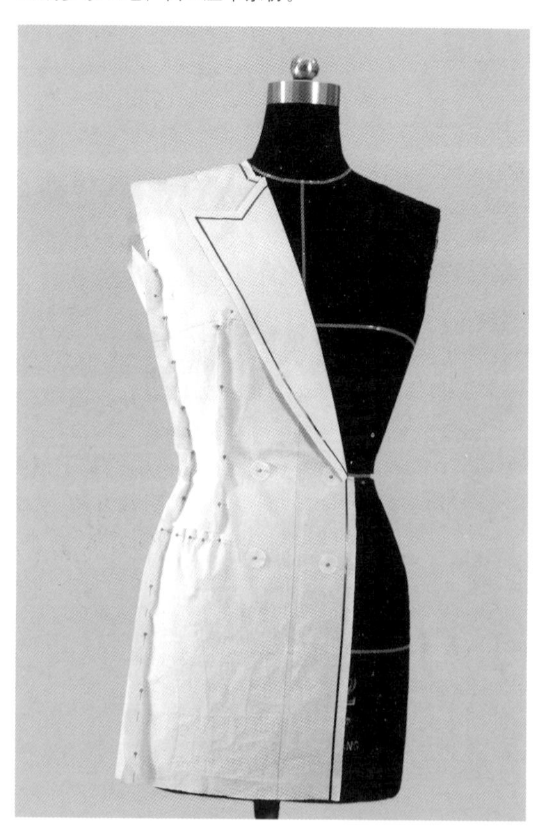

12.确定串口线、驳头宽线，贴出驳头造型，要平整，剪去领口，驳头毛边，留1厘米余份，然后，做腰围线、臀围线、肩线、腰胸省及开刀线的标记。袖窿深点由腋窝向下2.5厘米标注“+”。

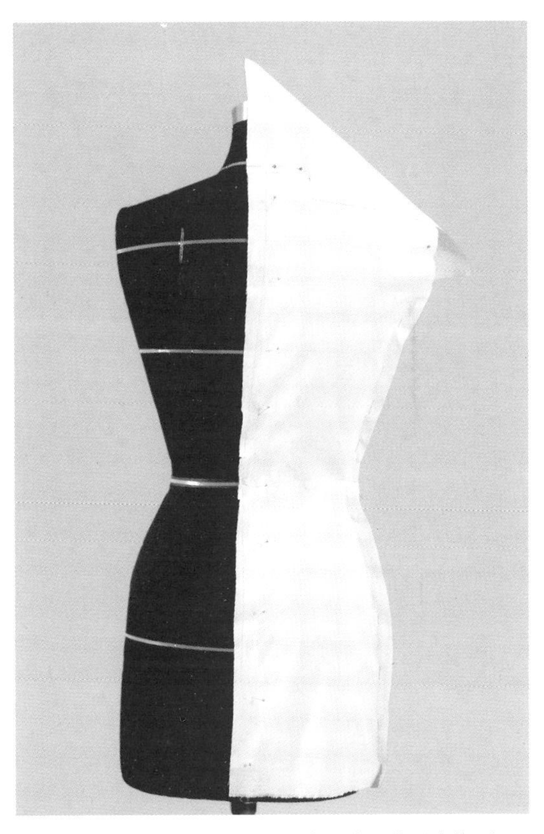

13.领子、布样的后中线、水平线与人台上的后中线、领口线对齐。横别两针，与后中线成直角长2.5厘米左右，然后剪去多余毛边，留1厘米余份。

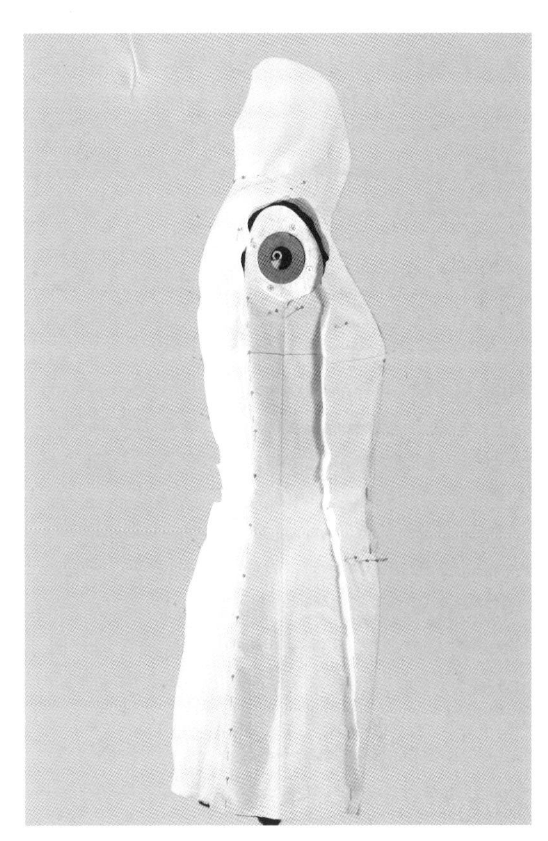

14.领由后向前转折时，要打六个剪口，并拨开0.3~0.5厘米。领与脖颈之间要有1厘米松量，满足穿着人体的舒适感。

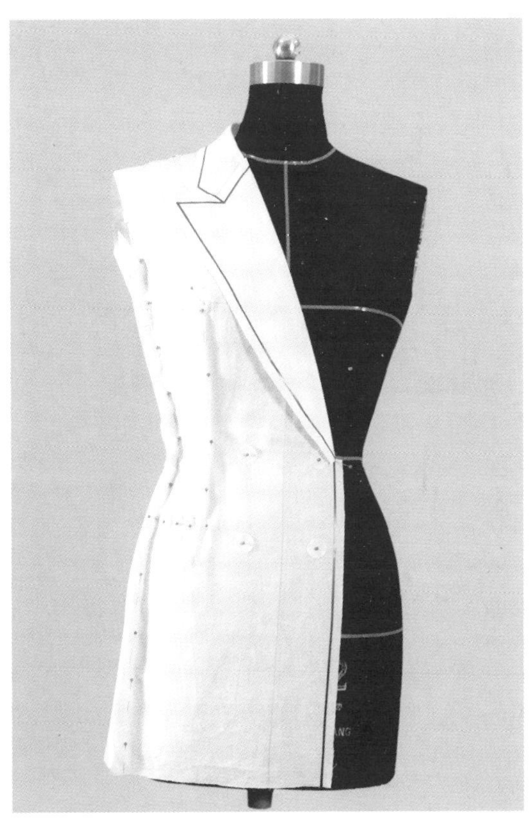

15.确定领座、领面宽度，宽度适中，领面比领座要宽出0.5~1厘米。确定上领角宽，然后贴出外领口弧线，剪去多余毛边，留1厘米余份。

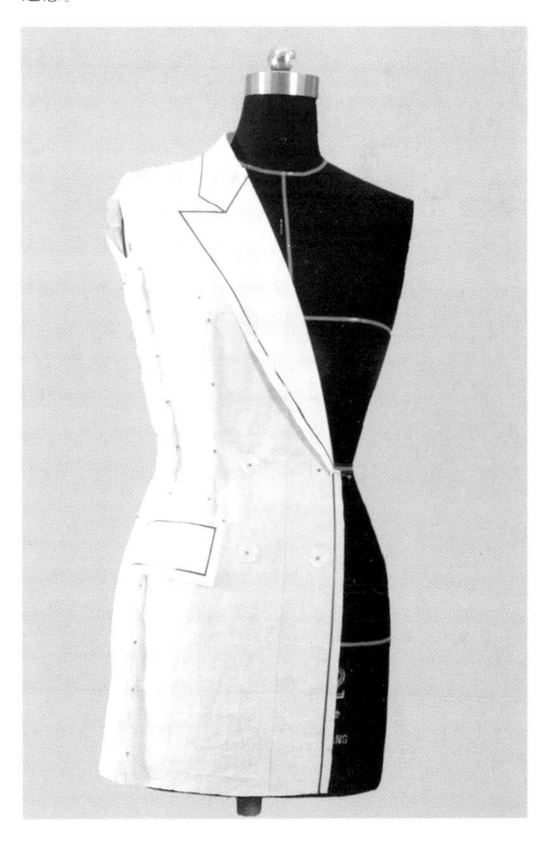

16.确定兜盖的位置，由腰胸省向前1.5~2厘米为前起点，再向侧取13厘米为兜盖长，宽度适中，贴出兜盖造型，剪去多余毛边，留1厘米余份。

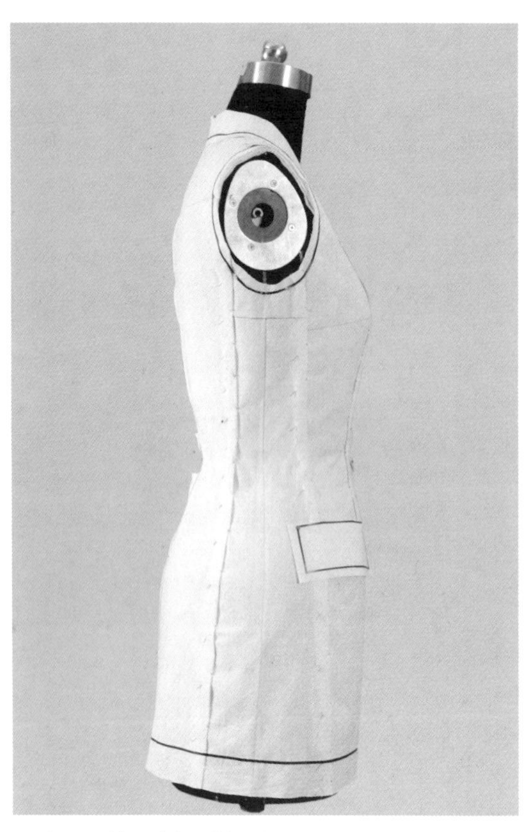

17.假缝，按照轮廓线折别或暗缝，注意缝合时针距均匀、顺畅、平整。贴出底摆轮廓线，从BP点向下与水平线相交开始上翘至侧中。

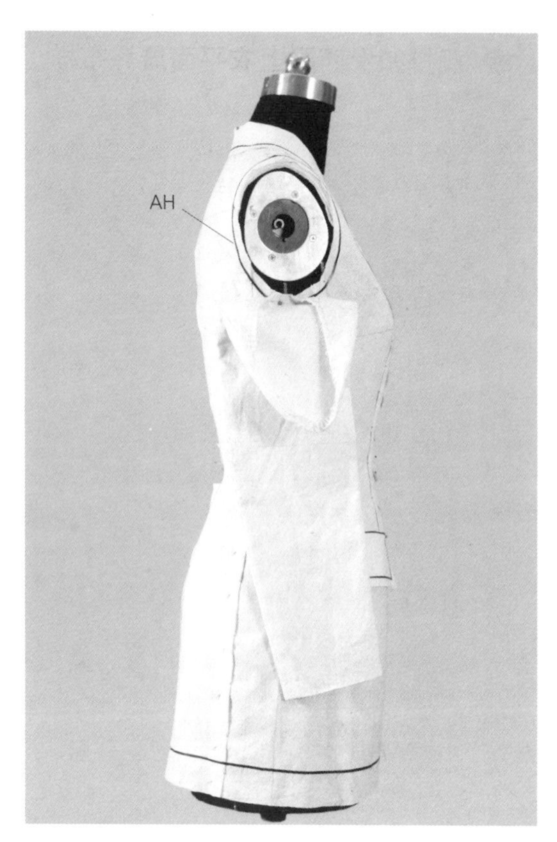

18.贴出袖窿弧线，确定袖山高，把二分之一AH五等分，取五分之四为袖山高，根据前后袖窿弧线长确定袖肥，平面画出两片袖。

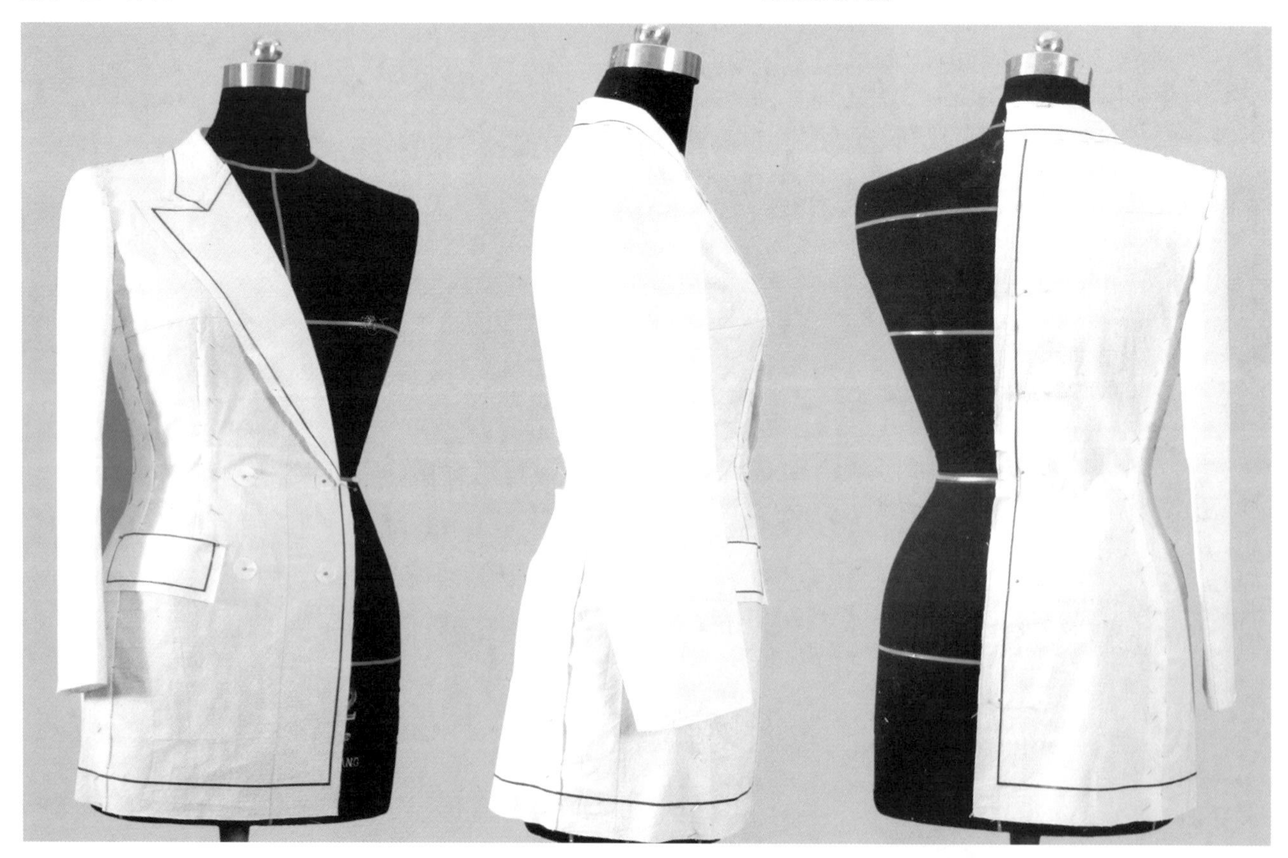

19.绱袖，袖山弧线与袖窿弧线按照第一针、第二针、第三针合印，先固定好绱袖位置。然后按照第四针、第五针合印别上，袖与身相连，用藏针别针，正面造型，转折面分明，富有立体美。侧面造型，袖子弯度与人体胳膊弯度一致，袖山圆顺、饱满。后面造型，袖山吃势合适，转折面分明，松量合适，整体造型平衡，美观。

双排扣女西服上衣平面展开布样

标点、描线，平面整理布样、对应剪修，将所标记点连直线或弧线，然后修剪缝份，再画出完整的前片布样和后片布样及袖片、领片兜盖布样。

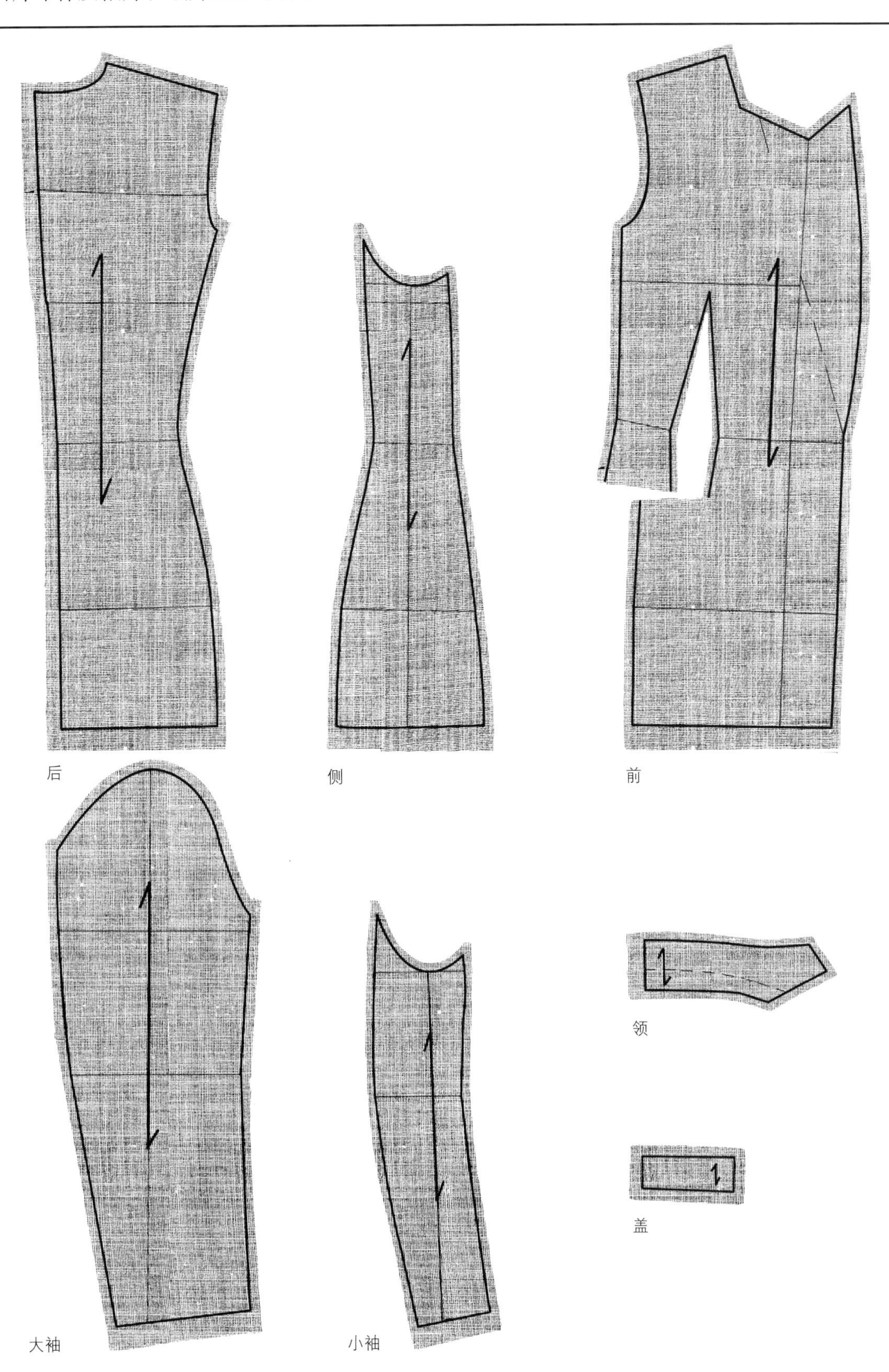

双排扣女西服上衣原型法制图

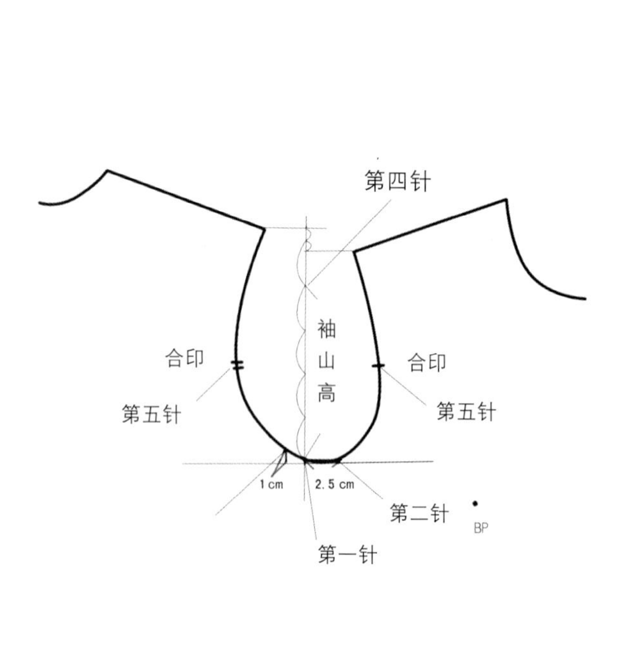

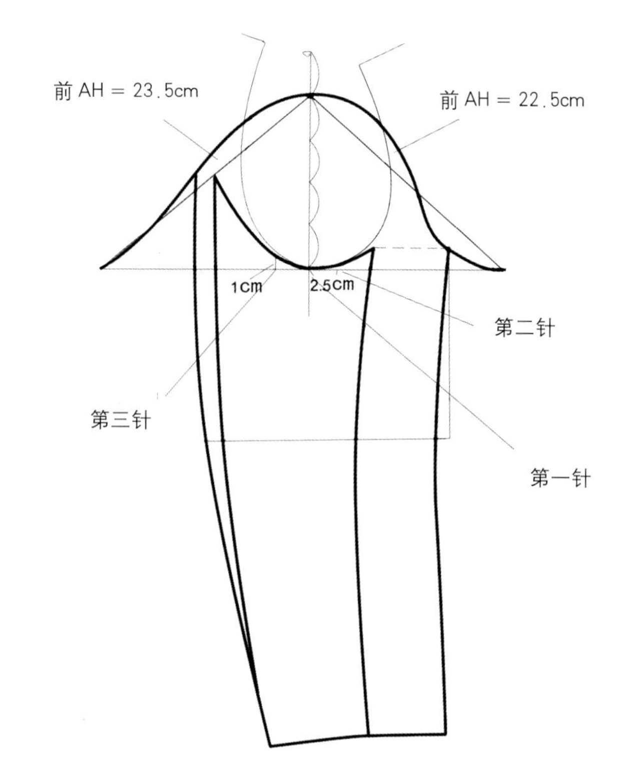

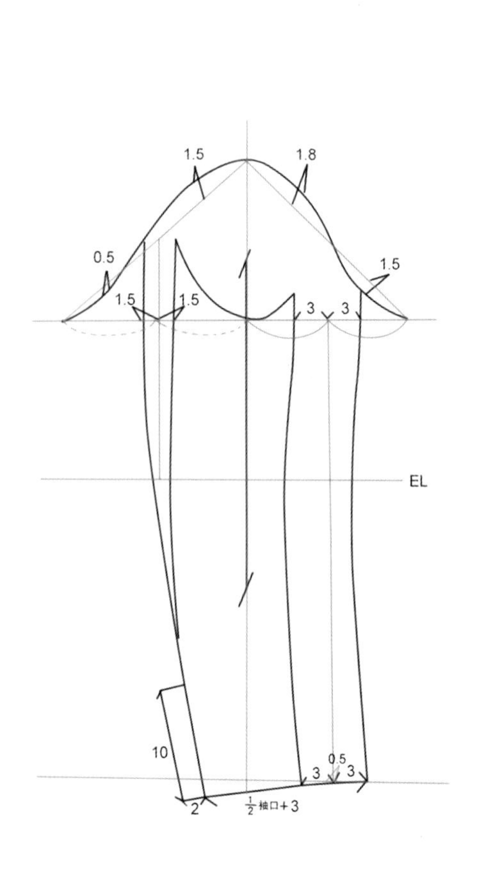

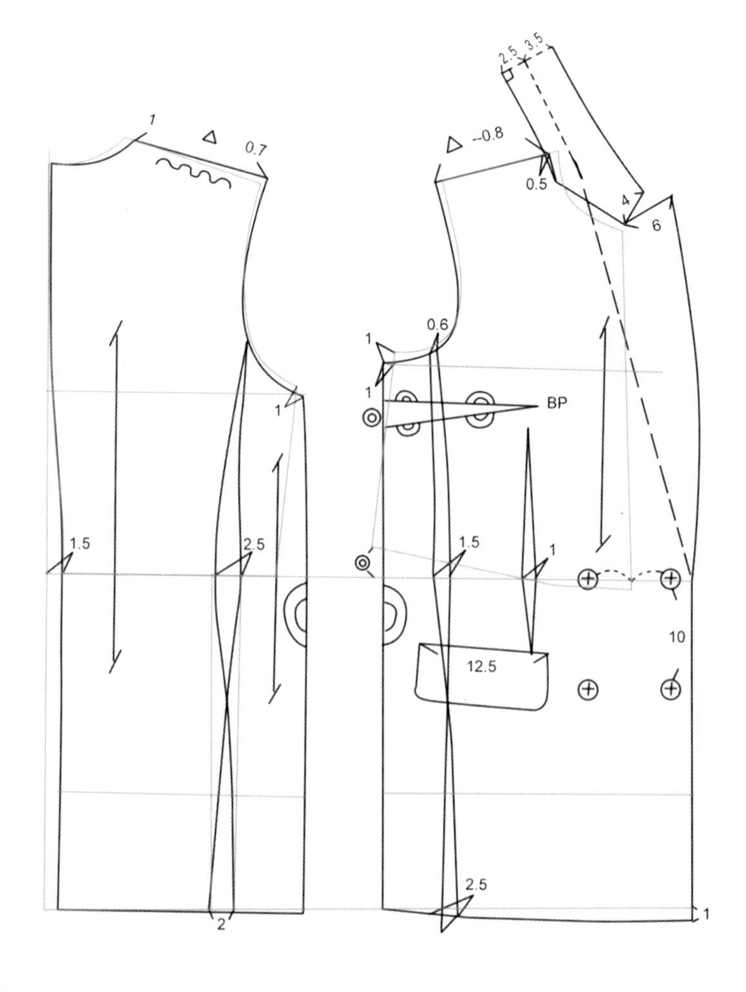

第五章
直形公主线上衣立体制作

效果图

迪奥大师作品解析

克里斯门·迪奥（Dior）——温柔的独裁者，在1947年推出自己所谓“卡罗尔系列”时装设计，震动了整个时装界。评论家卡麦尔·斯诺说他设计的这套系列服装是“新面貌”。对于新面貌和迪奥设计的意义，斯诺曾经说：“迪奥挽救了巴黎，由于有了迪奥的设计，在战争期间不断衰退的巴黎时装业才重新振作起来，开始新的发展。”他的设计主要追求服装轮廓线的设计表达，如柔软的线条、斜肩，滚圆的臀部，极为狭窄的腰部。新面貌设计影响世界时装潮流十年之久不衰。例如这件直形公主线上衣，它的特点是四片构成，从胸部至腰部成自然柔和的曲线，底摆局部波浪，富有朝气，轮廓简洁、明朗，呈喇叭形。

示意图

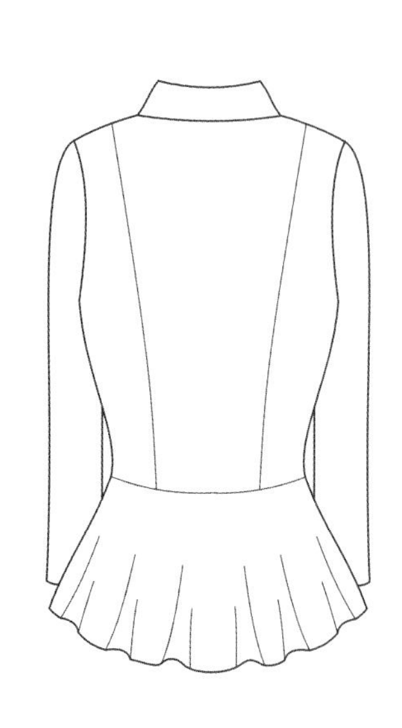

直形公主线上衣用料图

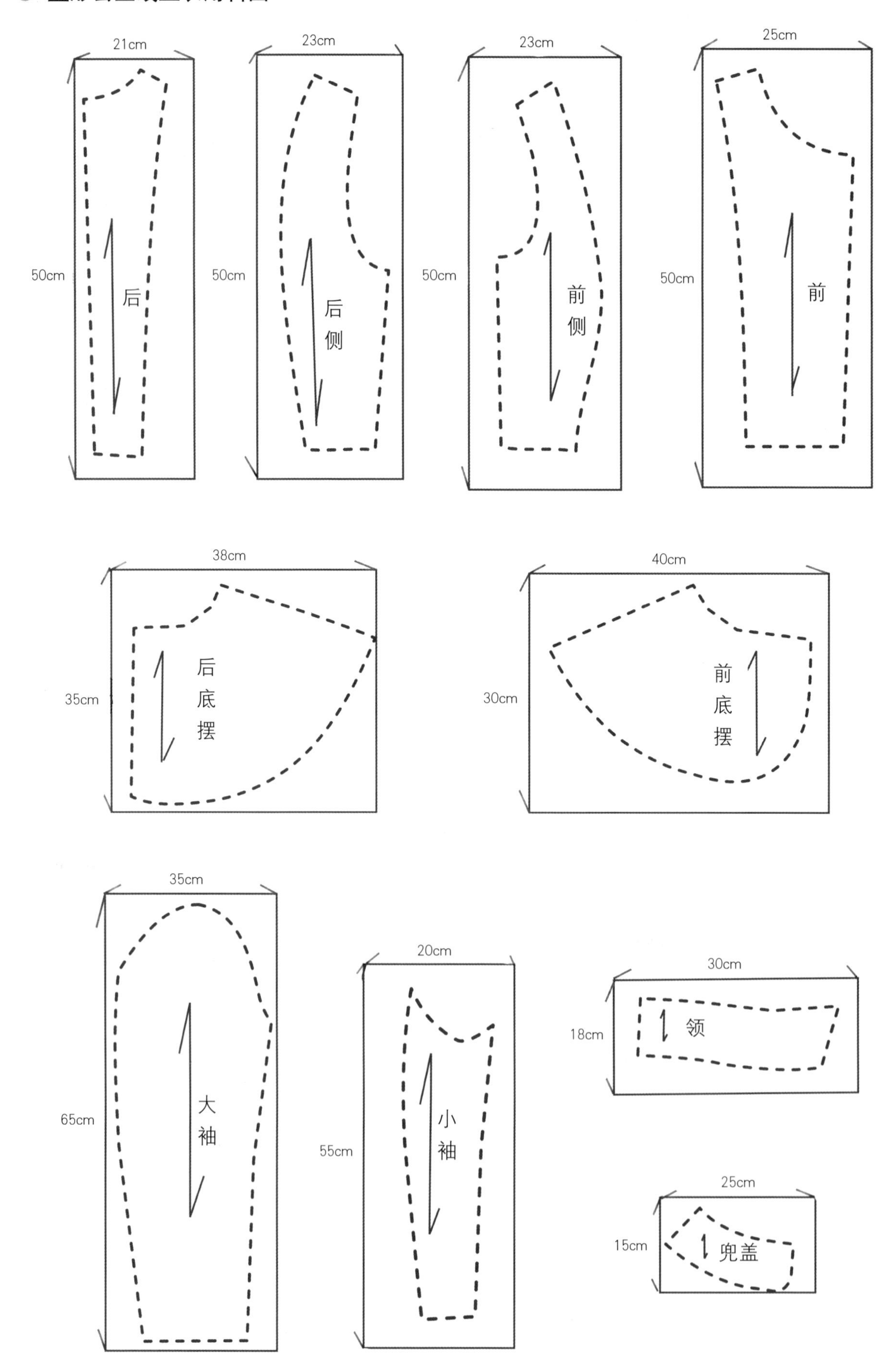

21cm
50cm
后
23cm
50cm
后侧
23cm
50cm
前侧
25cm
50cm
前
38cm
35cm
后底摆
40cm
30cm
前底摆
35cm
65cm
大袖
20cm
55cm
小袖
30cm
18cm
领
25cm
15cm
兜盖

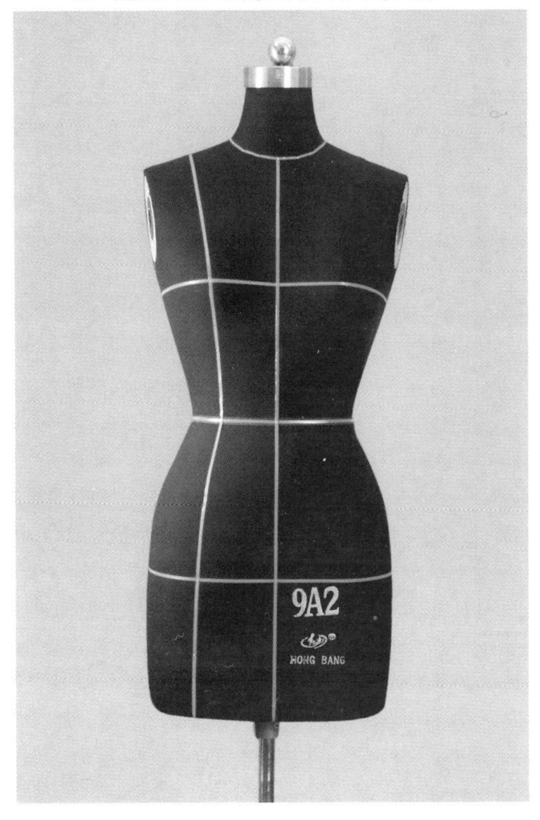

1.看款式图，贴出直形公主线，前片上端离颈侧点5厘米左右，通过BP点顺延到腰部至臀部都是倾斜的。

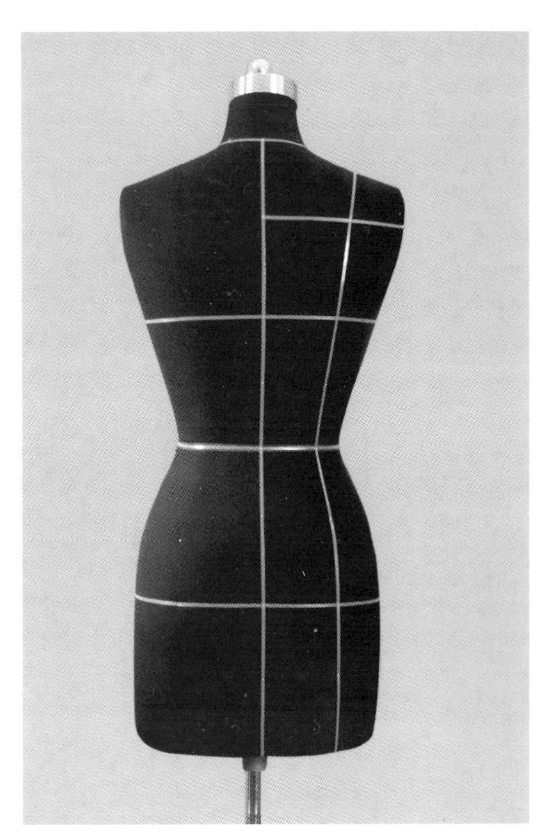

2.后面，上端与前面公主线上端对齐，通过背肩胛骨顺延到腰部至臀部都是倾斜的。

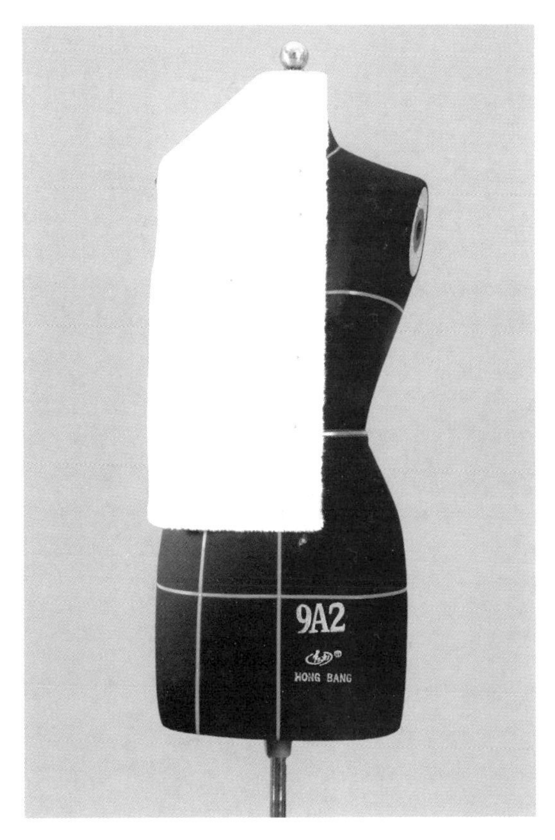

3.前片，布样的前中线、胸围线与人台的胸围线对齐，前中向右留出5厘米，然后，在前中线上和BP点用针固定。

4.固定领宽、领深，7点固定公主线，剪去领口、肩线、公主线多余毛边，留2~3厘米，然后在腰部打两个剪口。

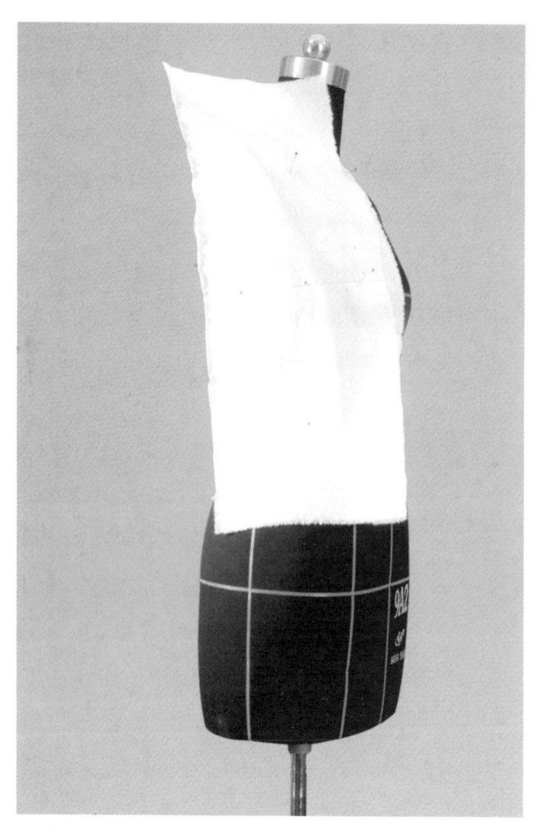

5.前侧片，布样的胸围线与人台上的胸围线对齐，塑造转折面，在转折处留出松量并固定。

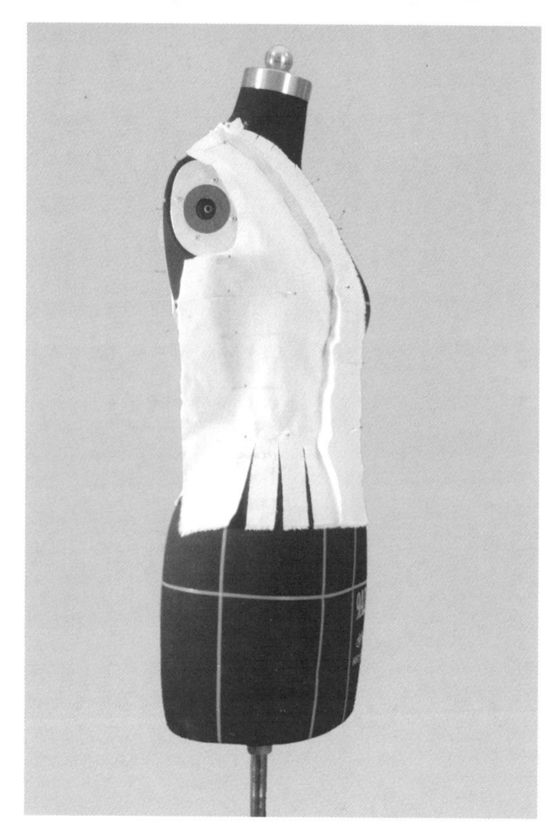

6.固定肩点，5针固定侧中线，在腰部剪3个剪口，然后抓别公主线留0.25×2厘米的松量，把多余毛边剪去，留2～3厘米。

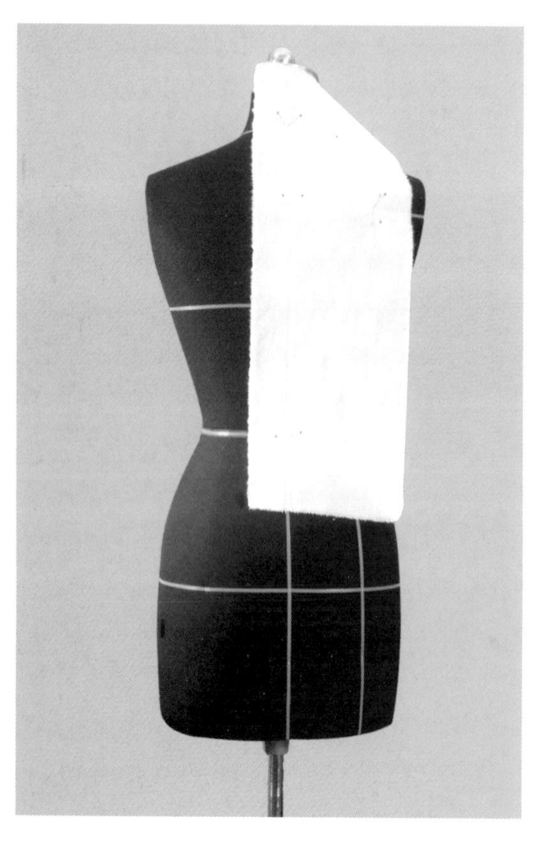

7.布样的后中线、背宽横线与人台上的后中线、背宽横线对齐，在后中留3厘米。然后，在后中线上背肩胛骨处分别用两针固定。

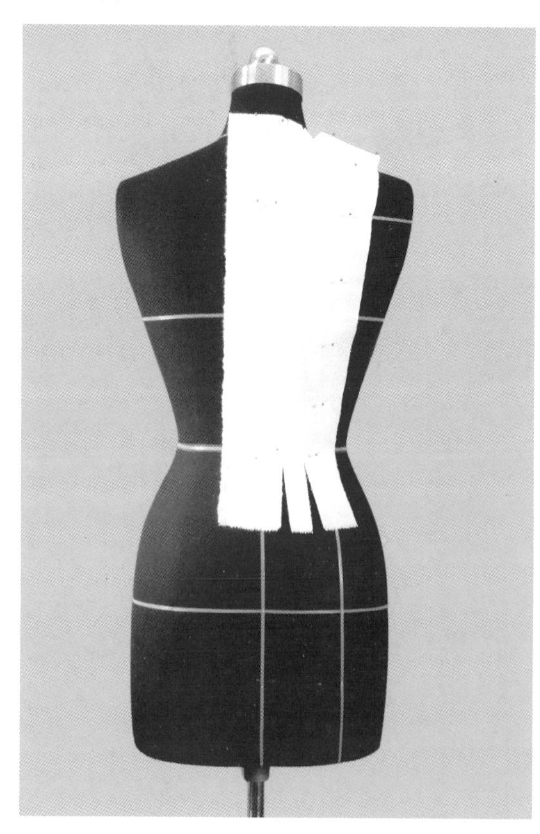

8.固定领宽、领深，然后6针固定公主线，剪去领口、肩线、公主线多余毛边，留2～3厘米，在腰部打两个剪口。

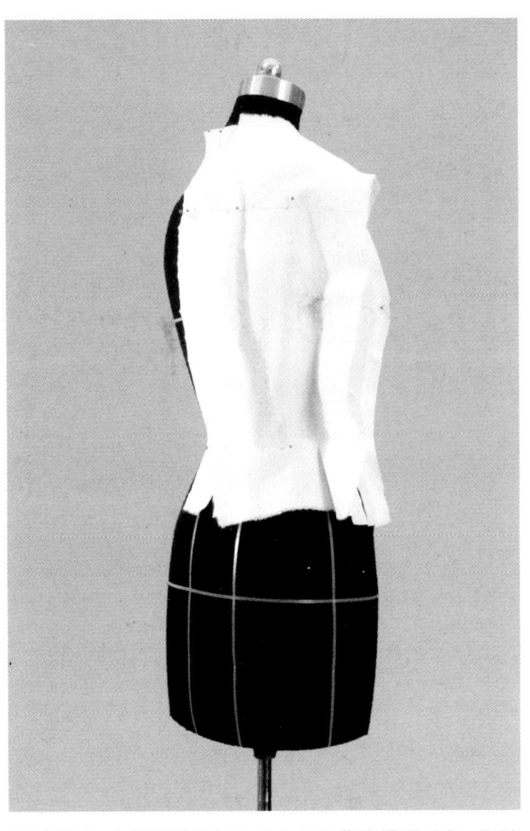

9.后侧面，布样背宽横线与人台上的背宽横线对齐，塑造转折面，在转折处留松量，在腰部转折处打两个剪口。

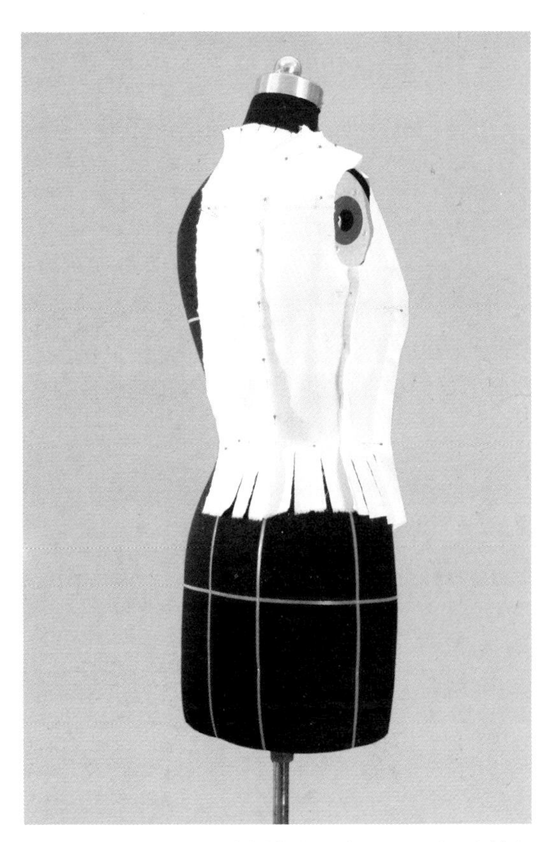

10.固定肩点，5针固定侧中线，然后再抓别公主线留0.25×2厘米的松量，把肩线、公主线多余毛边剪去，留2～3厘米。

11.抓别侧中线，留0.25×2厘米的松量，剪去侧中线、腰围线多余毛边，然后标出前后领口线、肩线、公主线、腰围线，袖窿深点由腋窝向下2.5厘米。

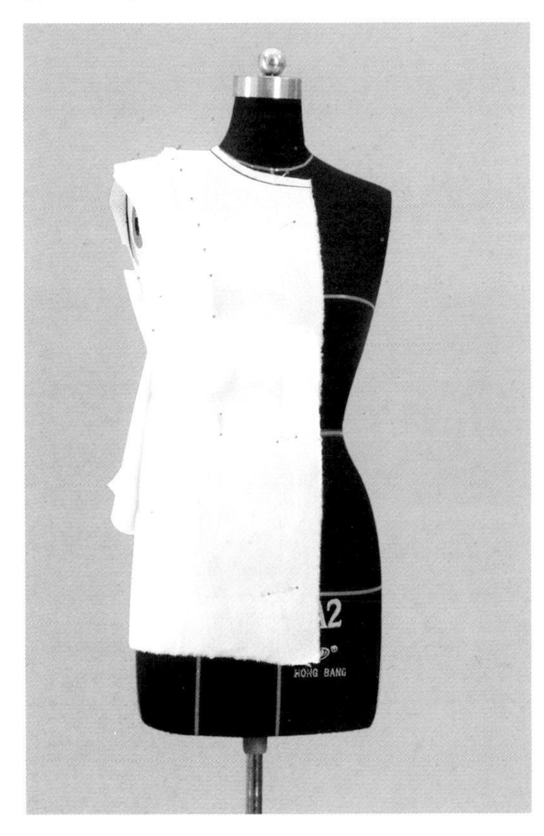

12.前底摆，布样的前中线、腰围线与人台上前中线、腰围线对齐，并用针固定。

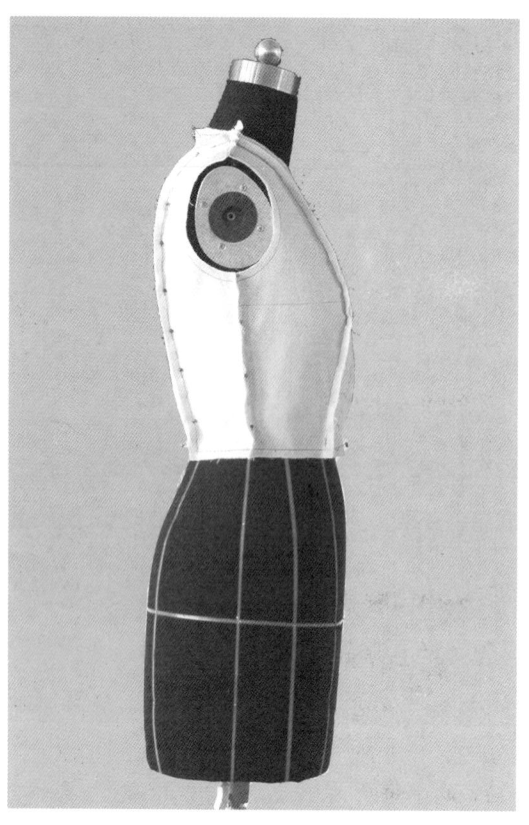

13.公主线袖窿深点由腋窝向下2.5厘米，然后用铅笔标注领口线、腰围线、公主线、侧中线、肩线及袖窿深点。

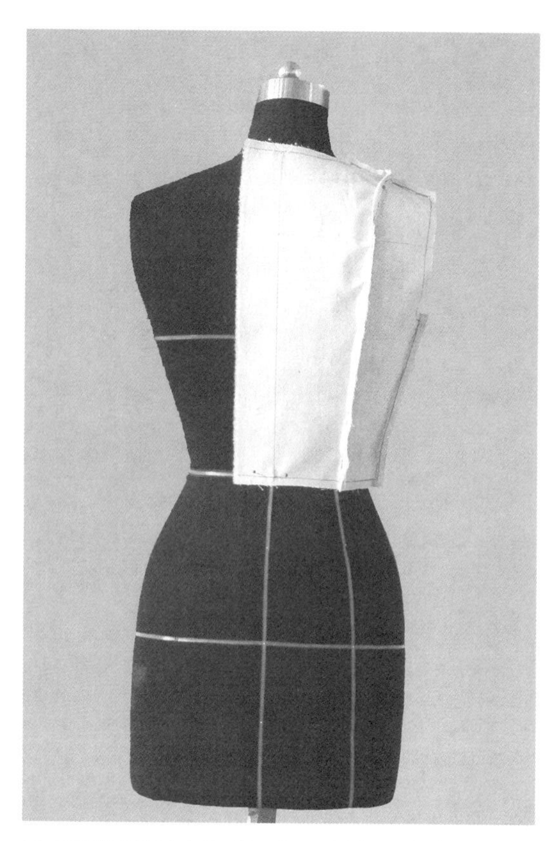

14.用铅笔标注后中线、领口线、腰围线、公主线、侧中线、肩线。

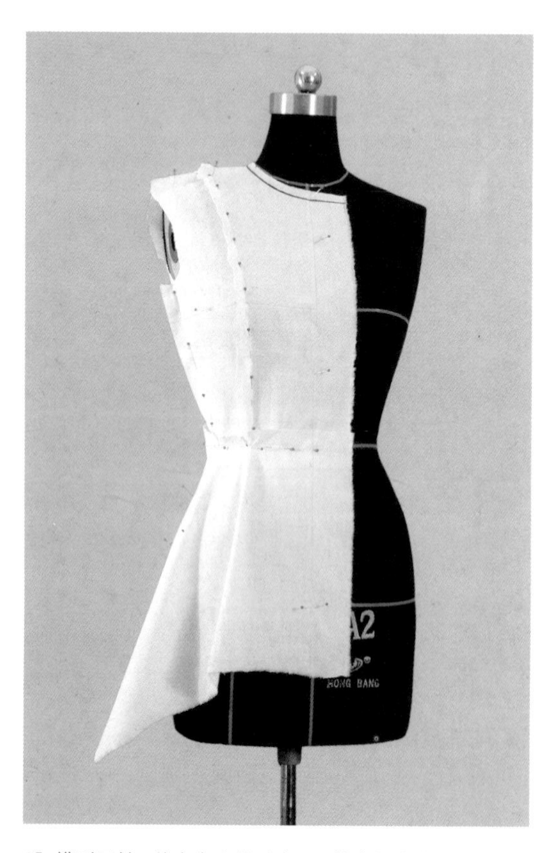

15.横别两针，剪去多余的毛边。取前底摆波浪的位置，在公主线下方打剪口，出现第一个波浪。在公主线到侧中线的二分之一处打剪口，出现第二个波浪。

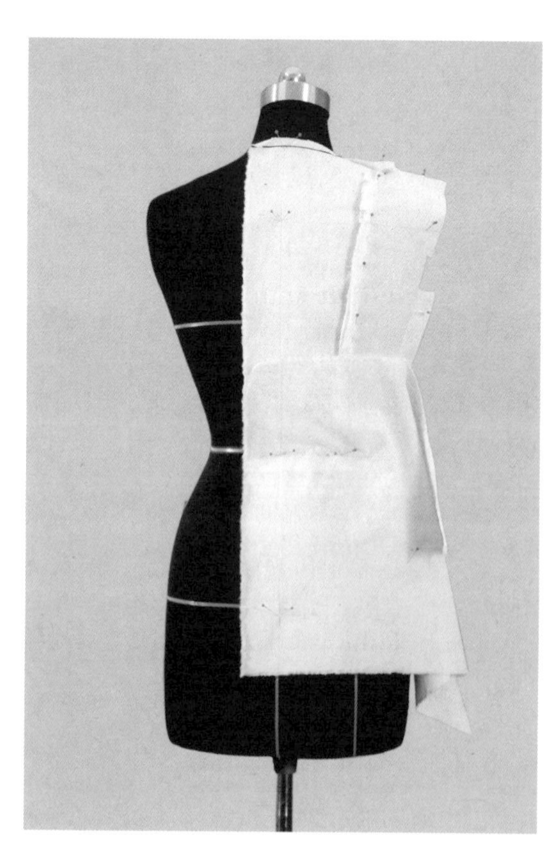

16.后底摆，布样的后中线、腰围线与人台上后中线、腰末线对齐，固定两针。

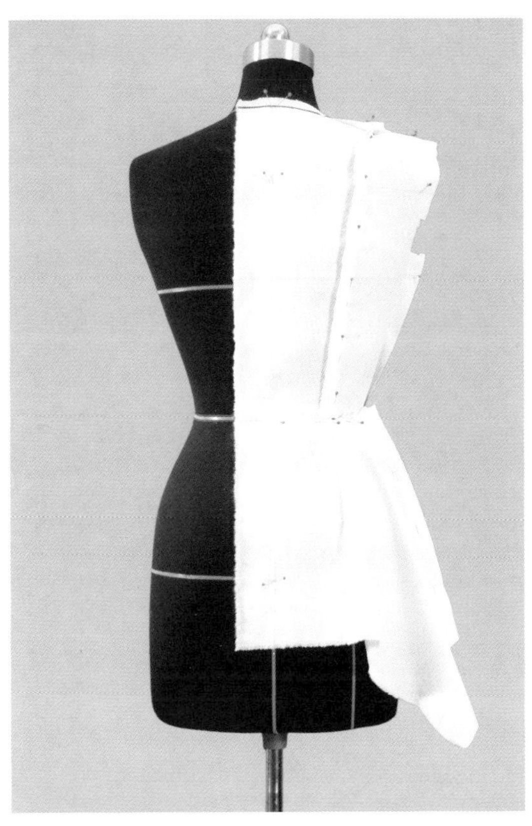

17.取后片底摆波浪的位置，在公主线下方打剪口，出现第一个波浪。在公主线到侧中线的二分之一处打剪口，出现第二个波浪。

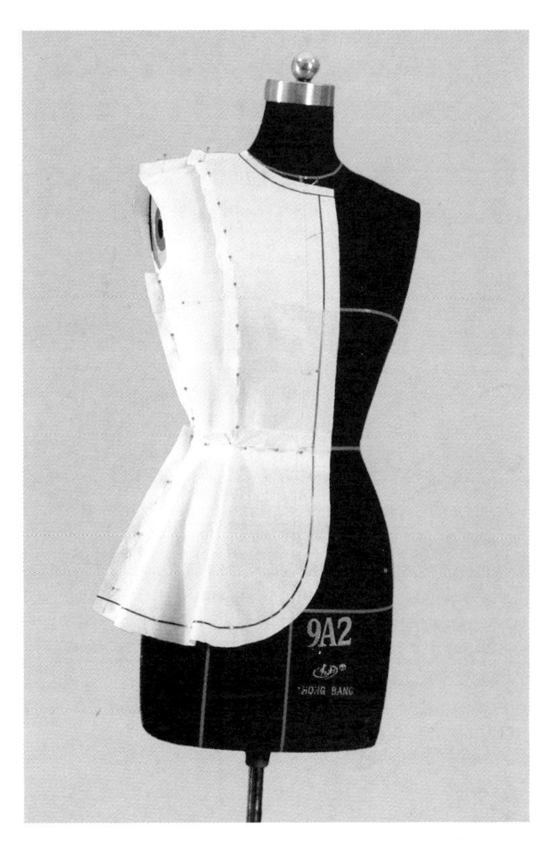

18.抓别侧中线，在侧中打剪口出现第三个波浪，贴出底摆轮廓线，剪去多余毛边。用铅笔标注前后腰围线、侧中线、波浪合印。

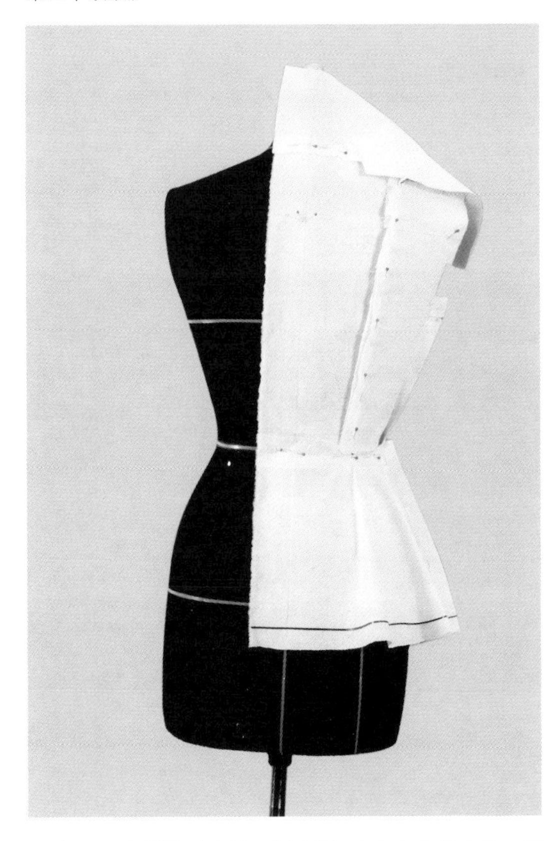

19.领子，布样的后中线、水平线与人台上的后中线、领口线对齐，横别两针，与后中线成直角，长2.5厘米，然后剪去多余毛边，留2厘米。在领窝转折处打剪口，并拨开0.3～0.5厘米。

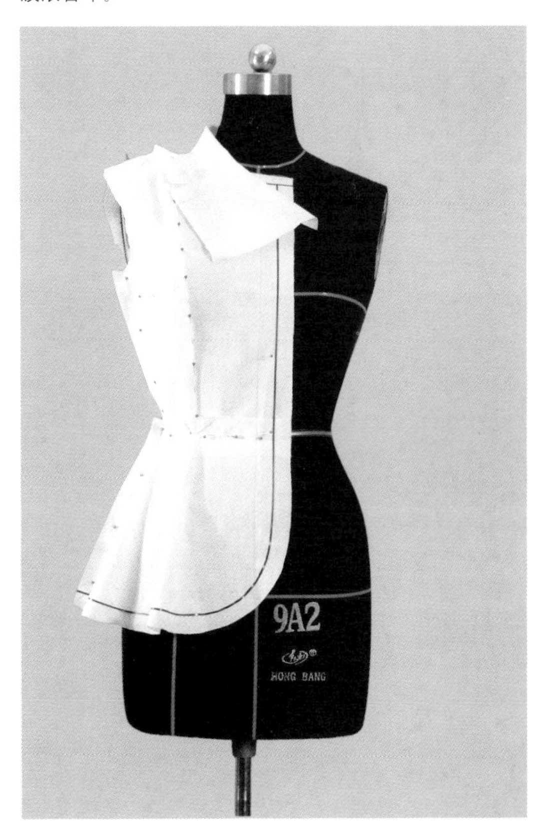

20.确定领座、领面的宽度，并翻折过来，领高适中，在转折处打剪口，领座一直到前中也没有消失，始终保留一部分领座。

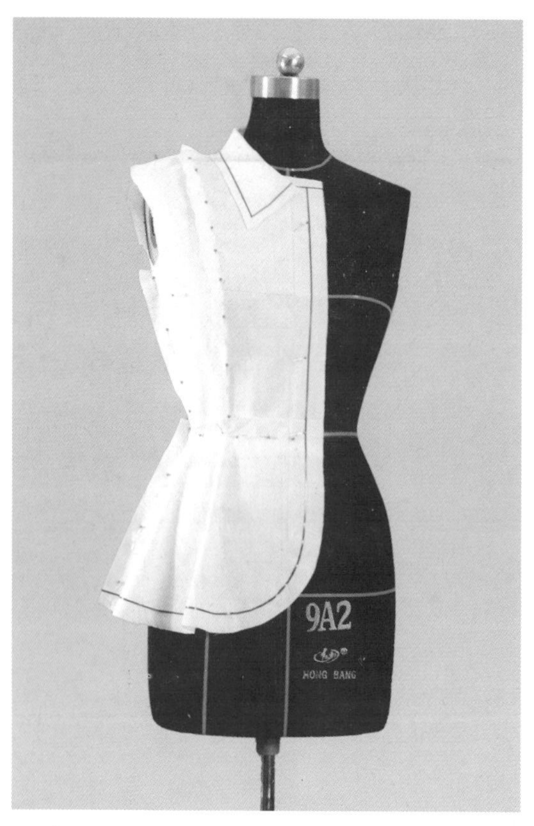

21.贴出领子造型，领子与脖颈有一定空间，保留一定穿着舒适的松量。

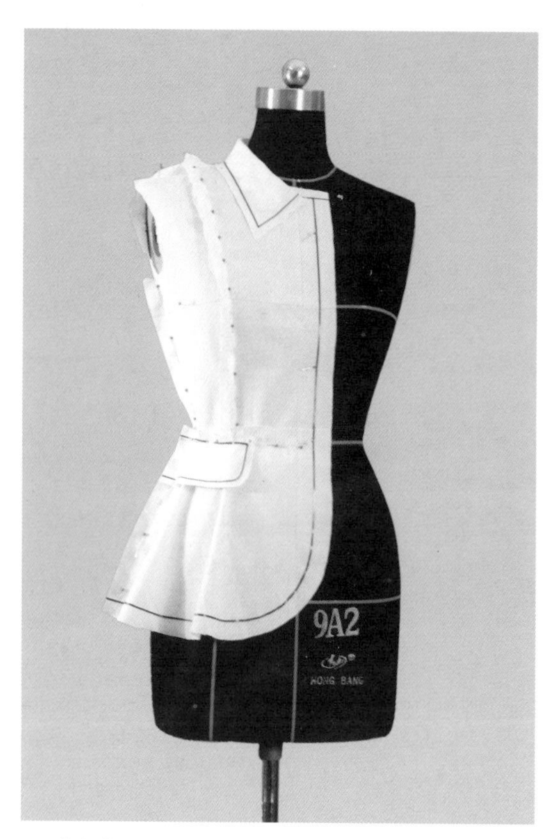

22.确定兜盖的位置，由公主线向前2厘米至侧中为兜口长，兜盖宽适中。

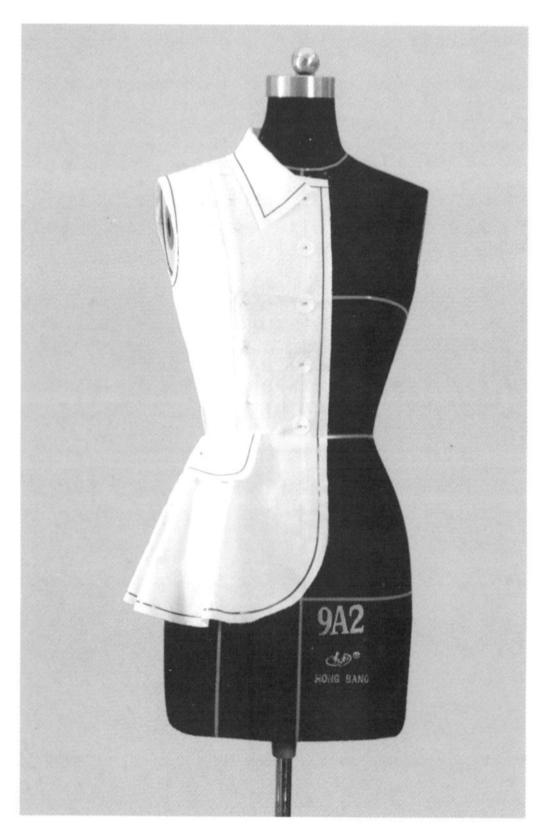

23.假缝后，确定扣子的位置，上下两粒扣的中心分别距前领窝、腰围线是扣子的直径，然后四等分，确定五粒扣。

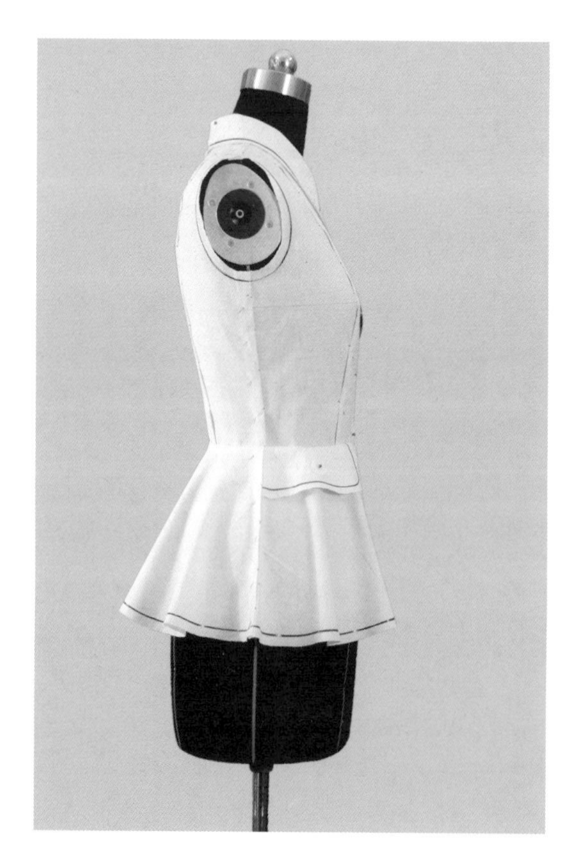

24.确定袖山高，把AH/2五等分，取4/5为袖山高。根据前后AH确定袖肥，做出两片袖。与第四章双排扣女西服确定袖山高方法相同。

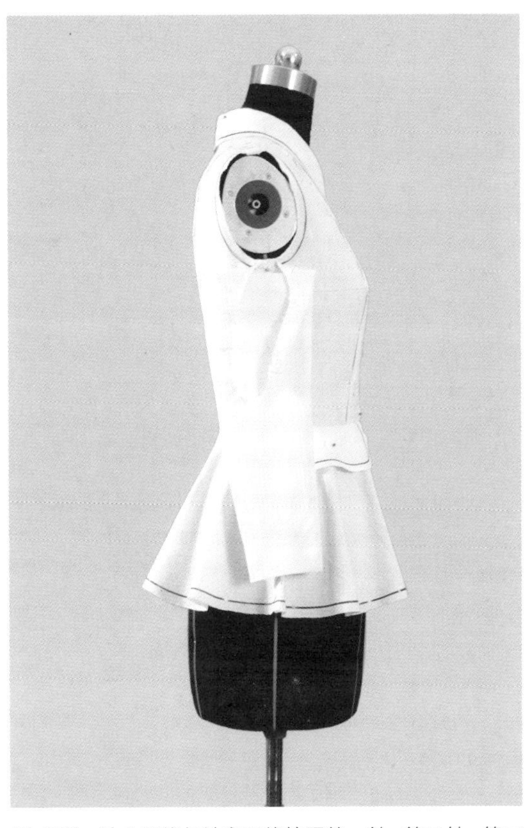

25.绱袖，袖山弧线与袖窿弧线按照第一针、第二针、第三针合印，先固定好绱袖的位置。

26.按照第四针、第五针合印别上，用长针将袖子与身相连。正面看整体造型，袖子贴体，袖山圆顺，造型美观。

27.侧面看，袖子弯度与人体胳膊弯度一致，袖山圆顺，饱满。

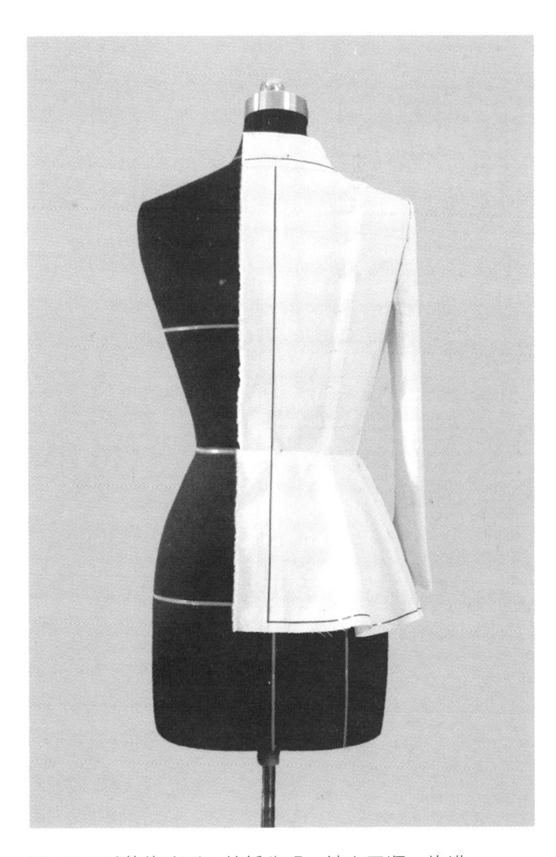

28.后面看整体造型，转折分明，袖山圆顺，饱满。

直形公主线上衣平面展开布样

标点、描线，平面整理布样、对应剪修，将所标记点连直线或弧线，然后修剪缝份，再画出完整的前片布样和后片布样及袖片、领片、兜盖布样。

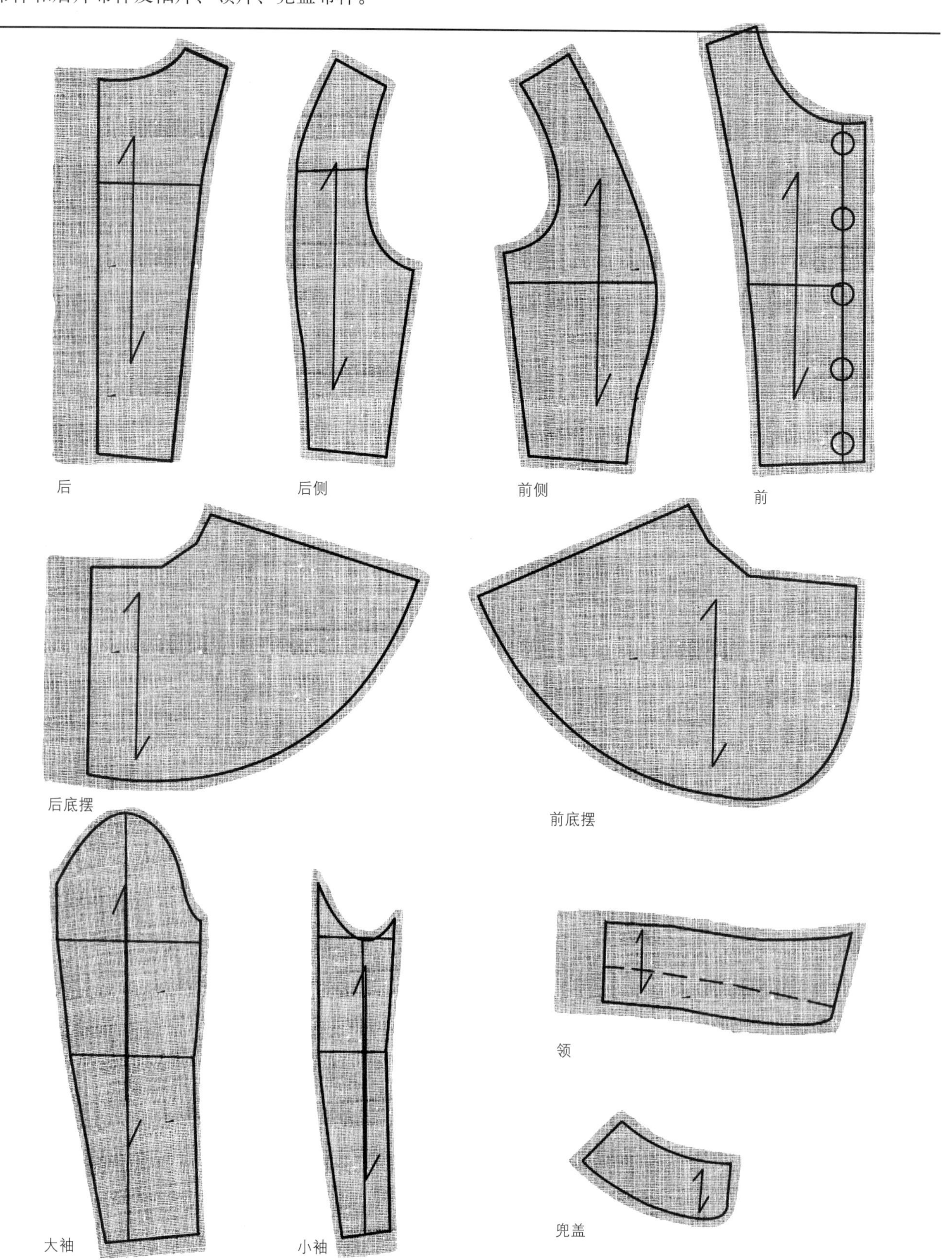

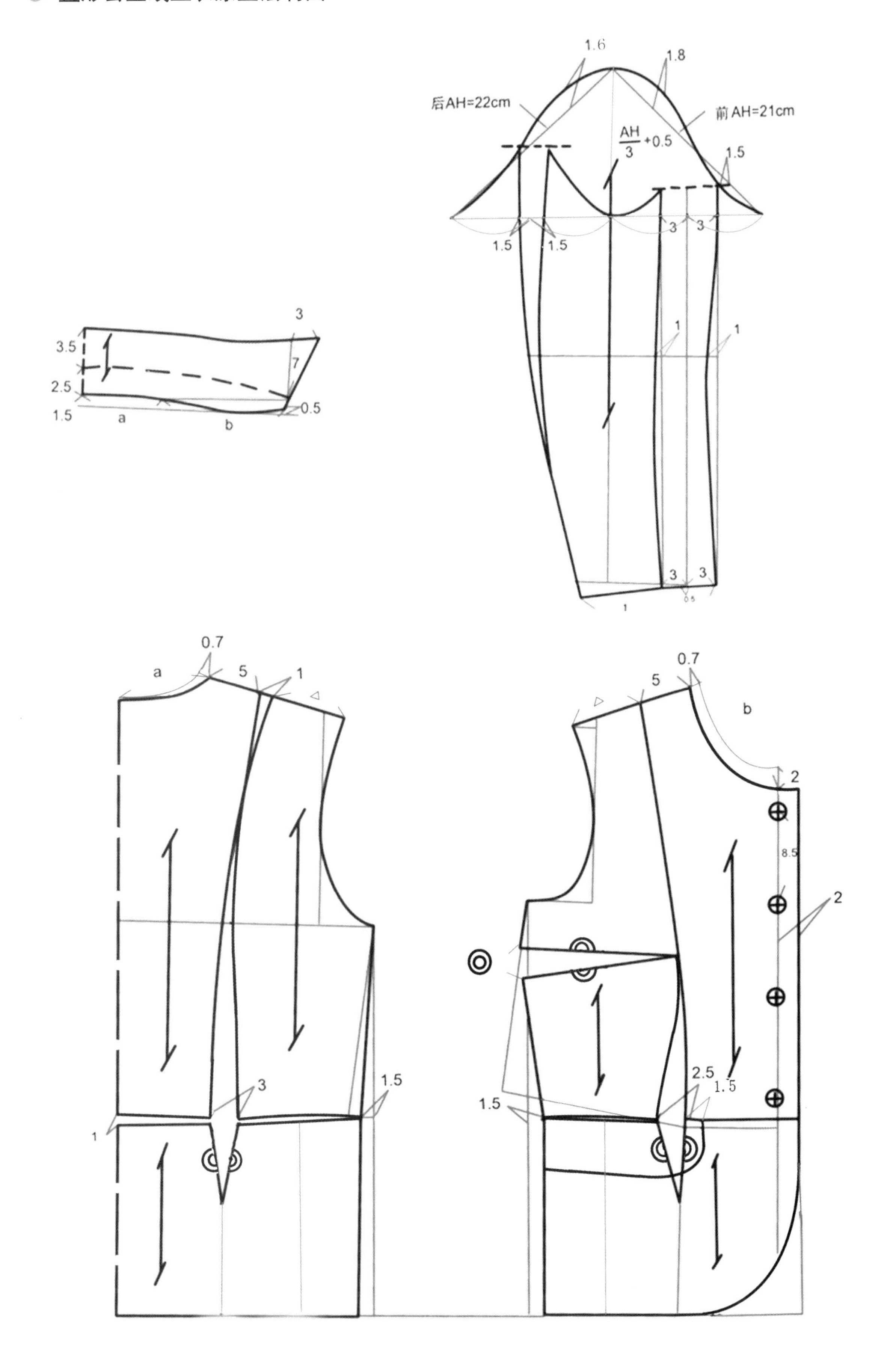
1.6
1.8
后AH=22cm
前AH=21cm
AH/3 +0.5
1.5
1.5
1.5
3
3
1
1
3
3
0.5
1
3
3.5
7
2.5
1.5
a
b
0.5
0.7
a
5
1
3
1.5
1
0.7
5
b
2
8.5
2
2.5
1.5
1.5

第六章
紧身吊带小衫套裙立体制作

阿扎丁·阿莱亚大师作品解析

阿扎丁·阿莱亚（AZZedine Alaia）是突尼西亚人，其貌不扬，但具有服装设计的天才。

阿莱亚的主要设计方向是紧身、突出女性身体的所有轮廓部分，当时主要是由于健身操的流行，健身服成为时尚。而健身服采用一种叫“赖克拉”的松紧弹性面料，一时间这种面料成为当时非常流行的材料，它紧紧包裹身体，显示了身体凹凸和线条，穿这种材料的女性的身体细节暴露无遗，阿莱亚被称为“赖克拉”之王。他运用这种面料来设计服装，体现女性的躯体之美。例如这件紧身吊带小衫套裙，它的特点是八片构成，整体用开刀线加以强调胸部、腰部造型，与下身斜裙两者组合，上紧下松，自然流畅，轻盈欢快，散发出一种十分动人的吸引力。

示意图

效果图

紧身吊带小衫套裙用料图

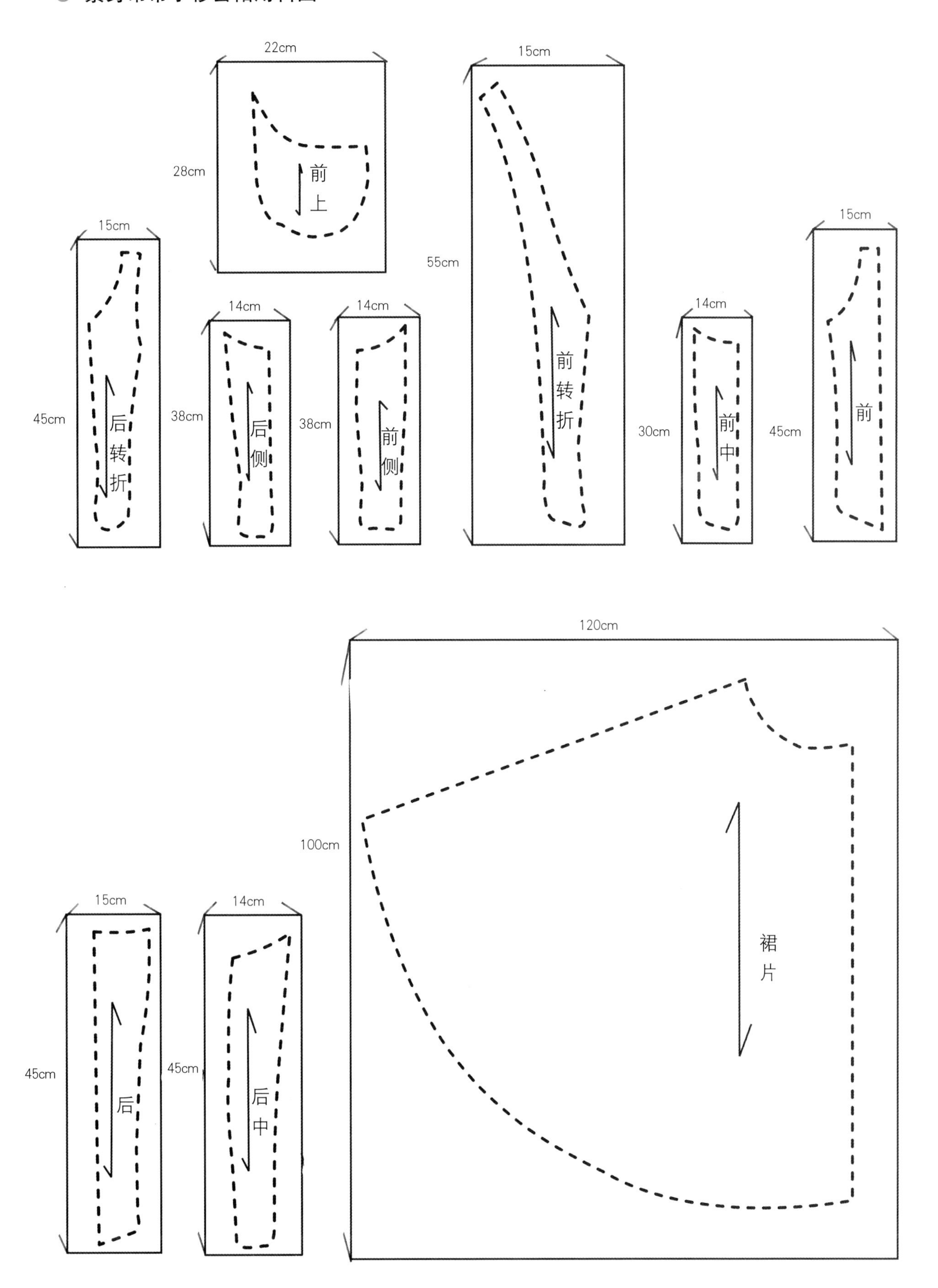

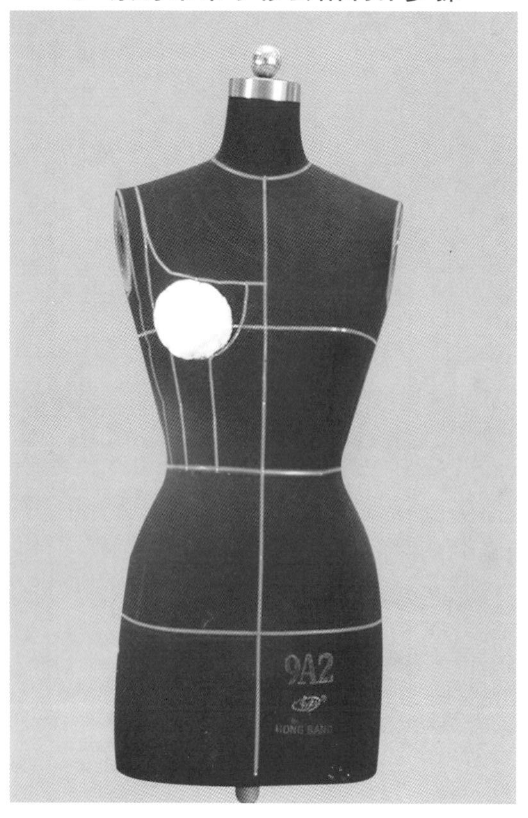

1.看款式图,用胶带贴出前片的开刀线,为了更好地突出胸部造型,需要把胸垫先固定在人台胸乳部。

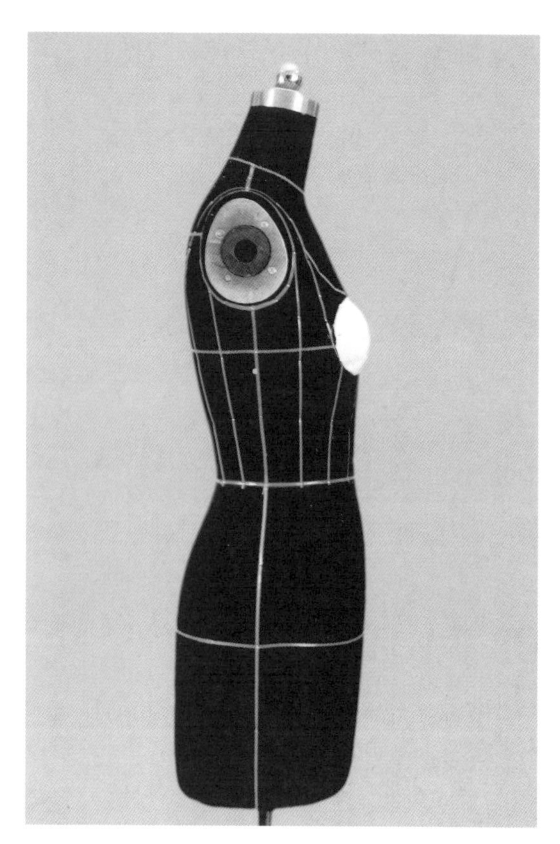

2.看款式图,用胶带贴出侧片开刀线,要求顺畅,上宽下窄。

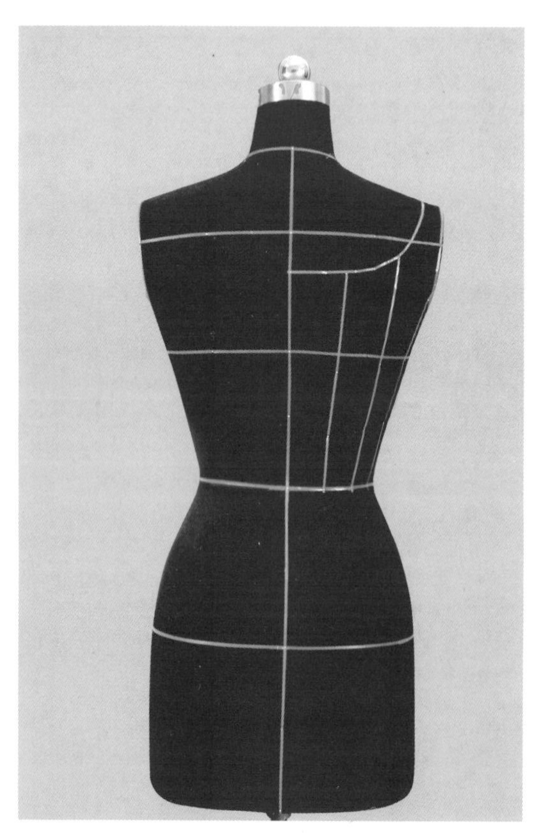

3.看款式图,用胶带贴出后片开刀线、领口线,要求领口线要圆顺,开刀线要顺畅。

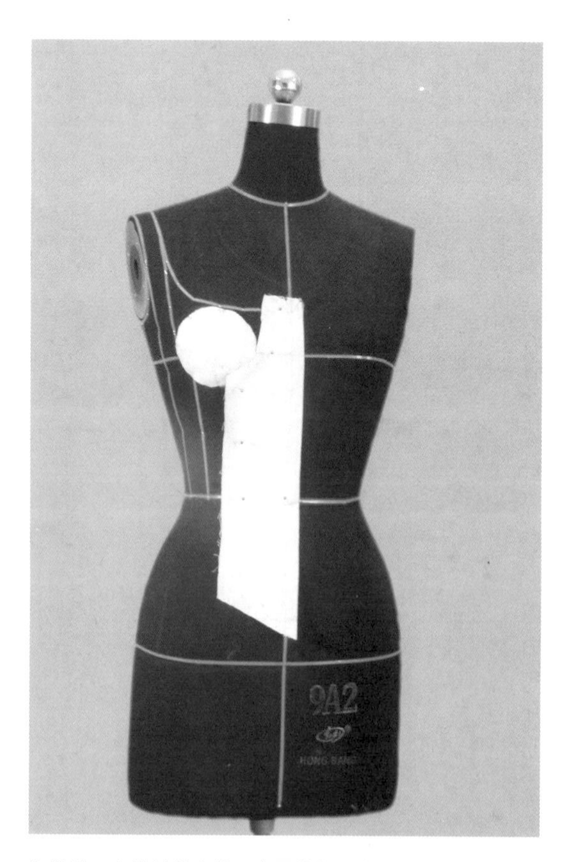

4.前片、布样的前中线、胸围线与人台上的前中线、胸围线对齐。在领口深点和开刀线位置固定,再剪去多余毛边,留2厘米余份。

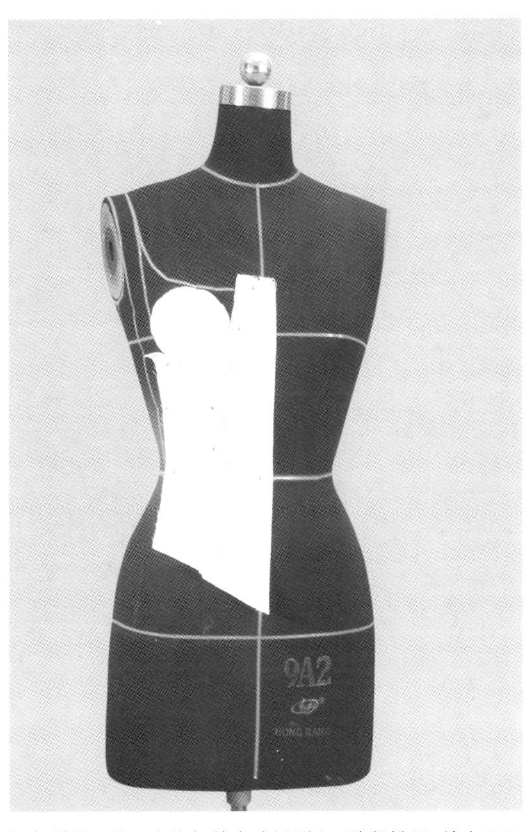

5.把前片、另一小片与前中片抓别上，稍留松量，并在开刀线上固定，剪去多余毛边，留2厘米余份。

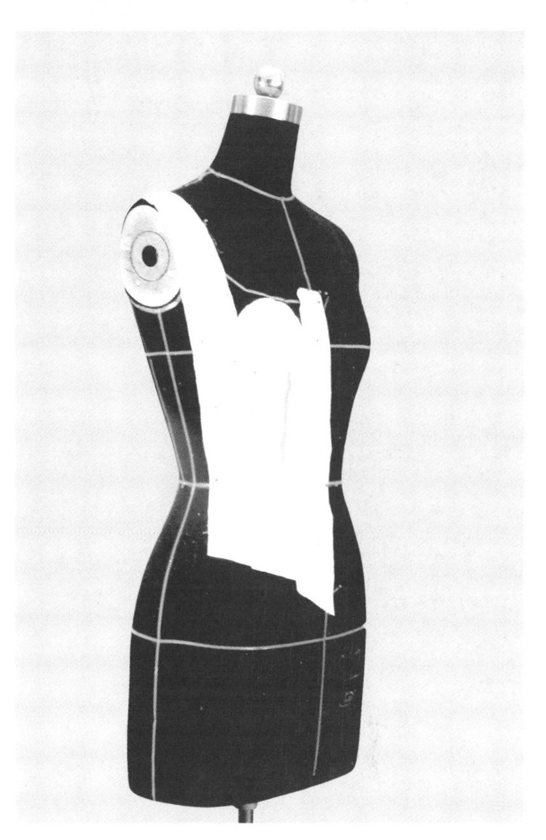

6.前转折片，将布料的胸围线与人台的胸围线对齐，在肩部和开刀线上固定，再与前小片抓别上，稍留点松量，剪去多余毛边，留2厘米余份。

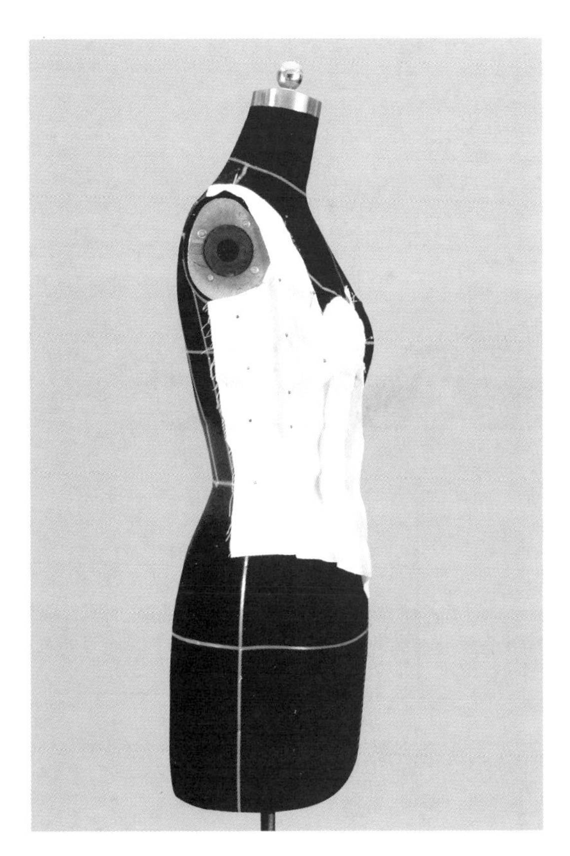

7.前侧片，将布样的胸围线与人台上的胸围线对齐，在侧中线固定，再与前转折片抓别上，稍微留松量，剪去多余毛边，留2厘米余份。

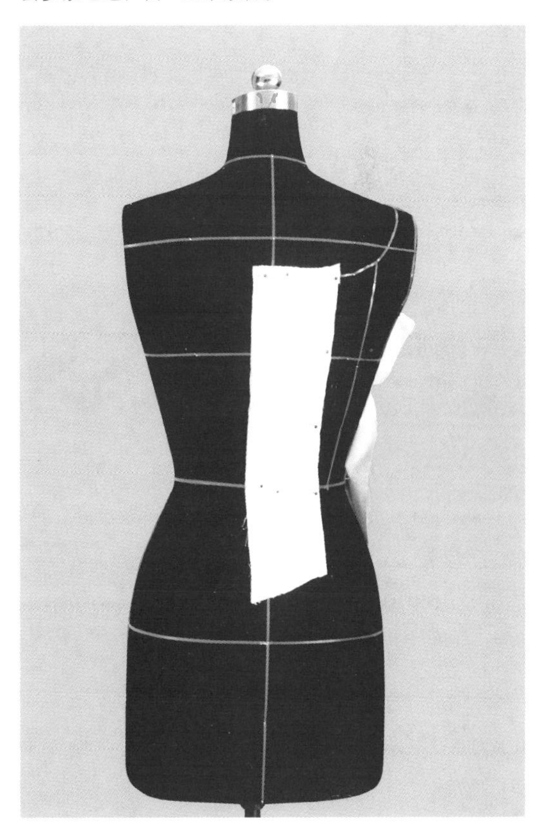

8.后片，布样的后中线、胸围线与人台上的后中线、胸围线对齐，然后在后中线、开刀线上用针固定。

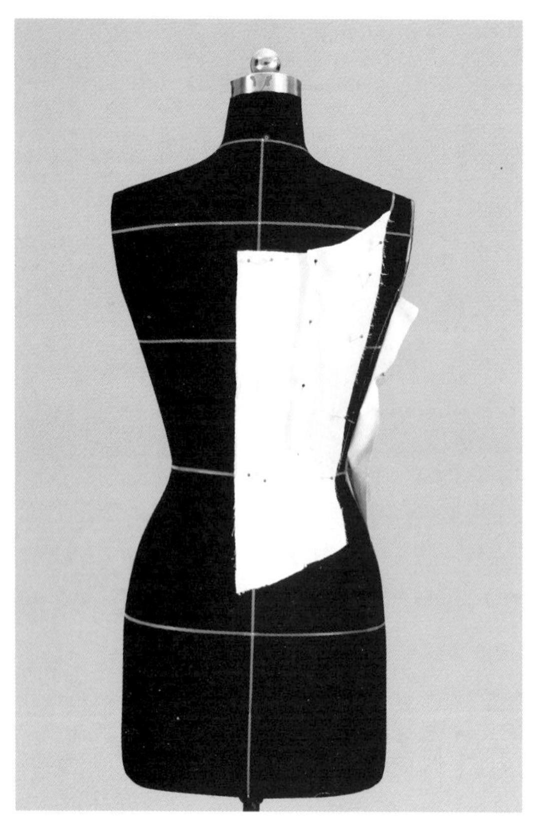

9. 后中片，布样的胸围线与人台上的胸围线对齐，在开刀线上固定，将两片抓别，稍留点松量，剪去多余毛边，留2厘米余份。

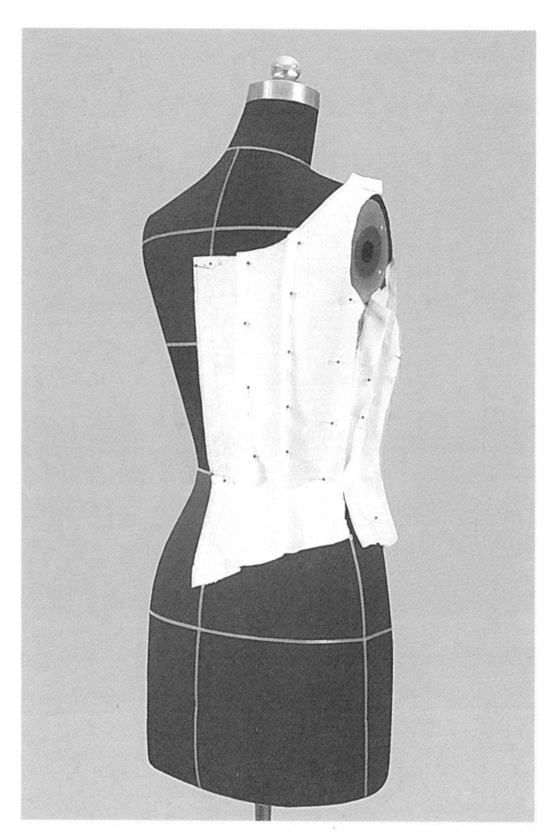

10. 后转折片，将布样的胸围线与人台的胸围线对齐，在开刀线上四针固定，再抓别两片的开刀线和前后肩线，稍留点松量，剪去多余的毛边，留2厘米余份。

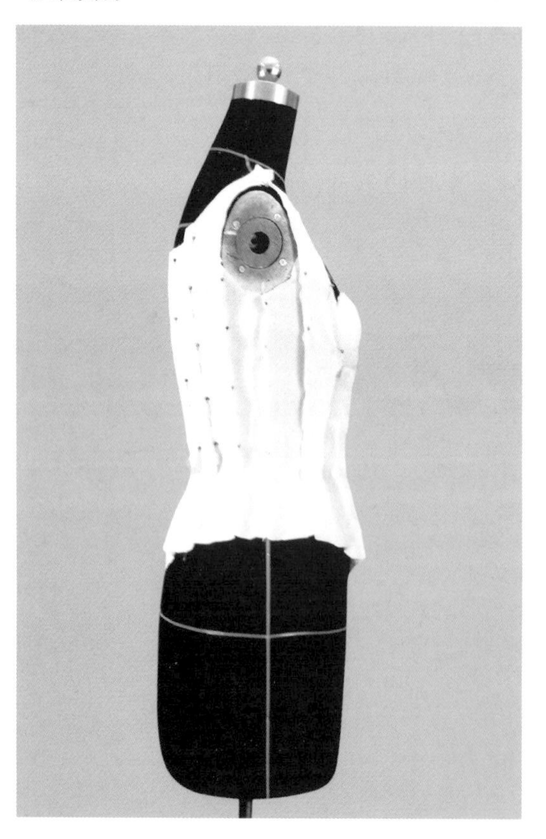

11. 后侧片，布样的胸围线与人台上的胸围线对齐，在侧中线上固定，先抓别两片的开刀线，稍留点松量，再剪去多余的毛边，留2厘米余份。

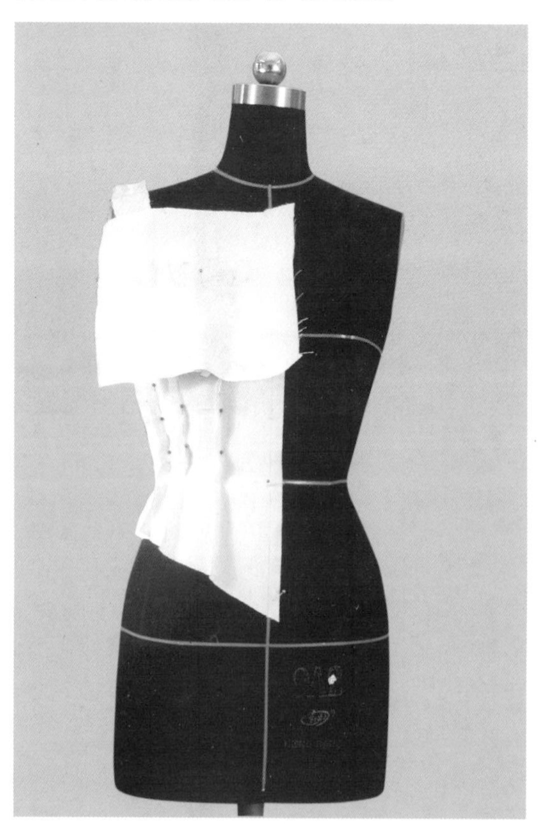

12. 前中胸部造型，布样的前中线与人台上的前中线对齐，用针在领口线上固定。

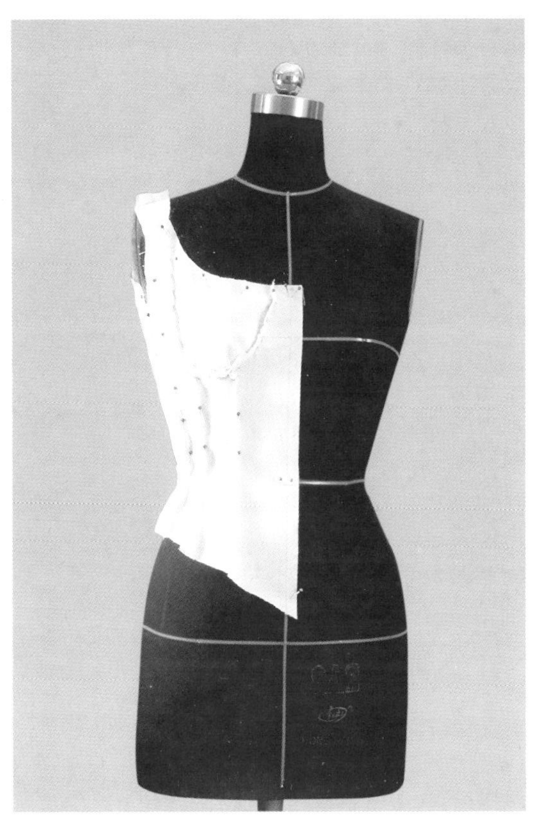

13. 前上片与下半部抓别，针距顺畅，稍留松量，剪去多余毛边，留1厘米余份。

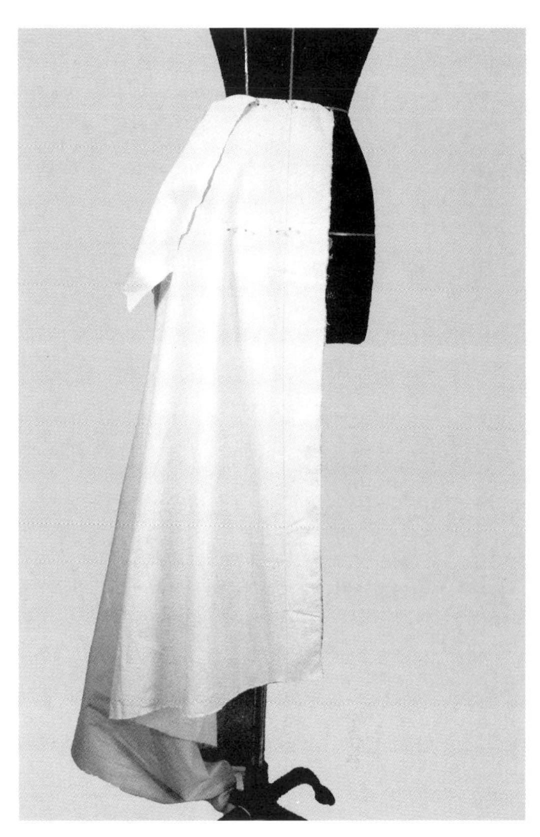

14. 裙片，布样的前中线与人台上的前中线对齐，前中留5厘米余份，腰围以上留20厘米余份，横别两针，剪去多余面料至第一个波浪位置，再纵向打剪口至腰部。

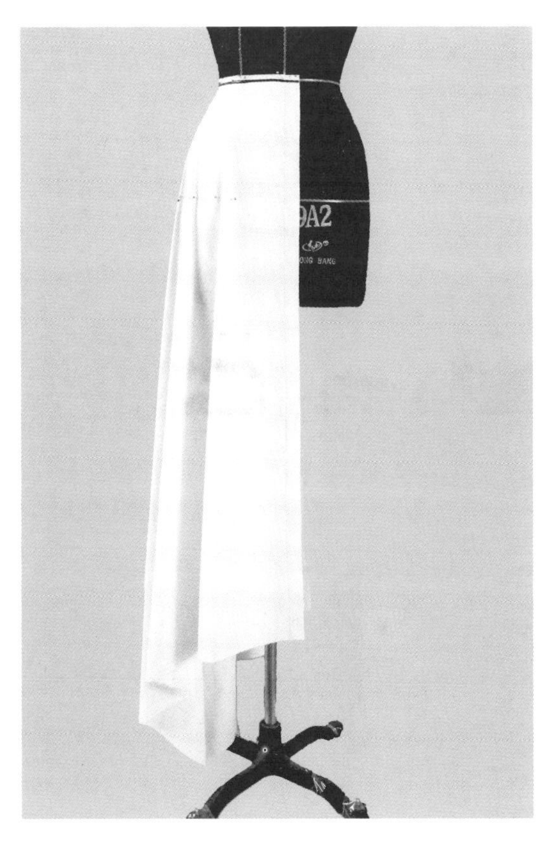

15. 一手持布旋转，一手辅助调整波浪量的大小，两针固定，得到造型清晰流畅的波浪，剪去腰部多余面料，留2厘米余份。

16. 塑造侧中三个波浪，将布料继续向下旋转，设置三个波浪位置，波浪大小与前片波浪要呼应，分别用两针固定，剪去腰部多余面料，在波浪对应的腰部打纵向剪口。

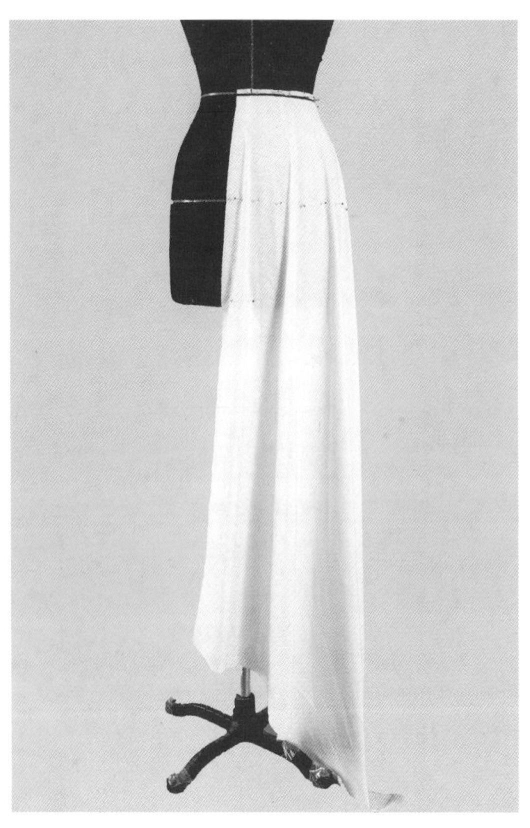

17. 塑造后中波浪，把布料继续向下旋转，调整波浪大小，前后呼应，然后用针固定。

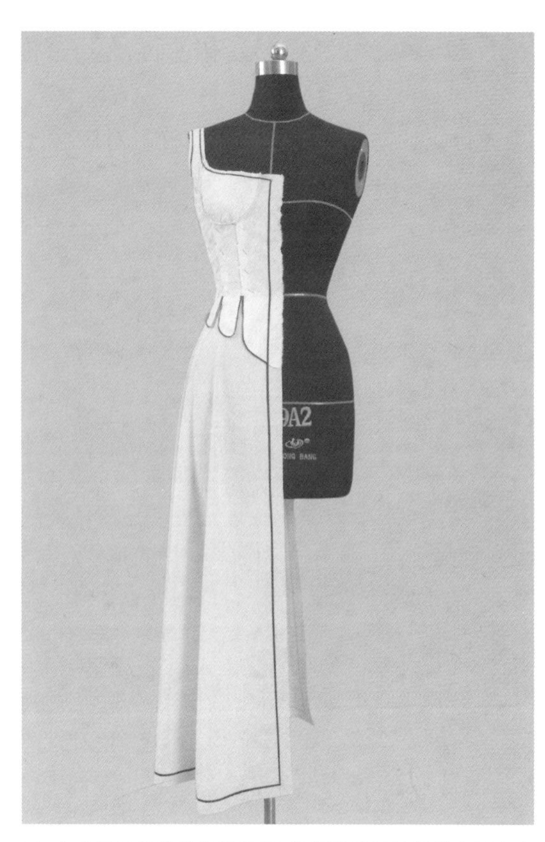

18. 完成前后裙片波浪的设置，将假缝缝好的吊带小衫穿在人台上，然后用胶带贴出领口线，衣摆线、裙摆线要水平。

19. 完成后的侧面立体造型。用胶带贴袖窿弧线，袖窿深点由腋窝向下1.5厘米，侧面整体看上紧下松，波浪均匀自然。

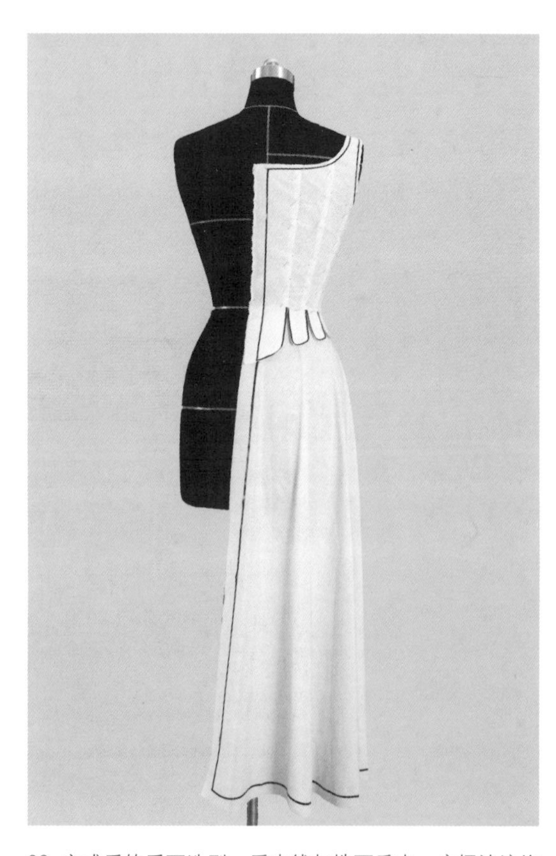

20. 完成后的后面造型。后中线与地面垂直，底摆波浪均匀、自然。

紧身吊带小衫套裙平面展开布样

标点、描线，平面整理布样、对应剪修，将所标记点连直线或弧线，然后修剪缝份，再画出完整的前片布样、后片布样及裙片布样。

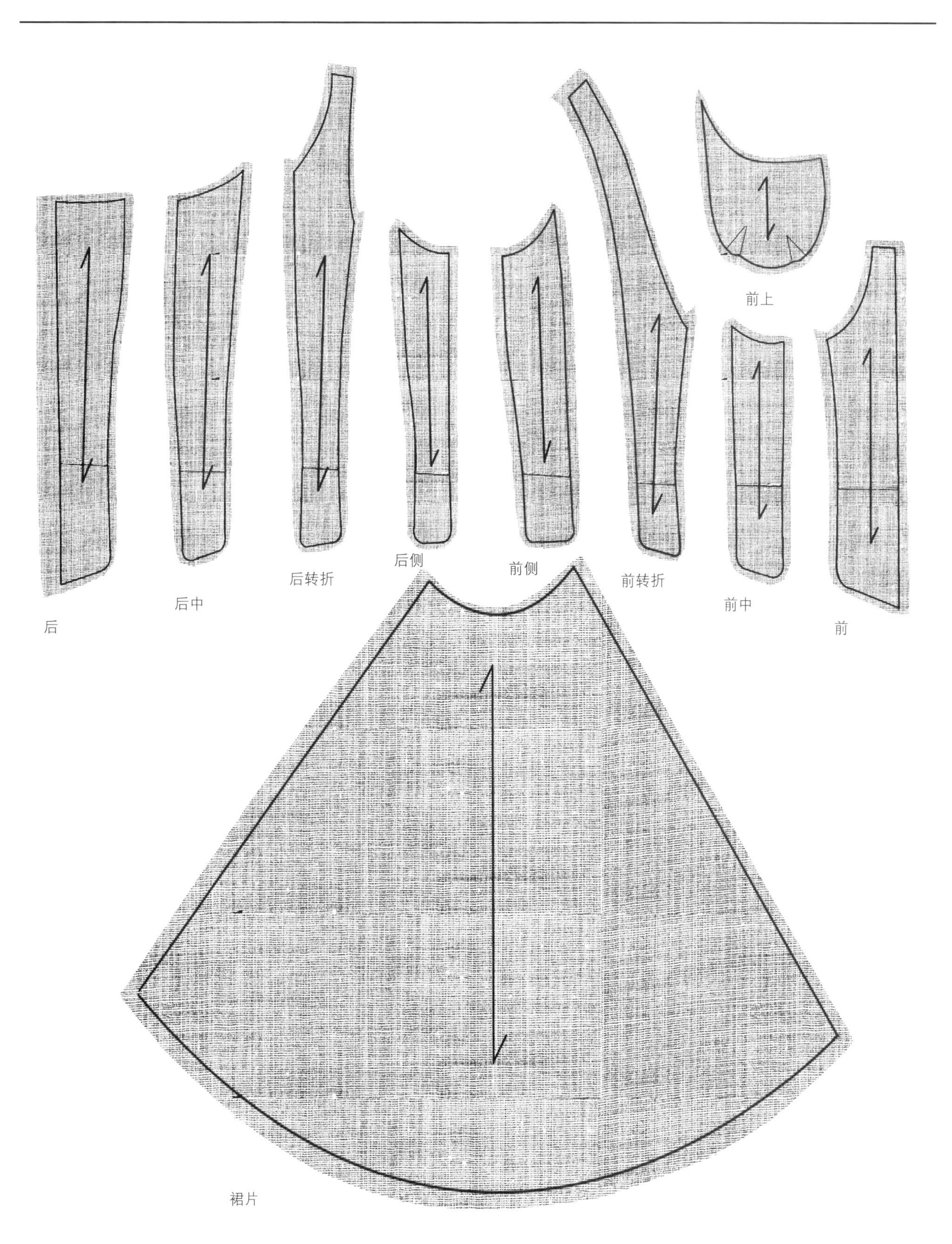

紧身吊带小衫套裙原型法制图

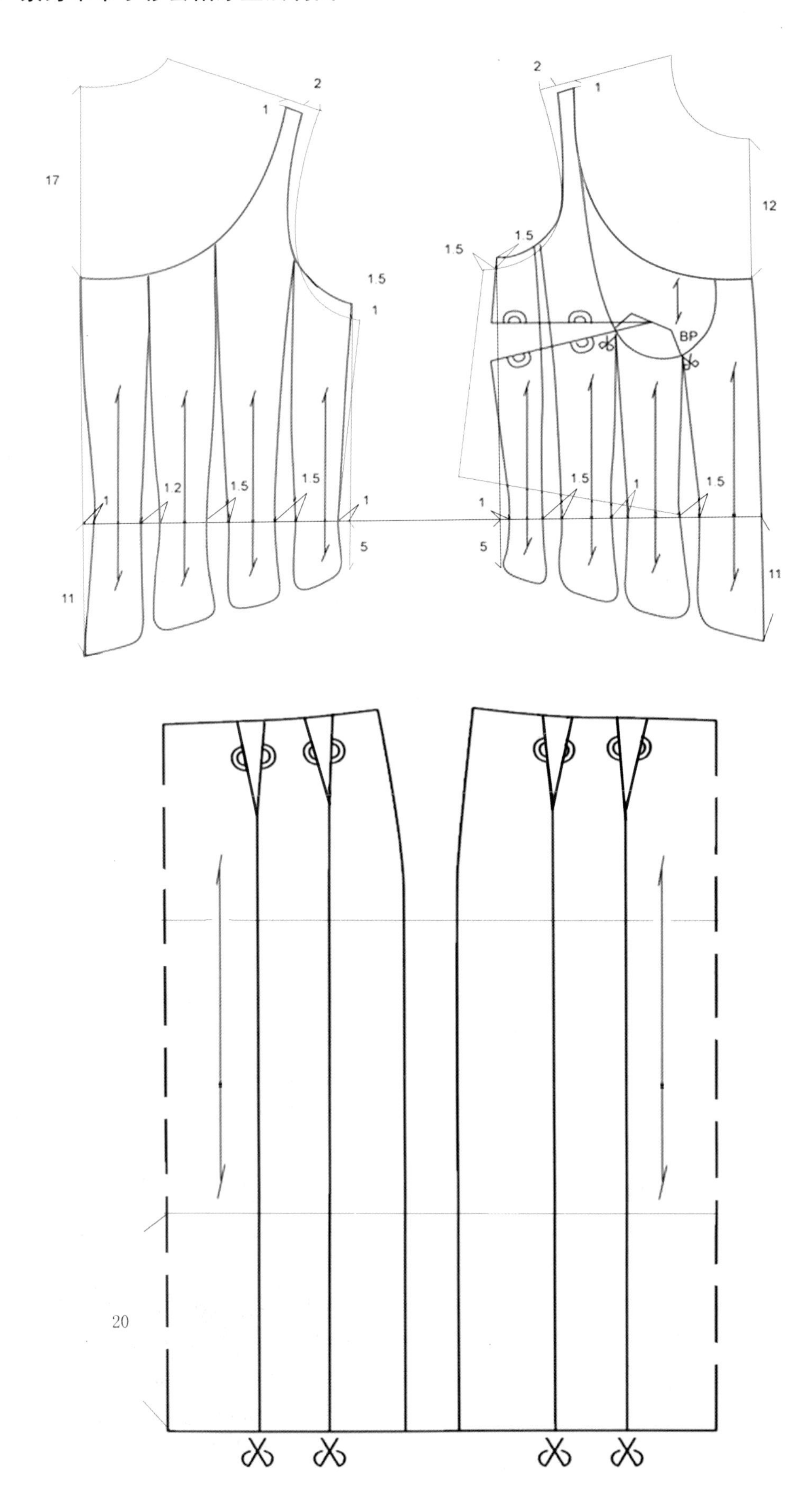

第七章
大荷叶领上衣立体制作

查尔斯·詹姆斯大师作品解析

查尔斯·詹姆斯（Charkes James）是英国著名时装大师，常被称为“时装塑造家”。因为他设计的服装大多具有雕塑的形式感，特别喜欢采用有戏剧性的效果图的面料，如罗缎、贡缎、天鹅绒等。例如这件大荷叶领上衣，它的特点是三片构成，着重强调肩部、领子造型。其优雅的“X”造型，饱满而朴素，蓬松的大荷叶领上下对比，呈现修长苗条的错觉，优美的曲线表现了女性之美，赋予女性青春活力，使造型与功能完美结合。

效果图

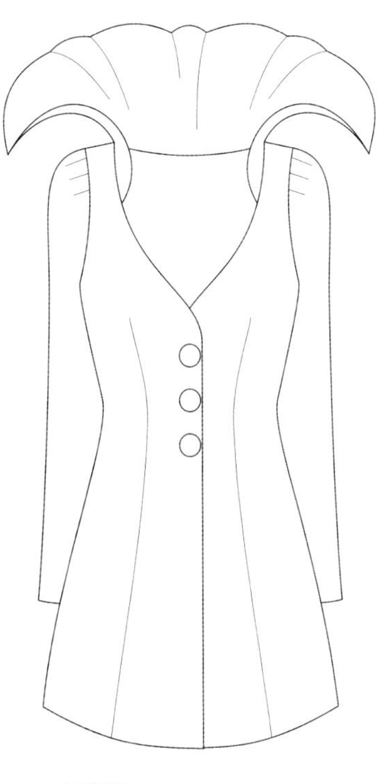

示意图

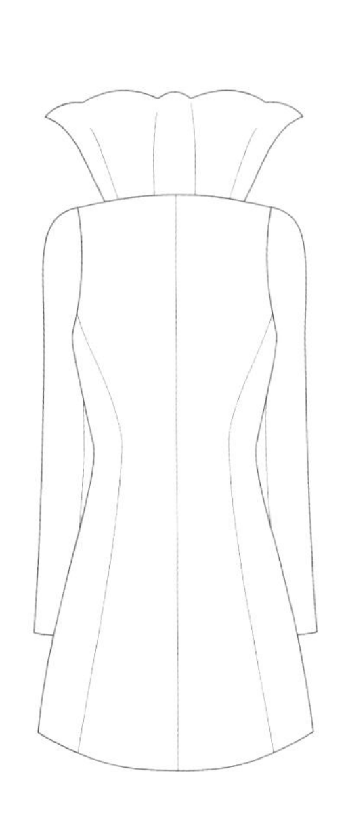

大荷叶领上衣用料图

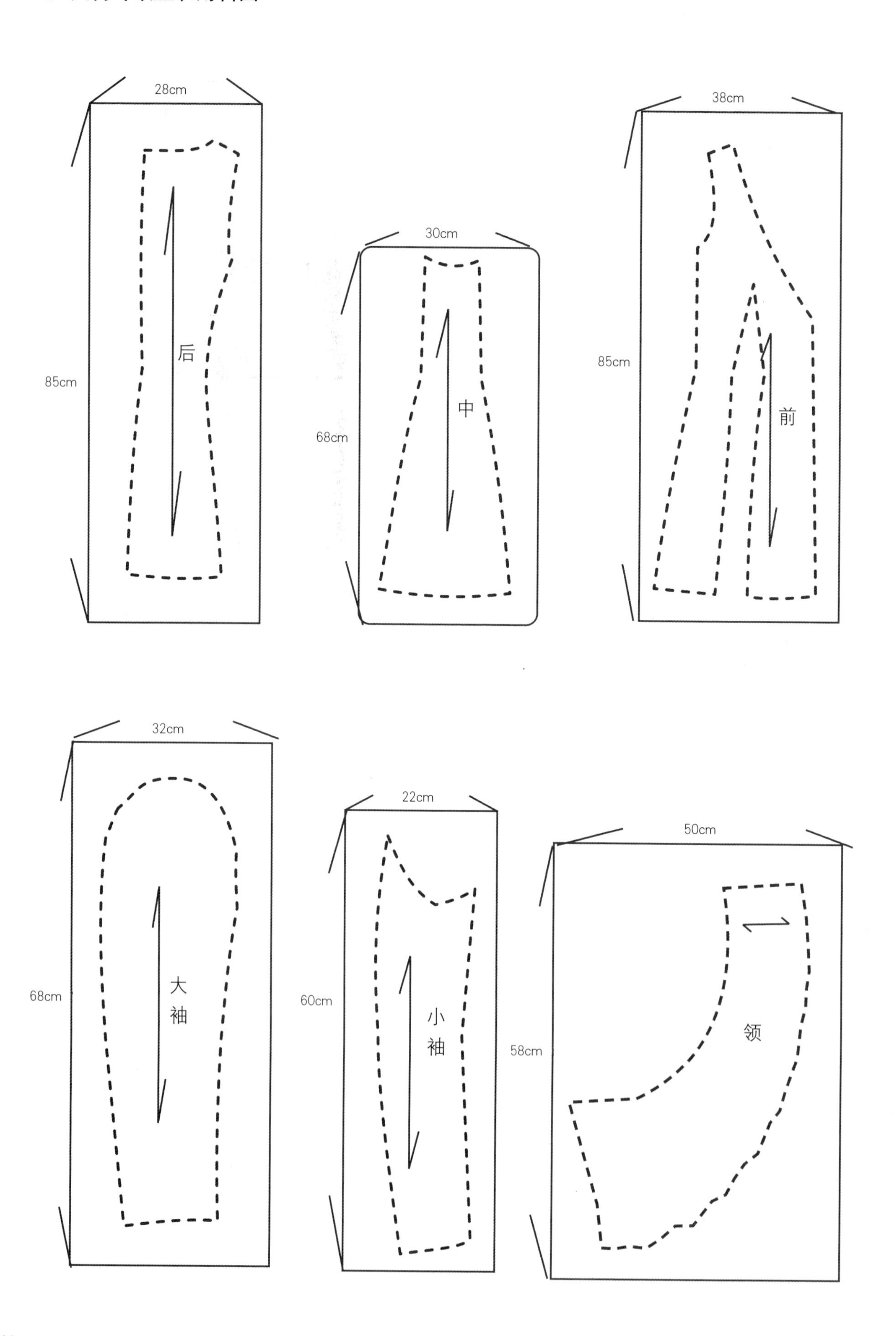

28cm
85cm
后
30cm
68cm
中
38cm
85cm
前
32cm
68cm
大
袖
22cm
60cm
小
袖
50cm
58cm
领

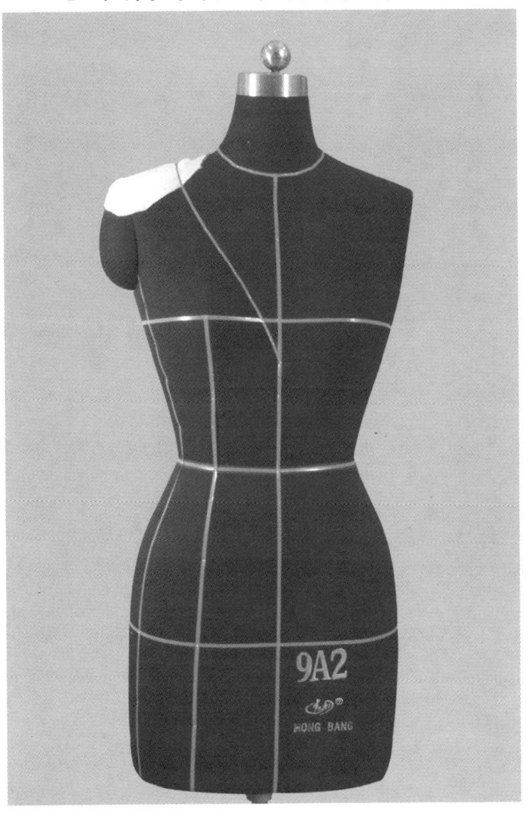

1. 看款式图，贴出省道线，随着人体曲度由BP点向下贴出，由颈侧向左移5厘米与胸围线和前中线交点向下5厘米，贴出领口线。

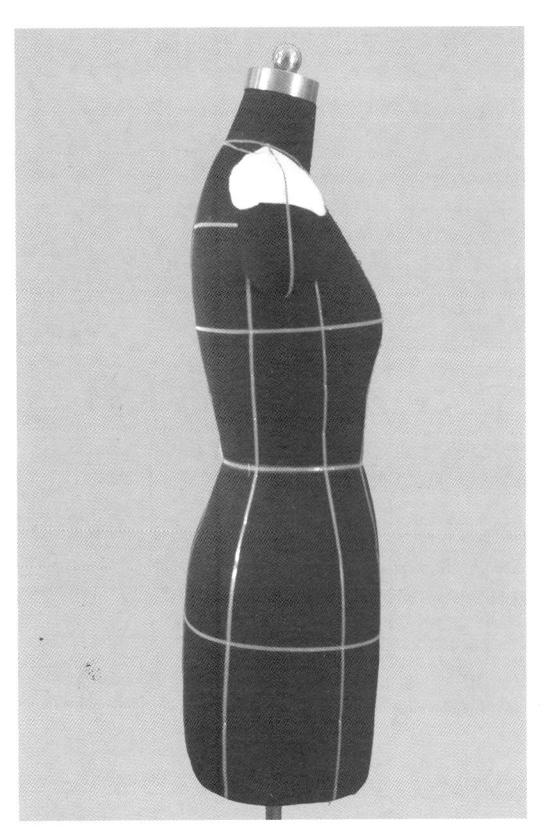

2. 贴出三开身开刀线，前片上端由转折处向侧中3厘米左右。顺延到腰部至臀部都是弧线，臀围线以下是直线。

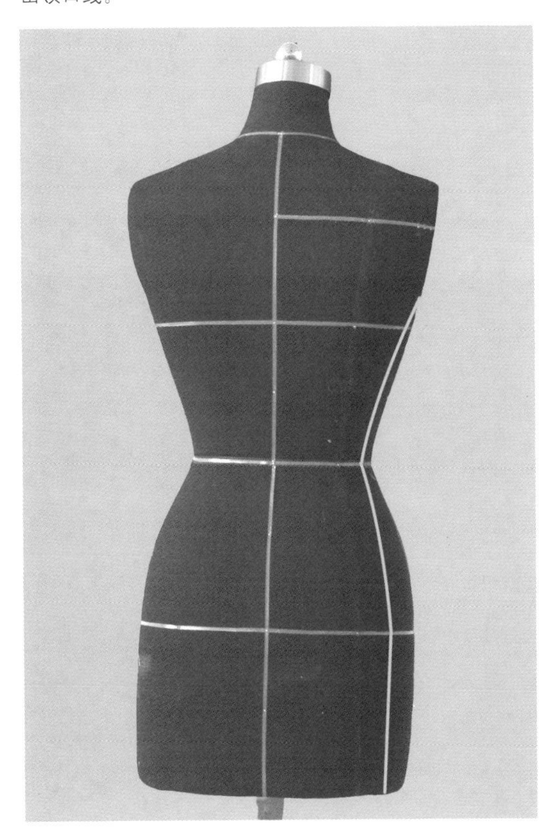

3. 后片，由后片的转折处向侧中移1厘米为起点，然后顺延到腰部，至臀部都是弧线。垫肩，把垫肩对折取中点，再与肩宽点对齐，向外探出正好包住肩部，然后，贴出肩线。

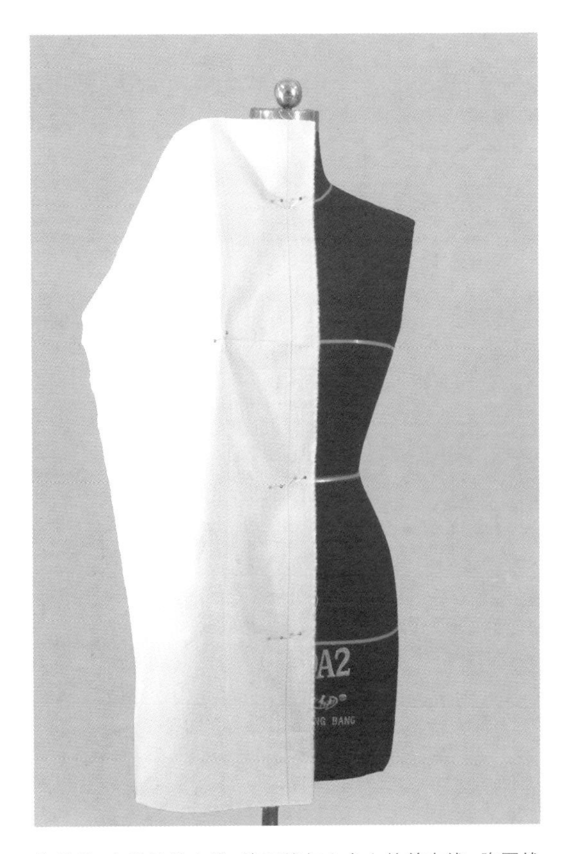

4. 前片，布样的前中线、胸围线与人台上的前中线、胸围线对齐，前中留出5厘米的余份，在颈点插两针，顺延到腰部及臀部固定，在BP点插针取0.25 × 2厘米松量。

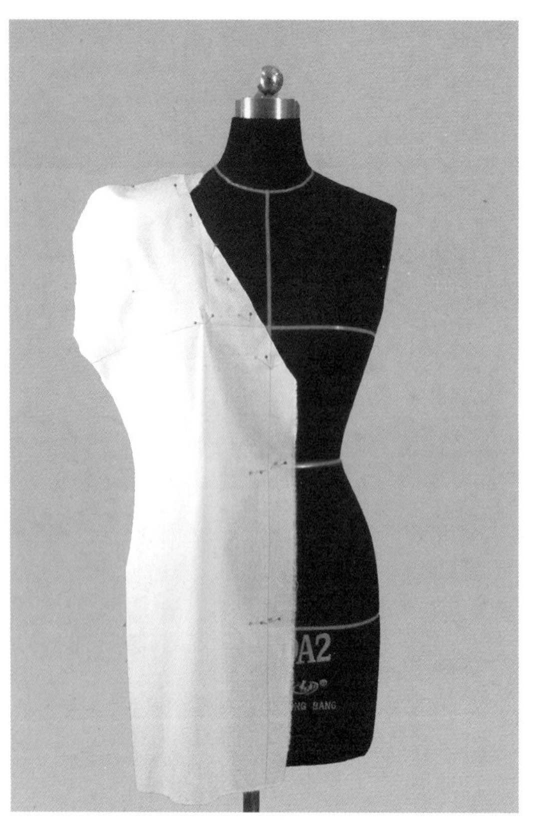

5.确定领宽、领深，按人台上的领口线插针，确定肩点，剪去领口、肩部多余毛边，留2厘米余份。

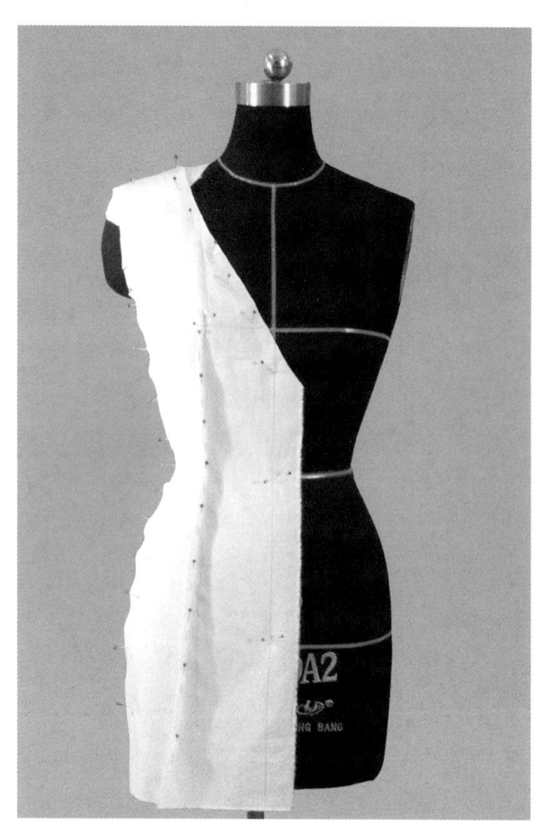

6.塑造转折面，要留松量，然后把胸部造型省的一部分转移到BP点下面省道里，一部分放松到袖窿里，抓到省道，剪去开刀线及省道多余毛边，留2～3厘米余份。

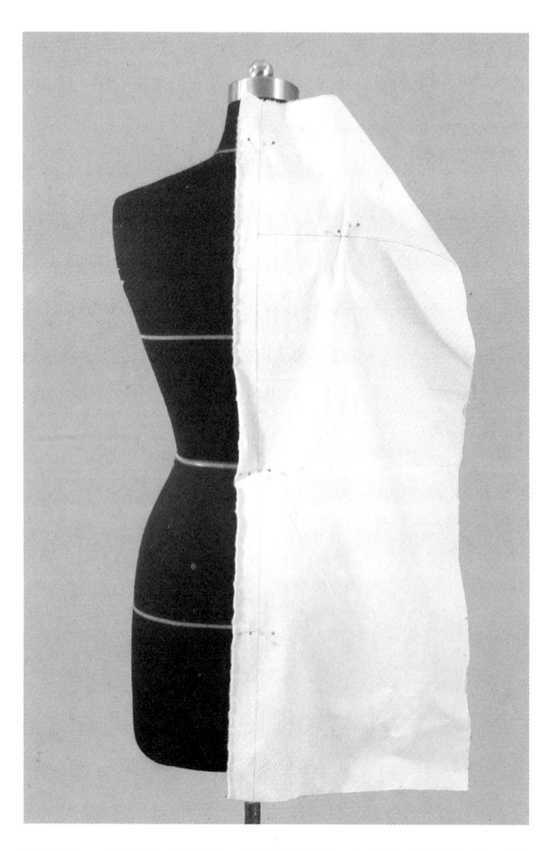

7.后片，布样的后中线、背宽横线与人台上的后中线、背宽横线对齐，在后颈点、腰部、臀部分别用两针固定，然后在背肩胛骨处取0.3×2厘米松量，并用两针固定。

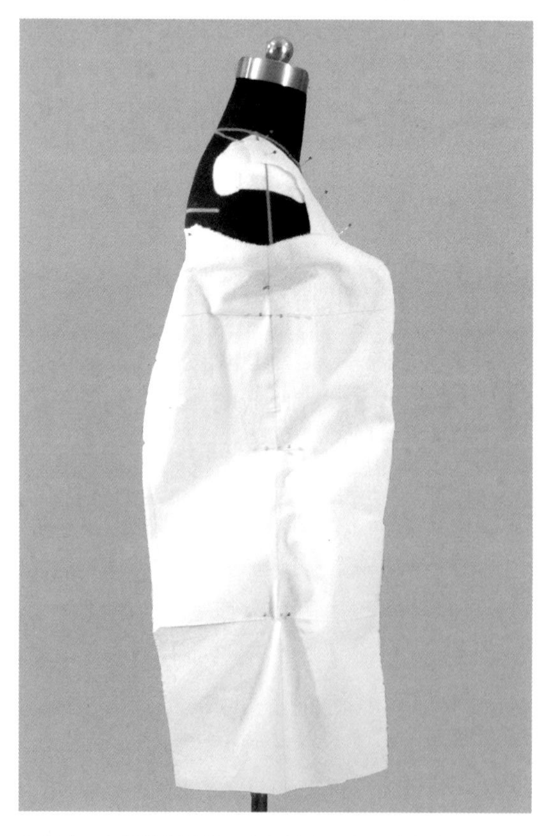

8.侧片，布样的侧中线、胸围线与人台上的侧中线、胸围线对齐，然后用两针固定，在胸围线留出0.25×2厘米松量，在臀围线留出1×2厘米松量，腰围线不留松量。

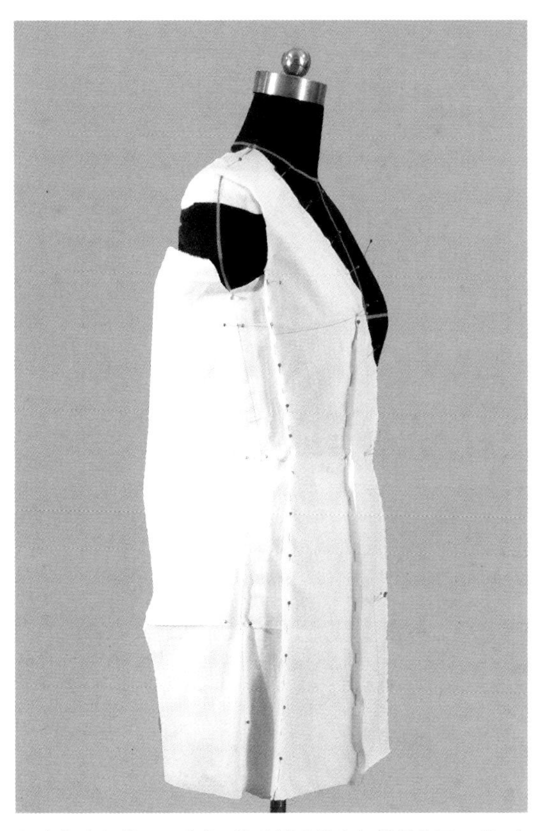

9.在上端打剪口至腋窝,然后抓别前中与前侧的开刀线,在腰部拔开0.5厘米左右,再把多余的毛边剪去,留2厘米余份。

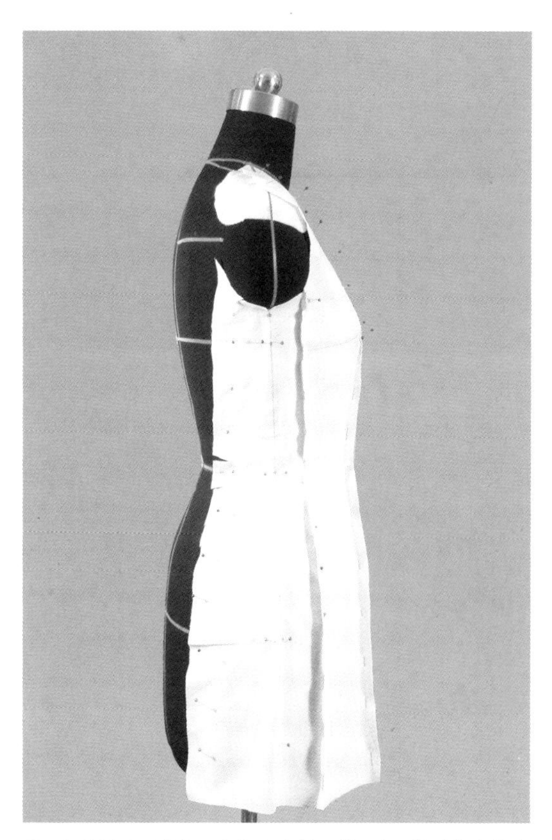

10.在后侧开刀线的腰部打3个剪口并固定,然后剪去多余毛边，留3厘米余份。

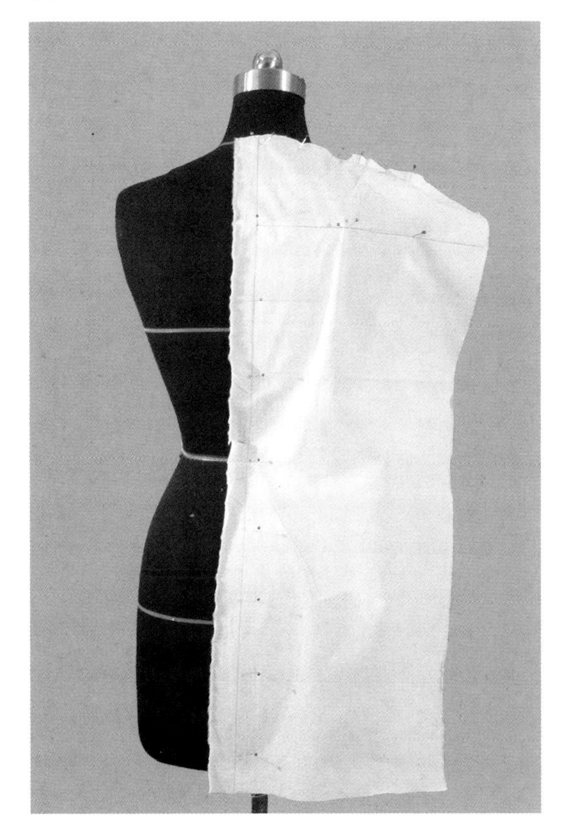

11. 确定领宽、领深，固定背宽、肩宽，做后中缝省,保持背宽横线水平,固定后中线、开刀线。

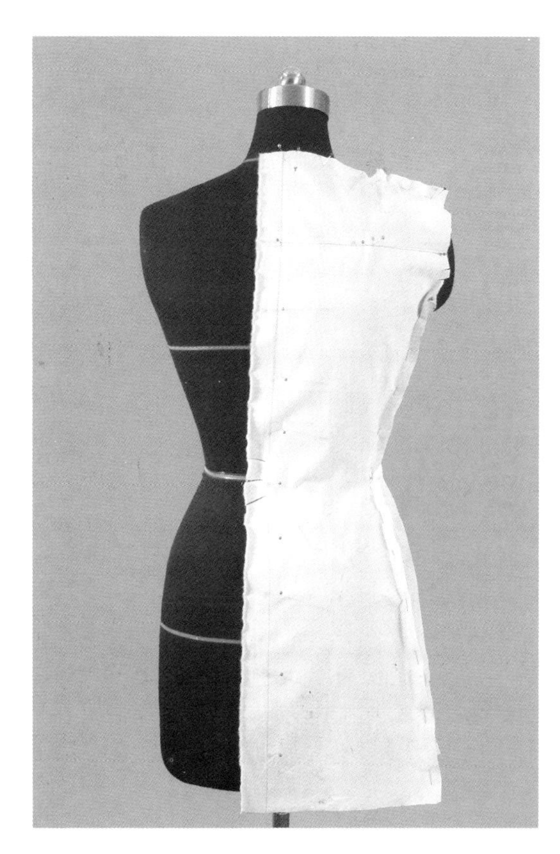

12.抓别肩线，开刀线留0.25 × 2厘米松量，剪去多余领口、肩线、开刀线的毛边，留2厘米余份，然后做标记。

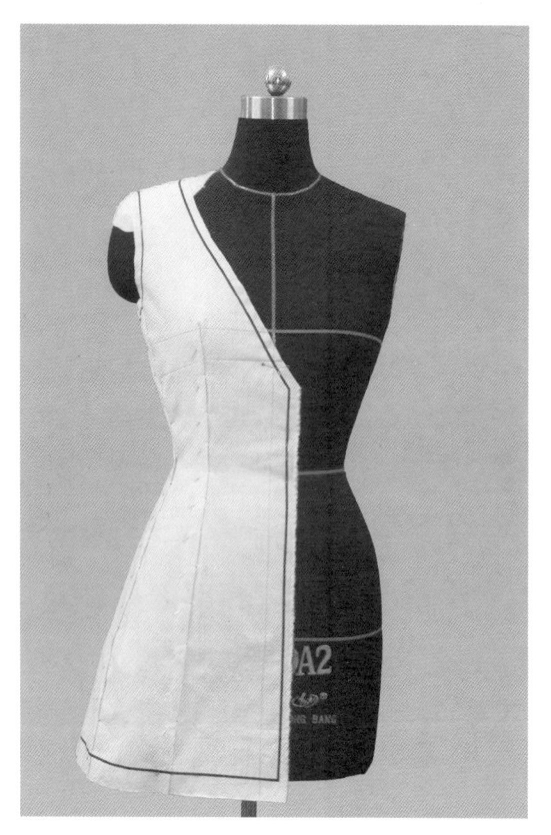

13. 用斜别针假缝，针距均匀、顺畅，保留松量，整理平服，然后用胶带贴出领口线、前中线、底摆线，留1厘米缝份，底摆留3厘米折边。

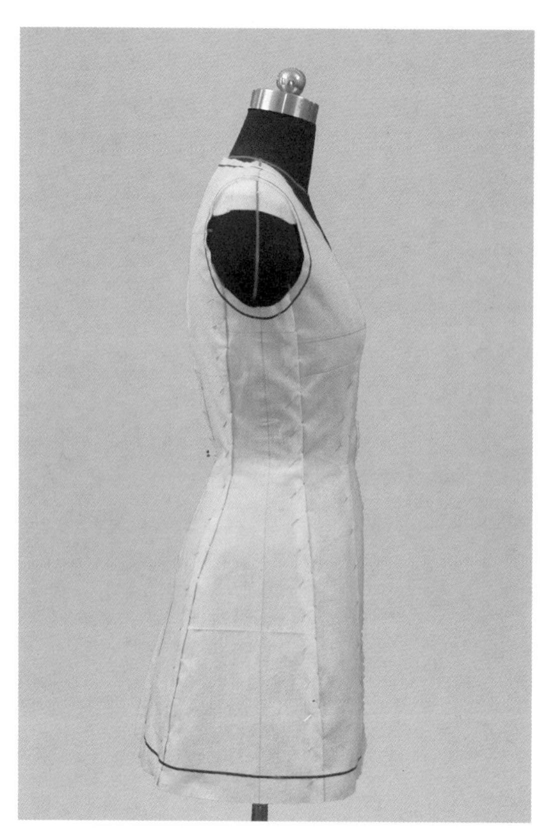

14. 用胶带贴出袖窿弧线，袖窿深点由腋窝向下2.5厘米，然后，留1厘米缝份。

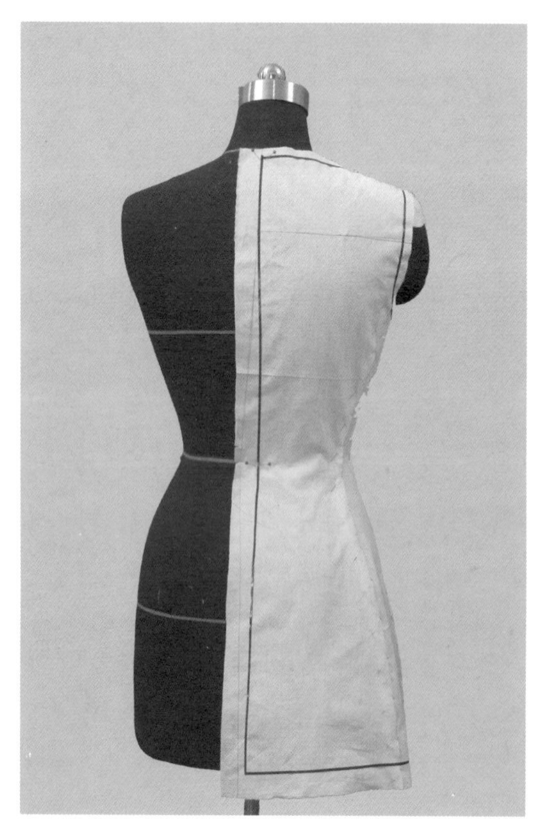

15. 在后中打3个剪口，然后用胶带贴出后中线。

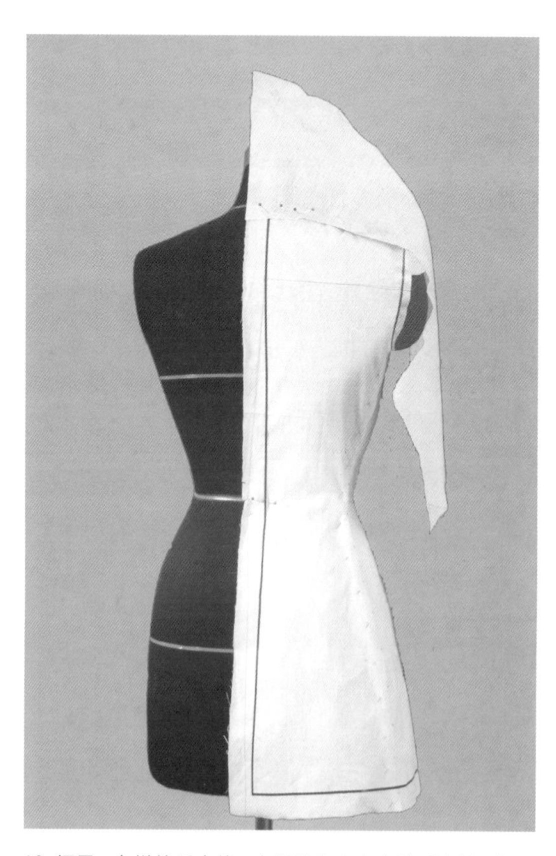

16. 领子、布样的后中线、水平线与人台上的后中线、领口线对齐，然后横别两针。

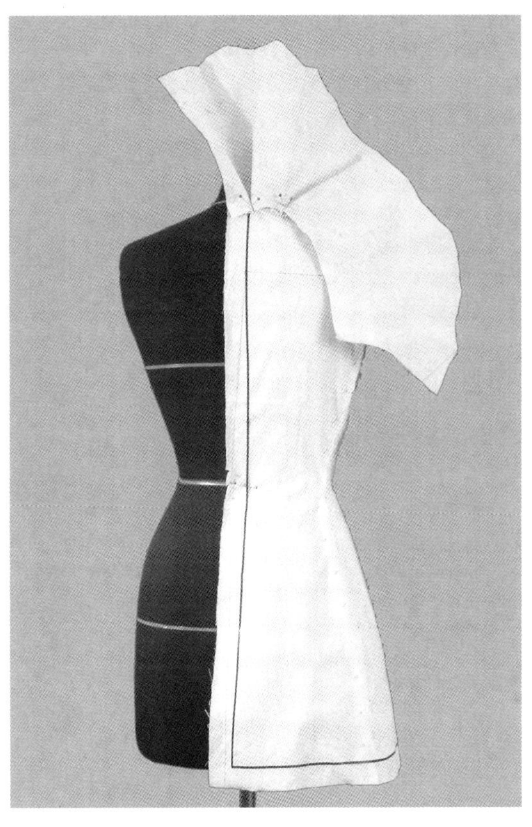

17.在后中折叠褶裥，褶距5厘米，随着领口线共折5个对褶，边折边插针固定。暗褶8厘米，明褶5厘米。

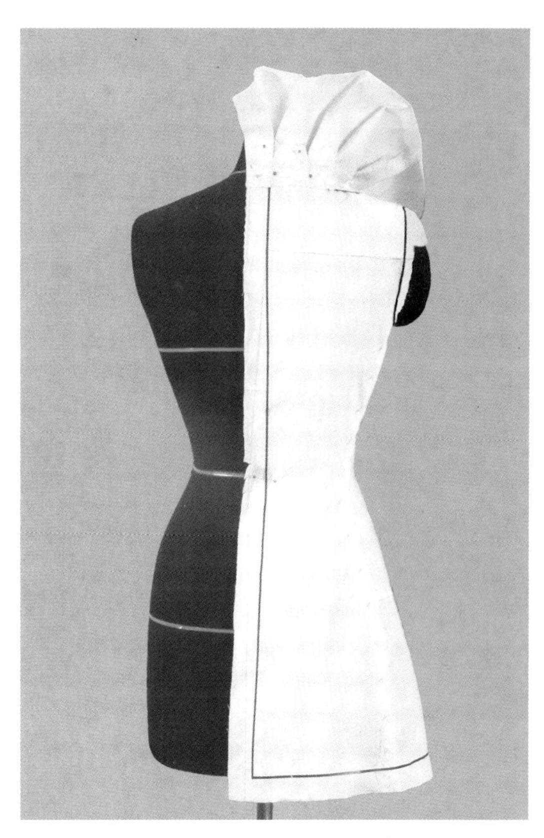

18.在领座3厘米处横别两针，使荷叶大领挺立，造型美观。

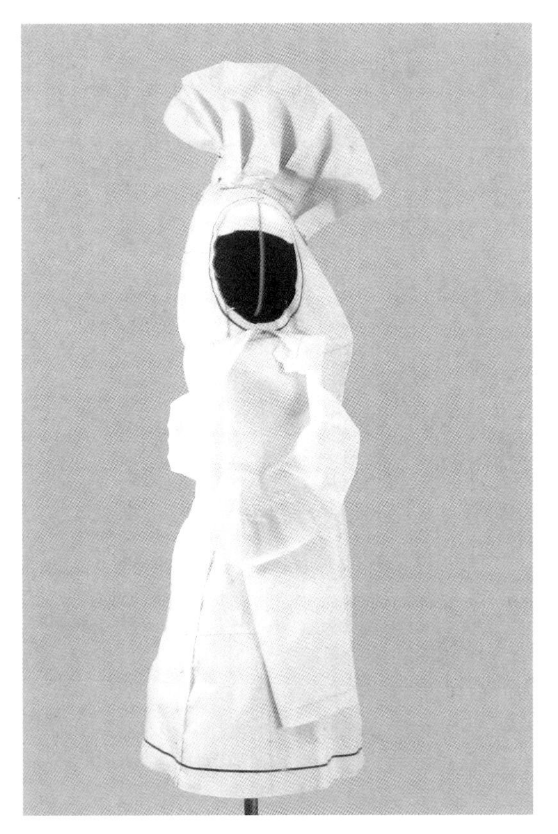

19.绱袖，袖山高与前面讲过的双排扣女西服确定袖山高的方法相同。然后切展袖山加褶量，袖山弧线与袖窿弧线按照第一针、第二针、第三针合印，先固定好绱袖位置。

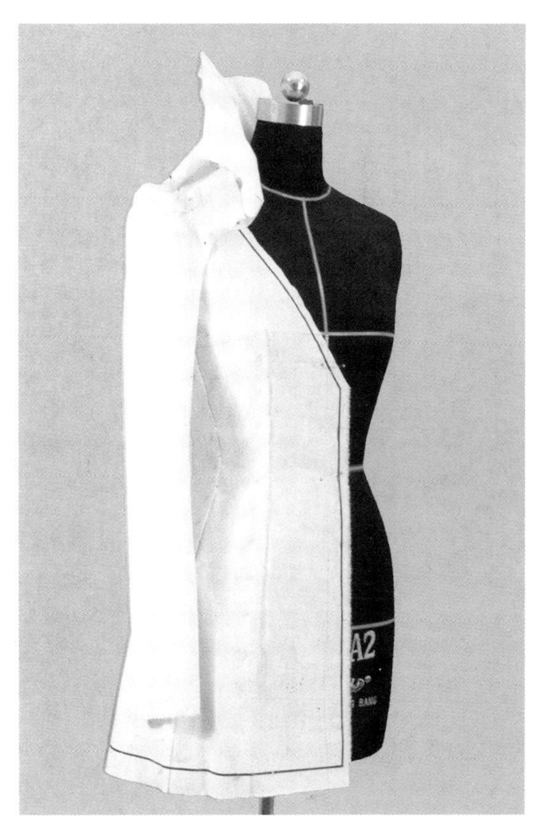

20.折叠前片袖山三个褶裥，一边折叠，一边按袖窿弧线插针或别针，要保证袖山饱满，圆顺美观。

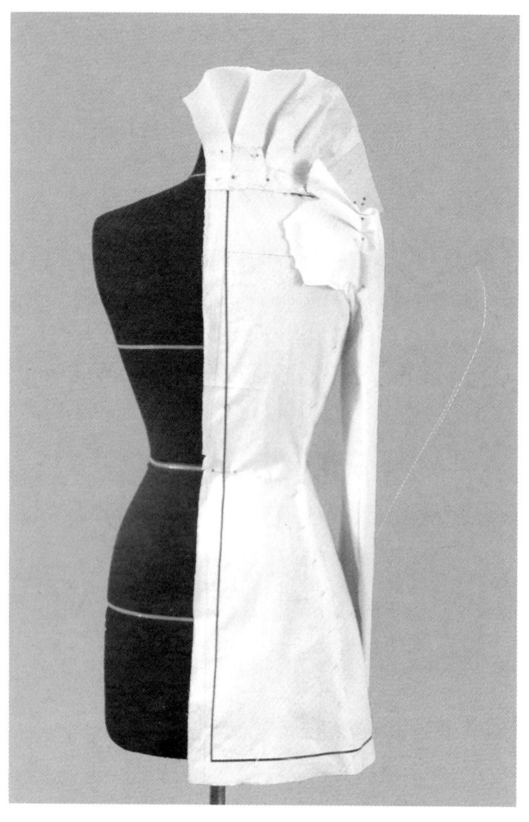

21. 折叠后片袖山褶，一边折叠，一边按袖窿弧线插针或别针，保持褶裥的宽度，褶裥数为3个，褶裥量视款式而定。

22. 观察侧面袖山造型，要求褶裥自然齐整，袖子贴体。

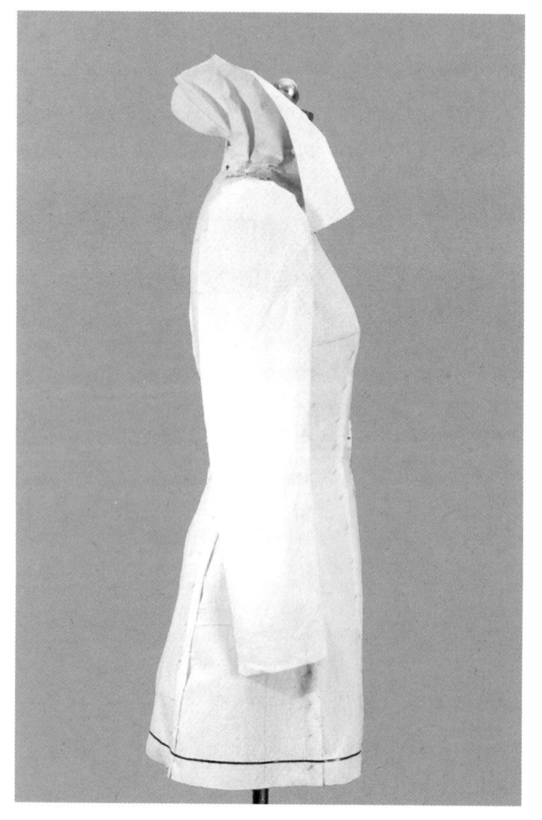

23. 剪去袖山弧多余毛边，留2厘米余份，成型荷叶领上衣侧面造型，袖山圆顺、美观、饱满。领子波浪自然舒展。

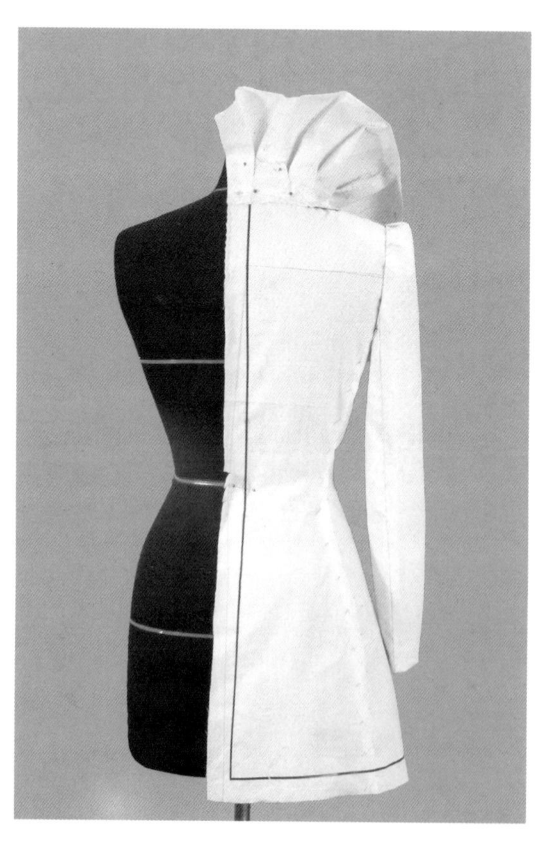

24. 后面造型，成型荷叶领上衣后片造型，转折面分明，整体收放自然流畅。

大荷叶领上衣平面展开布样

标点、描线，平面整理布样、对应剪修，将所标记点连直线或弧线，然后修剪缝份，再画出完整的前片布样和后片布样及袖片、领片布样。

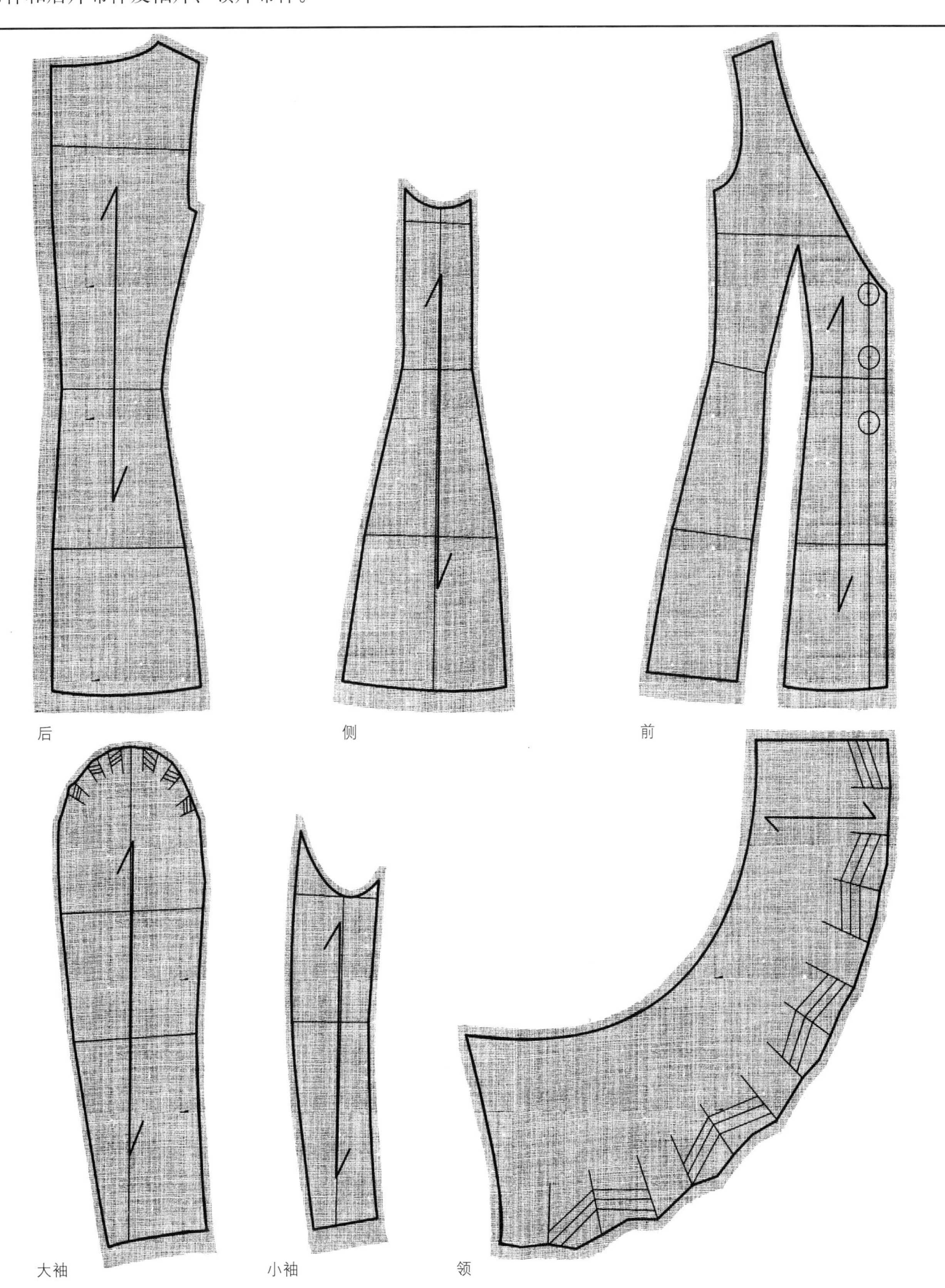

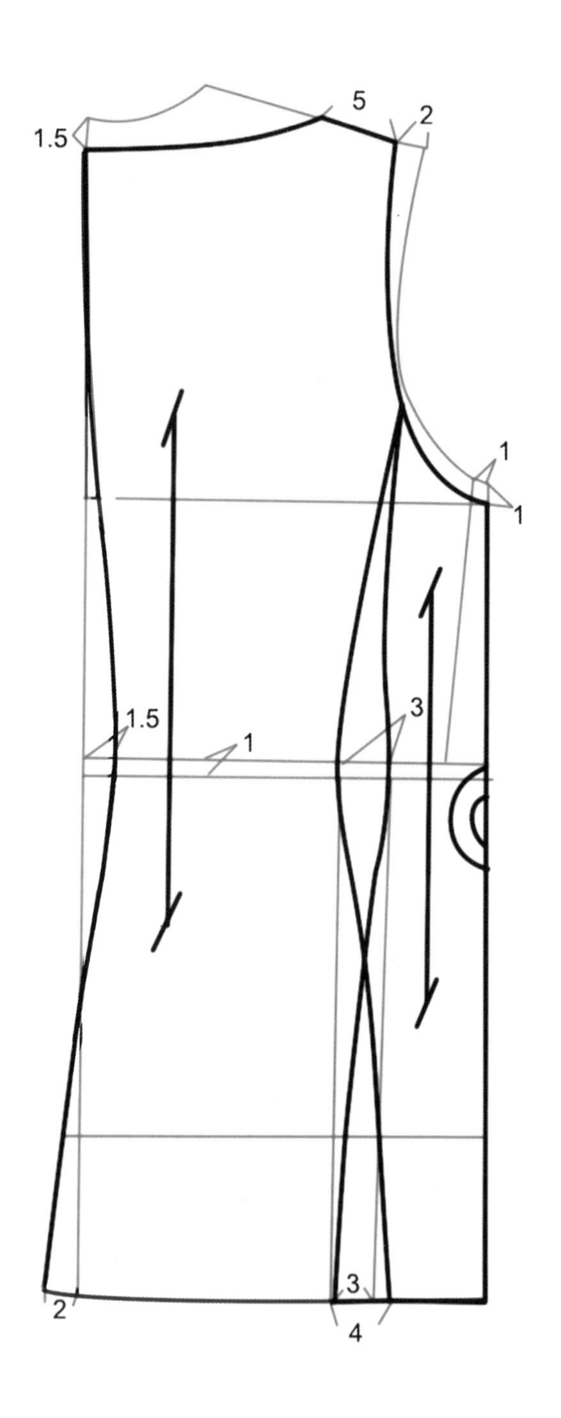
1.5
5
2
1
1
1.5
1
3
2
3
4

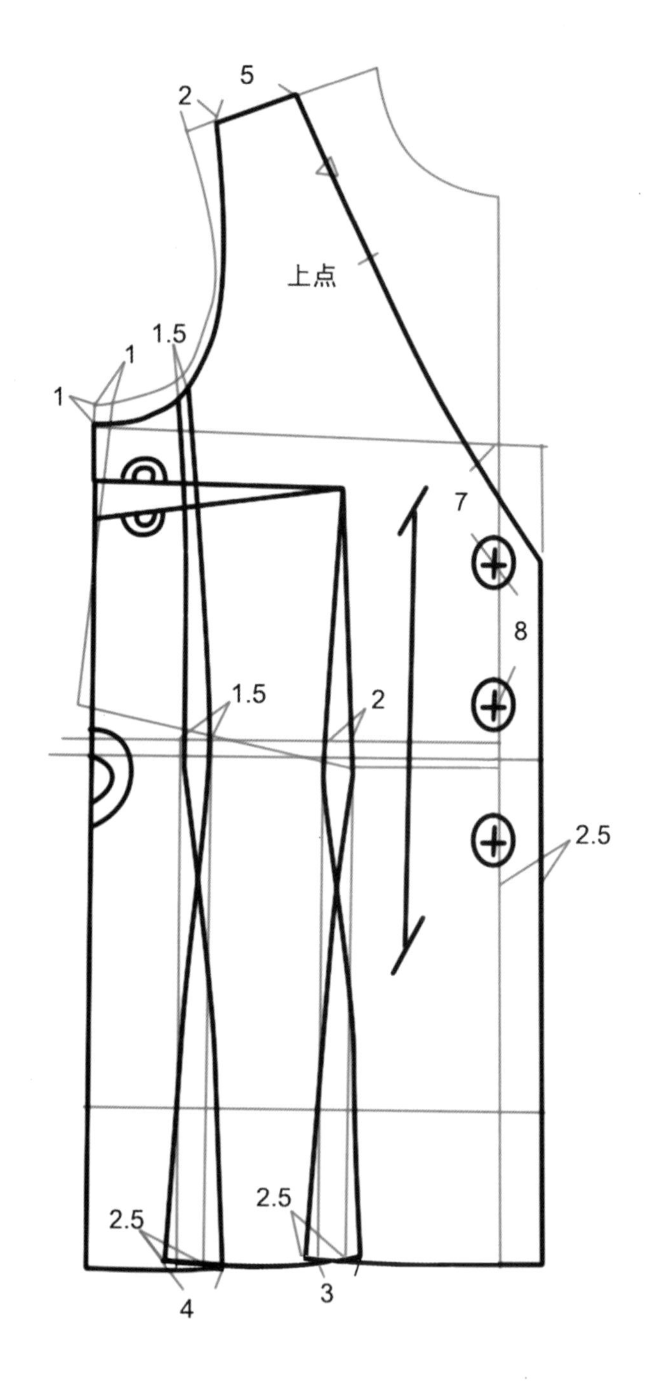
2
5
上点
1.5
1
1
7
8
1.5
2
2.5
2.5
2.5
4
3

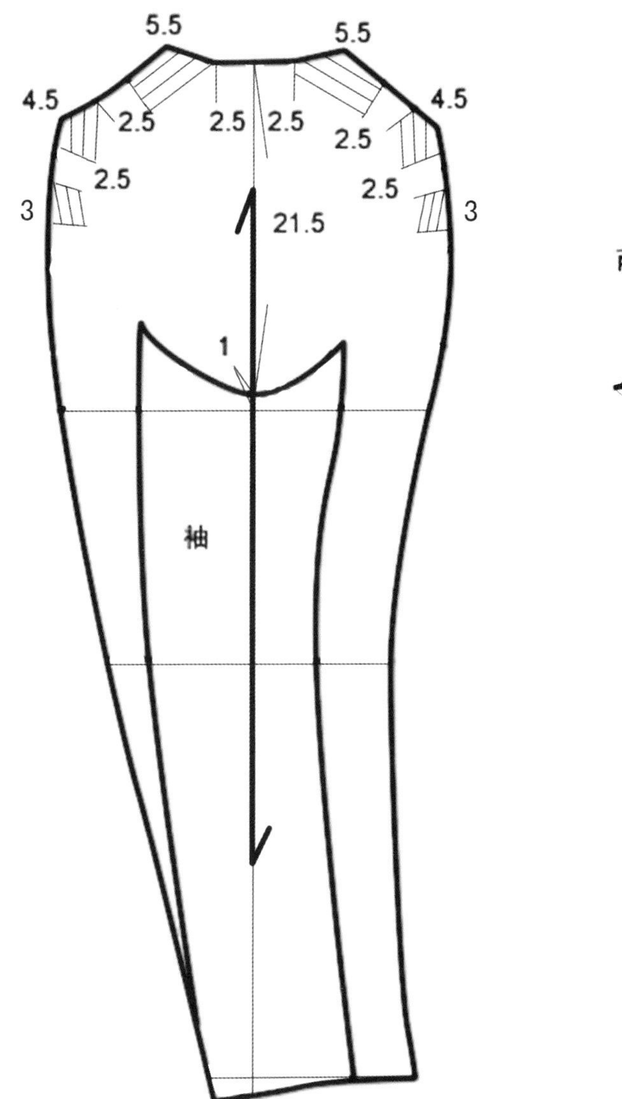
5.5
5.5
4.5
4.5
2.5
2.5
2.5
2.5
2.5
2.5
3
3
21.5
1
袖

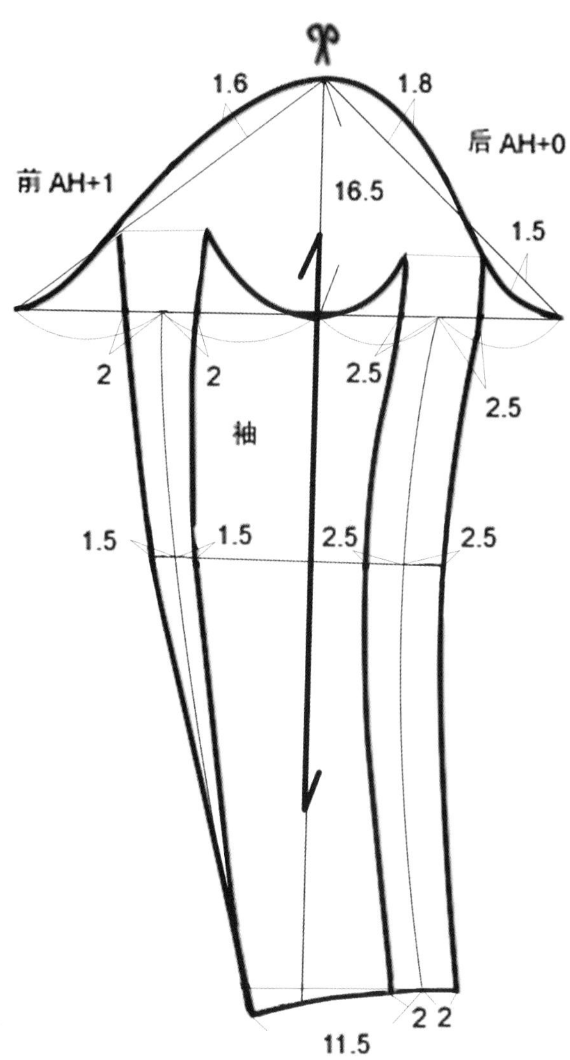
1.6
1.8
后 AH+0
前 AH+1
16.5
1.5
2
2
2.5
2.5
袖
1.5
1.5
2.5
2.5
2 2
11.5

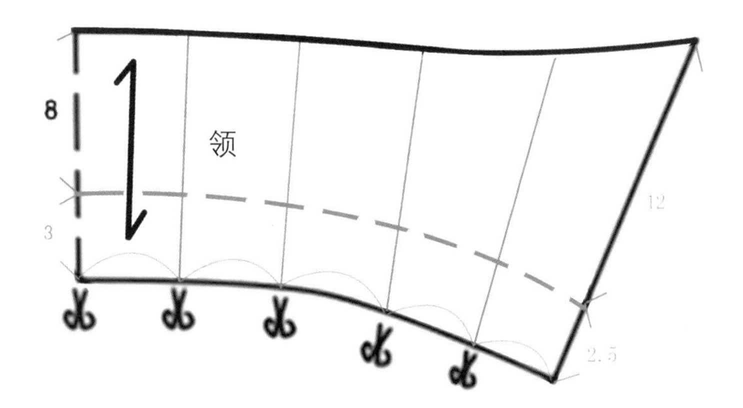
8
领
3
12
2.5

第八章
小披肩式上衣立体制作

效果图

● 克里斯托瓦尔·巴伦西亚加大师作品解析

克里斯托瓦尔·巴伦西亚加(Cristobal Balenclaga)是法国著名时装设计大师。他的套装设计大胆，充满了西班牙古典和浪漫主义绘画气氛，形式上独树一帜。他的设计总体感强，又兼具丰富的细节处理，极为精致，强调手工制作。因此他的客户群通常是保持着高格调、高品位，出入于最讲究的场所的女性。例如这件披肩式上衣，它的特点是四片构成，属于收腰变形的短西服，匀称合体，结构稳定，七分袖的运用整体简练大方，与精美流苏的披肩上下结合，体现服装动态美感，使动和静、简洁与丰富有机结合起来。

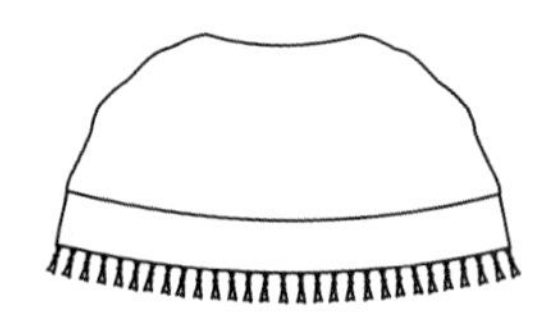

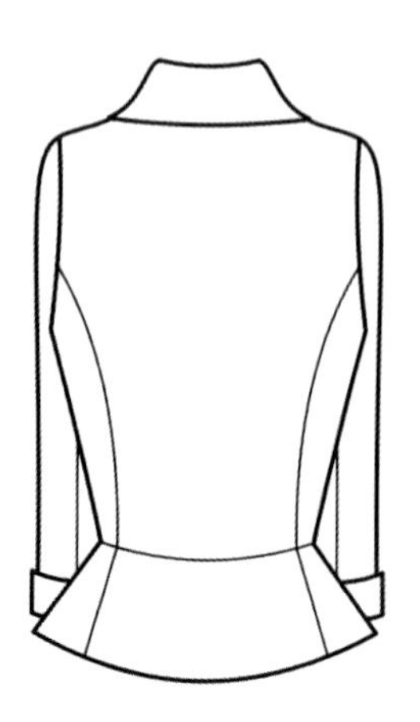

示意图

小披肩式上衣用料图

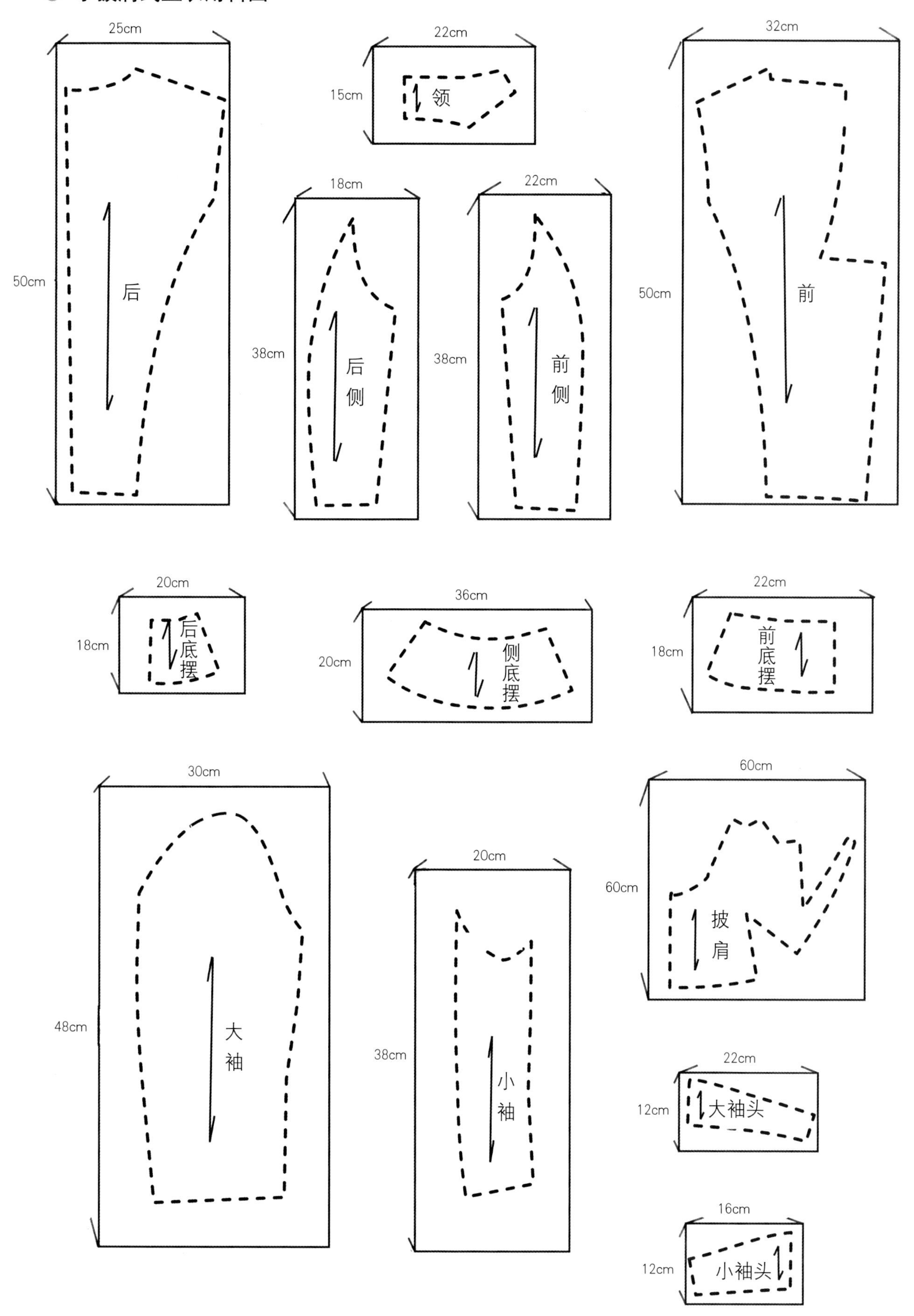

25cm
50cm
后
22cm
15cm
领
18cm
38cm
后侧
22cm
38cm
前侧
32cm
50cm
前
20cm
18cm
后底摆
36cm
20cm
侧底摆
22cm
18cm
前底摆
30cm
48cm
大袖
20cm
38cm
小袖
60cm
60cm
披肩
22cm
12cm
大袖头
16cm
12cm
小袖头

小披肩式上衣制作步骤

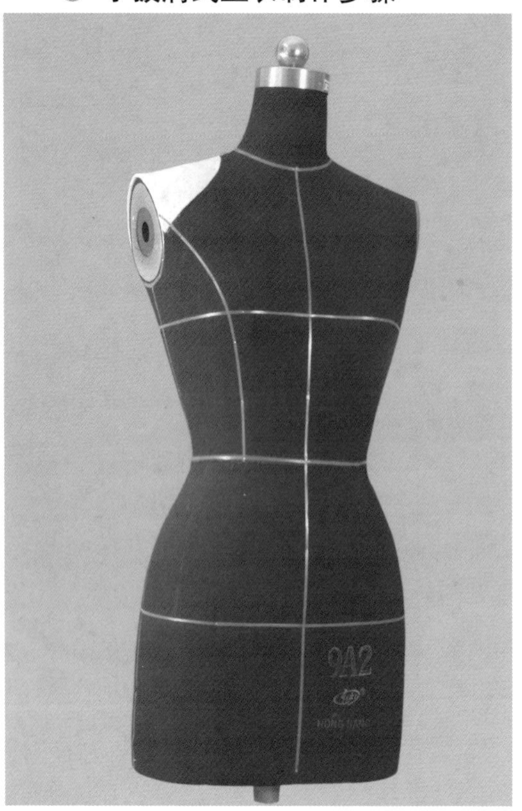

1.看款式图，贴出四开身公主线。前片，上端由袖窿二分之一处，通过BP点顺延至腰围是弧线。

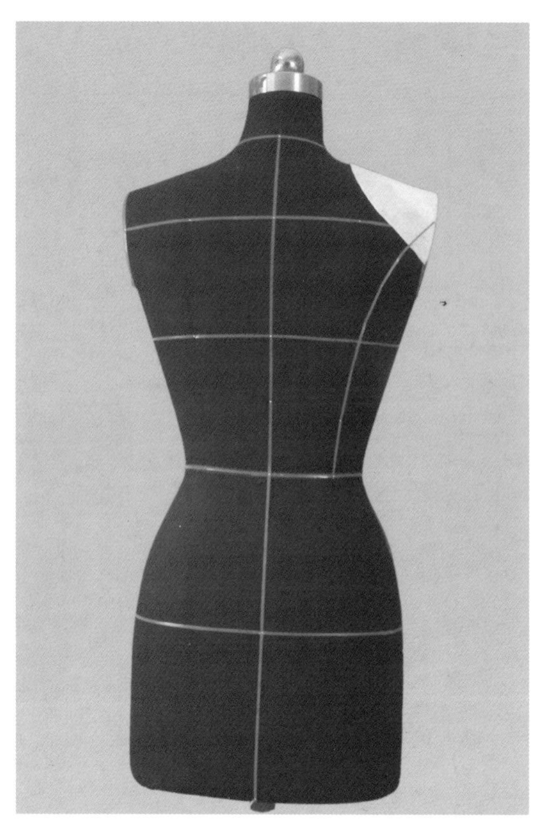

2.后片，上端由袖窿二分之一处顺沿至腰围是弧线，然后装垫肩。把肩垫对折取中点，再向前移1厘米与肩宽点对上，再探出0.8～1厘米固定。

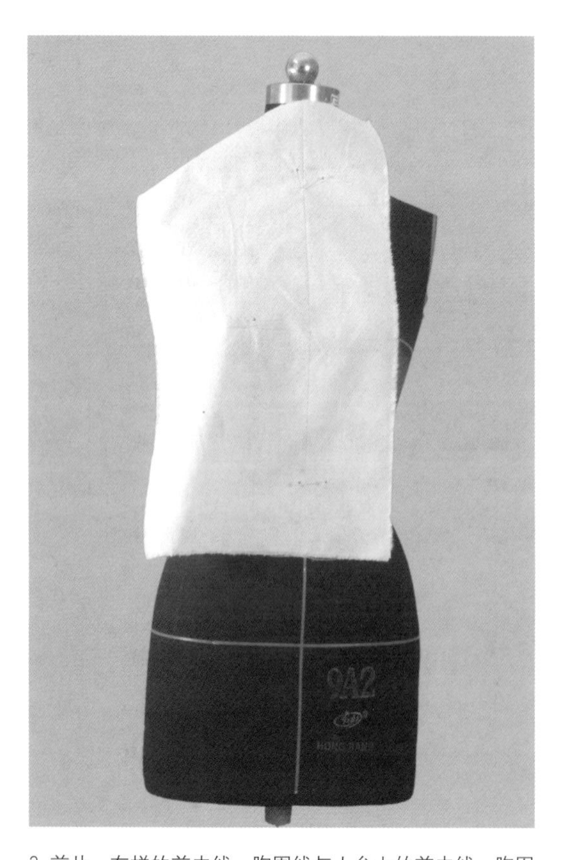

3.前片，布样的前中线、胸围线与人台上的前中线、胸围线对齐，前中留出10厘米余份，在前颈点用两针固定。然后，在BP点插针，在腰围两针固定。

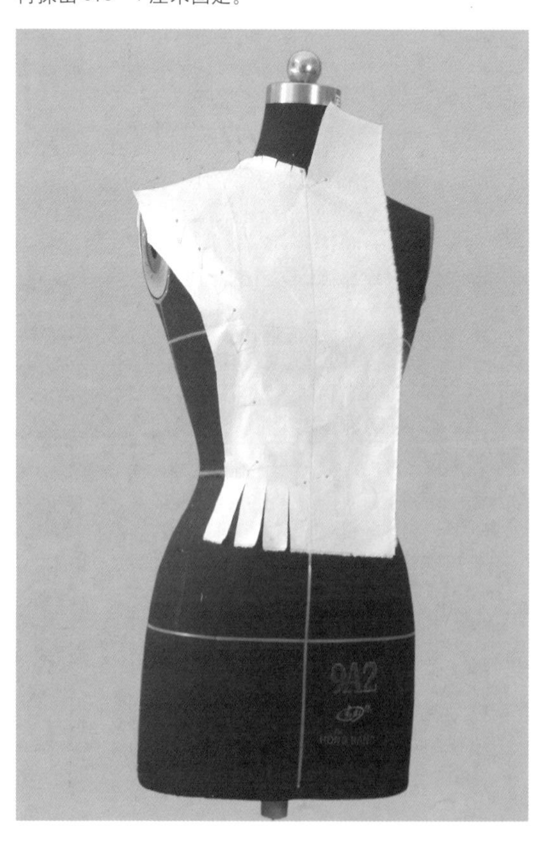

4.确定领宽、领深、肩宽，剪去多余毛边，留2厘米。在领窝打剪口，然后用7针固定弧形公主线，剪去多余毛边，留3厘米，在腰部打3个剪口。

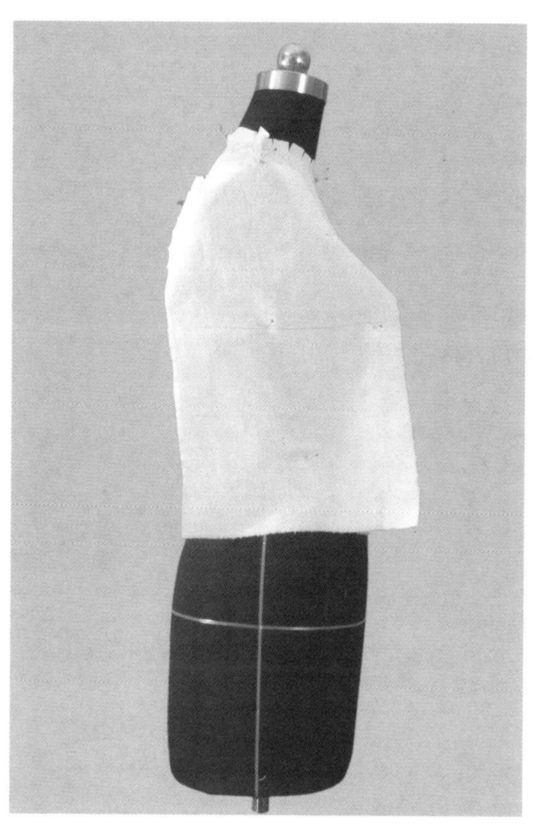

5.前侧片，布样的胸围线与人台上的胸围线对齐。并用三针分别在BP点、侧中、腰部固定。塑造转折面，要留松量。

6.抓别弧形公主线时，在BP点至袖窿打几个剪口，便于抓别。前片与侧片胸围线对齐，剪去公主线、袖窿多余量，留2～3厘米余份。

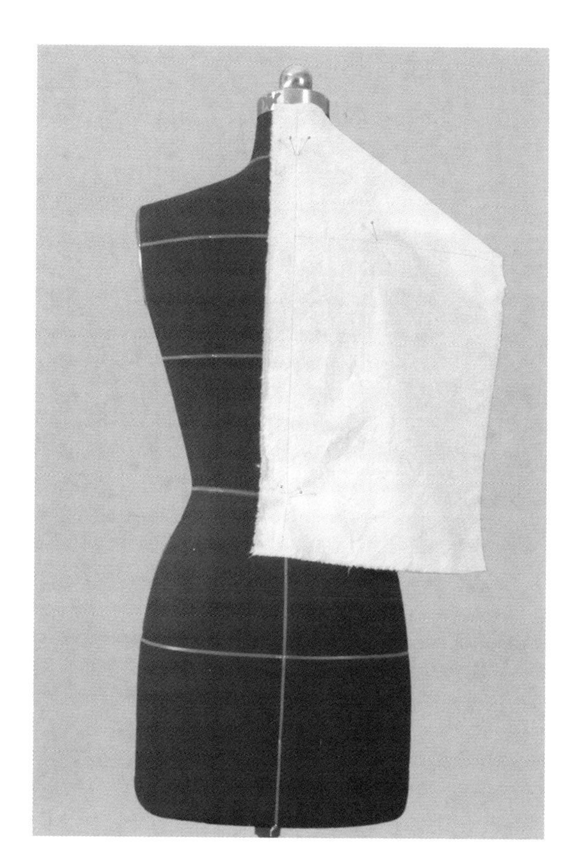

7.后片，布样的后中线、背宽横线与人台上的后中线、背宽横线对齐，分别后颈点、腰围在背肩胛骨处固定。

8.抓别后片公主线时，在背肩胛骨至袖窿打几个剪口便于抓别，后片与侧片胸围线对齐，剪去公主线、袖窿多余量，留2～3厘米余份。

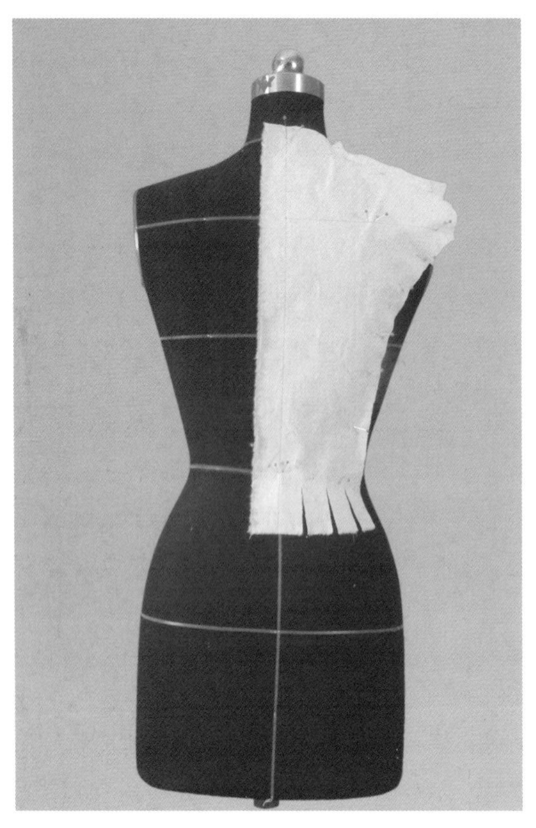

9.确定领宽、领深，在背肩胛骨处取0.25×2厘米松量，抓别肩线，中间有吃势，再固定公主线，在腰部打3个剪口，剪去多余毛边，留3厘米。

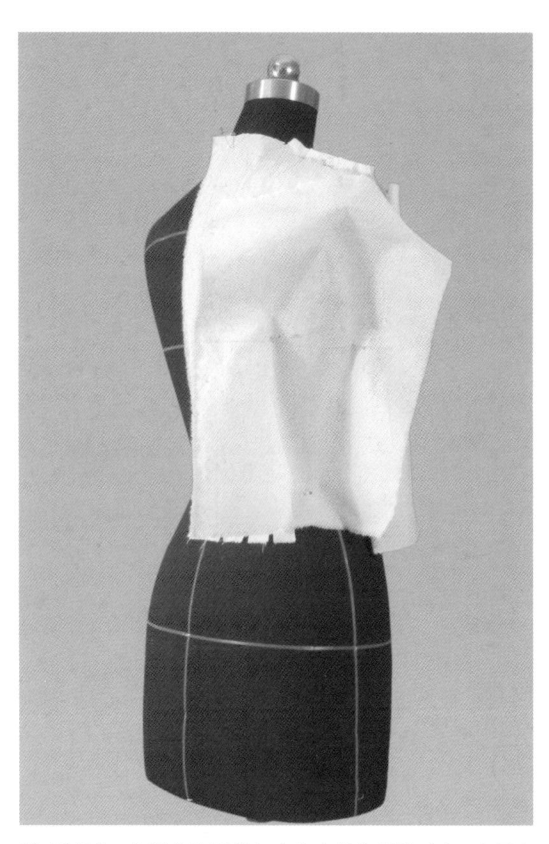

10.后侧片，布样的胸围线与人台上的胸围线对齐，在侧中稍向上0.5厘米属于正常的。然后用两针固定。

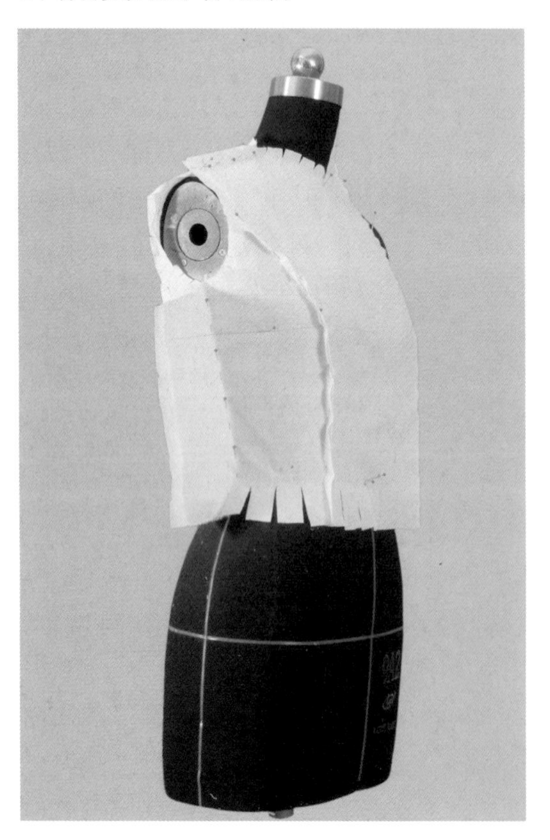

11.转折面，在转折处给松量，然后，抓别公主线，侧中在腰部打3个剪口，把多余毛边剪去，留2厘米余份。抓别侧中线，留0.25×2厘米松量，剪去多余毛边，留2厘米余份。

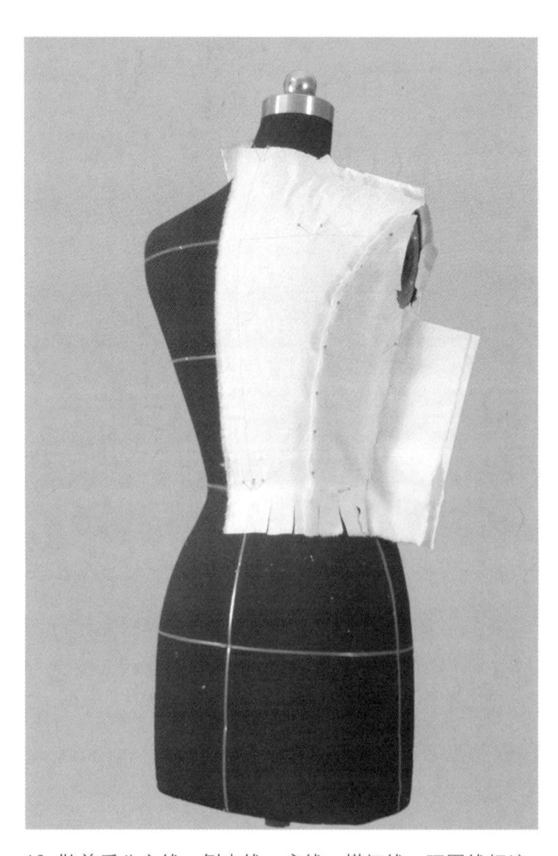

12.做前后公主线、侧中线、肩线、搭门线、腰围线标注，袖窿深点由腋窝向下2.5厘米用"+"标注。

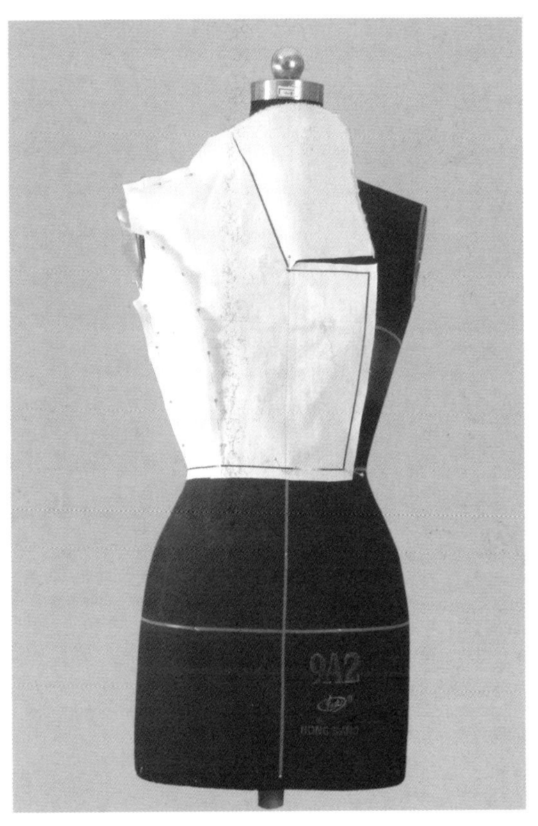

13.翻折线由颈侧点沿肩线外移2.5厘米左右，与前中线和腰围线交点向8厘米贴出翻折线。

14.看款式图，用胶带贴出驳头造型。

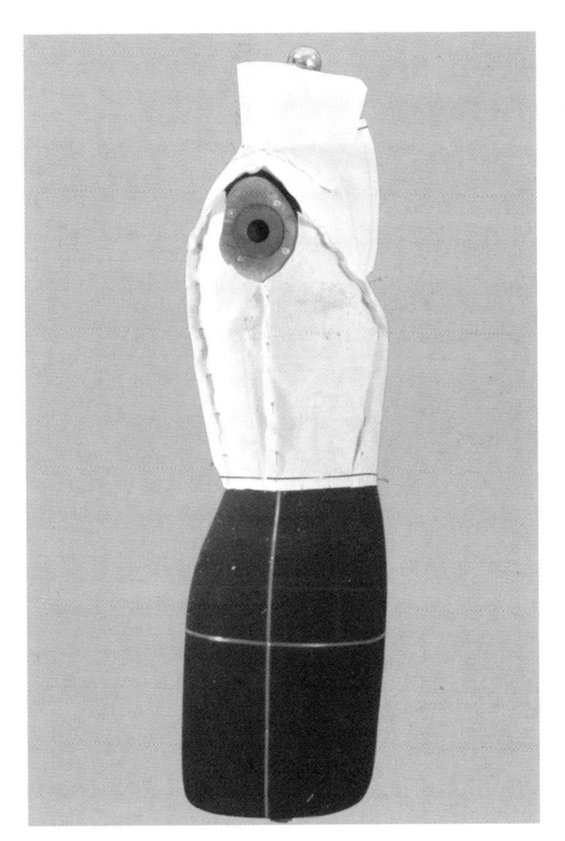

15.领子，布样的后中线、水平线与人台上的后中线、领口线对齐，横别两针，然后由后向前转折打剪口，并拨开0.3~0.5厘米，领与脖颈之间要有1厘米的松量。

16.确定领座、领面宽度。宽度适中，领面要比领座宽出0.5厘米。然后贴出外领口弧线，剪去多余毛边，留1厘米余份。

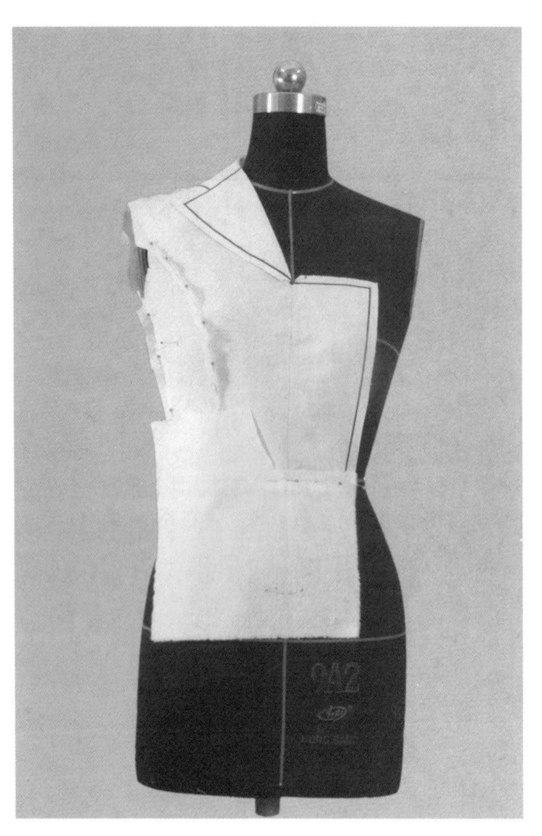

17. 前底摆，布样的前中线、腰围线与人台上的前中线、腰围线对齐固定，再横别两针，剪去腰围一部分多余毛边，留1厘米余份。

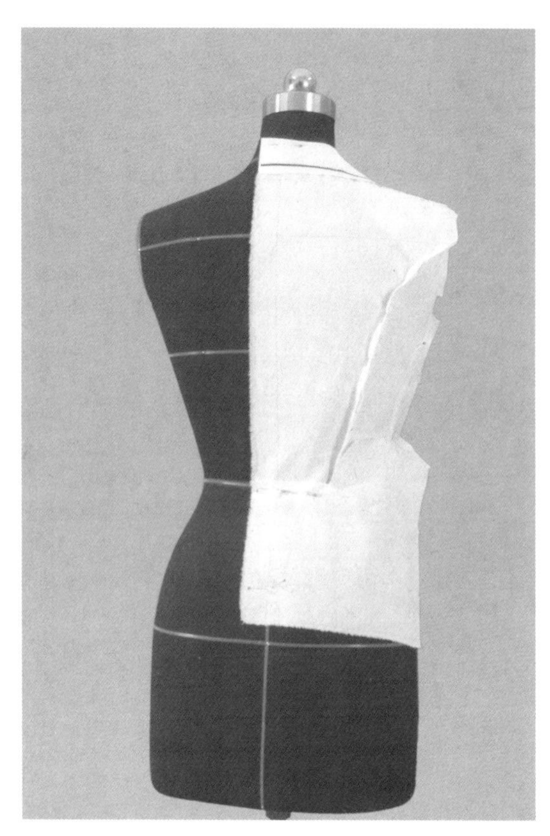

18. 后底摆，布样的后中线、腰围线与人台上的后中线、腰围线成对齐固定，再横别两针，剪去腰部一部分多余毛边，留2厘米余份。

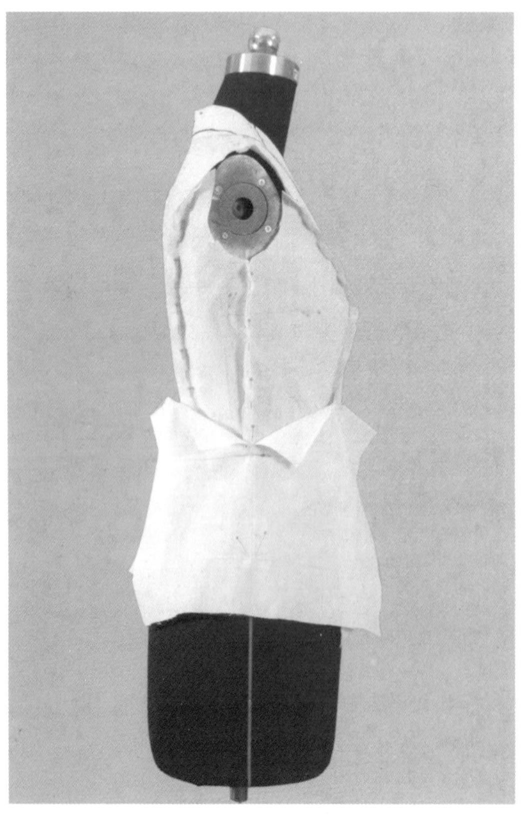

19. 侧中底摆，布样的侧中线、腰围线与人台上的侧中线、腰围线对齐固定，横别一针，再由上向下打剪口至腰部。

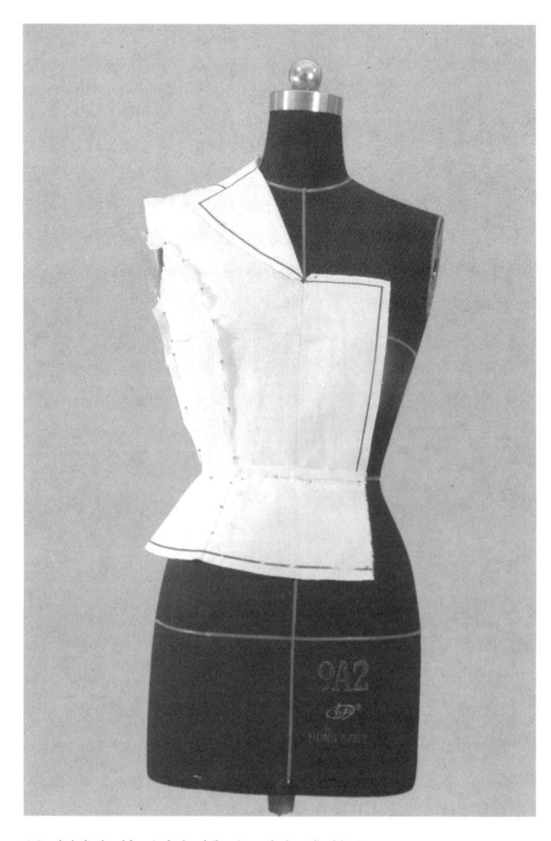

20. 侧中与前后底摆折别，底摆成喇叭形。

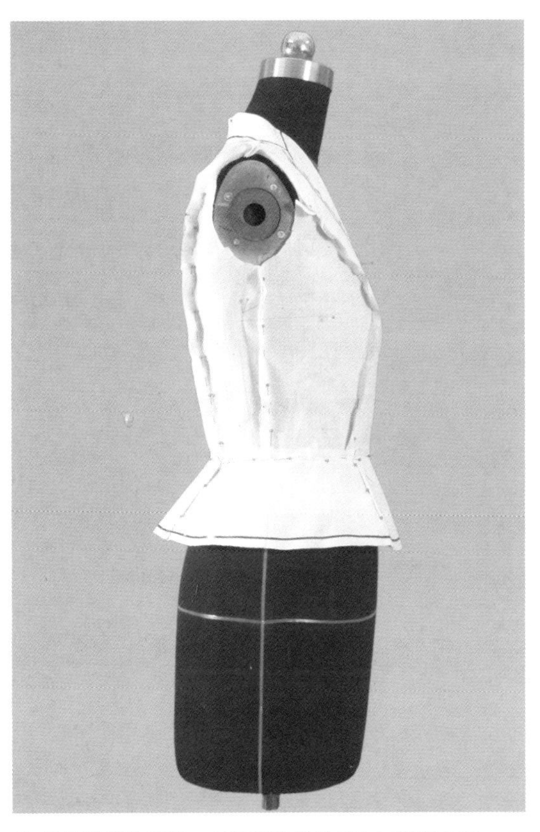

21.贴出底摆轮廓线，标注腰围线及侧中与腰部合印。

22.假缝，按照轮廓线折别或暗缝，注意缝合时，针距均匀、顺畅，整理平服。然后确定扣子位置，扣距7厘米。

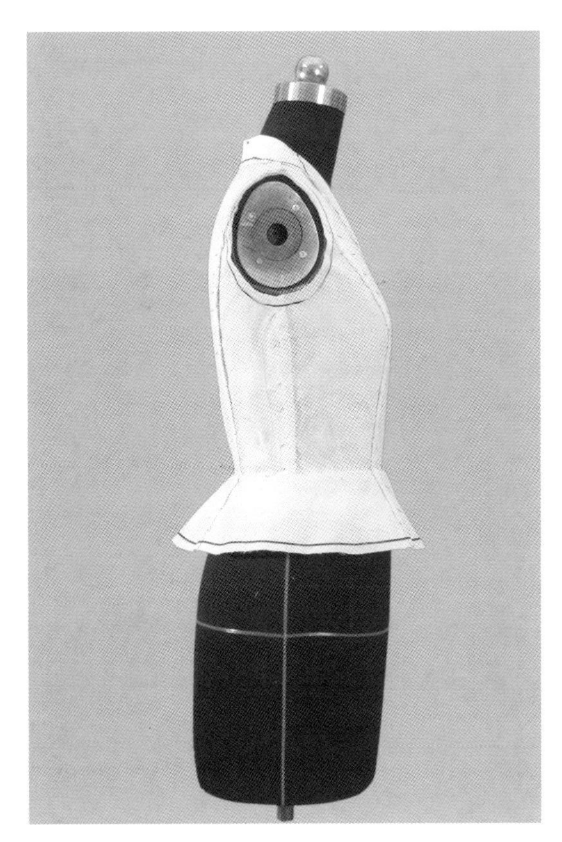

23.贴出袖窿弧线，袖山高与前面讲过的确定双排扣西服袖山高的方法一致。

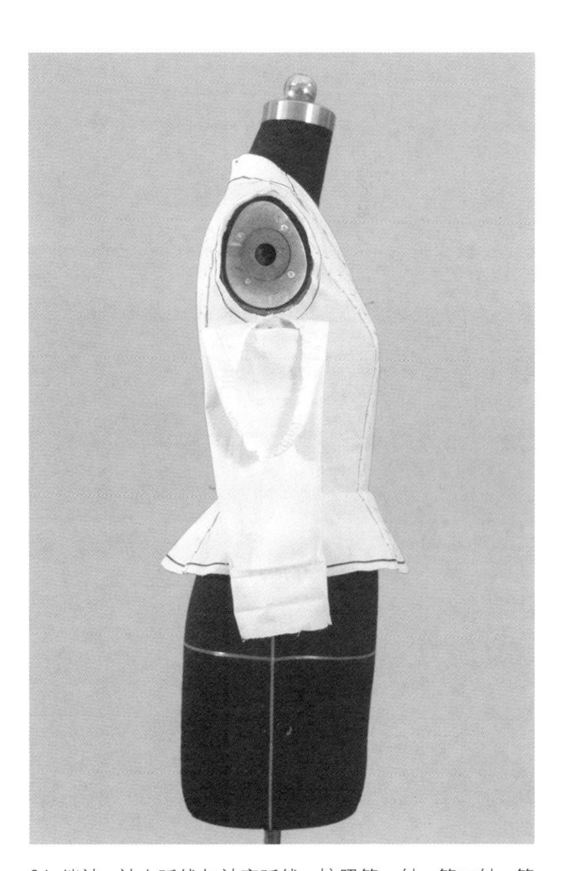

24.绱袖，袖山弧线与袖窿弧线，按照第一针、第二针、第三针合印，先固定好绱袖位置。

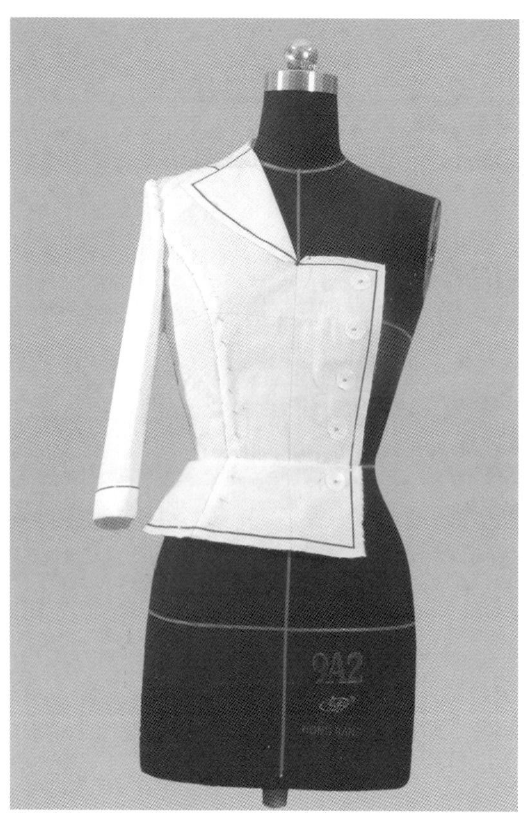

25. 正面造型，按照第四针、第五针合印，袖子与身用拱针或别针相连，袖山吃势合适，转折面分明。

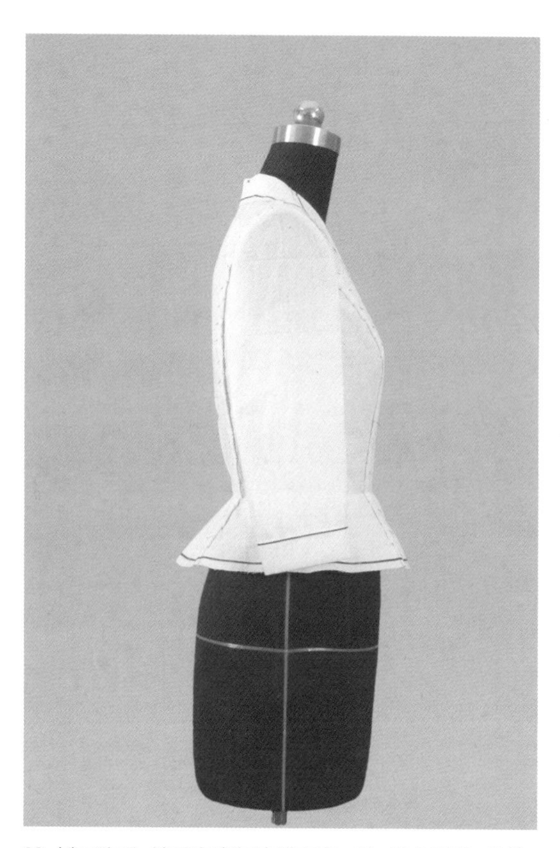

26. 侧面造型，袖子弯度与胳膊弯度一致，袖山圆顺、饱满。

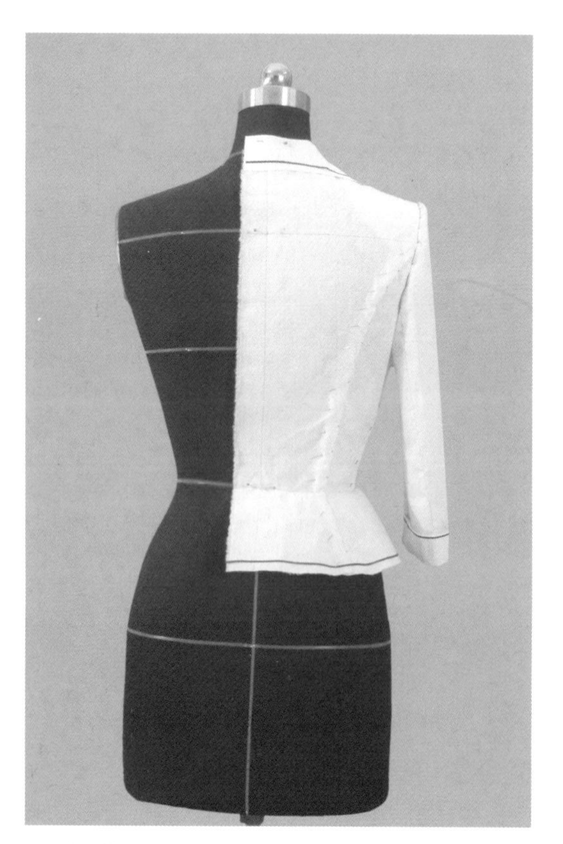

27. 后面造型，袖山吃势合适，转折面分明，整体看造型平衡、美观。

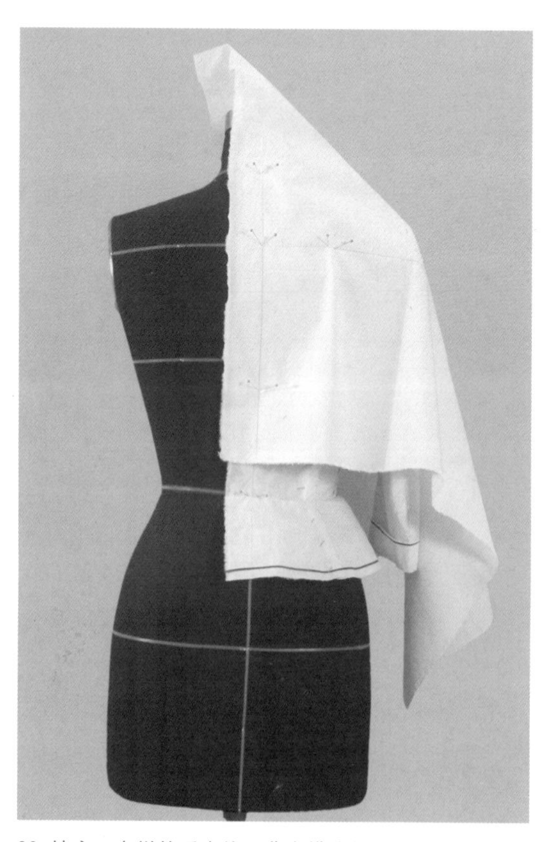

28. 披肩，布样的后中线、背宽横线与人台上的后中线、背宽横线对齐，后颈点横别两针固定，在背肩胛骨处留 0.3 × 2 厘米的松量。

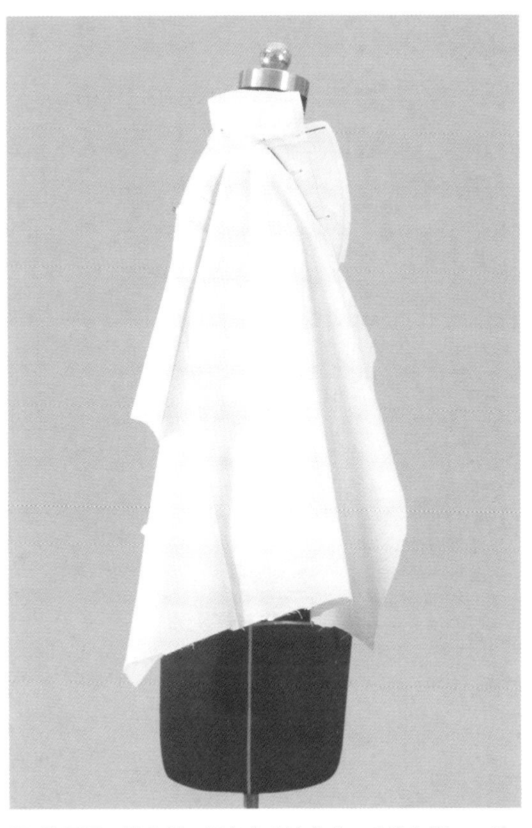

29. 按照领口线转折，把多余毛边剪去，毛边与领口一致。

30. 做前片两个斜褶，由翻折点向左3厘米做一个褶，再向左3厘米做另一个褶，褶的方向逐渐在肩部消失。

31. 把侧中多余量折别进去. 省尖对准肩点。

32. 再做斜向省，由手臂到翻折点，理顺平整。

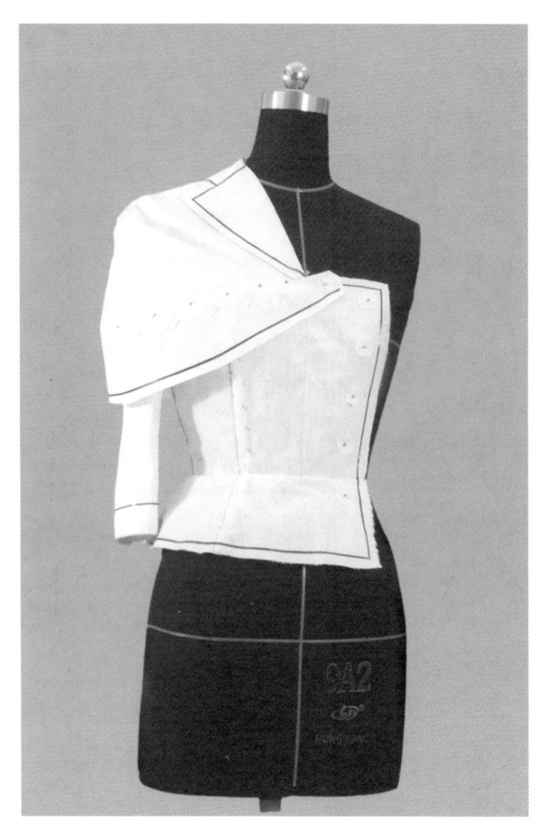

33.贴出披肩外轮廓线，剪去多余毛边，留1厘米余份。

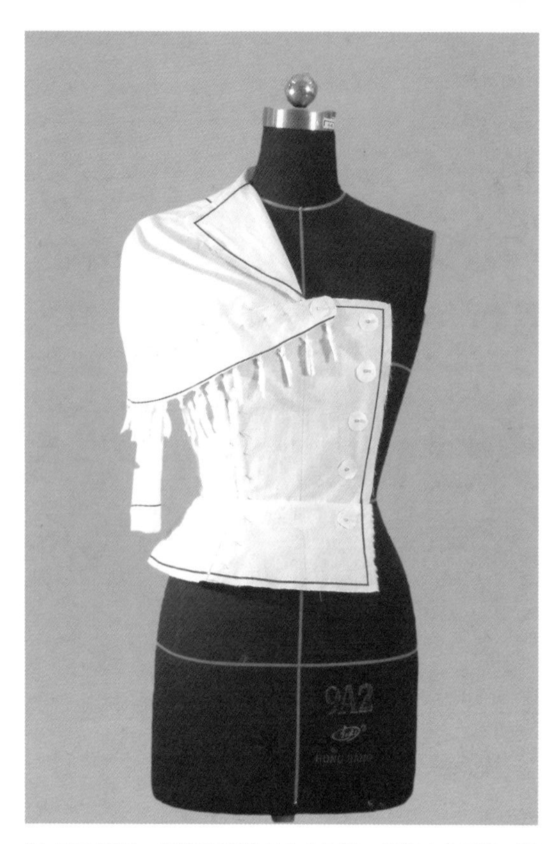

34.正面造型，加披肩流苏长5.5厘米，间距4.5厘米，整体造型富有装饰美感。

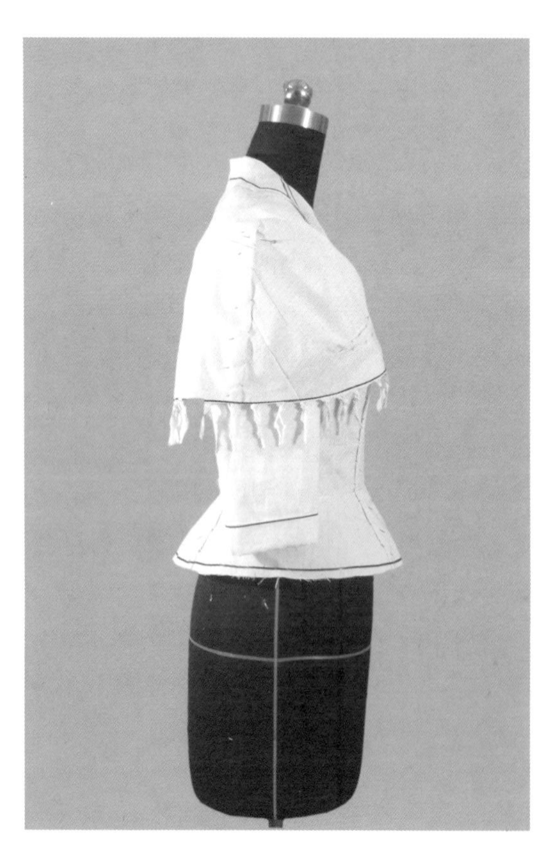

35.侧面造型前后的流苏均衡。

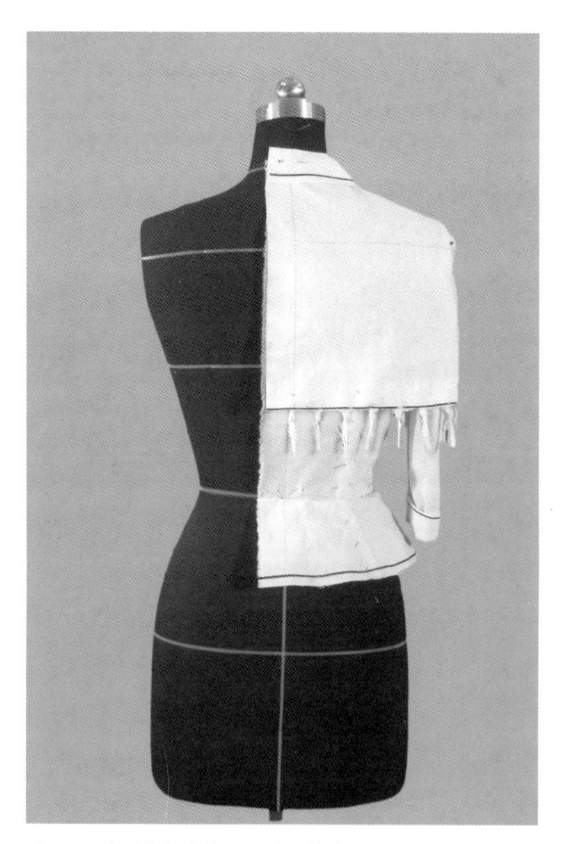

36.后面造型肩部合体、自然，整体造型呈箱形。

小披肩式上衣平面展开布样

标点、描线，平面整理布样、对应剪修，将所标记点连直线或弧线，然后修剪缝份，再画出完整的前片布样和后片布样及袖片、领片、披肩等布样。

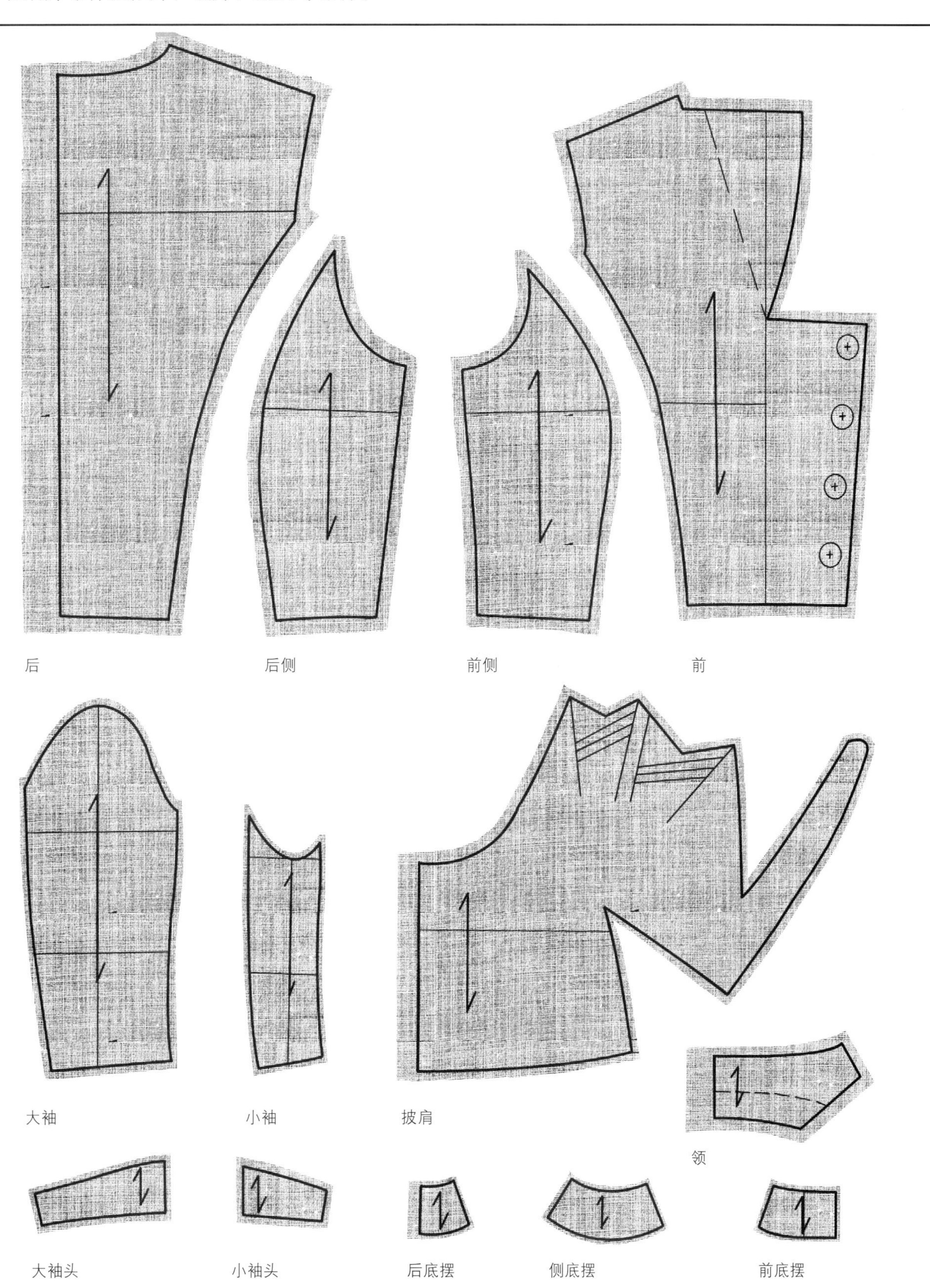

小披肩式上衣原型法制图

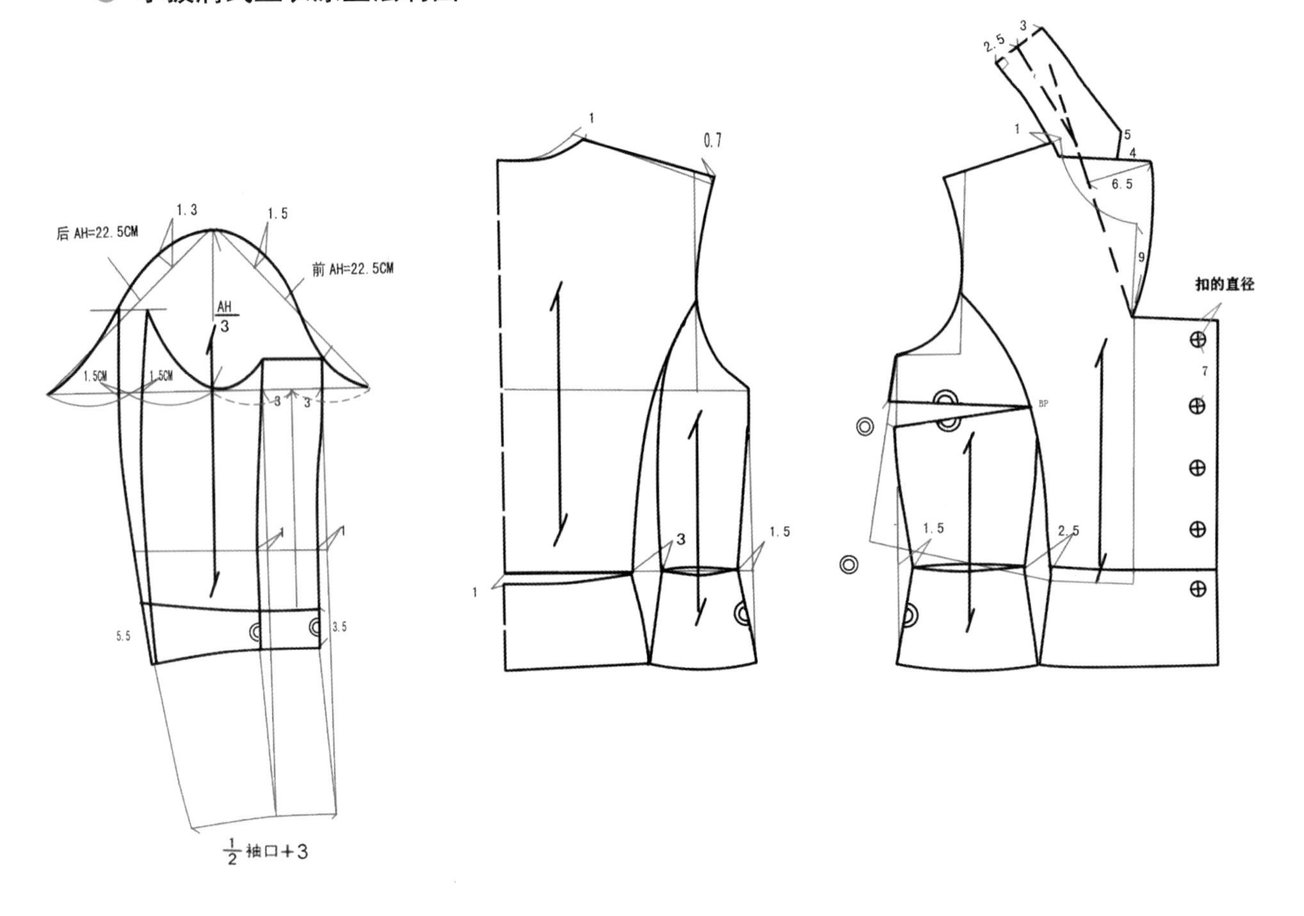

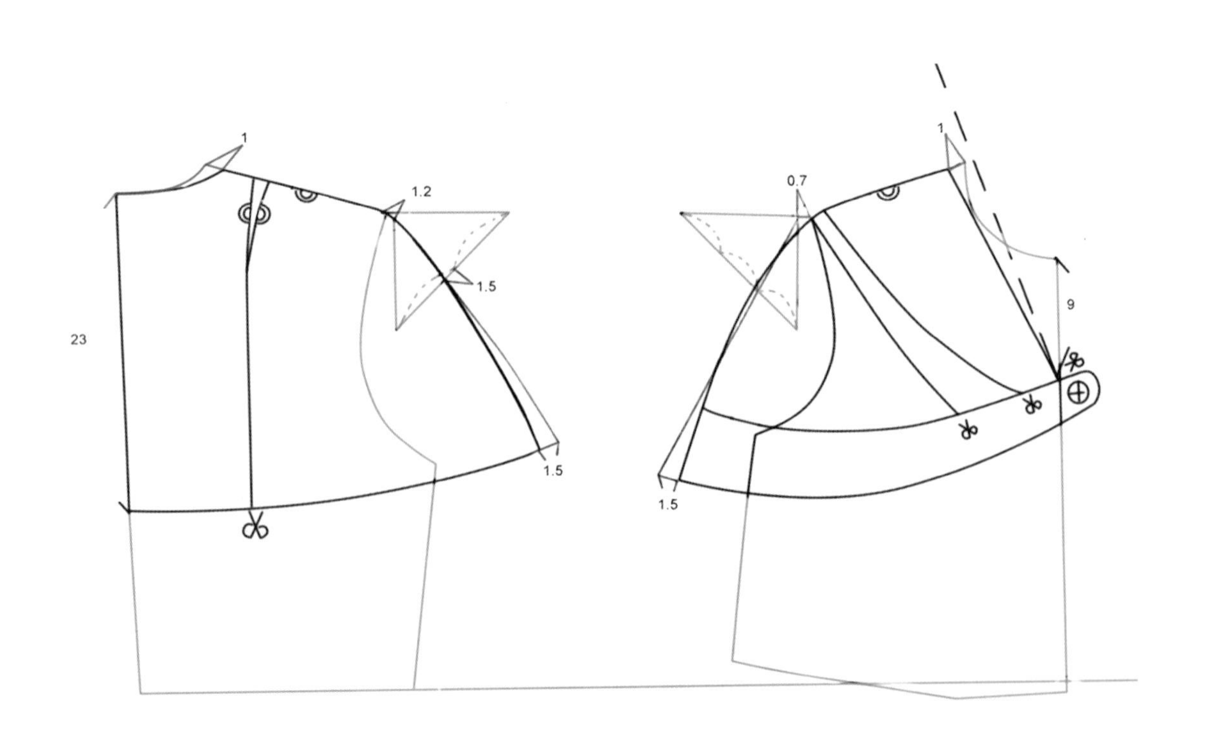

第九章
借肩袖大衣立体制作

查尔斯·詹姆斯大师作品解析

查尔斯·詹姆斯（Charles James）是英国著名时装大师，一直以华丽的复古风格备受推荐，并以建筑感为特色。贴身的裁剪时装设计的立体效果具有超现实主义风格。例如这件借肩袖大衣，它的特点是由五片构成，使用开刀线加以强调胸部、腰部、臀部造型，使体形自然凸凹部位加以完美的表现，宽敞的大披肩领，平衡整个大衣。整体形式和结构上结合得如此恰如其分。

效果图

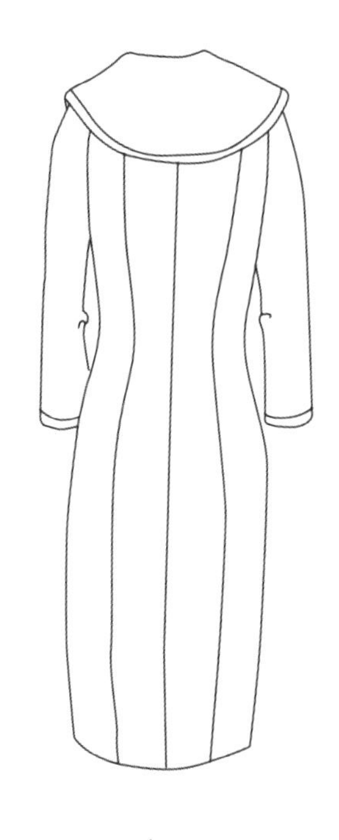

示意图

借肩袖大衣用料图（一）

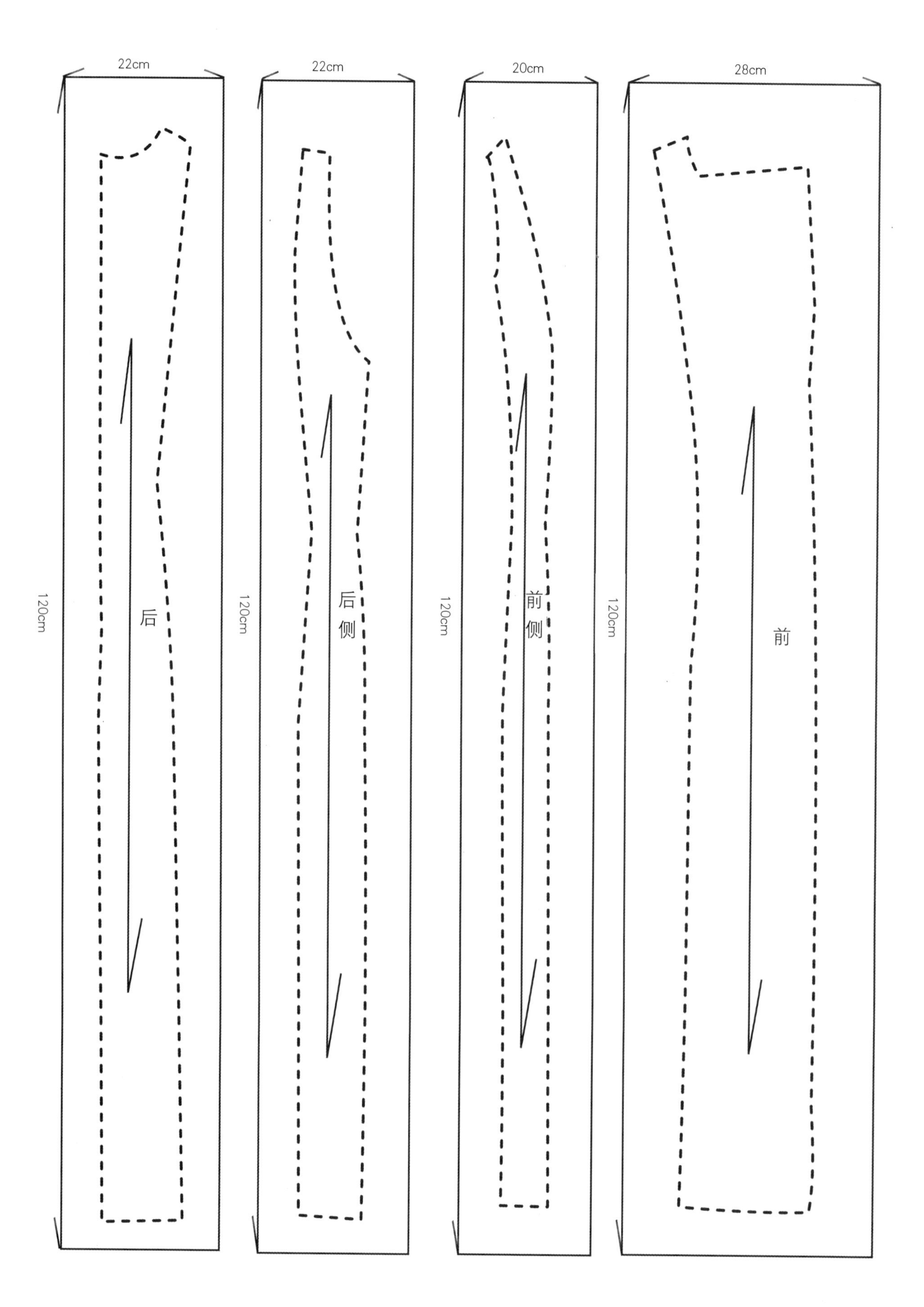

借肩袖大衣用料图（二）

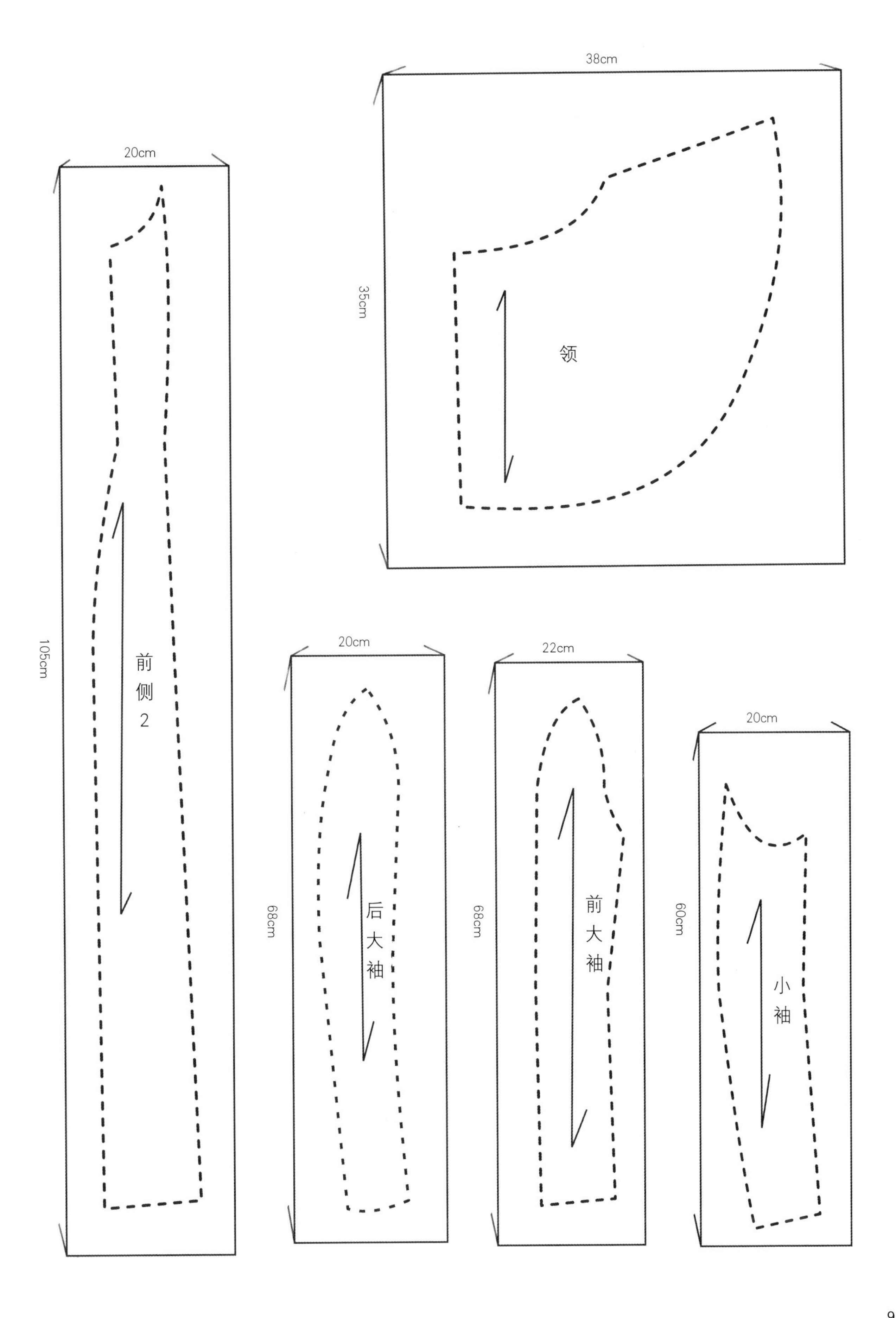

38cm
35cm
领
20cm
105cm
前
侧
2
20cm
68cm
后
大
袖
22cm
68cm
前
大
袖
20cm
60cm
小
袖

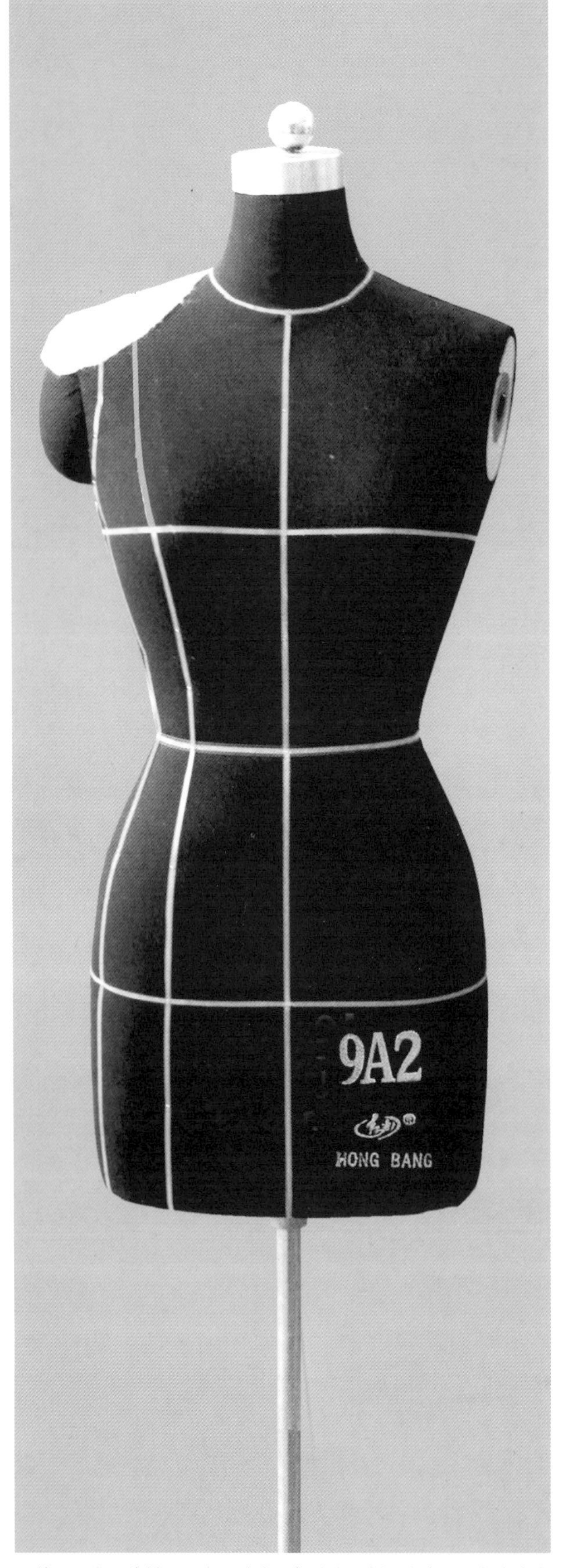

1.前面，在人体模型上安装垫肩，把垫肩对折取中点，再与肩宽点对齐，向外探出正好包住肩部，然后，贴出肩线。最后用胶带贴出开刀线的形状，腰围线以上是弧线，腰围以下是直线。

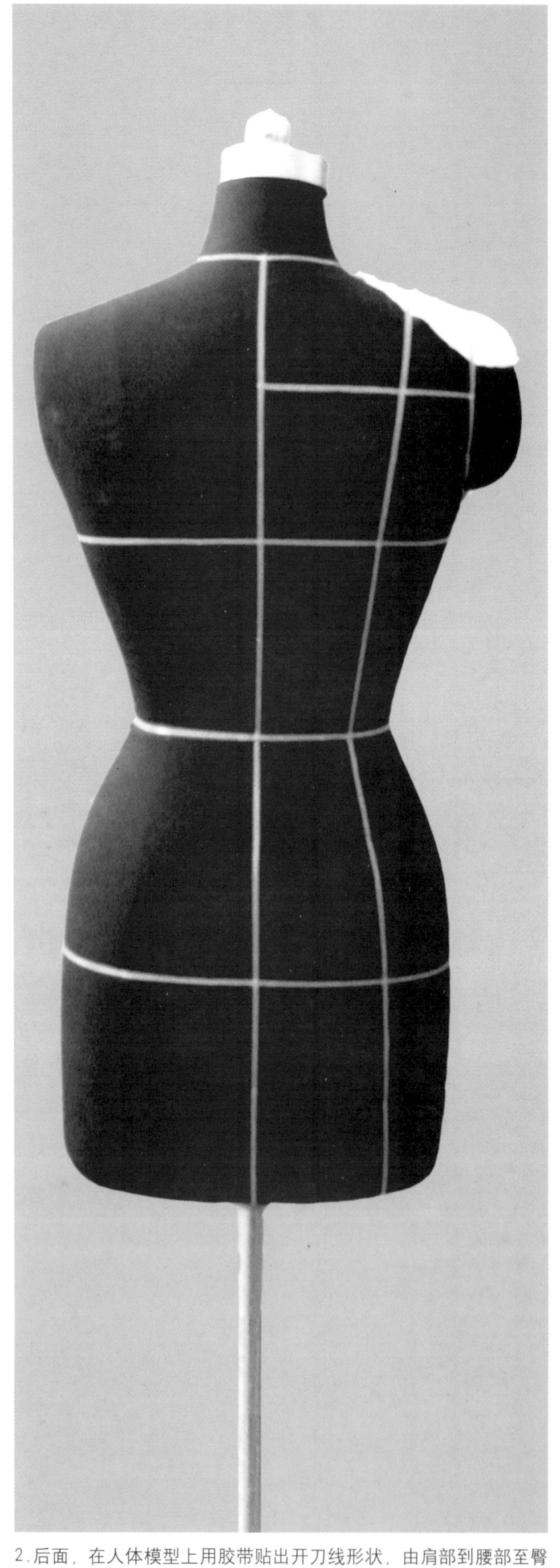

2.后面，在人体模型上用胶带贴出开刀线形状，由肩部到腰部至臀部是弧线，臀围线以下是直线，要求顺畅、美观。

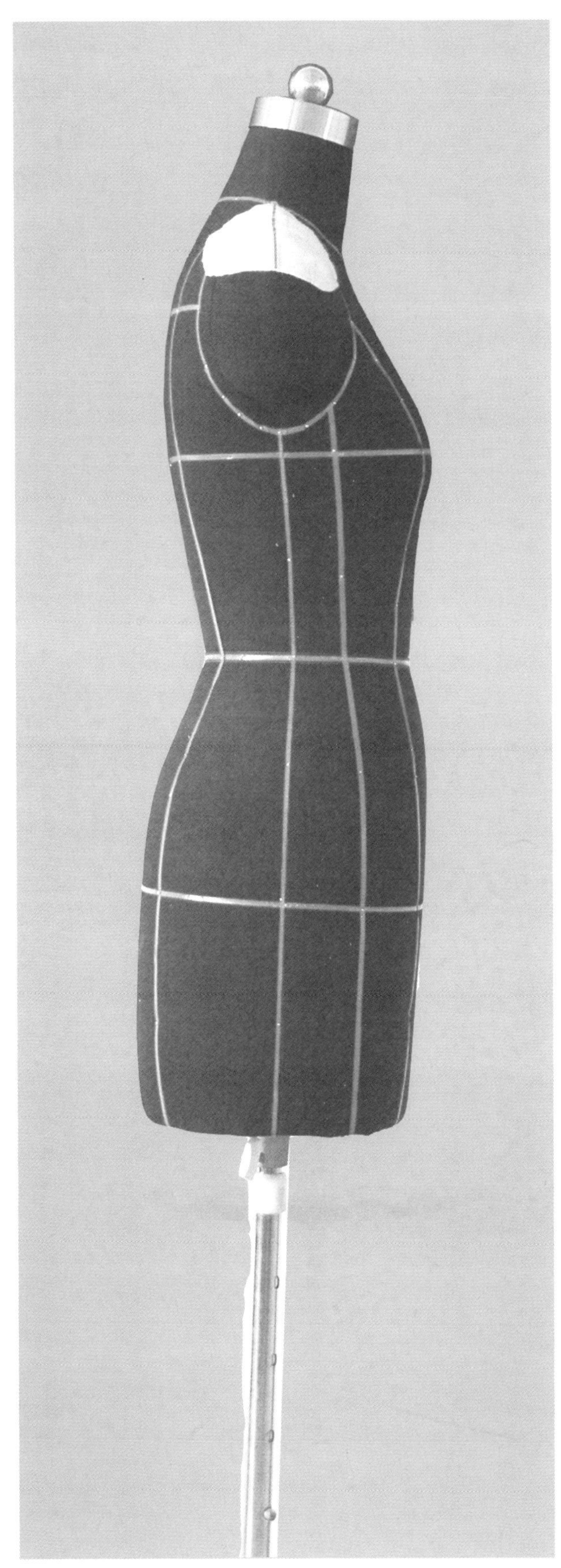

3.贴出侧面开刀线，由前向侧中转折3厘米左右，然后，顺延到腰部至臀部都是弧线，臀围线以下是直线。

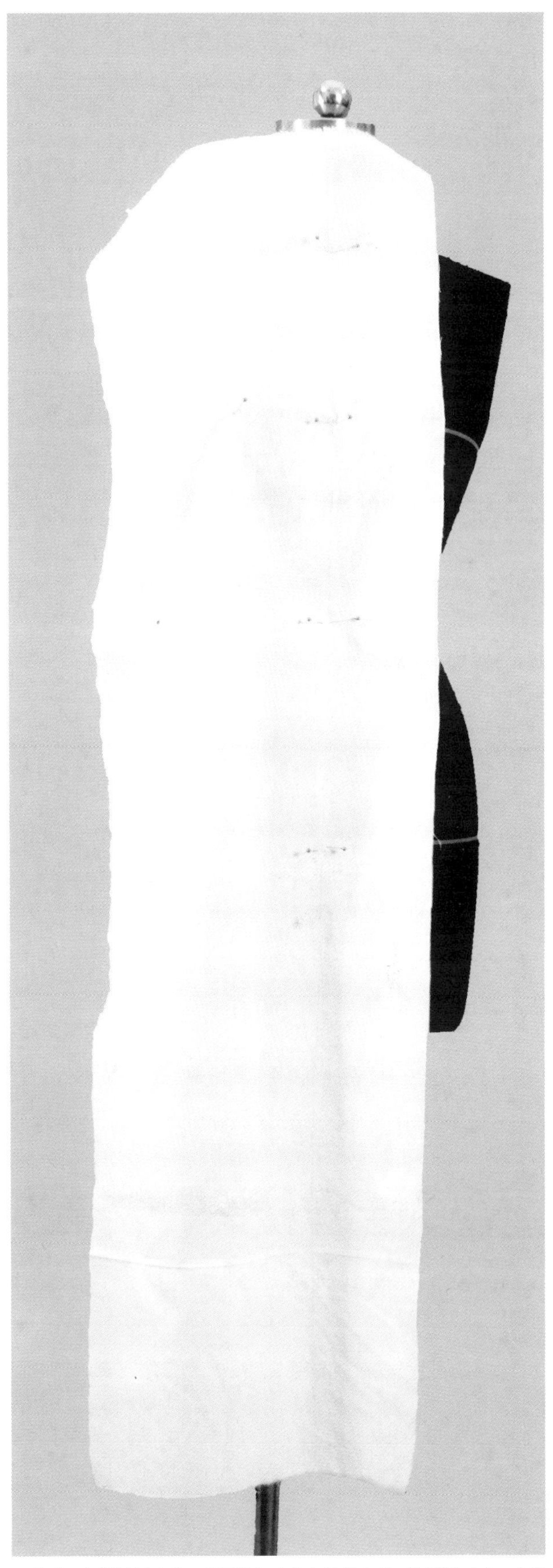

4.前片，布样的前中线、胸围线与人台上的前中线、胸围线对齐，在前中线可以向外移0.5厘米作松量，容纳双排扣叠门厚度，在前颈点、胸围线、臀围线分别用两针固定，然后在BP点留0.25×2厘米松量固定。

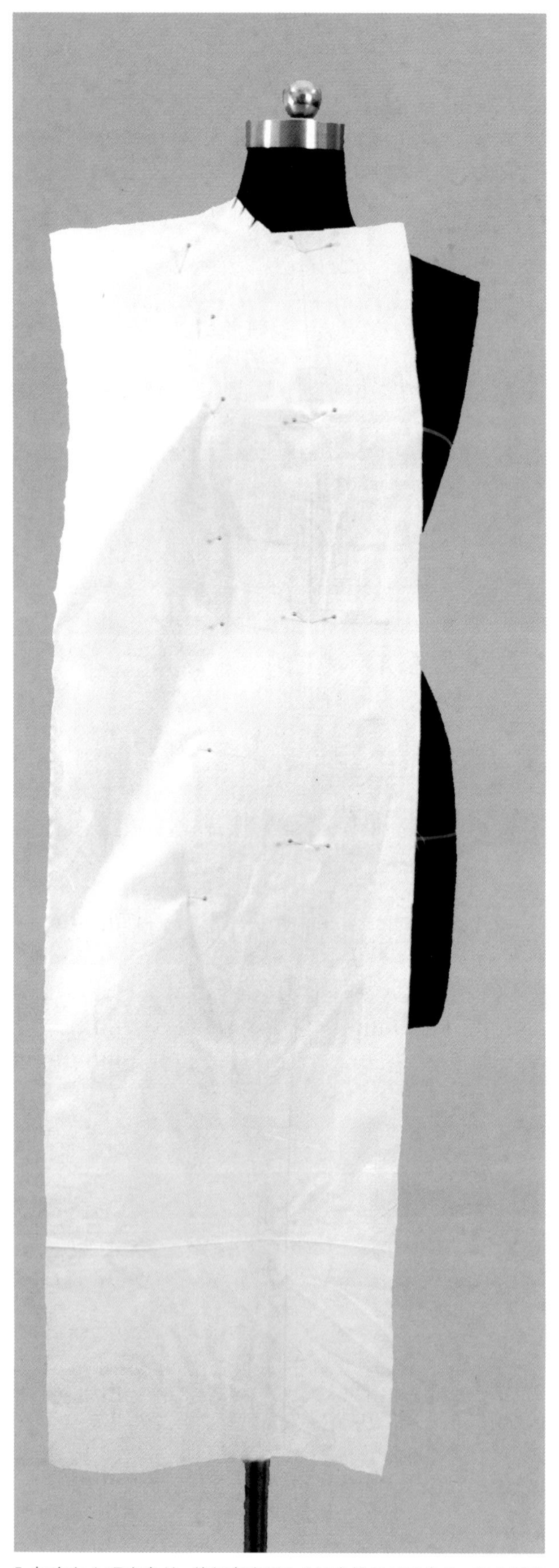

5.把布向上理直布丝，使领窝出现0.3厘米松量是正常的，剪去领窝多余毛边，留2厘米余份，然后打3个剪口，确定领宽由颈侧向外1厘米，以保证领子的良好造型和穿着舒适，固定开刀线。

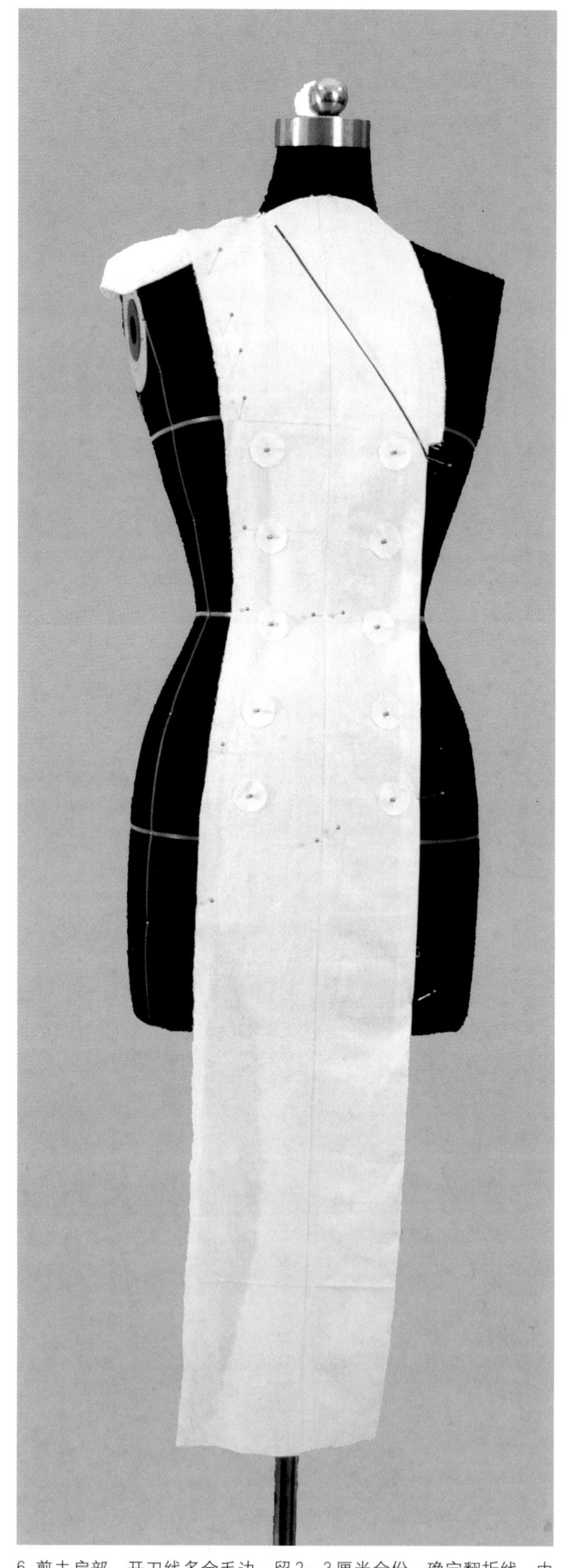

6.剪去肩部、开刀线多余毛边，留2～3厘米余份。确定翻折线，由颈侧点沿肩线延长线外移1.5厘米与胸围线向下3厘米与搭门6厘米宽交点连翻折线，确定扣位，由翻折点向左2.8厘米，扣距8厘米。

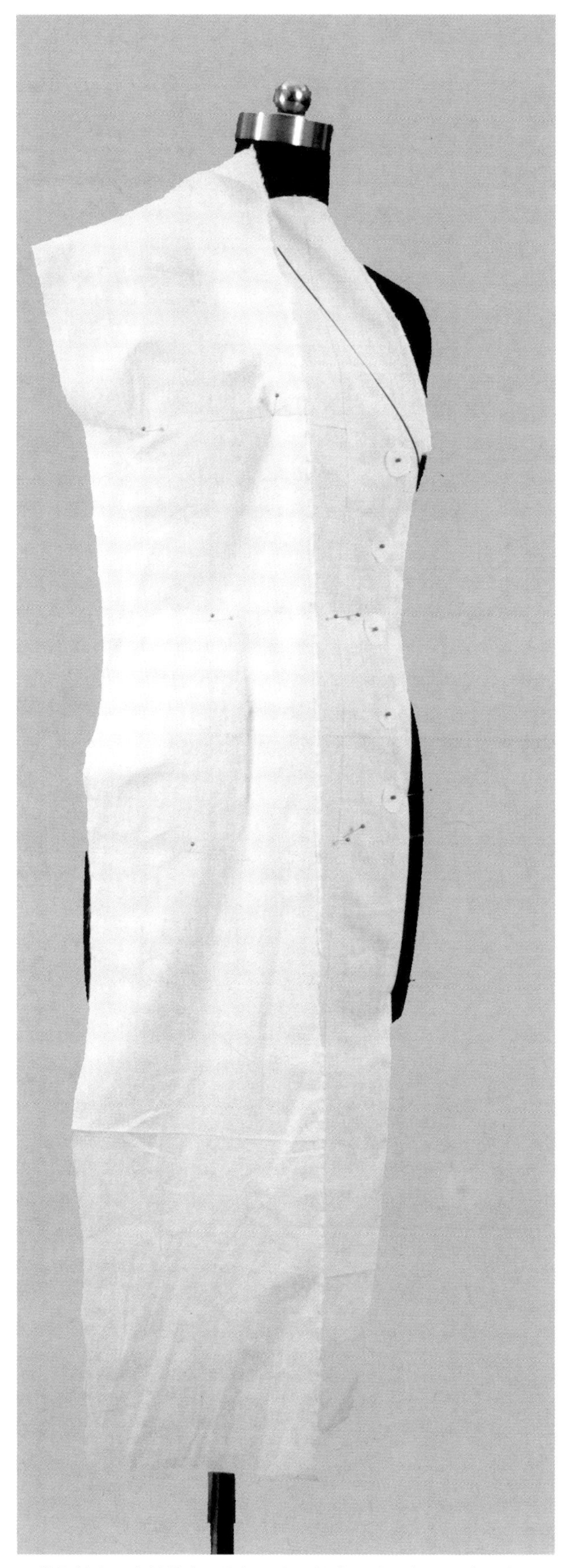

7.前转折片，布样的胸围线与人台上的胸围线对齐，在胸围线、腰围、臀围分别两针固定。

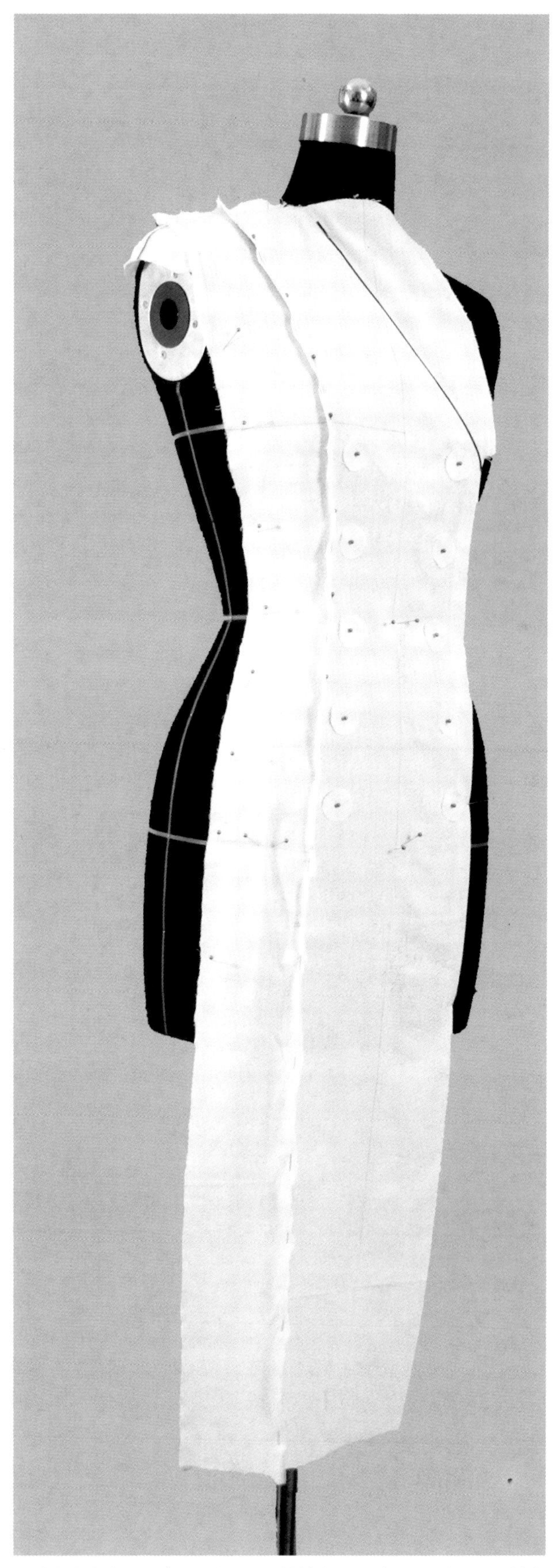

8.确定肩宽点，固定开刀线，塑造转折面，留松量，然后抓别前中和前侧开刀线，给0.25×2厘米松量，注意臀围线以上，随着人体曲度抓别，臀围线以下顺直抓别，剪去多余毛边，留2厘米。

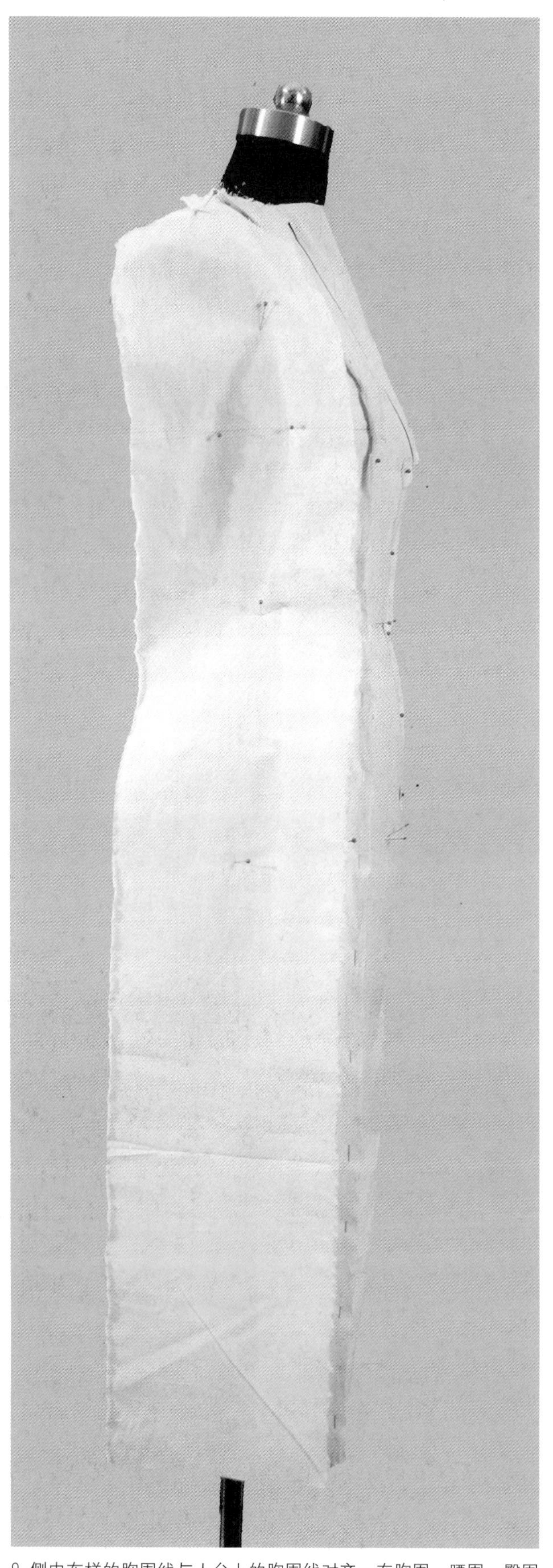

9.侧中布样的胸围线与人台上的胸围线对齐，在胸围、腰围、臀围分别两针固定。

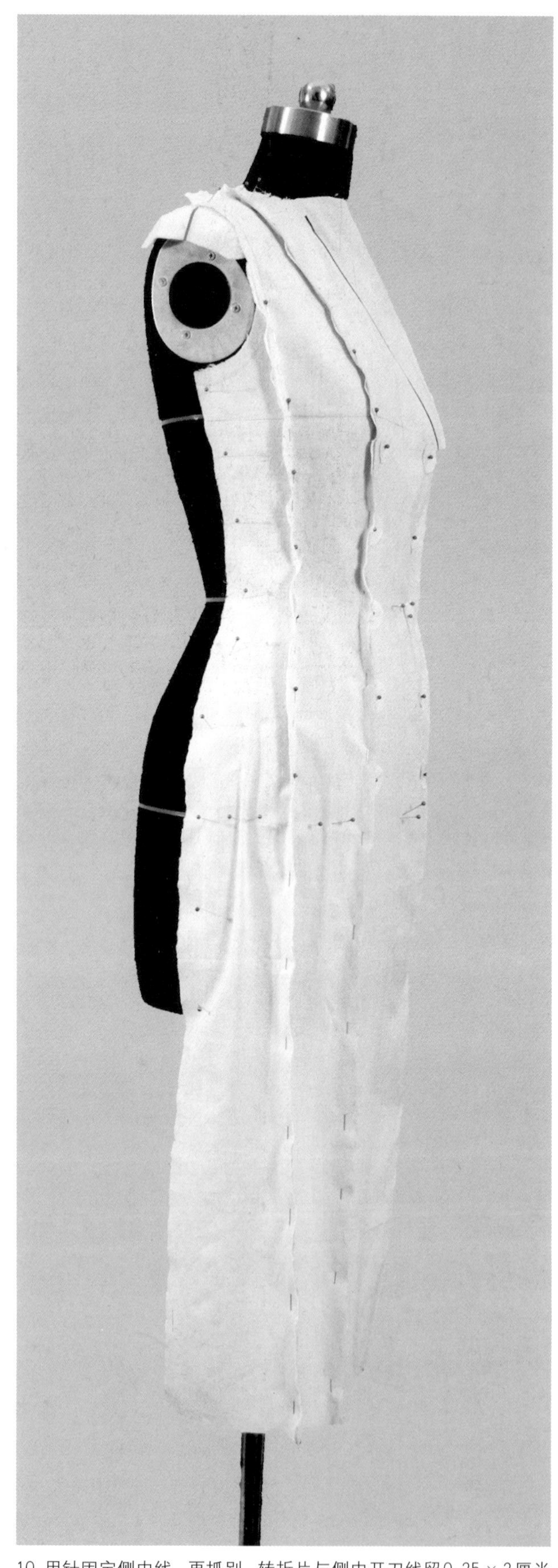

10.用针固定侧中线，再抓别，转折片与侧中开刀线留0.25×2厘米松量，剪去侧中线、袖窿多余毛边，留2~3厘米余份。

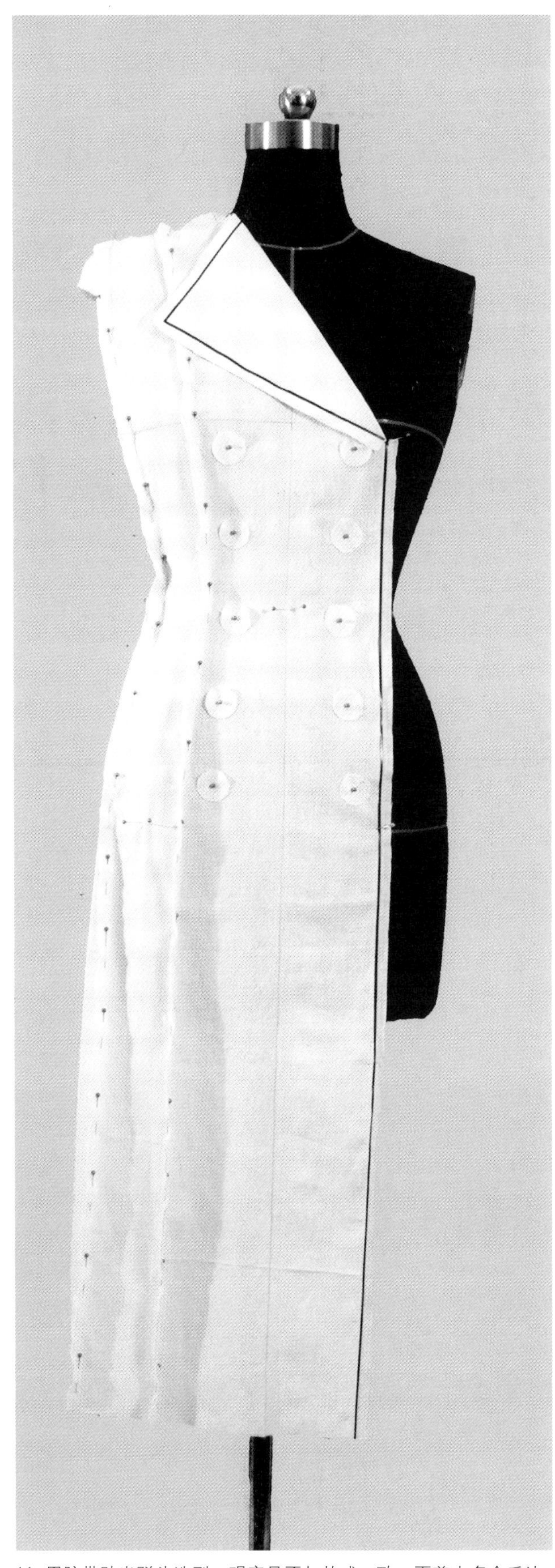

11. 用胶带贴出驳头造型，观察是否与款式一致，再剪去多余毛边，留 1 厘米余份。

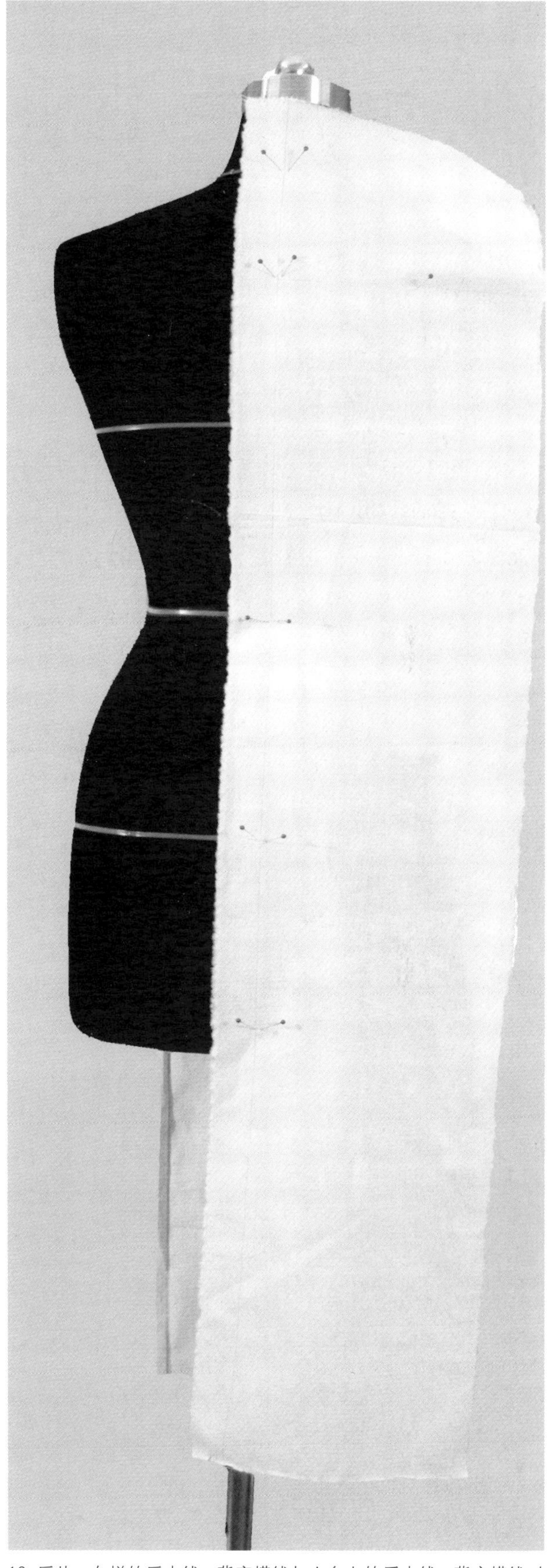

12. 后片，布样的后中线、背宽横线与人台上的后中线、背宽横线对齐，在后颈点、背宽横线、腰围线、臀围线固定，在背肩胛骨处插针固定。

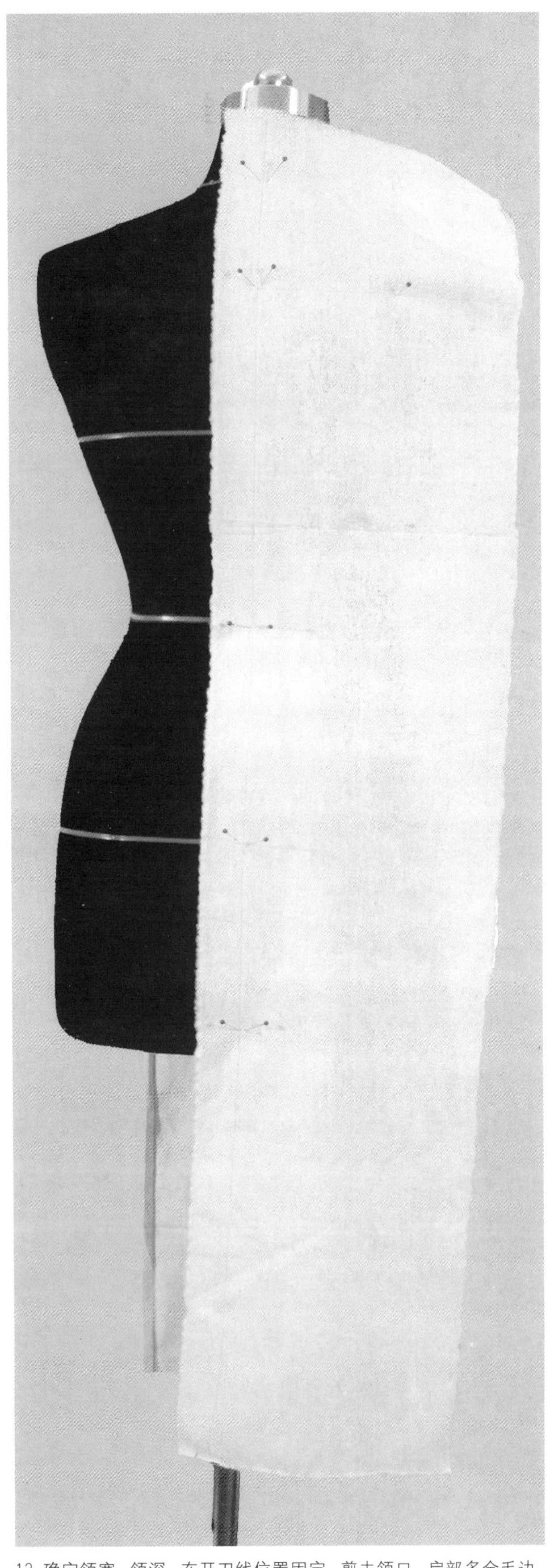

13.确定领宽、领深，在开刀线位置固定，剪去领口、肩部多余毛边，留2厘米余份。

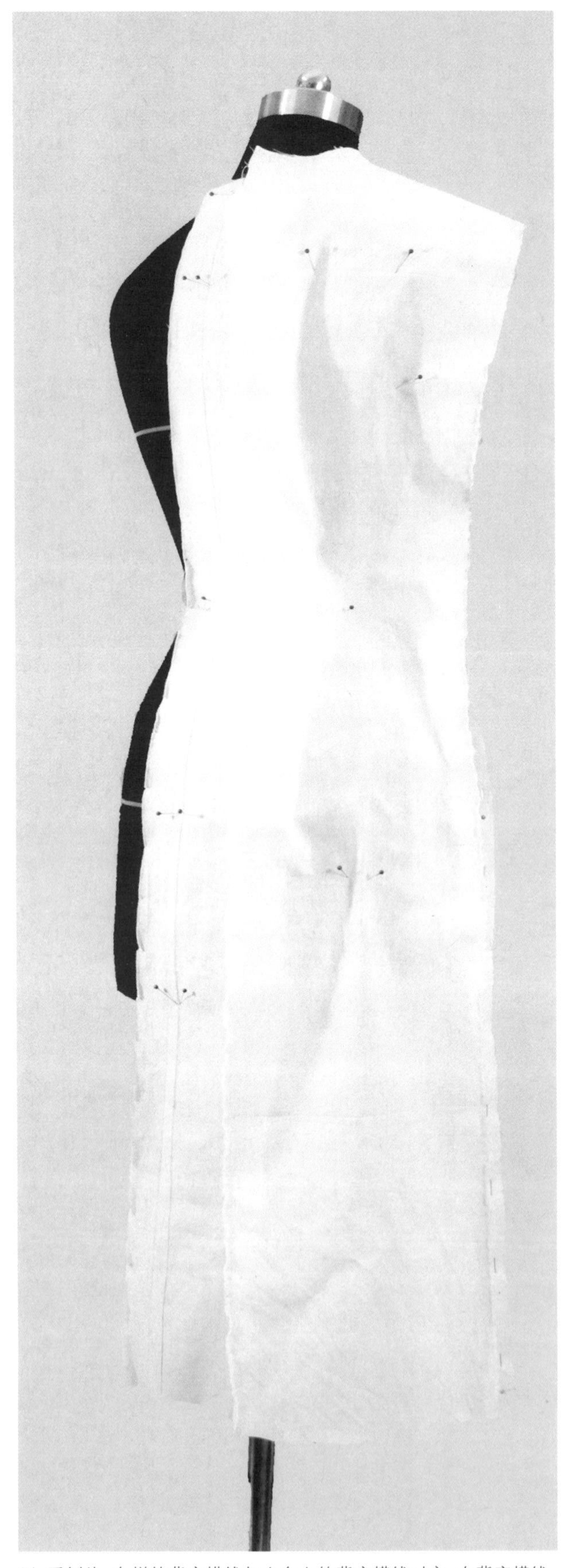

14.后侧片，布样的背宽横线与人台上的背宽横线对齐，在背宽横线、腰围、臀围固定，在臀围留1 × 2厘米松量。

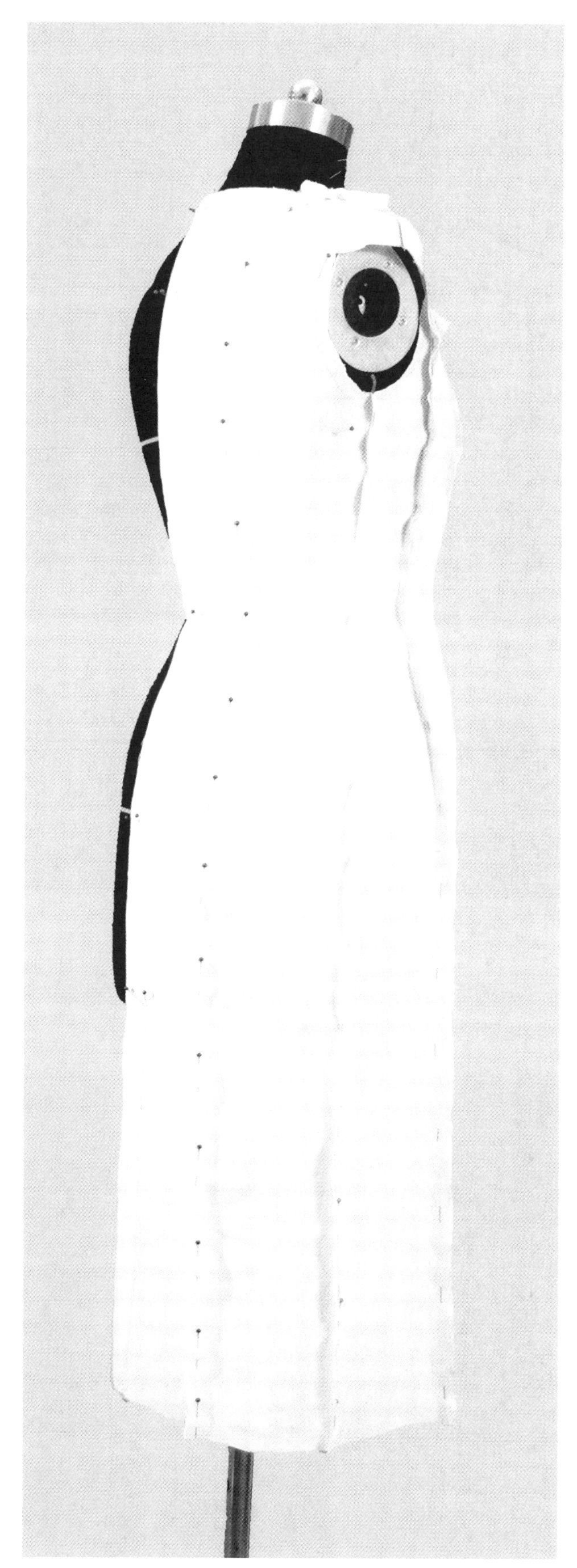

15.塑造转折面，留松量固定侧中线，先抓别后中和后侧的开刀线，留0.25×2厘米松量，再抓别侧中线，留0.25×2厘米松量，臀围线以上随着人体曲度抓别臀围线以下顺直抓别，然后，剪去袖窿弧、开刀线多余毛边，留2厘米余份。作前片、后片标记。

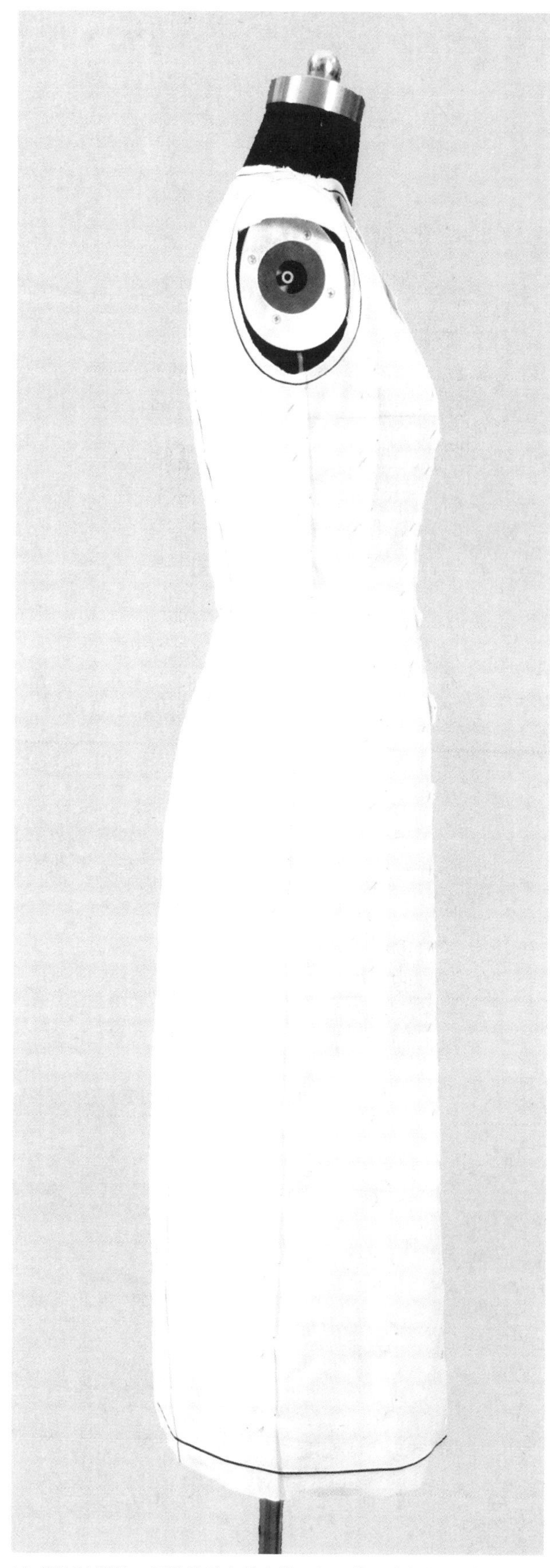

16.折别针假缝，用胶带贴出前中线、领口线、底摆线及袖窿弧线，袖窿深点由腋窝向下3厘米。

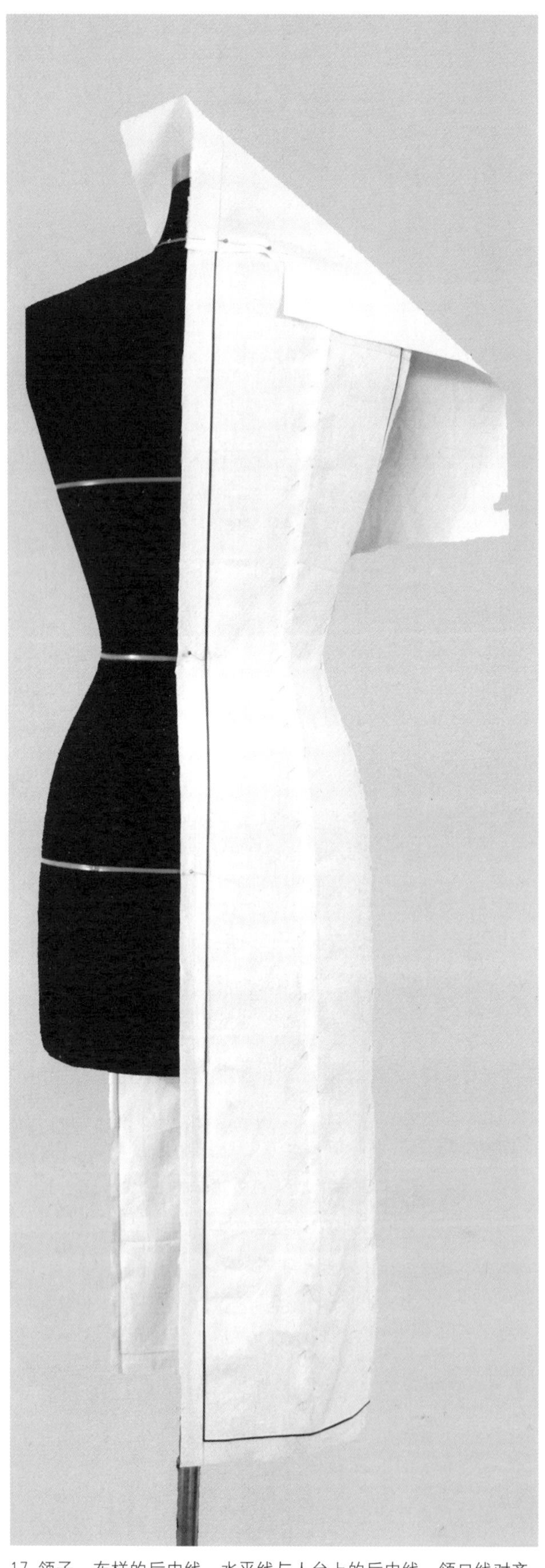

17.领子，布样的后中线、水平线与人台上的后中线、领口线对齐，横别两针，剪去后中多余毛边，留1厘米余份，然后向前推抚理顺至领窝边缘。

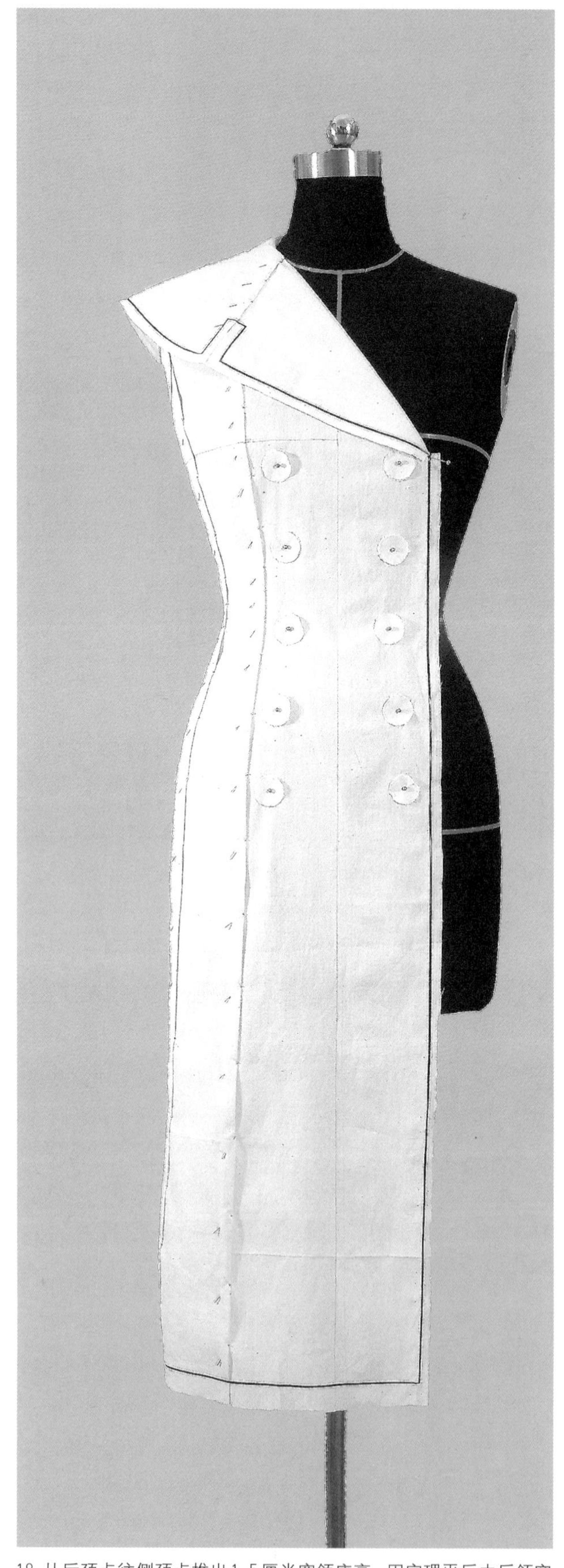

18.从后颈点往侧颈点推出1.5厘米宽领座高，固定理平后由后领窝往前剪毛边，转到前片理顺，领座宽由颈侧点1.5厘米翻折点逐渐消失，沿线固定领座，剪去多余毛边，并打剪口，使之服贴。贴出披肩领外口线，观察外轮线是否圆顺平服，进行适当调整。

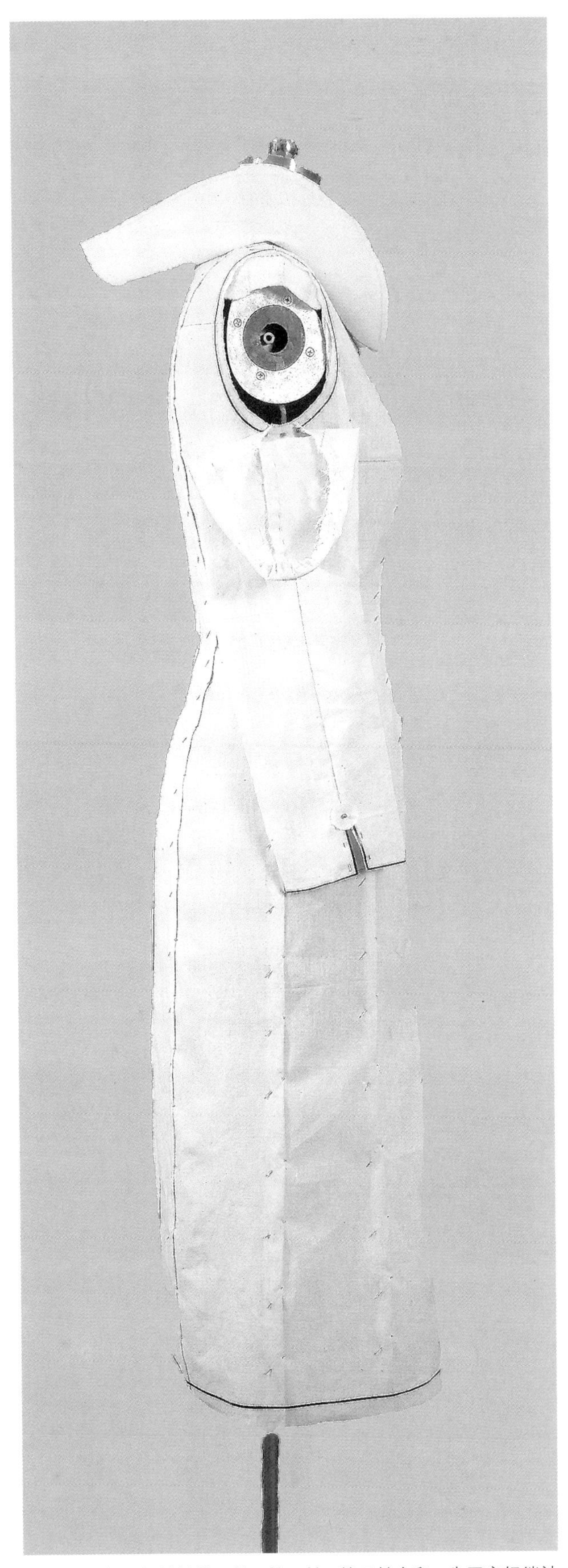

19.绱袖，把做好袖按第一针、第二针、第三针合印，先固定好绱袖位置。袖山高的确定，袖子制图与双排扣女西服的方法相同。袖山与袖窿高度接近，结构互补，袖中线与肩线对上，然后，按袖窿弧线藏针法别上，袖山有少量吃势。

20.对袖型进行整理，注意观察袖子的前后平整和饱满状态。

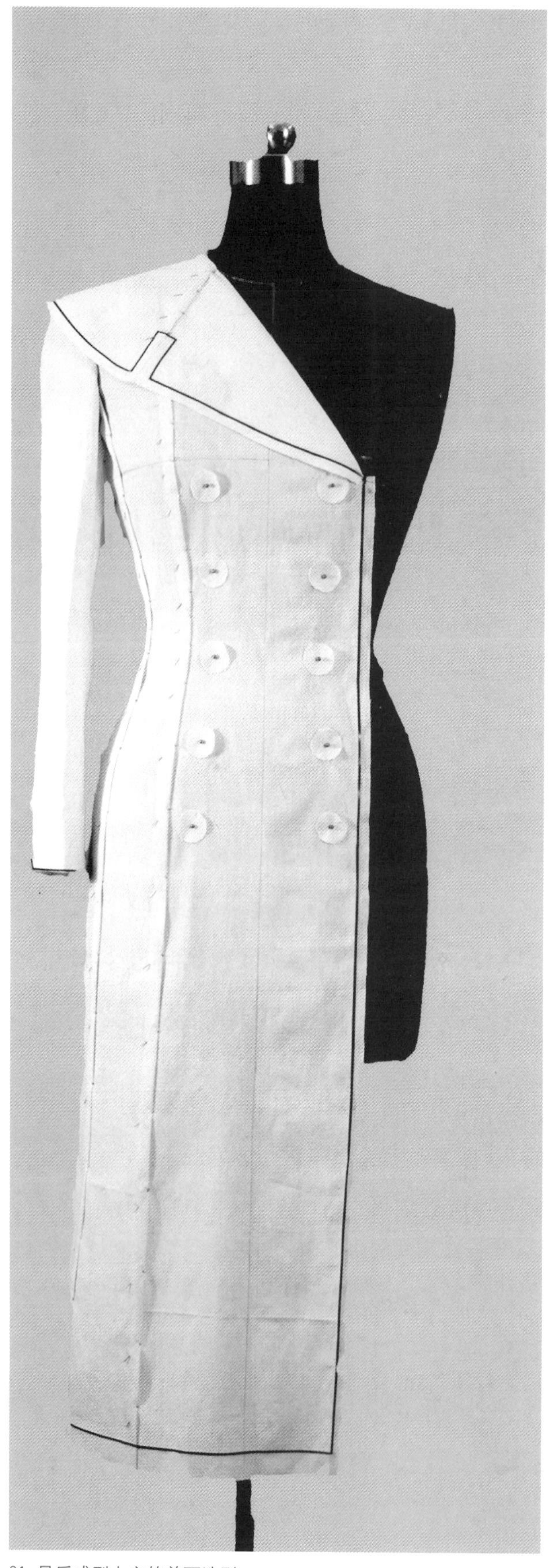

21.最后成型大衣的前面造型。

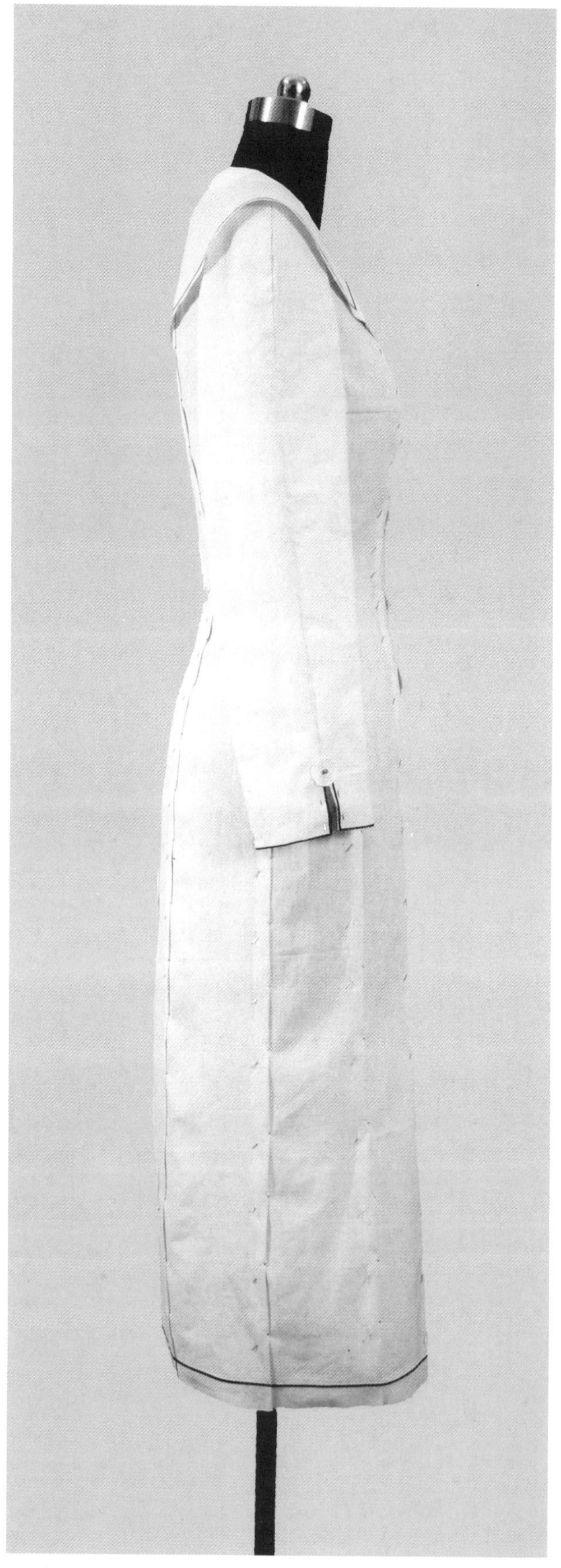

22.成型大衣的侧面造型。

借肩袖大衣平面展开布样

标点、描线，平面整理布样、对应剪修，将所标记点连直线或弧线，然后修剪缝份，再画出完整的前片布样和后片布样及袖片、领片布样。

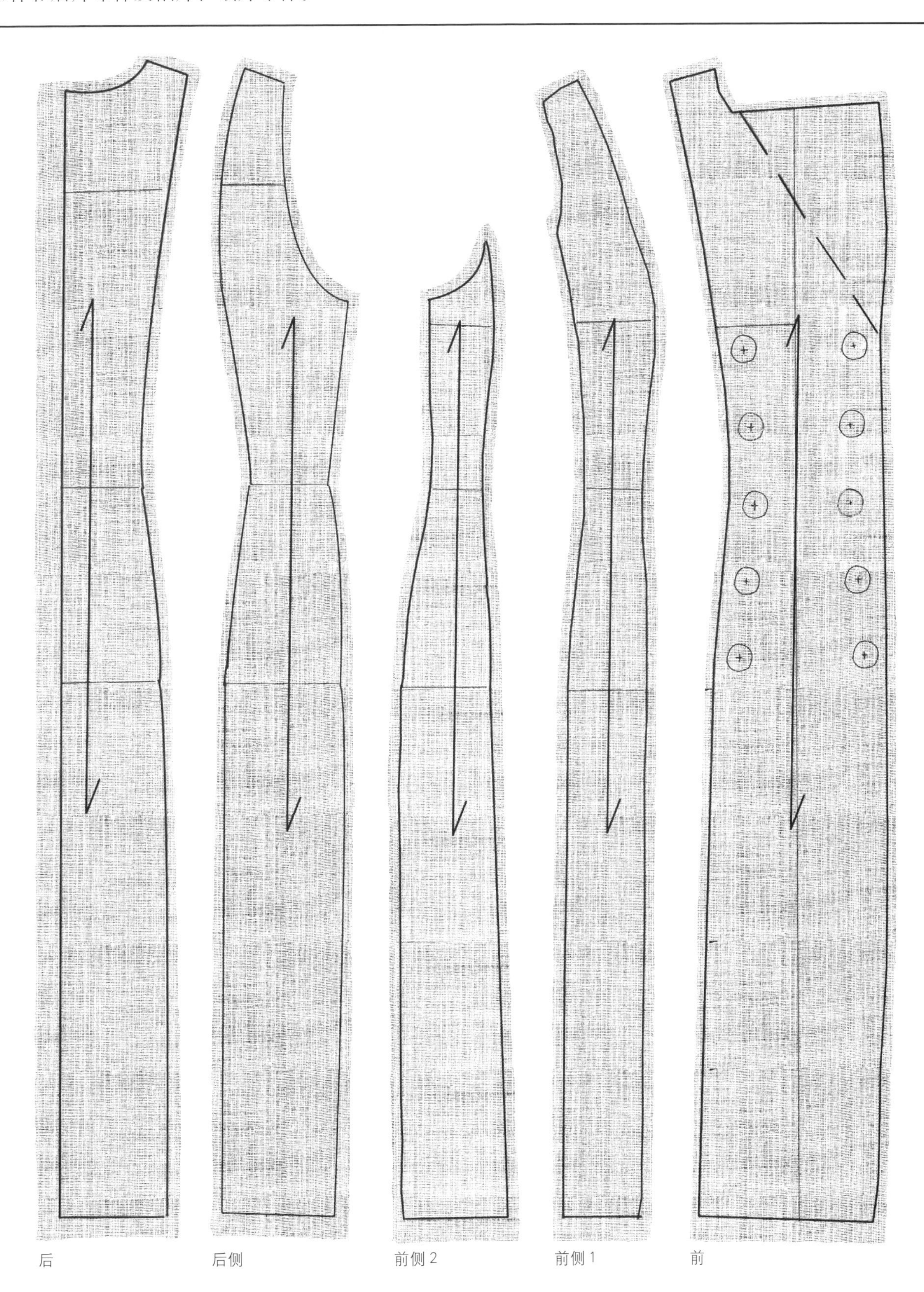

标点、描线，平面整理布样、对应剪修，将所标记点连直线或弧线，然后修剪缝份，再画出完整的前片布样和后片布样及袖片、领片布样。

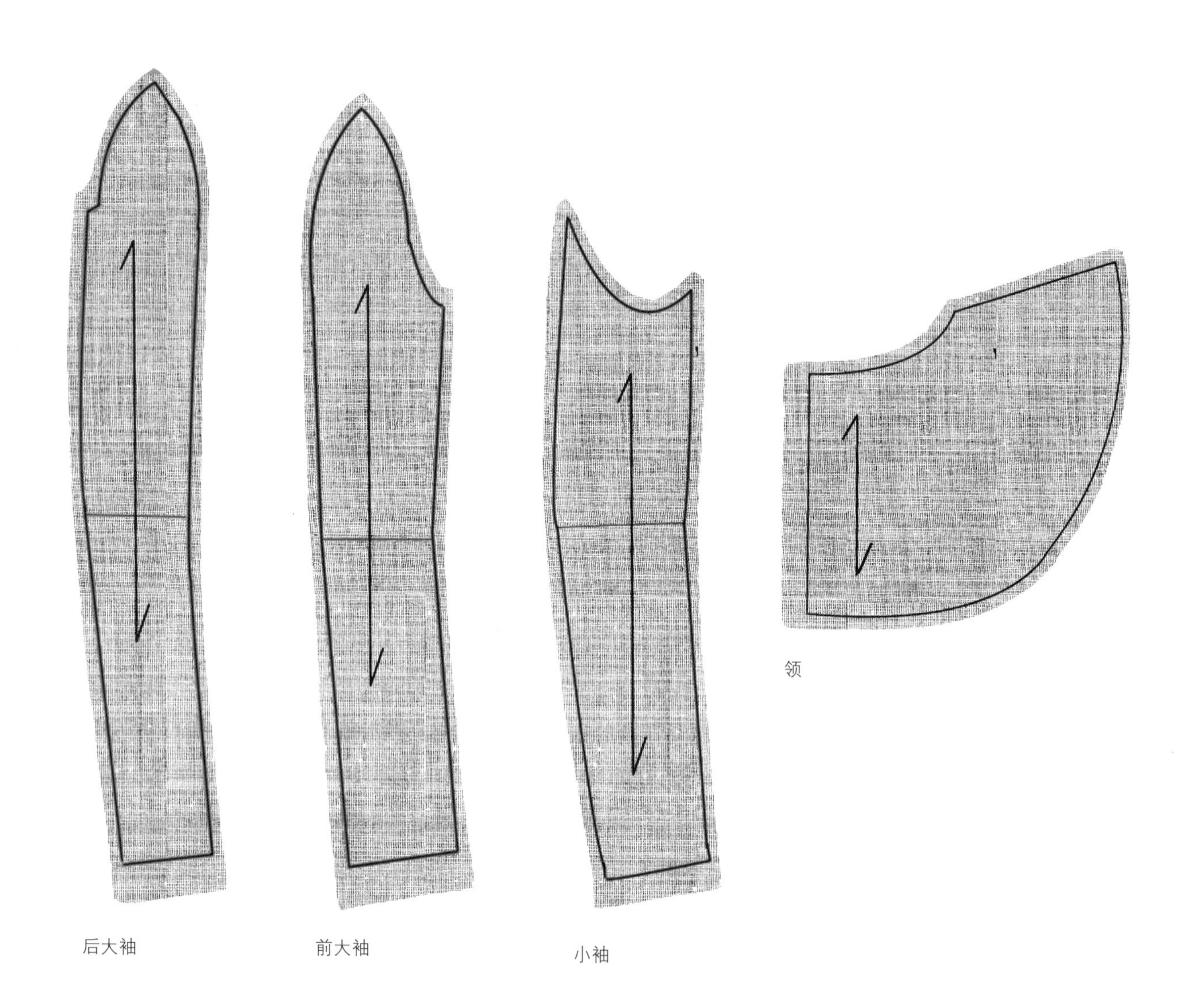

借肩袖大衣原型法制图

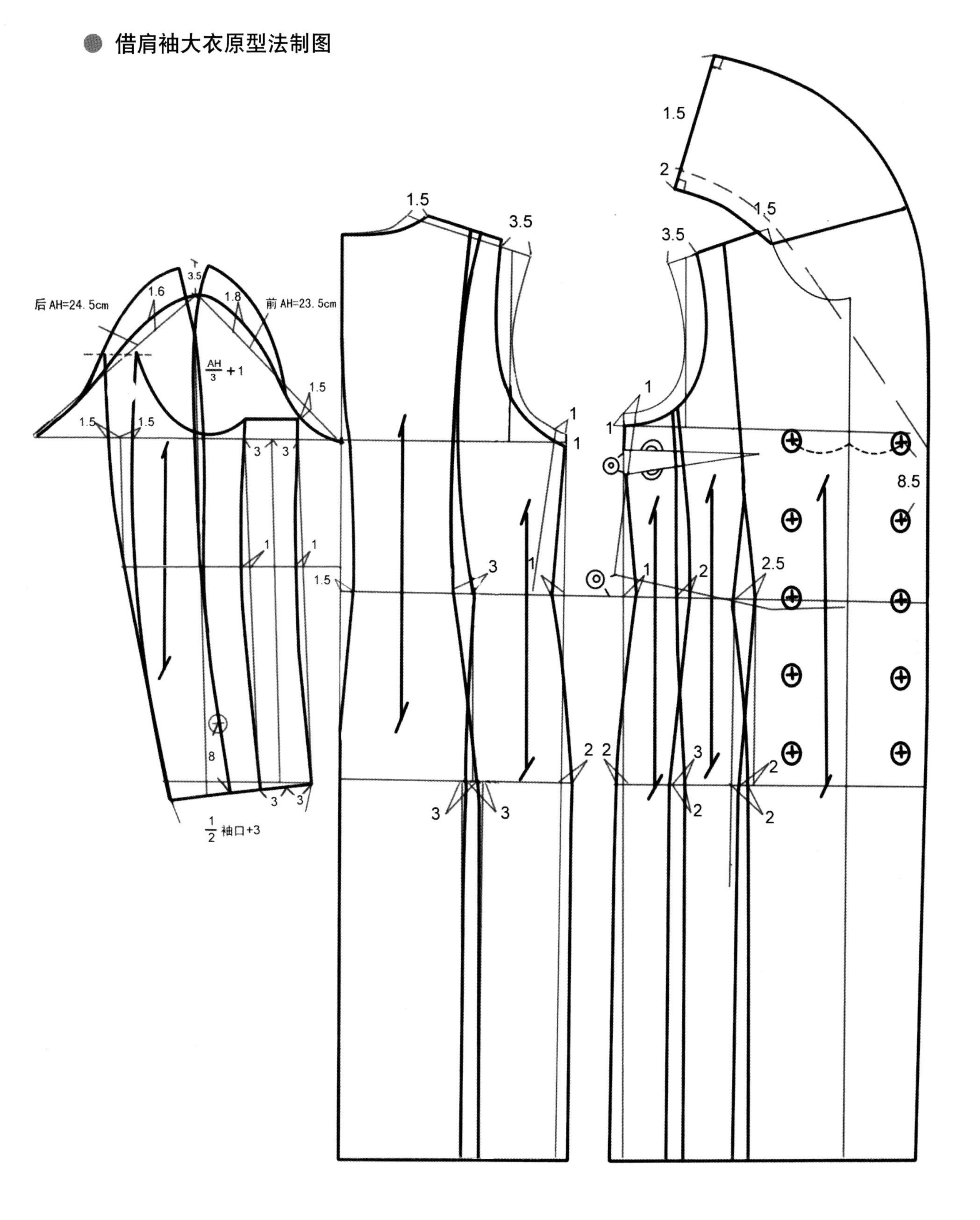

第十章
大师作品欣赏

查尔斯·詹姆斯（CHARLES JAMES）

查尔斯·詹姆斯（CHARLES JAMES）

克里斯托瓦尔 · 巴伦西亚加（CRISTOBAL BALENCLAGA）

让 · 保罗 · 戈尔捷（JEAN PAUL GANLTIER）

让 · 保罗 · 戈尔捷（JEAN PAUL GANLTIER）

迪奥（DIOR）

维维恩·韦斯特伍特（VIVIENNE WESTWOOD）

克里斯托瓦尔·巴伦西亚加（CRISTOBAL BALENCLAGA）

查尔斯·詹姆斯(CHARLES JAMES)

维维恩·韦斯特伍特（VIVIENNE WESTWOOD）

查尔斯 · 詹姆斯(CHARLES JAMES)

可可 · 夏奈尔 (COCO CHANEL)

迪奥 (DIOR)

迪奥 (DIOR)

波玛·巴洛克·堪图瑞(POMA BAROCCO COUTURE)

华伦天奴(VALENTINO)

查尔斯 · 詹姆斯(CHARLES JAMES)

卡迪诺尼 (RANIERO GATTIRNONI)

让 · 保罗 · 戈尔捷（JEAN PAUL GANLTIER）

克里斯汀 · 拉克鲁瓦（CHRI STIAN LACROIX）

巴勒特拉（ROMA RENATO BALESTRA）

巴勒特拉（ROMA RENATO BALESTRA）